黄北刚 编著

电气设备控制电路400例

DIANQI SHEBEI KONGZHI DIANLU 400LI

化学工业出版社
·北京·

图书在版编目（CIP）数据

电气设备控制电路400例/黄北刚编著．—北京：化学工业出版社，2016.4（2023.9重印）

ISBN 978-7-122-26281-3

Ⅰ.①电… Ⅱ.①黄… Ⅲ.①电气控制-控制电路 Ⅳ.①TM571.2

中国版本图书馆CIP数据核字（2016）第027855号

责任编辑：高墨荣　　装帧设计：刘丽华

责任校对：宋　玮

出版发行：化学工业出版社（北京市东城区青年湖南街13号　邮政编码100011）

印　　装：北京盛通数码印刷有限公司

787mm×1092mm　1/16　印张16　字数384千字　　2023年9月北京第1版第13次印刷

购书咨询：010-64518888　　售后服务：010-64518899

网　　址：http://www.cip.com.cn

凡购买本书，如有缺损质量问题，本社销售中心负责调换。

定　　价：49.00元

前言

随着电气技术的飞速发展，从事电气工作的技术工人也不断增加，熟悉和掌握常用电气控制电路，是每个电工必须具备的基本功。但是不少青年电工在刚走上工作岗位的时候，面对各种各样的实际控制电路，常常会觉得无从下手，他们迫切需要一本非常实用的电气设备控制电路图集，为自已的工作带来方便。笔者退休后，结合多年的实际工作经验，收集、整理、设计了部分常见电气设备控制电路，编写了本书。

读者从这些控制电路中将会看到：多数电动机如图 001～图 006 所示，控制电器顺序是从控制电源 L1→控制回路熔断器 FU→停止按钮→启动按钮→接触器 KM 线圈→热继电器 FR 动断触点→控制电源 N 极；或是控制电源 L1→控制回路熔断器 FU1→停止按钮→启动按钮→接触器 KM 线圈→热继电器 FR 动断触点→控制回路熔断器 FU2→控制电源 L3 相。前者是 220V 控制电路，后者是 380V。只要按下启动按钮，电动机启动运转，接触器 KM 的辅助动合触点闭合，将接触器 KM 维持在吸合的工作状态。按下停止按钮，接触器 KM 断电释放，电动机停止运转。当电动机过载时，热继电器 FR 的动断触点断开，接触器 KM 断电释放，电动机停止运转。

如图 007～图 011 所示的控制电路，回路中的控制电器排列的顺序改变了，触点两端的线号不同于图 001～图 006 的回路线号。启动过程中回路的电流流经控制电器触点、线圈的顺序不同于图 001～图 006。

书中的控制电路看起来一些电路是相似的，如图 012 比图 003 多一只信号灯，控制电路的功能就发生了变化。

如果在图 003 的基础上增加一只按钮，标号“SB3”，将其动断触点与停止按钮 SB1 动断触点串联，如图 047 所示。按下 SB2，电动机运转；按下 SB1 或按下 SB3，电动机停止运转。如果在图 047 的基础上，电路中增加了一只按钮，标号“SB4”，将其动合触点与启动按 SB2 并联，如图 063 所示，就实现了两处启停电动机的功能。

有些控制电路增加了两只信号灯，如图 014 所示，绿色信号灯亮，表示电动机备用状态；红色信号灯亮，表示电动机运转状态。虽然只是增加了两只信号灯，就使控制电路具有表示这台电动机是运转还是停运的功能。

延时自启动就是在电动机控制电路中增加一只时间继电器，把时间继电器的延时触点，直接与启动按钮并联如图 1 所示。停机时，按下停止按钮的时间要超过时间继电器的整定

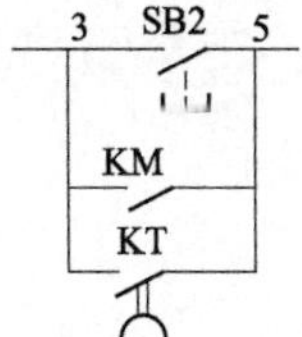

图 1　延时断开触点与启动按钮两端并联

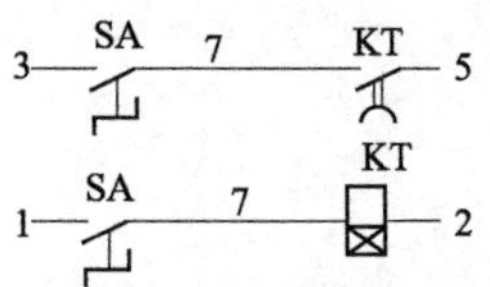

图 2　可断开延时触点的接线

值，电动机才能停下。如果在时间继电器线圈前面或在延时断开的动合触点前增加一只控制开关，如图 2 所示，在正常停机时，先断开控制开关，这样就能实现即时停机，需要电动机延时自启动时合上控制开关。

无线远方遥控启停电动机控制电路，采用微电脑遥控开关启停的电动机控制电路，适用于短时间运转的电动机启停控制。在回路中加控制开关，能够达到及时停机。使用过程中请注意遥控器内电池电压。

在电动机正反转控制电路中，可以采用接触器触点相互联锁、按钮触点的相互联锁，联锁是防止接触器主触点短路的必要技术措施。

青年朋友们，您在阅读过程中，难免会发现书中的控制电路图里有接线错误，图形符号、文字符号的错误，希望您带着挑这本书中问题的心态来读几遍，看看有没有出现与图原理不相符的地方。比如电路图中应该是“动合触点”，却画成了动断触点；或把“动断触点”，画成动合触点。控制电路图中也可能存在图形符号上面的文字符号标注错误，接触器 KM 的动断触点的文字符号应该是“KM”，却错误地标注上中间继电器的文字符号“KA”。如果您能看出电路图中的错误所在，能够分析，联想到按有错误的电路图接线后，对电路的影响及后果：如不能启动、接地、短路、崩烧。轻者造成本回路跳闸或短路；重者引起变电站一段母线的停电事故，乃至可能造成人员伤害。然后把电路图错误的地方纠正，就相当于处理了一次故障。相信您反复阅读本书，会有很大的收获。

本书内容如能得到您的认可，对您学习电工技术起到一点有益的帮助，给您的工作带来方便，笔者将感到万分高兴。

本书在编写过程中，获得许多同行热情的支持与帮助，刘涛、刘洁、李辉、李忠仁、刘世红、李庆海、黄义峰、祝传海、杜敏、姚琴、黄义曼、姚珍、姚绪等进行了部分文字的录入工作，在此表示感谢。

由于编者水平有限，书中难免出现许多不足之处，诚恳希望读者给予批评指正。

总之，希望能藉由此书，与更多的电工朋友们交友，共同提高。欢迎大家关注我的 QQ 空间，我会经常更新，和大家保持联系。

我的 QQ 号：1227887693、569242330

黄北刚

目录

第六章 行程开关与时控开关启停的电动机控制电路

第一章

常用电动机控制电路

【例 001】 无过载保护、按钮启停的电动机 220V 控制电路

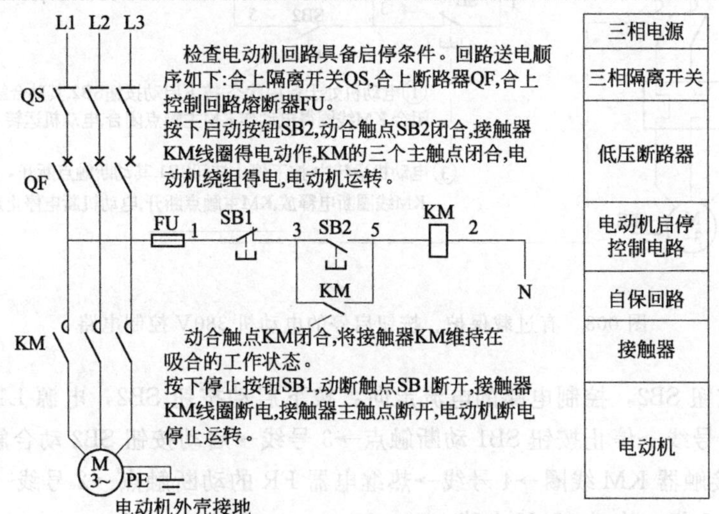

图 001 无过载保护、按钮启停的电动机 220V 控制电路

【例 002】 加有端子排、无过载保护、按钮启停的电动机 220V 控制电路

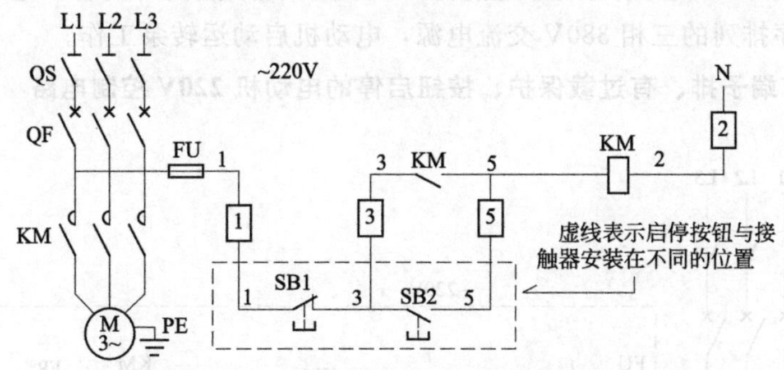

图 002 加有端子排、无过载保护、按钮启停的电动机 220V 控制电路

按下启动按钮 SB2，控制电路的电流的走向：电源 L1 相→控制回路熔断器 FU→1 号线→停止按钮 SB1 动断触点→3 号线→启动按钮 SB2 动合触点（按下时闭合）→5 号线→接触器 KM 线圈→2 号线→电源 N 极，构成 220V 电路。接触器 KM 线圈得电动作，接触器 KM 动合触点闭合（将启动按钮 SB2 动合触点短接）自保，维持接触器 KM 的工作状态。接触器 KM 三个主触点同时闭合，电动机绕组获得按 L1、L2、L3 相序排列的三相 380V 交流电源，电动机启动驱动泵工作。

按下停止按钮 SB1，动断触点 SB1 断开，切断接触器 KM 线圈电路，接触器 KM 线圈断电，接触器 KM 断电释放，其三个主触点同时断开，电动机断电停止转动，驱动的机械设备停止工作。

【例 003】 有过载保护、按钮启停的电动机 380V 控制电路

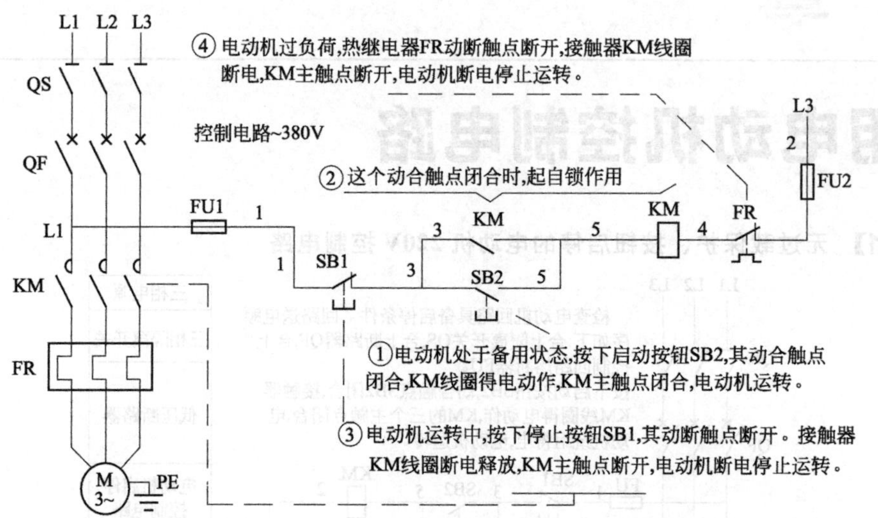

图 003 有过载保护、按钮启停的电动机 380V 控制电路

按下启动按钮 SB2，控制电路的电流走向：按下启动按钮 SB2，电源 L1 相→控制回路熔断器 FU1→1 号线→停止按钮 SB1 动断触点→3 号线→启动按钮 SB2 动合触点（按下时闭合）→5 号线→接触器 KM 线圈→4 号线→热继电器 FR 的动断触点→2 号线→控制回路熔断器 FU2→电源 L3 相，构成 380V 电路。

接触器 KM 线圈得电动作，接触器 KM 动合触点闭合（将启动按钮 SB2 动合触点短接）自保，维持接触器 KM 的工作状态。接触器 KM 三个主触点同时闭合，电动机绕组获得按 L1、L2、L3 相序排列的三相 380V 交流电源，电动机启动运转泵工作。

【例 004】 加有端子排、有过载保护、按钮启停的电动机 220V 控制电路

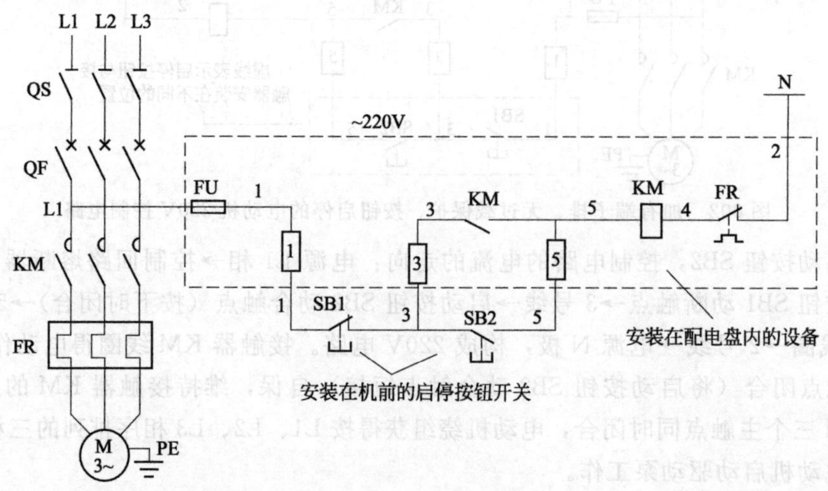

图 004 加有端子排、有过载保护、按钮启停的电动机 220V 控制电路

【例 005】 安装在抽屉盘上、有过载保护、按钮启停的电动机 220V 控制电路

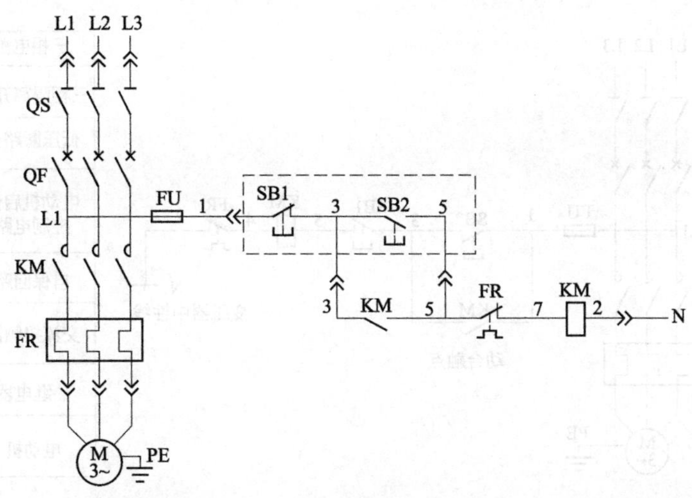

图 005　安装在抽屉盘上、有过载保护、按钮启停的电动机 220V 控制电路

按下启动按钮 SB2，控制电路的电流的走向：电源 L1 相→控制回路熔断器 FU→1 号线→插头→→≻—→停止按钮 SB1 动断触点→3 号线→启动按钮 SB2 动合触点（按下时闭合)→5 号线→→≻—→5 号线→热继电器 FR 动断触点→7 号线→接触器 KM 线圈→2 号线→→≻—→电源 N 极，构成 220V 电路。接触器 KM 线圈得电动作，接触器 KM 动合触点闭合（通过插头将启动按钮 SB2 动合触点短接）自保，维持接触器 KM 的工作状态。接触器 KM 三个主触点同时闭合，电动机绕组获得按 L1、L2、L3 相序排列的三相 380V 交流电源，电动机启动驱动泵工作。

按下停止按钮 SB1，动断触点 SB1 断开，切断接触器 KM 线圈电路，接触器 KM 线圈断电，接触器 KM 断电释放其三个主触点同时断开，电动机断电停止转动，驱动的机械设备停止工作。

【例 006】 加有端子排、有过载保护、按钮启停的电动机 380V 控制电路

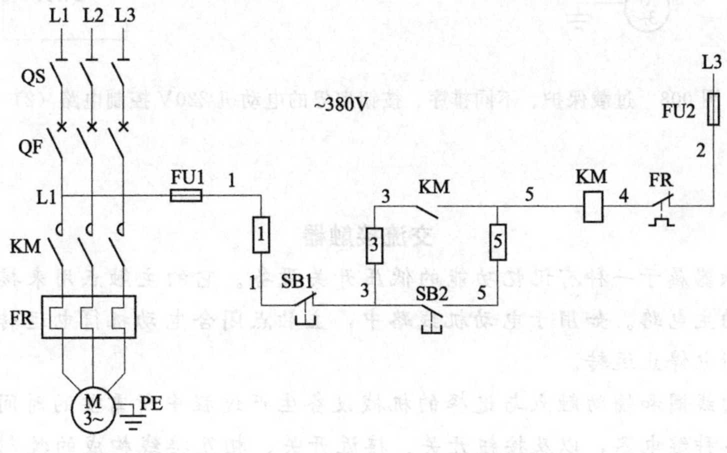

图 006　加有端子排、有过载保护、按钮启停的电动机 380V 控制电路

【例 007】过载保护、不同排序、按钮启停的电动机 220V 控制电路（1）

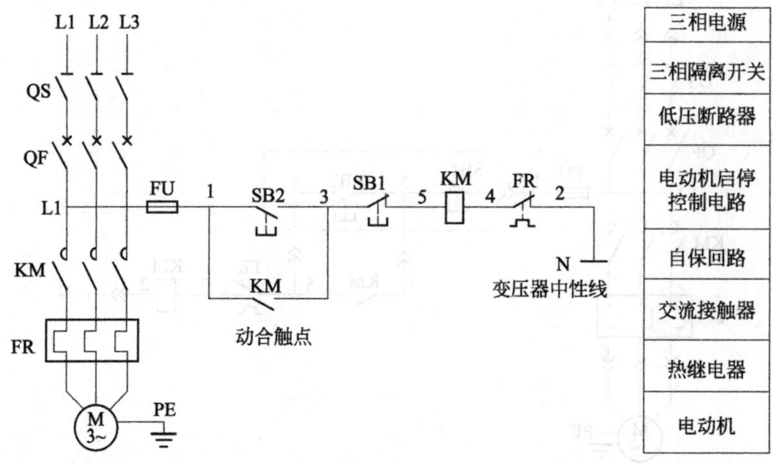

图 007 过载保护、不同排序、按钮启停的电动机 220V 控制电路（1）

【例 008】过载保护、不同排序、按钮启停的电动机 220V 控制电路（2）

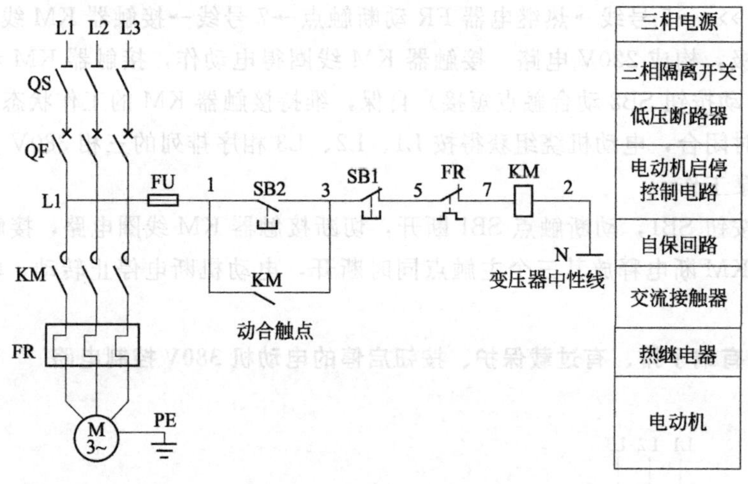

图 008 过载保护、不同排序、按钮启停的电动机 220V 控制电路（2）

加油站

交流接触器

交流接触器属于一种有记忆功能的低压开关设备。它的主触点用来接通或断开各种用电设备的主电路。如用于电动机线路中，主触点闭合电动机得电运转；主触点断开，电动机断电停止运转。

通过它的线圈和辅助触点与选择的机械设备生产过程中所需要的时间、温度、压力、速度等各种继电器，以及按钮开关、接近开关、相互接线构成的控制电路，实现对电动机启动、停止的操作。

【例 009】 过载保护、不同排序、按钮启停的电动机 220V 控制电路（3）

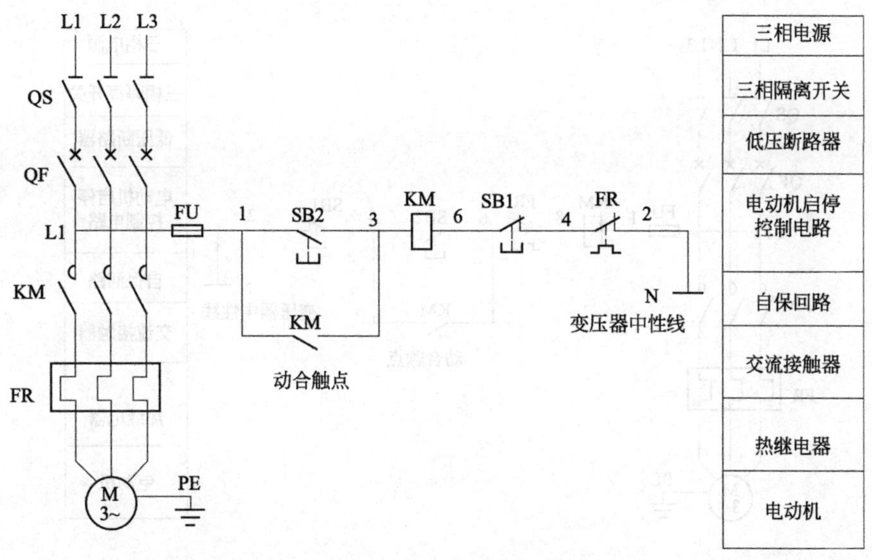

图 009　过载保护、不同排序、按钮启停的电动机 220V 控制电路（3）

【例 010】 过载保护、不同排序、按钮启停的电动机 220V 控制电路（4）

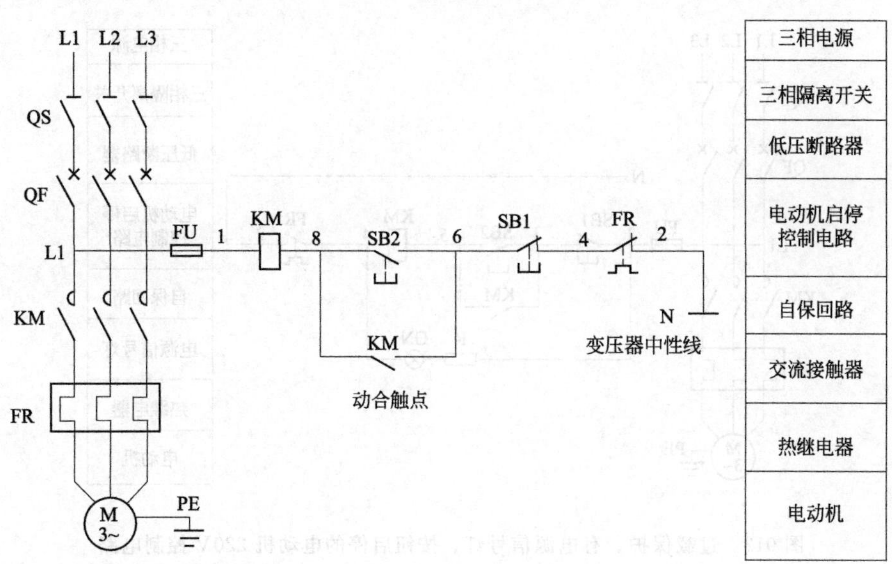

图 010　过载保护、不同排序、按钮启停的电动机 220V 控制电路（4）

加油站

电气设备

发电、变电、输电、配电或用电的任何物件，诸如电机、变压器、电器、测量仪表、保护装置、布线系统的设备、电气用具。

【例 011】 过载保护、不同排序、按钮启停的电动机 220V 控制电路（5）

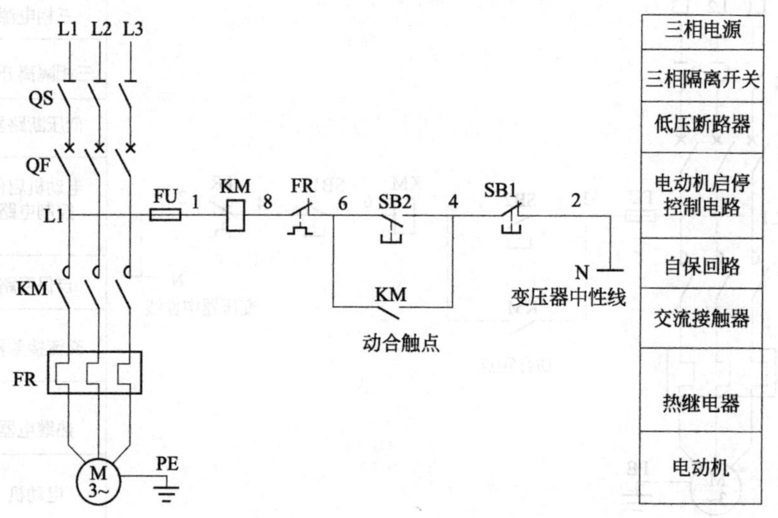

图 011　过载保护、不同排序、按钮启停的电动机 220V 控制电路（5）

【例 012】 过载保护、有电源信号灯、按钮启停的电动机 220V 控制电路

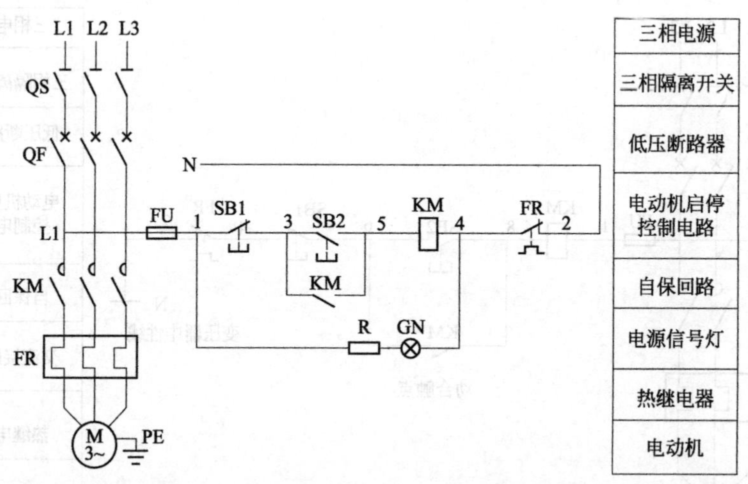

图 012　过载保护、有电源信号灯、按钮启停的电动机 220V 控制电路

加油站

作业（电工）人员的基本条件

1. 经医师鉴定，无妨碍工作的病症（体格检查每两年至少一次）。

2. 具备必要的电气知识和业务技能，且按工作性质，熟悉本标准的相关部分，并经考试合格。

3. 具备必要的安全生产知识，学会紧急救护法，特别要学会触电急救。

【例 013】 过载保护、有电源信号灯、按钮启停的电动机 380V 控制电路

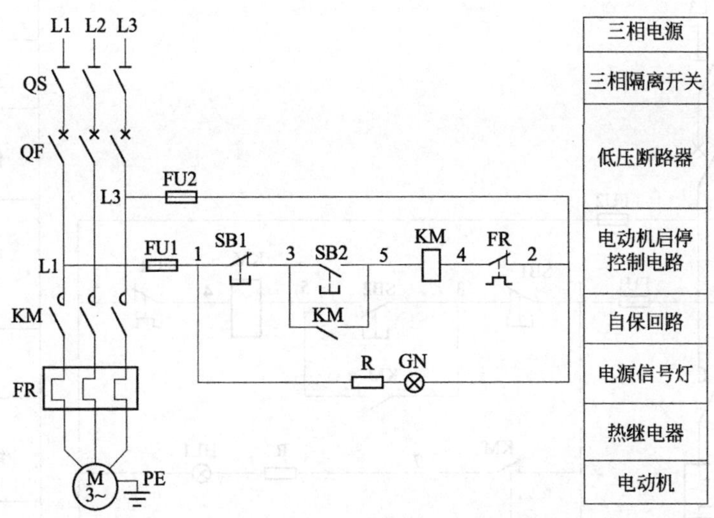

图 013 过载保护、有电源信号灯、按钮启停的电动机 380V 控制电路

【例 014】 过载保护、有状态信号灯、按钮启停的电动机 220V 控制电路

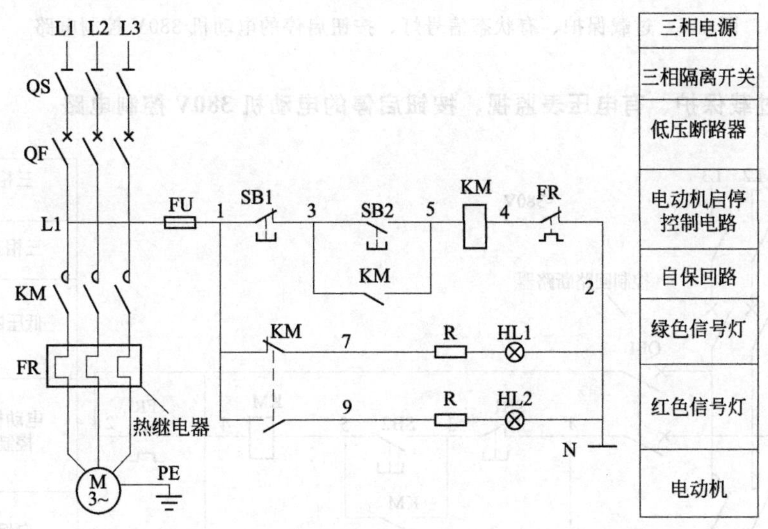

图 014 过载保护、有状态信号灯、按钮启停的电动机 220V 控制电路

加油站

二次回路

电气设备的操作、保护、测量、信号等回路及回路中操动机构的线圈、接触器、继电器、仪表、互感器二次绕组等。

【例 015】 过载保护、有状态信号灯、按钮启停的电动机 380V 控制电路

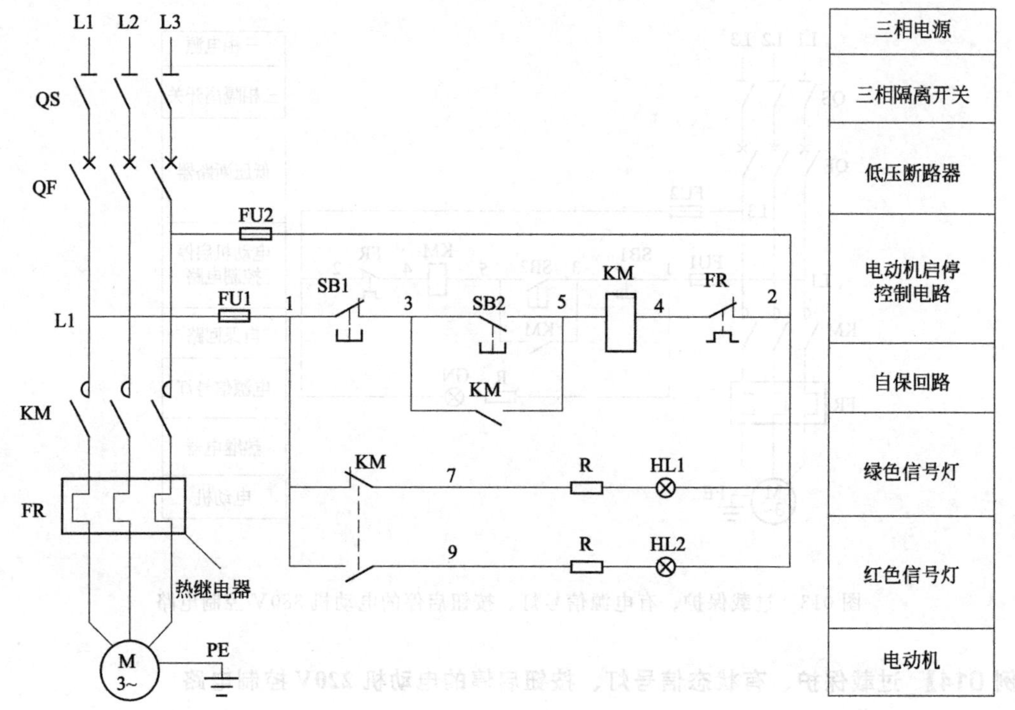

图 015 过载保护、有状态信号灯、按钮启停的电动机 380V 控制电路

【例 016】 过载保护、有电压表监视、按钮启停的电动机 380V 控制电路

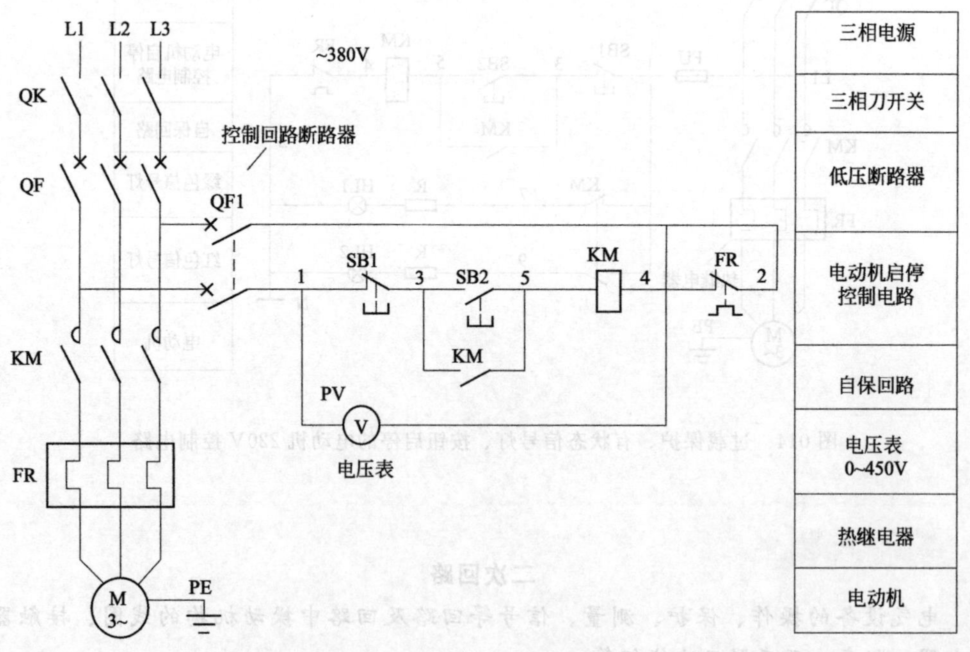

图 016 过载保护、有电压表监视、按钮启停的电动机 380V 控制电路

【例 017】 双电流表、过载保护、按钮启停的电动机 220V 控制电路

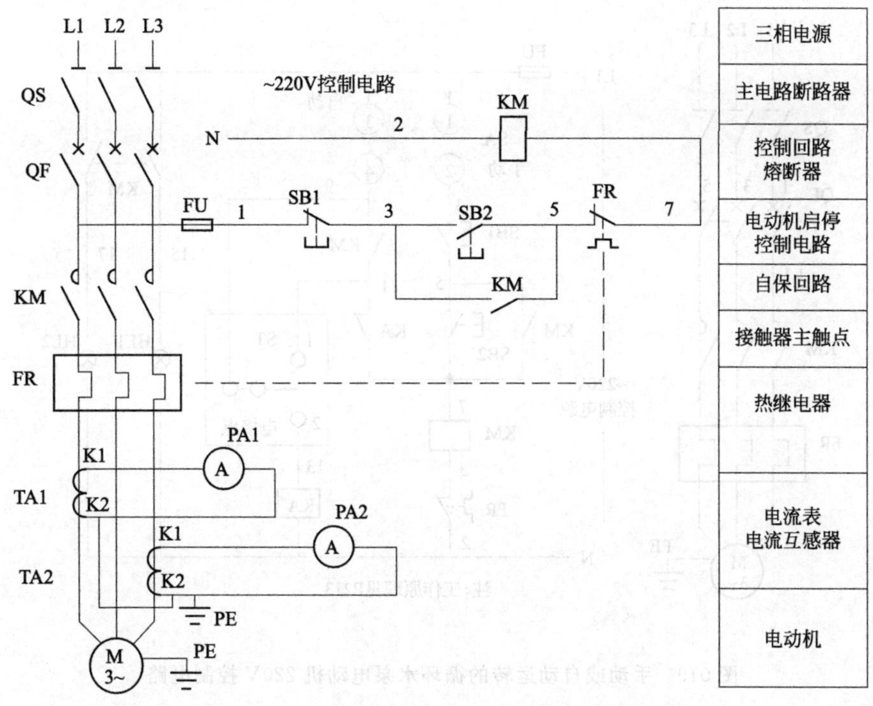

图 017 双电流表、过载保护、按钮启停的电动机 220V 控制电路

【例 018】 单电流表、过载保护、按钮启停的电动机 220V 控制电路

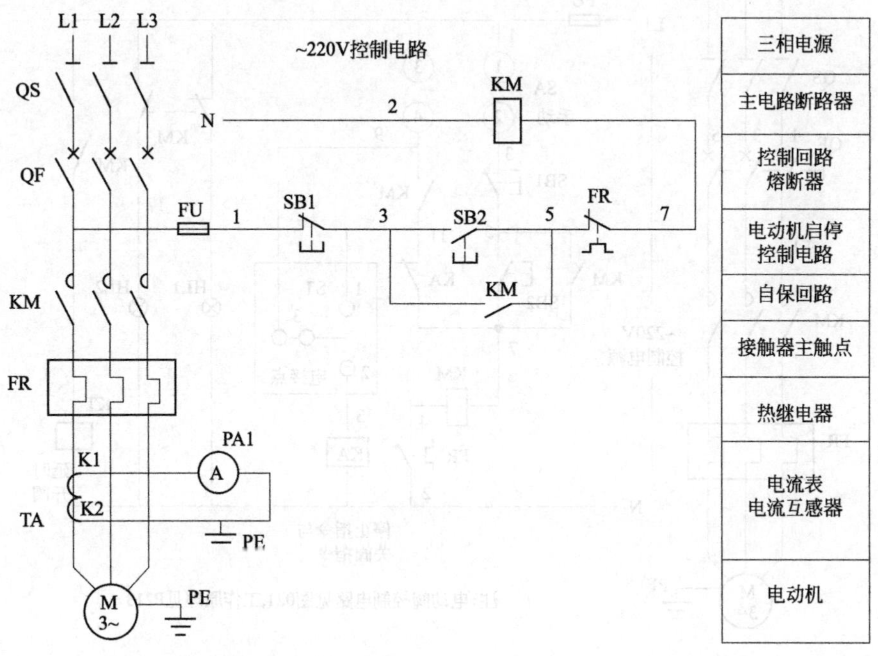

图 018 单电流表、过载保护、按钮启停的电动机 220V 控制电路

【例 019】 手动或自动运转的循环水泵电动机 220V 控制电路

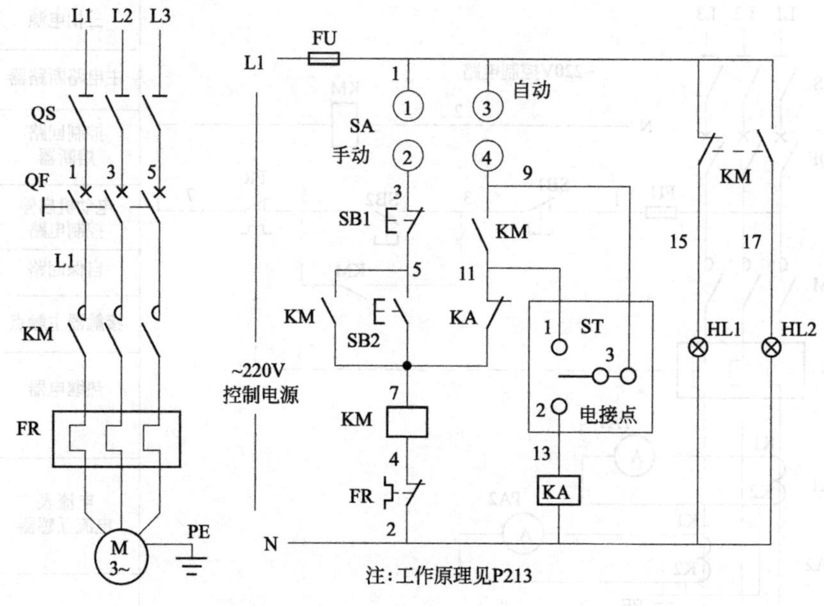

图 019 手动或自动运转的循环水泵电动机 220V 控制电路

【例 020】 能够发出开关阀指令、手动或自动启停循环水泵电动机控制电路

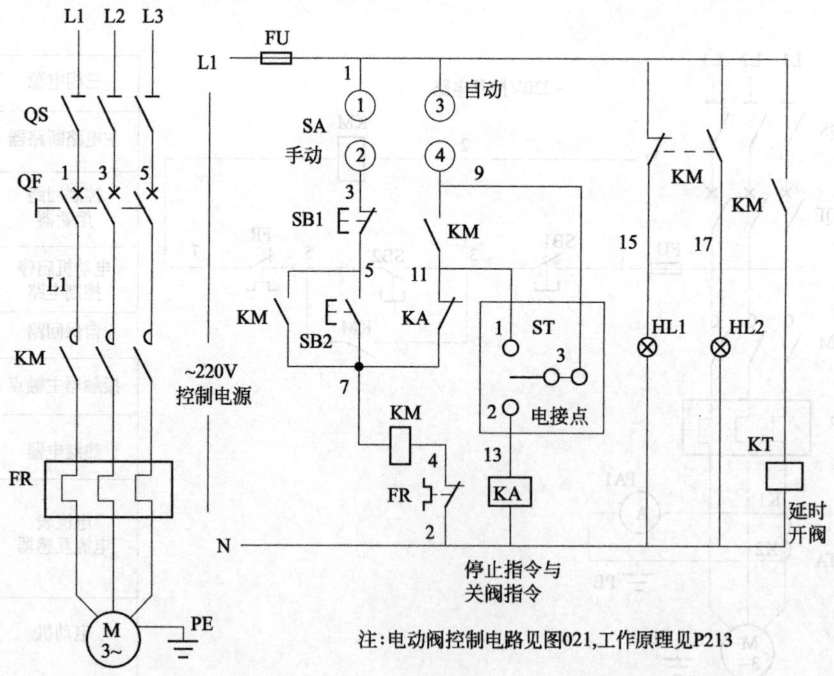

图 020 能够发出开关阀指令、手动或自动启停循环水泵电动机控制电路

【例 021】 手动或自动开启的循环水泵电动阀 220V 控制电路

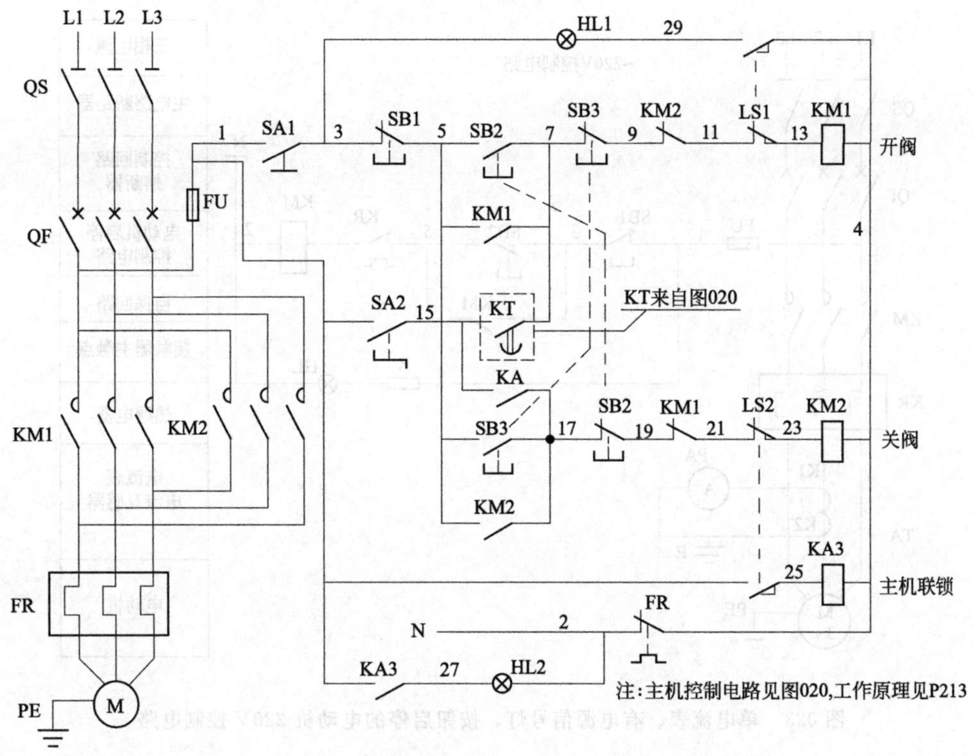

图 021　手动或自动开启的循环水泵电动阀 220V 控制电路

【例 022】 两只电流表串联、按钮启停的电动机 220V 控制电路

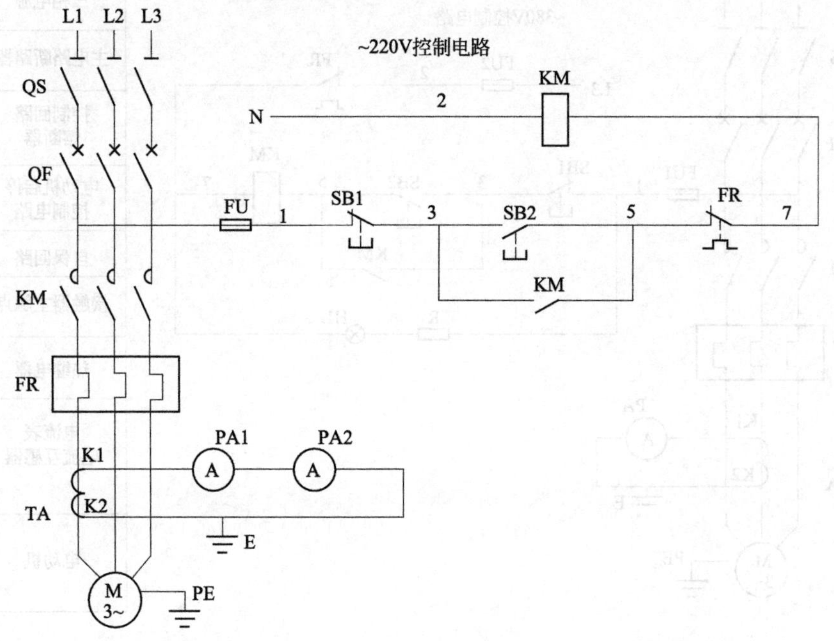

图 022　两只电流表串联、按钮启停的电动机 220V 控制电路

【例 023】单电流表、有电源信号灯、按钮启停的电动机 220V 控制电路

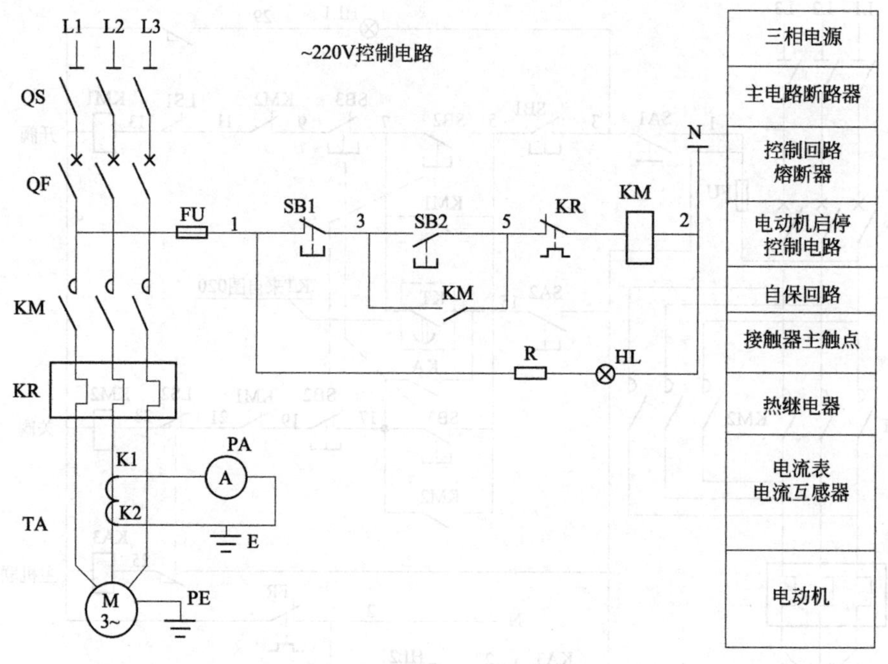

图 023　单电流表、有电源信号灯、按钮启停的电动机 220V 控制电路

【例 024】单电流表、有电源信号灯、按钮启停的电动机 380V 控制电路

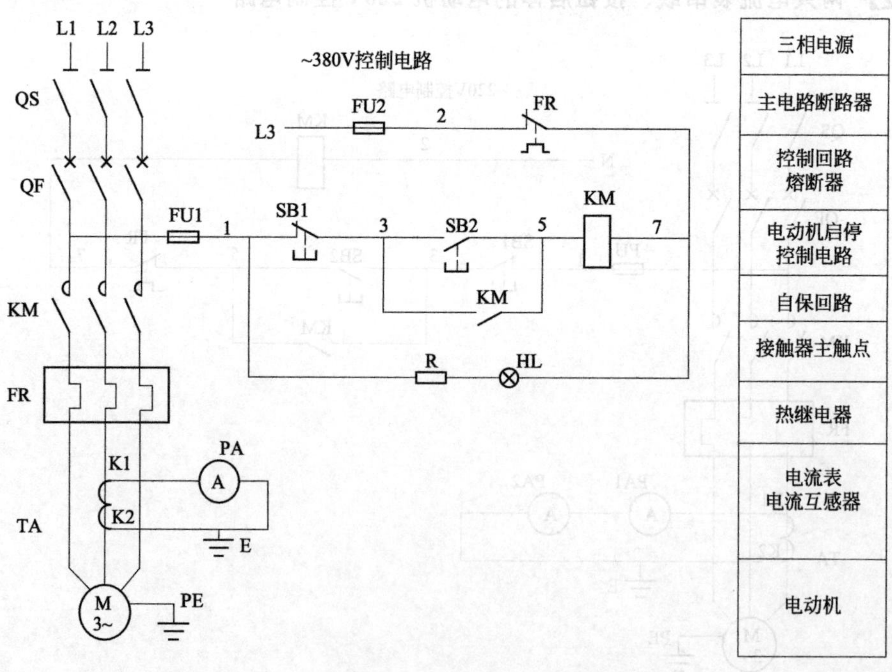

图 024　单电流表、有电源信号灯、按钮启停的电动机 380V 控制电路

【例 025】 两只中间继电器构成断相保护的电动机 380V/36V 控制电路（1）

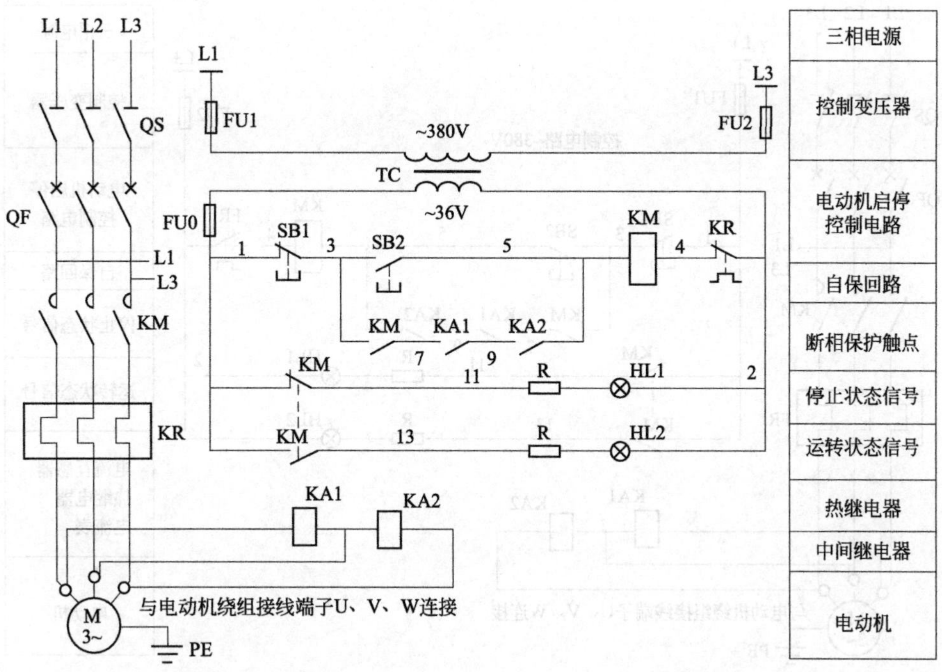

图 025　两只中间继电器构成断相保护的电动机 380V/36V 控制电路（1）

【例 026】 两只中间继电器构成断相保护的电动机 380V/36V 控制电路（2）

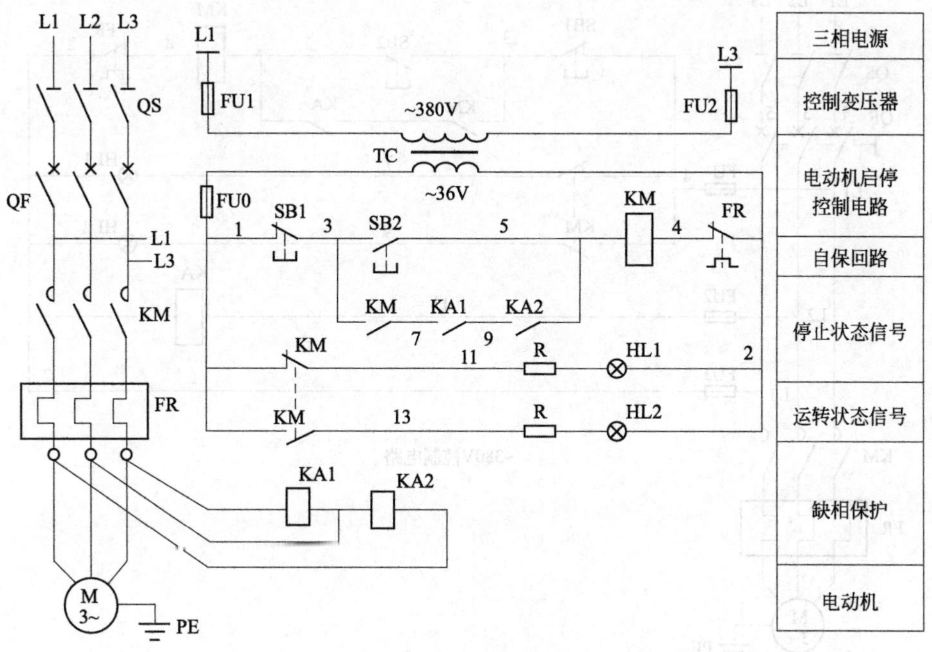

图 026　两只中间继电器构成断相保护的电动机 380V/36V 控制电路（2）

【例 027】 两只中间继电器构成断相保护的电动机 380V 控制电路

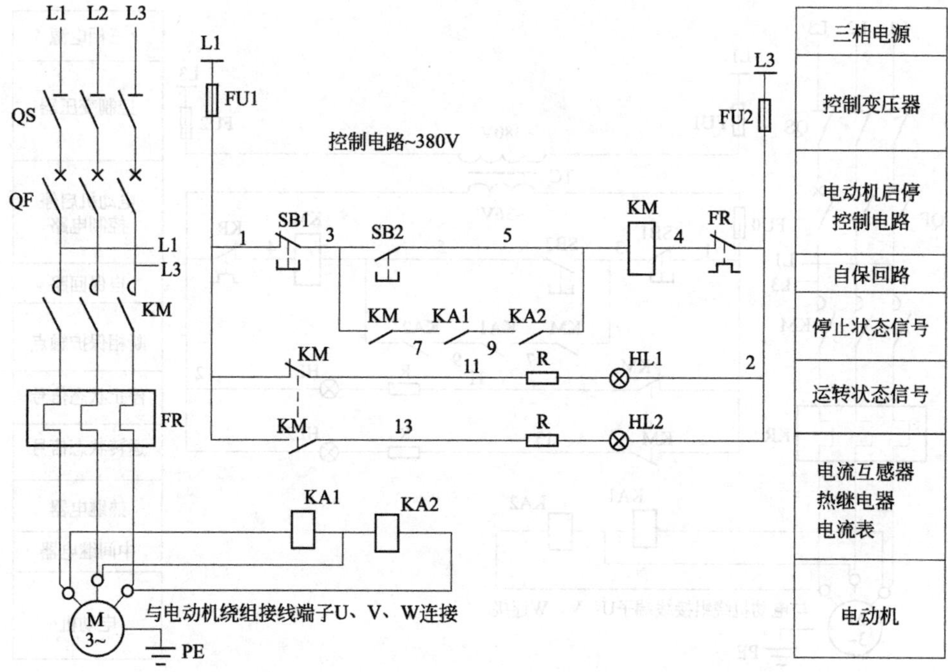

图 027 两只中间继电器构成断相保护的电动机 380V 控制电路

【例 028】 单只中间继电器构成断相保护的电动机 380V 控制电路

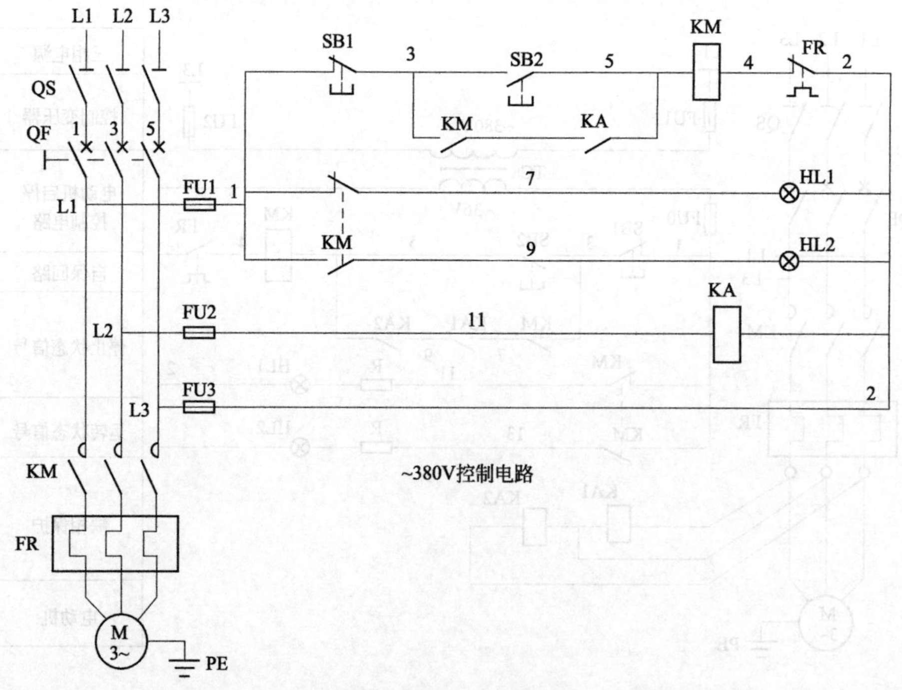

图 028 单只中间继电器构成断相保护的电动机 380V 控制电路

【例 029】 两只中间继电器构成断相保护的电动机 220V/127V 控制电路

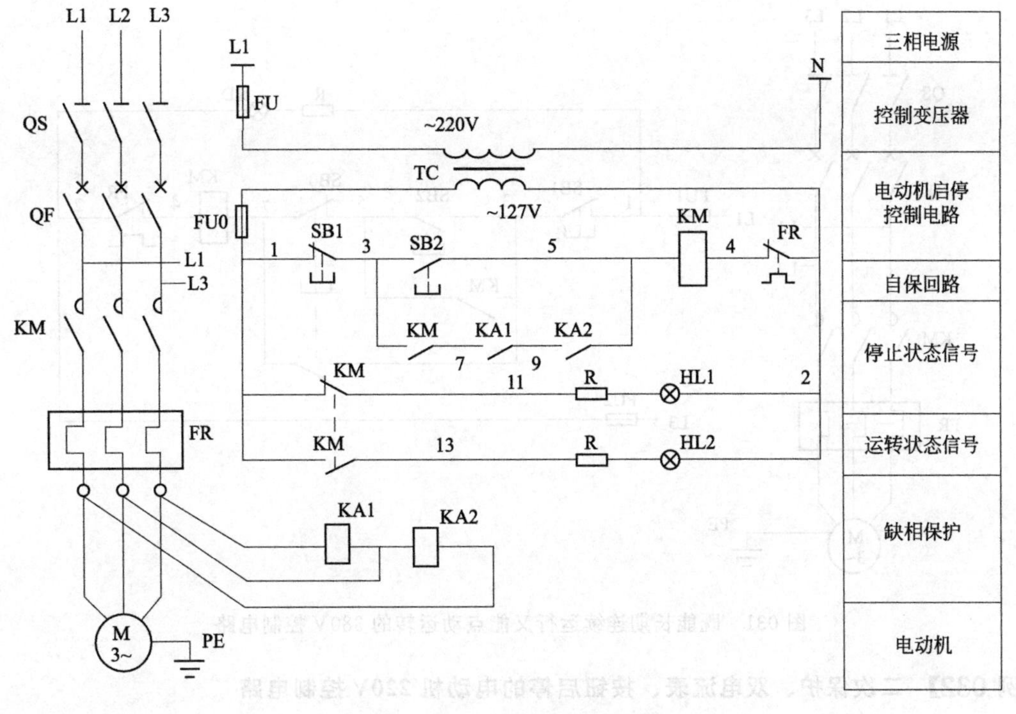

图 029 两只中间继电器构成断相保护的电动机 220V/127V 控制电路

【例 030】 一次保护、可以按时间自动停泵的电动机 380V 控制电路

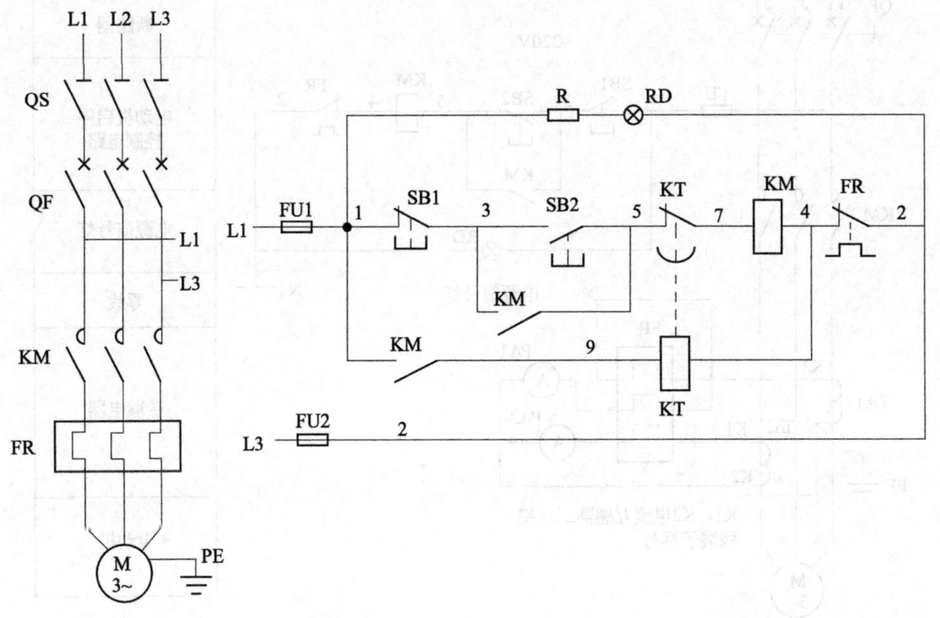

图 030 一次保护、可以按时间自动停泵的电动机 380V 控制电路

【例 031】 既能长期连续运行又能点动运转的 380V 控制电路

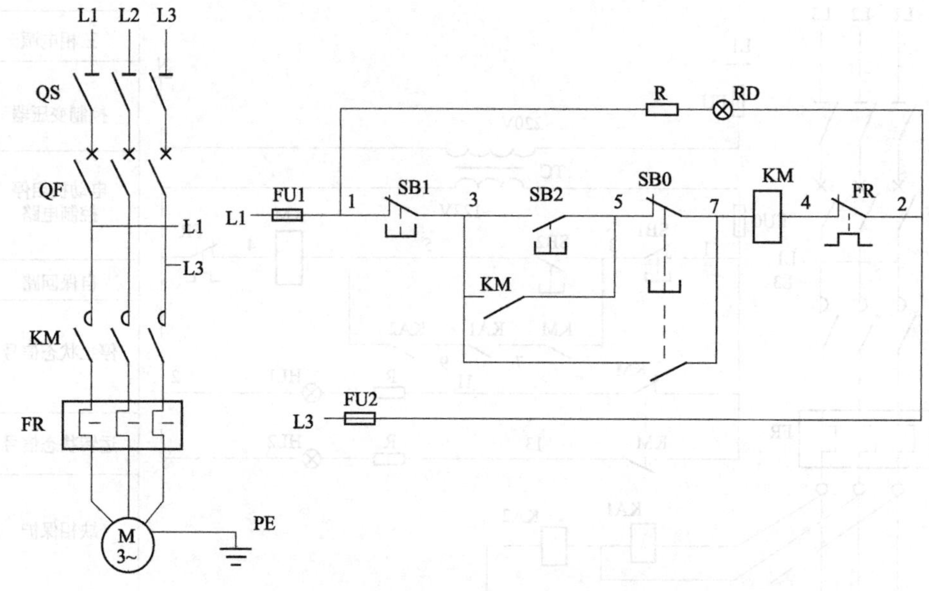

图 031 既能长期连续运行又能点动运转的 380V 控制电路

【例 032】 二次保护、双电流表、按钮启停的电动机 220V 控制电路

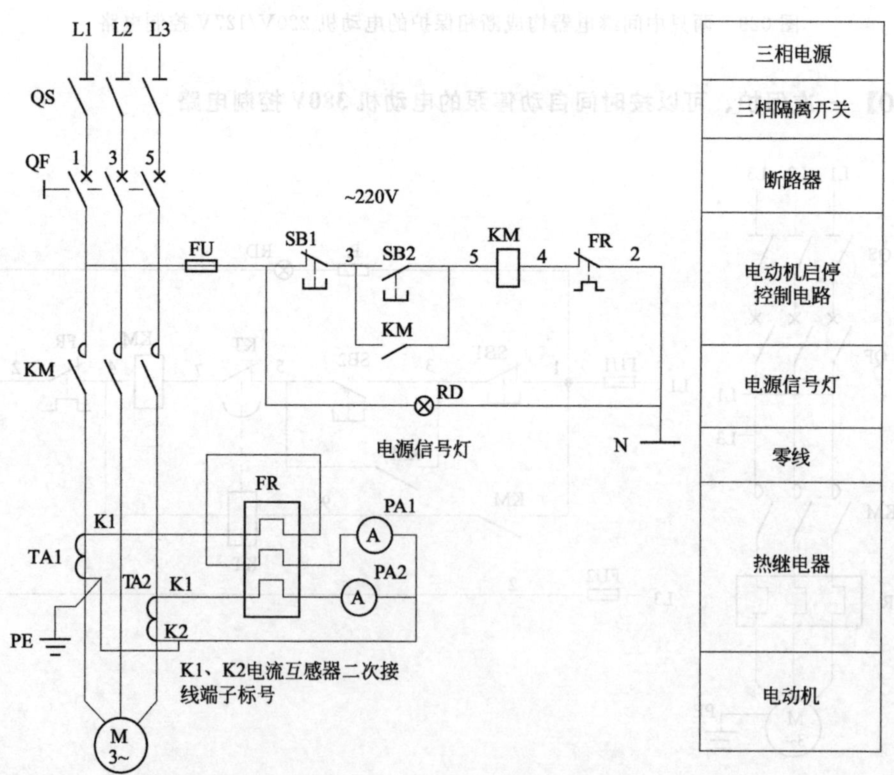

图 032 二次保护、双电流表、按钮启停的电动机 220V 控制电路

【例 033】 一次保护有电压表、过载报警按时间终止、按钮启停的电动机 220V 控制电路

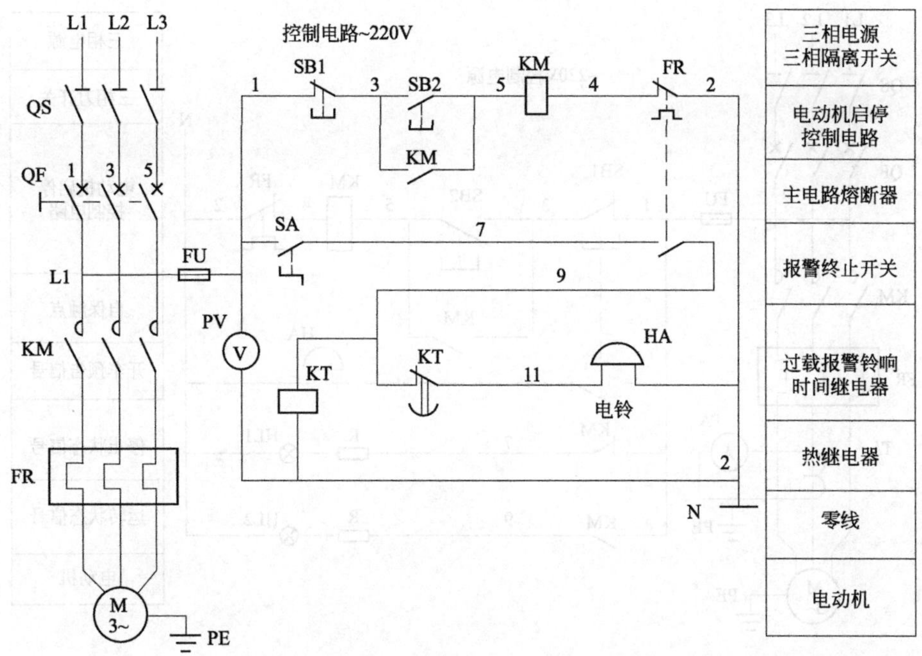

图 033　一次保护有电压表、过载报警按时间终止、按钮启停的电动机 220V 控制电路

【例 034】 一次保护有电压表、有启动前预告信号、按钮启停的电动机 380V 控制电路

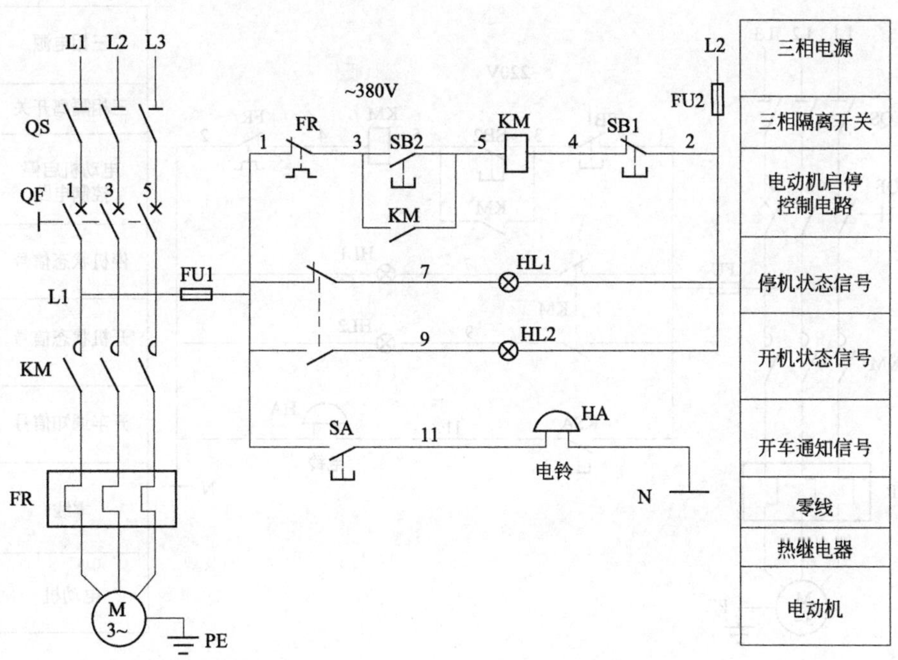

图 034　一次保护有电压表、有启动前预告信号、按钮启停的电动机 380V 控制电路

【例 035】 利用停止按钮的动合触点发预告信号、按钮启停的电动机 220V 控制电路

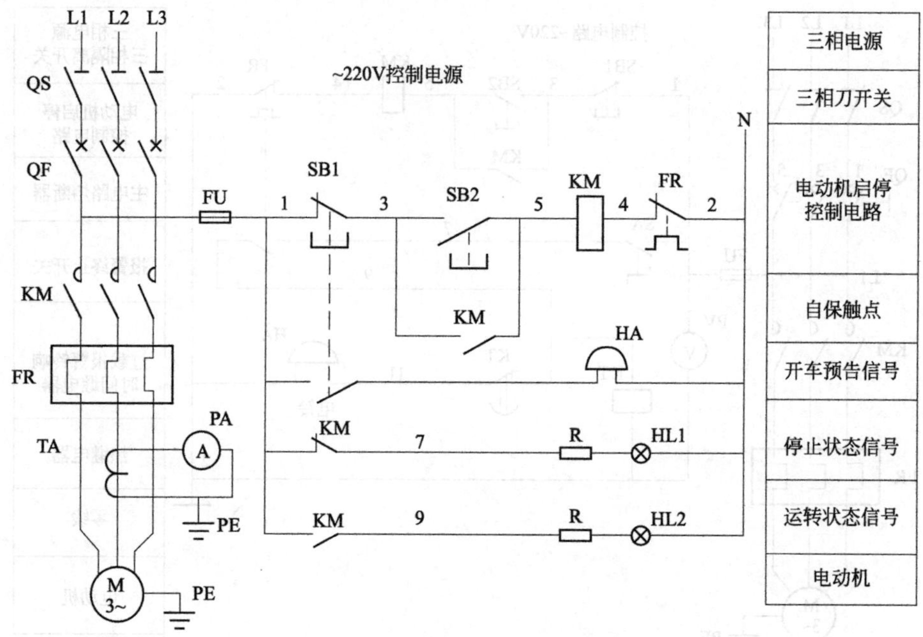

图 035　利用停止按钮的动合触点发预告信号、按钮启停的电动机 220V 控制电路

【例 036】 按钮发开车预告信号、按钮启停的电动机 220V 控制电路

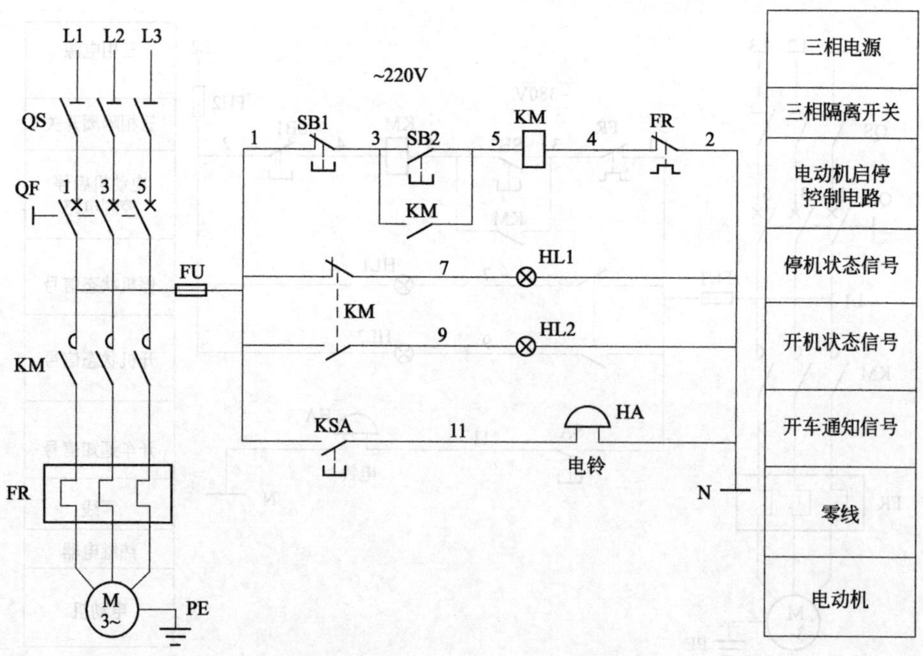

图 036　按钮发开车预告信号、按钮启停的电动机 220V 控制电路

【例 037】 有启停状态信号、可定时停机的电动机 220V 控制电路

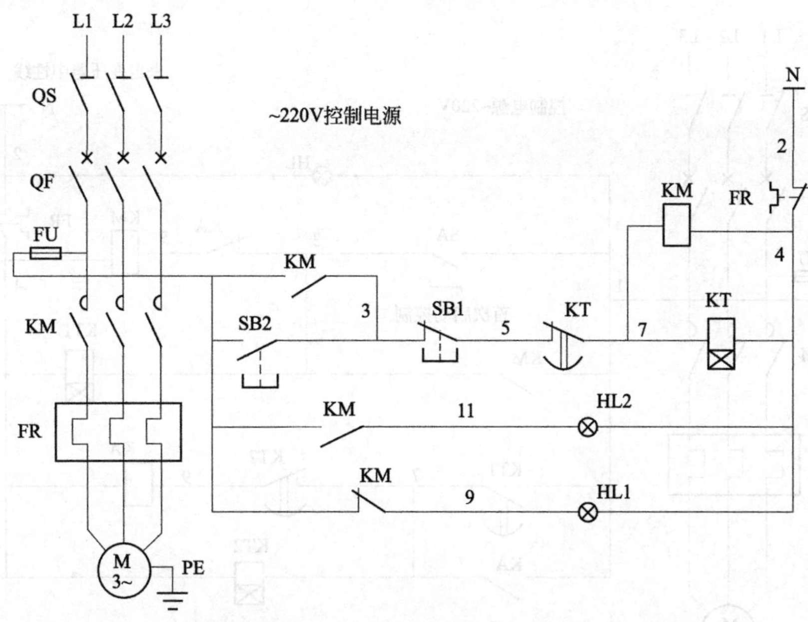

图 037　有启停状态信号、可定时停机的电动机 220V 控制电路

【例 038】 二次保护、有电源信号、按钮启停的电动机 380V 控制电路

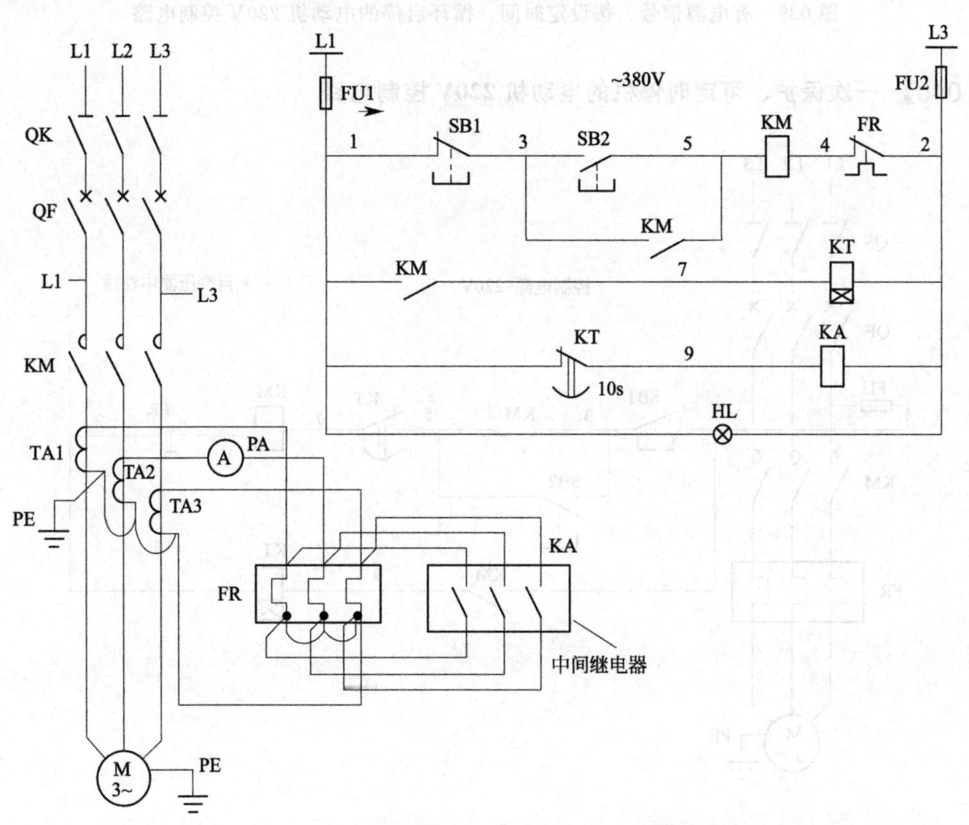

图 038　二次保护、有电源信号、按钮启停的电动机 380V 控制电路

【例 039】 有电源信号、按设定时间、循环启停的电动机 220V 控制电路

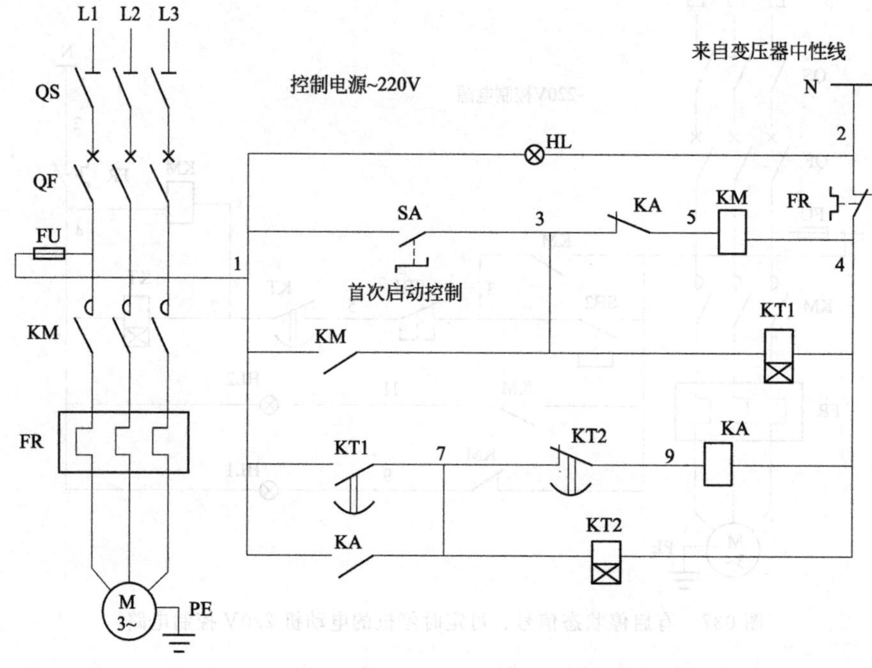

图 039 有电源信号、按设定时间、循环启停的电动机 220V 控制电路

【例 040】 一次保护、可定时停机的电动机 220V 控制电路

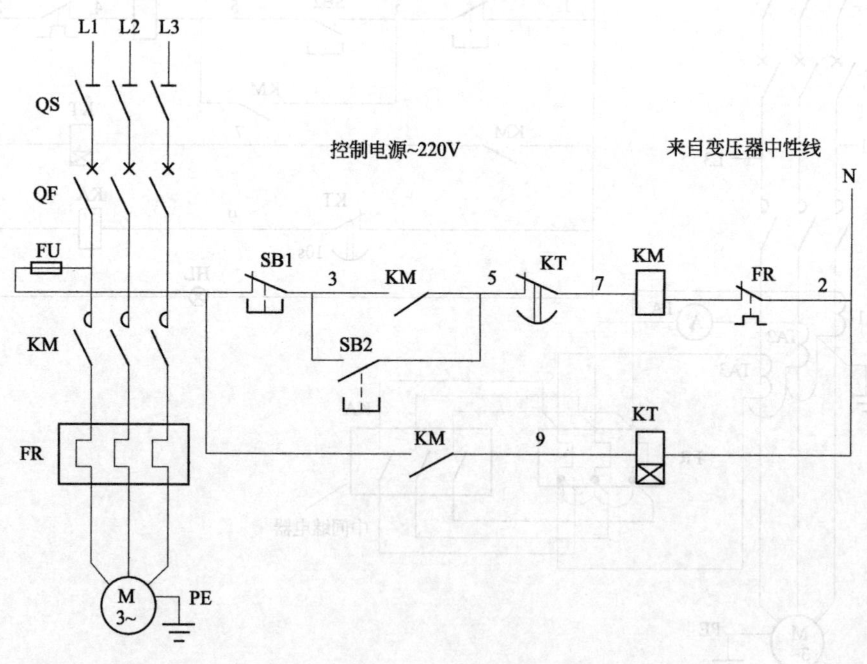

图 040 一次保护、可定时停机的电动机 220V 控制电路

【例 041】 按设定时间、循环启停的电动机 380V 控制电路

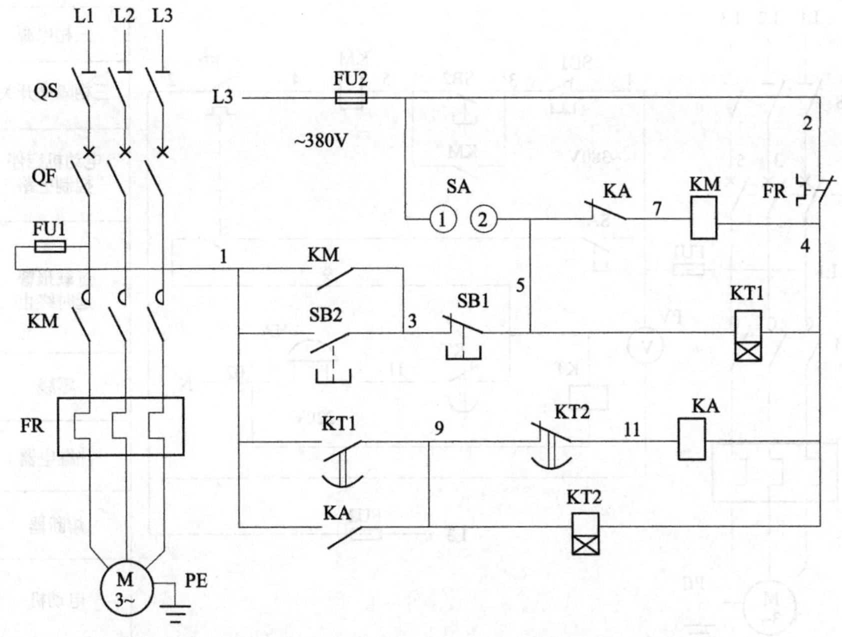

图 041 按设定时间、循环启停的电动机 380V 控制电路

【例 042】 二次保护、三只电流表、有状态信号灯的电动机 380V 控制电路

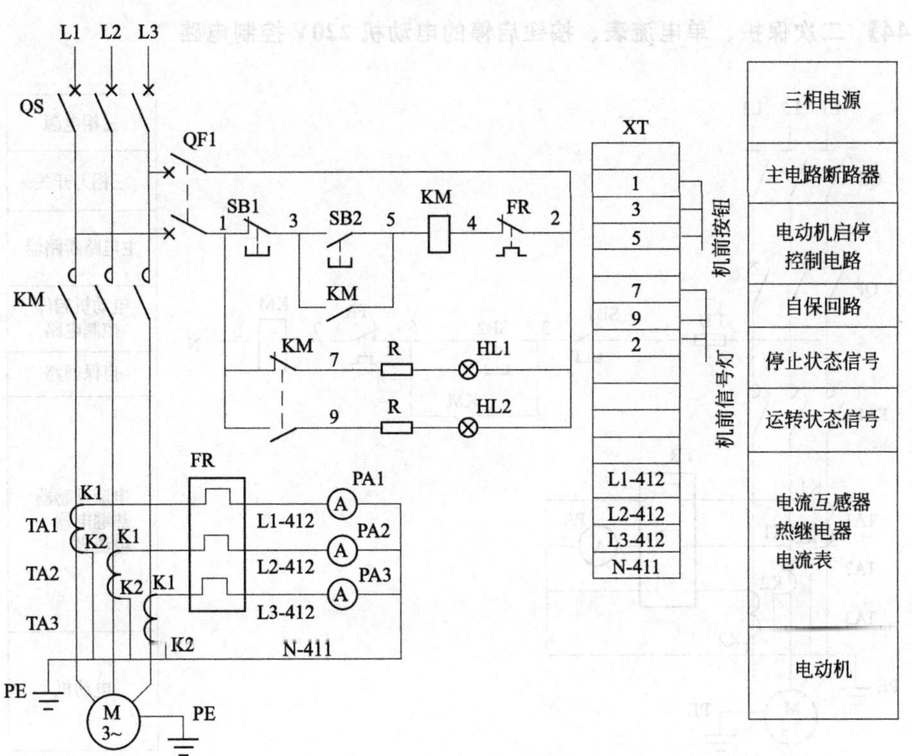

图 042 二次保护、三只电流表、有状态信号灯的电动机 380V 控制电路

【例 043】 有过载报警、自动终止报警、电压表、按钮启停的电动机 380V/220V 控制电路

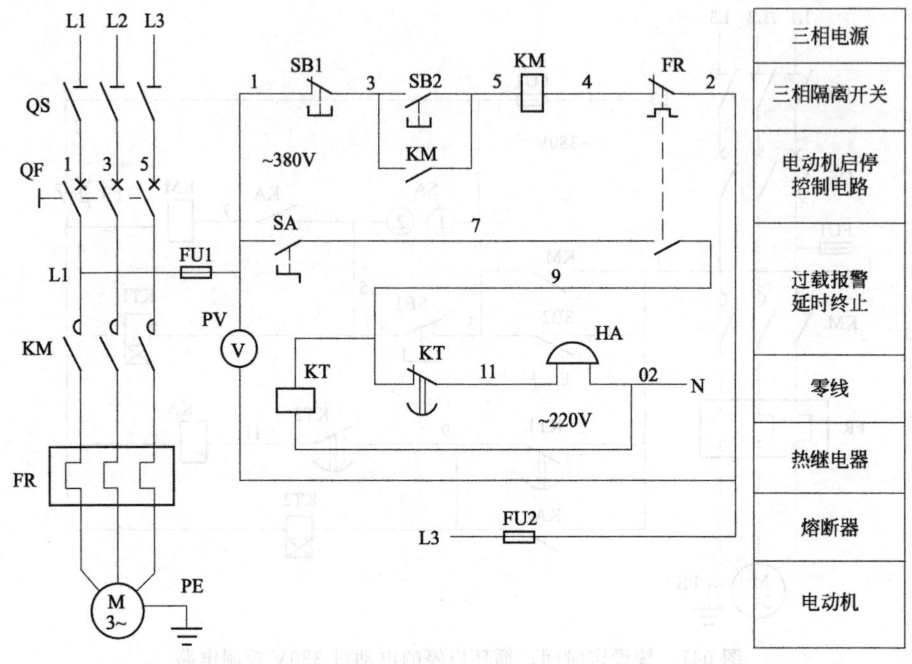

图 043 有过载报警、自动终止报警、电压表、按钮启停的电动机 380V/220V 控制电路

【例 044】 二次保护、单电流表、按钮启停的电动机 220V 控制电路

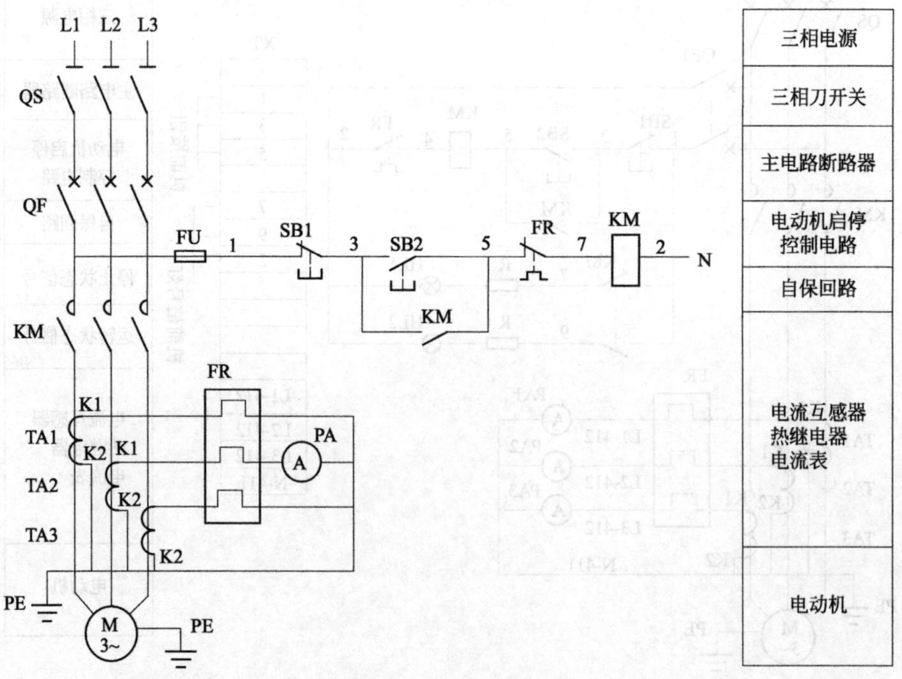

图 044 二次保护、单电流表、按钮启停的电动机 220V 控制电路

【例 045】 有启动通知信号、延时终止的电动机 380V/220V 控制电路

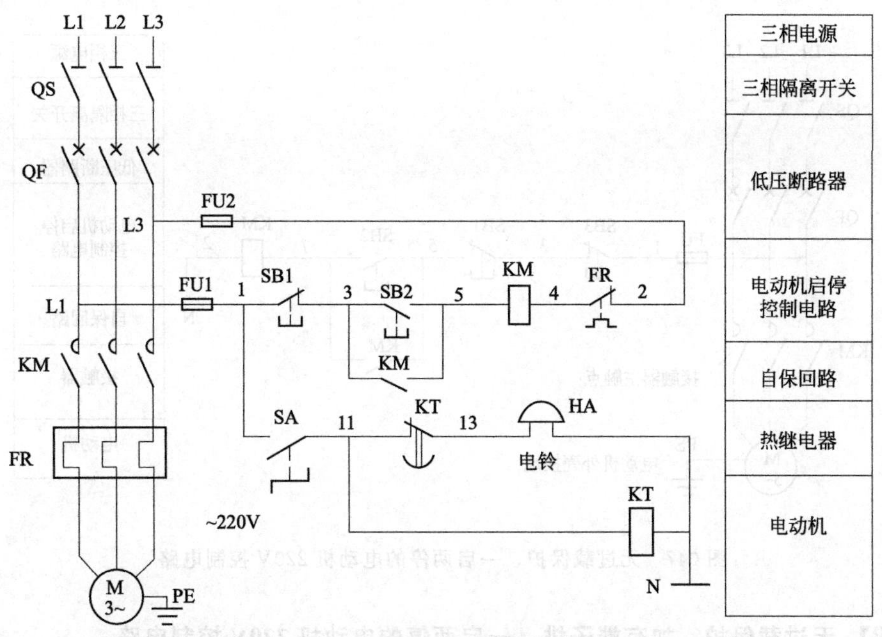

图 045　有启动通知信号、延时终止的电动机 380V/220V 控制电路

【例 046】 二次保护、单电流表、按钮启停的电动机 380V 控制电路

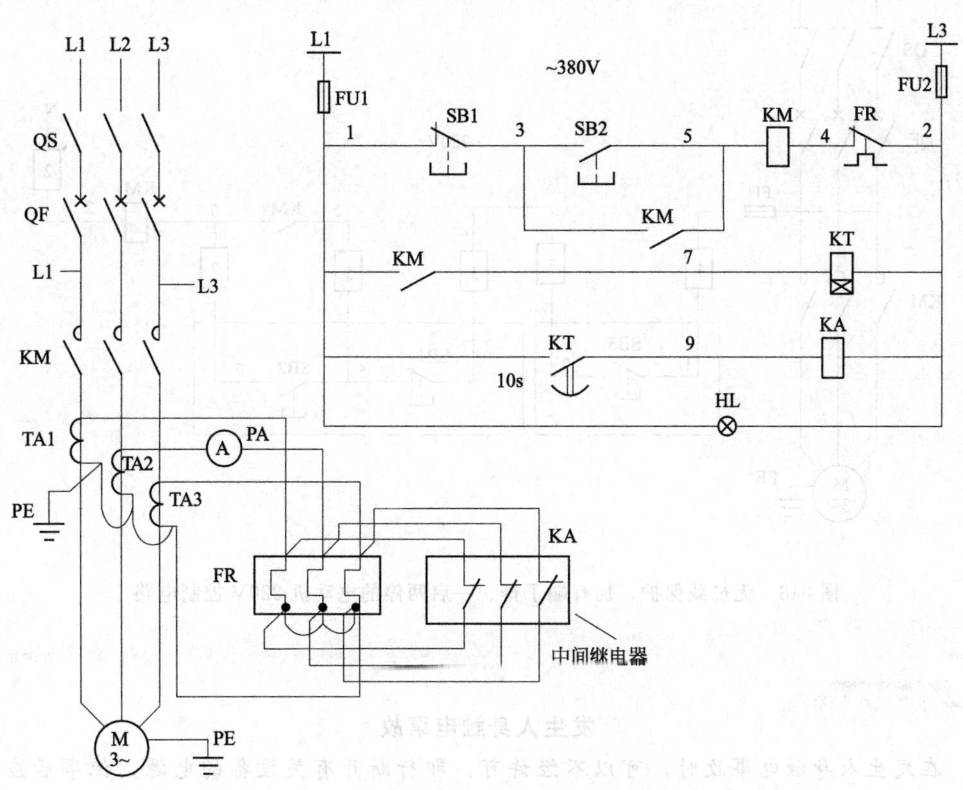

图 046　二次保护、单电流表、按钮启停的电动机 380V 控制电路

【例 047】 无过载保护、一启两停的电动机 220V 控制电路

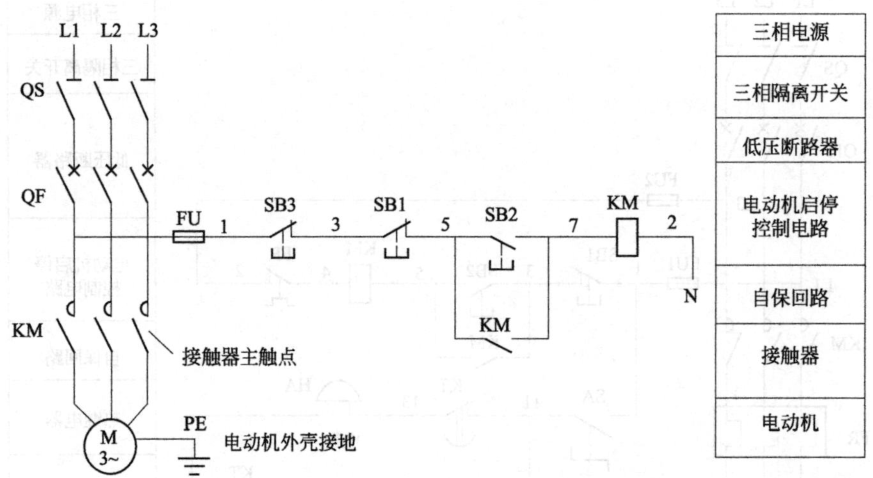

图 047 无过载保护、一启两停的电动机 220V 控制电路

【例 048】 无过载保护、加有端子排、一启两停的电动机 220V 控制电路

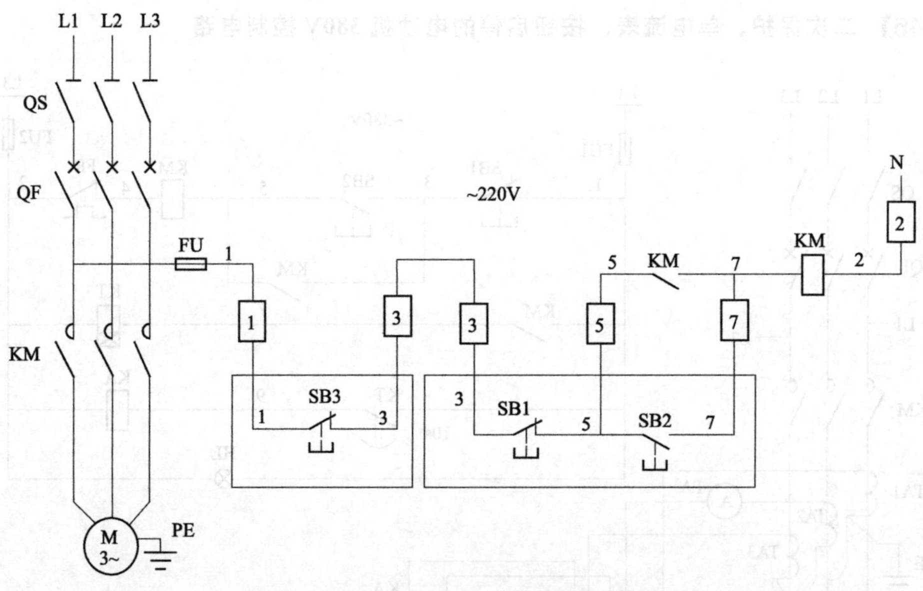

图 048 无过载保护、加有端子排、一启两停的电动机 220V 控制电路

加油站

发生人身触电事故

在发生人身触电事故时，可以不经许可，即行断开有关设备的电源，但事后应立即报告调度或设备运行管理单位。

【例 049】 过载保护、一启两停的电动机 220V 控制电路

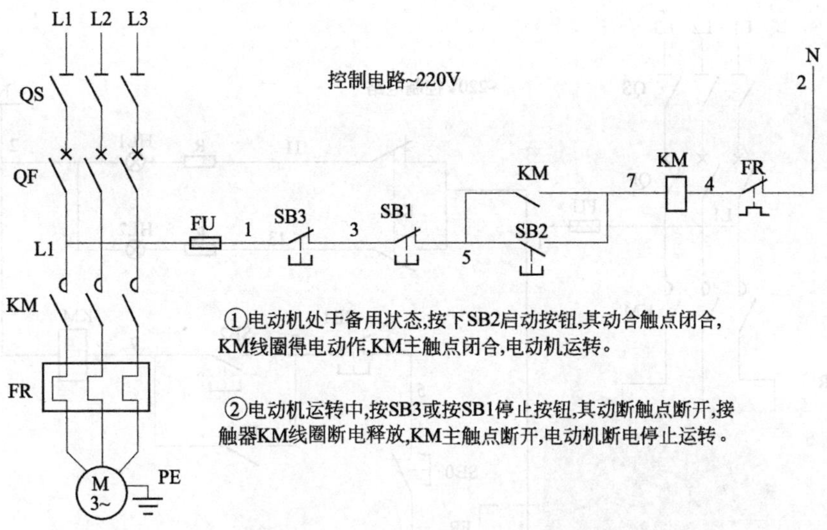

图 049 过载保护、一启两停的电动机 220V 控制电路

【例 050】 加有端子排、过载保护、一启两停的电动机 220V 控制电路

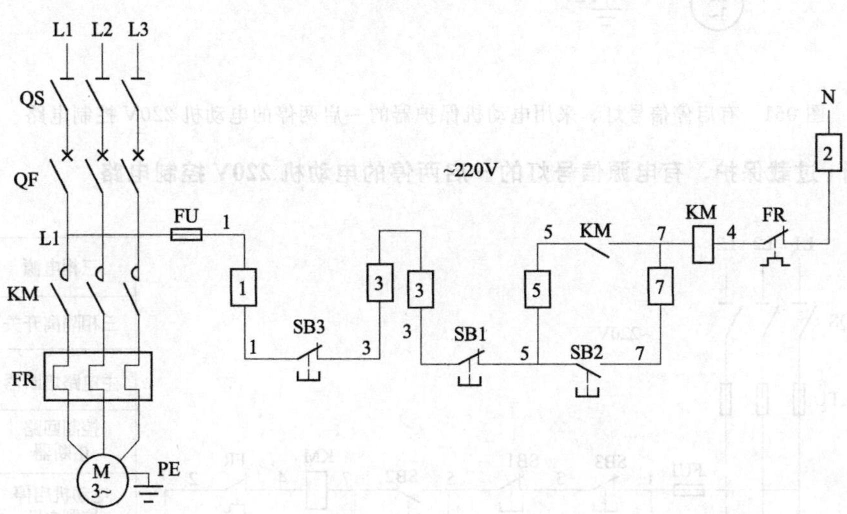

图 050 加有端子排、过载保护、一启两停的电动机 220V 控制电路

加油站

电动机主回路中熔断器熔体额定电流的选择

1. 单台全压启动的电动机：熔体的额定电流＝1.5～2.5 倍电动机额定电流 。

2. 多台全压启动的电动机：熔体的额定电流＝最大一台电动机的额定电流×1.5～2.5＋其他几台电动机的额定电流之和。

3. 降压启动电动机：熔体的额定电流＝1.5～2 倍电动机额定电流。

4. 绕线式电动机：熔体额定电流＝1.2～1.5 倍电动机额定电流。

【例 051】 有启停信号灯、采用电动机保护器的一启两停的电动机 220V 控制电路

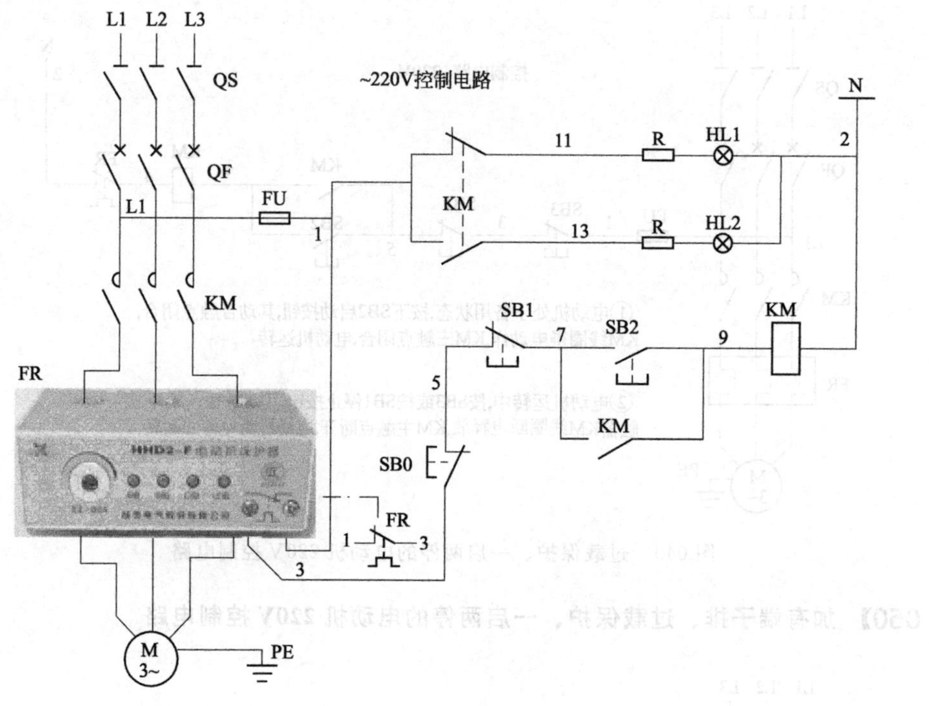

图 051 有启停信号灯、采用电动机保护器的一启两停的电动机 220V 控制电路

【例 052】 过载保护、有电源信号灯的一启两停的电动机 220V 控制电路

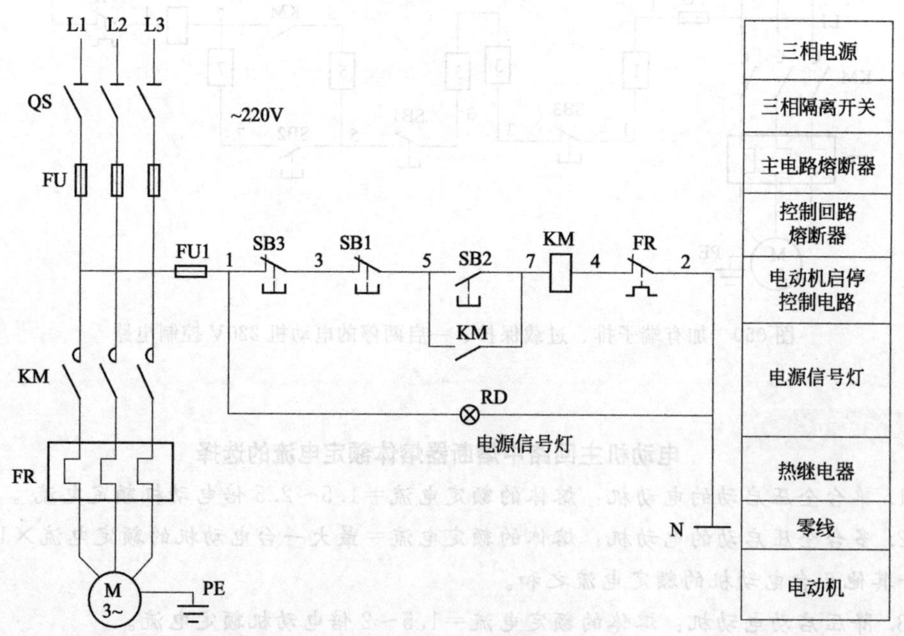

图 052 过载保护、有电源信号灯的一启两停的电动机 220V 控制电路

【例 053】 过载保护、有启停信号灯的一启三停的电动机 220V 控制电路

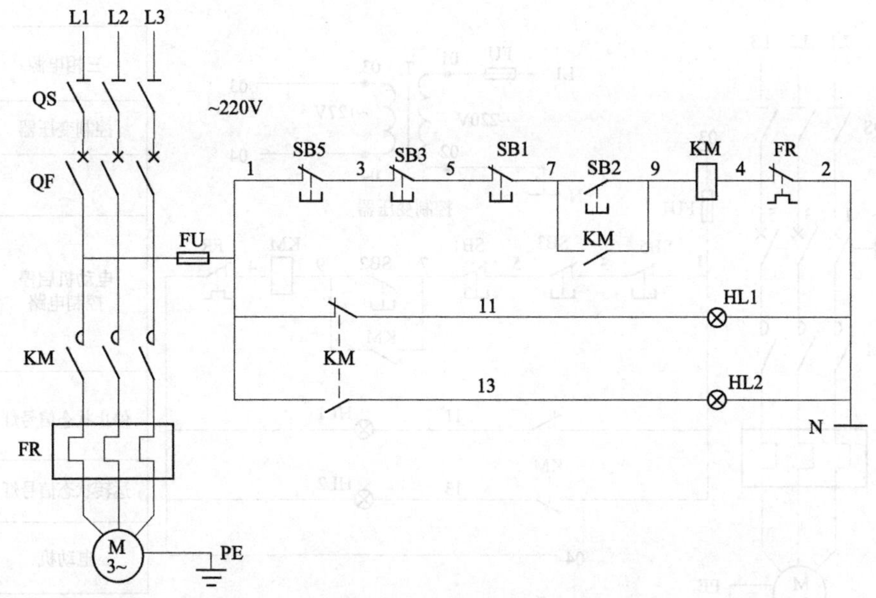

图 053　过载保护、有启停信号灯的一启三停的电动机 220V 控制电路

【例 054】 一启两停、有手动发启动通知信号的电动机 380V/36V 控制电路

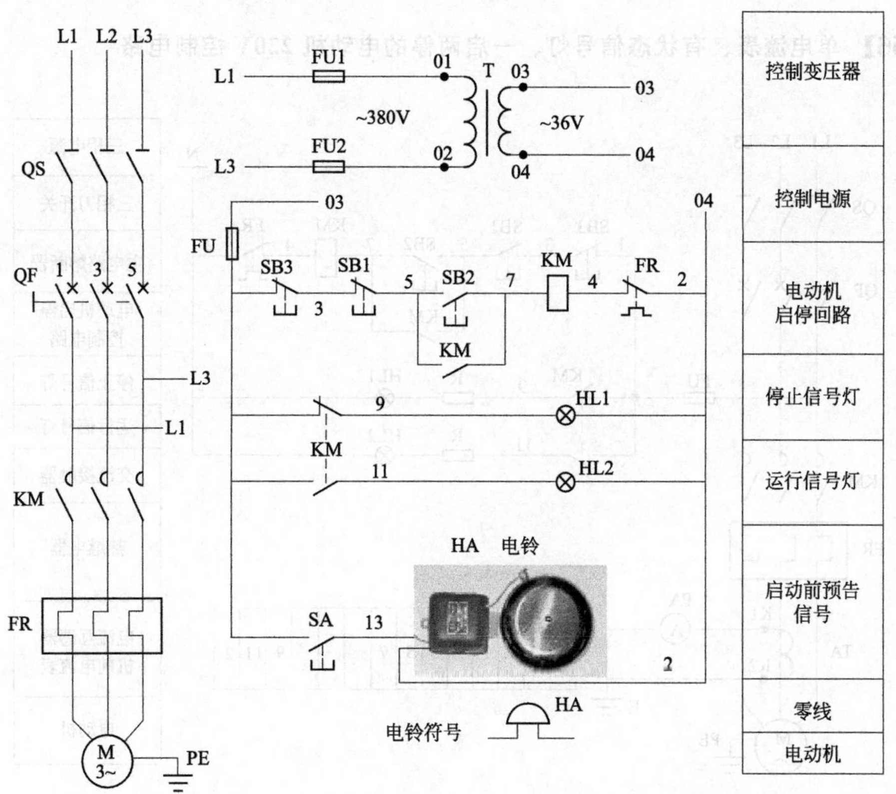

图 054　一启两停、有手动发启动通知信号的电动机 380V/36V 控制电路

【例 055】 有启停信号、一启三停的电动机 220V/127V 控制电路

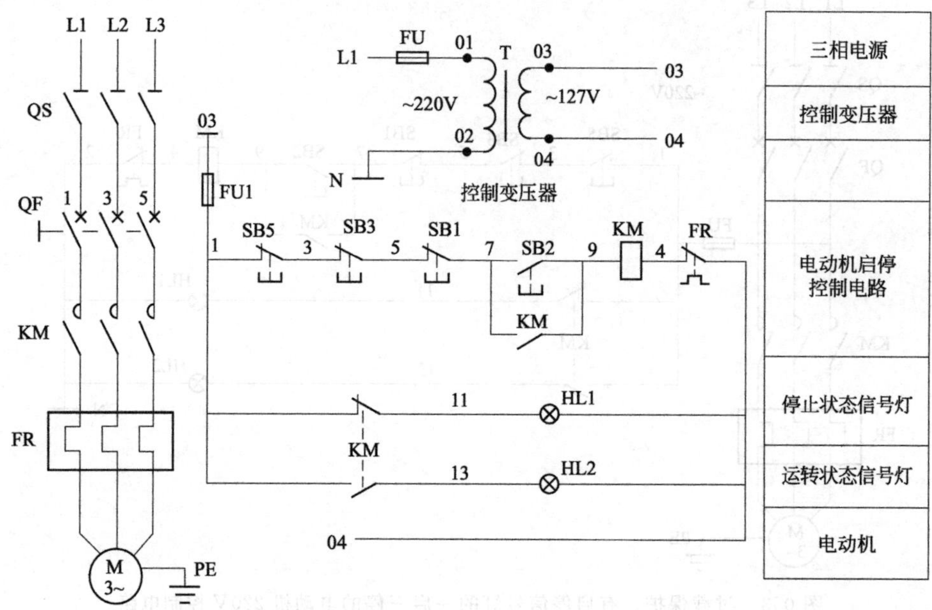

图 055 有启停信号、一启三停的电动机 220V/127V 控制电路

【例 056】 单电流表、有状态信号灯、一启两停的电动机 220V 控制电路

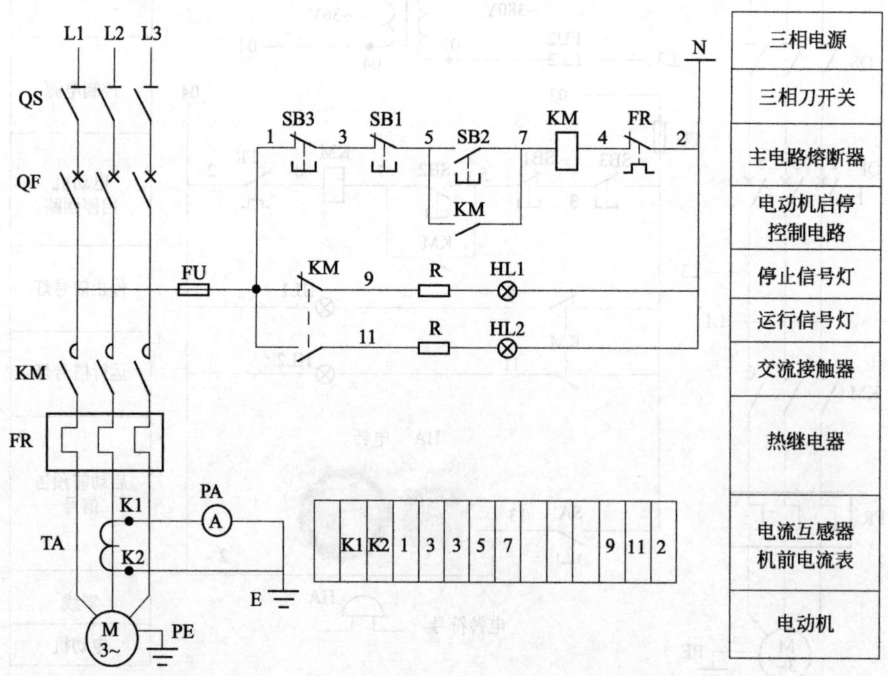

图 056 单电流表、有状态信号灯、一启两停的电动机 220V 控制电路

【例 057】 二次保护、单电流表、有过载指示灯、一启两停的电动机 380V 控制电路

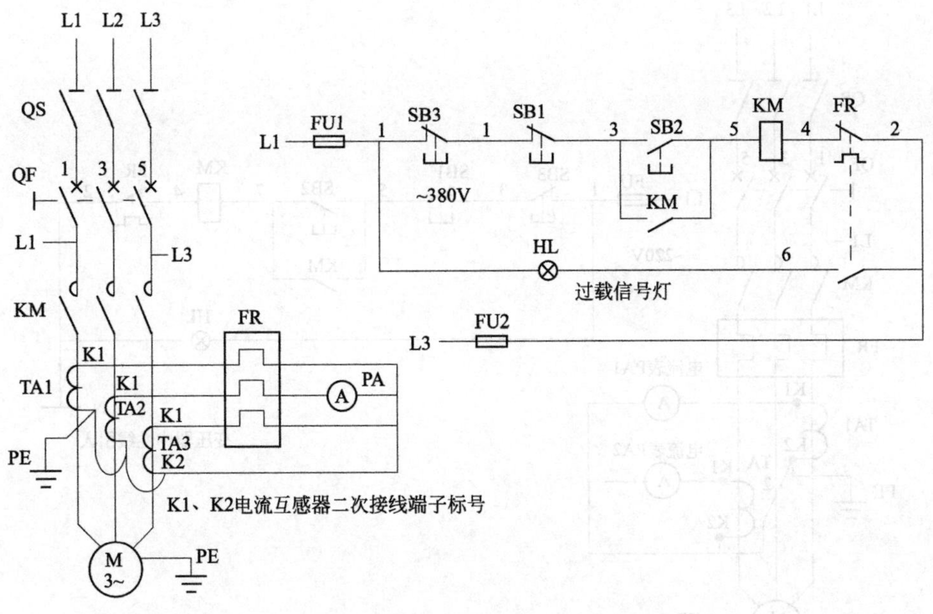

图 057 二次保护、单电流表、有过载指示灯、一启两停的电动机 380V 控制电路

【例 058】 两个 TA 双电流表、无过载保护的一启两停的电动机 220V 控制电路

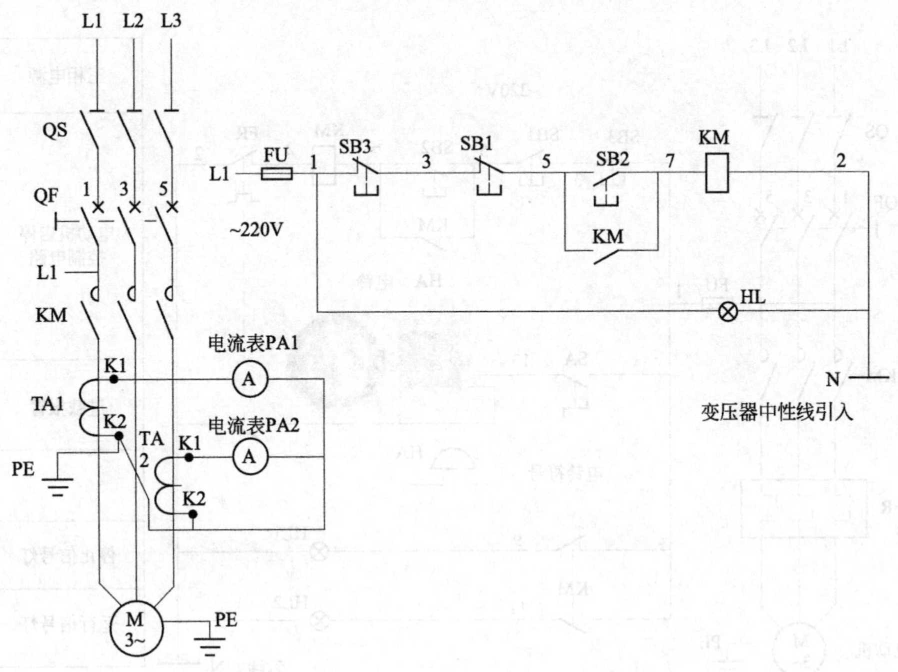

图 058 两个 TA 双电流表、无过载保护的一启两停的电动机 220V 控制电路

【例 059】 一次保护、两个 TA 双电流表、一启两停的电动机 220V 控制电路

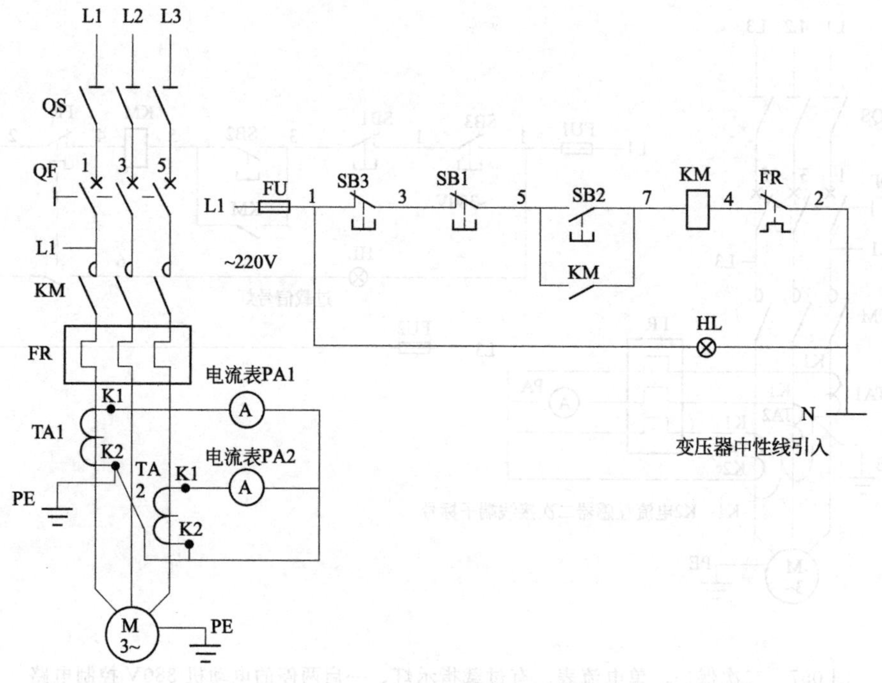

图 059 一次保护、两个 TA 双电流表、一启两停的电动机 220V 控制电路

【例 060】 有状态信号灯、一启两停的过载报警的电动机 220V 控制电路

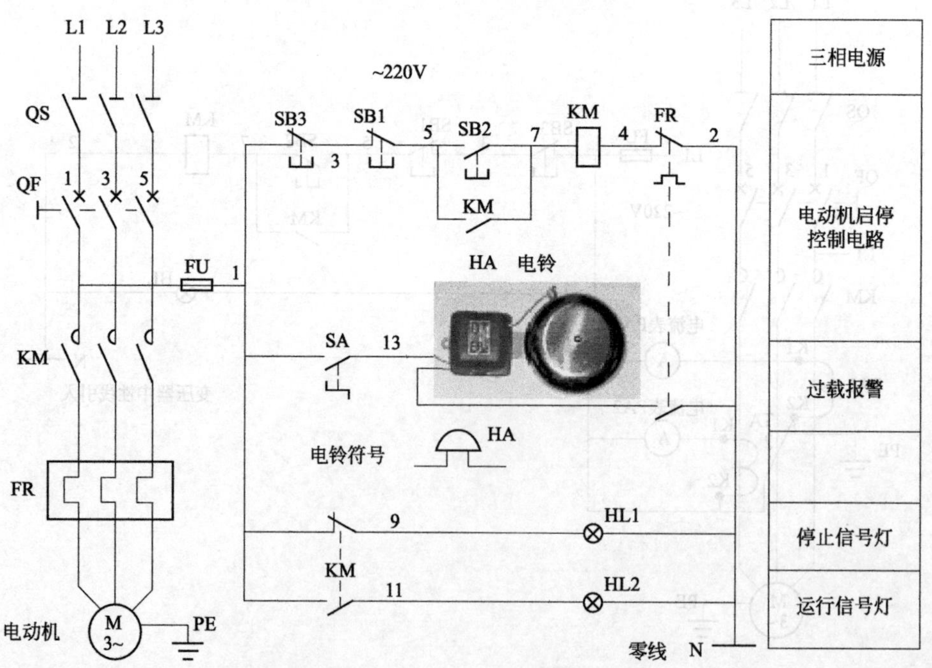

图 060 有状态信号灯、一启两停的过载报警的电动机 220V 控制电路

【例 061】 有电源信号灯、过载保护、两启一停的电动机 220V 控制电路

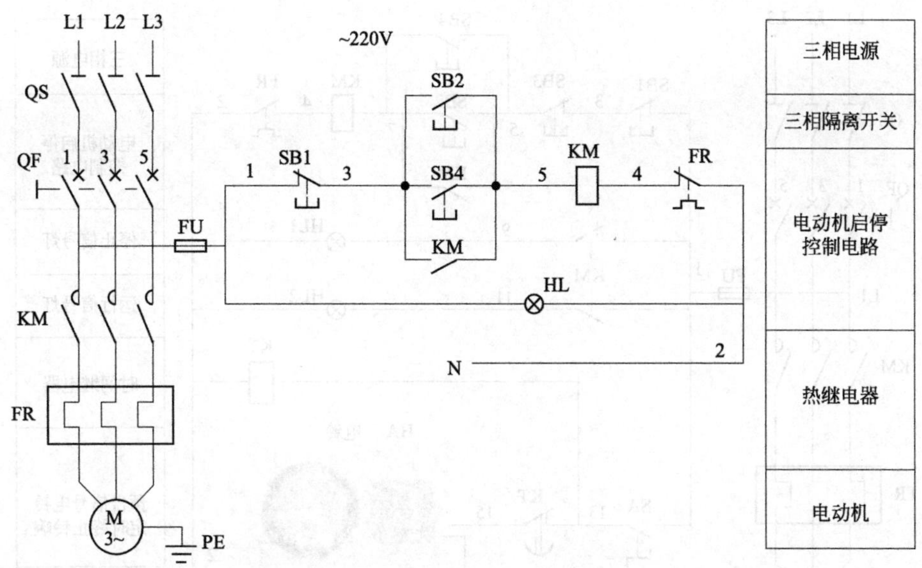

图 061　有电源信号灯、过载保护、两启一停的电动机 220V 控制电路

【例 062】 自动发出启动信号并自复、一启两停、有状态信号灯的电动机 220V 控制电路

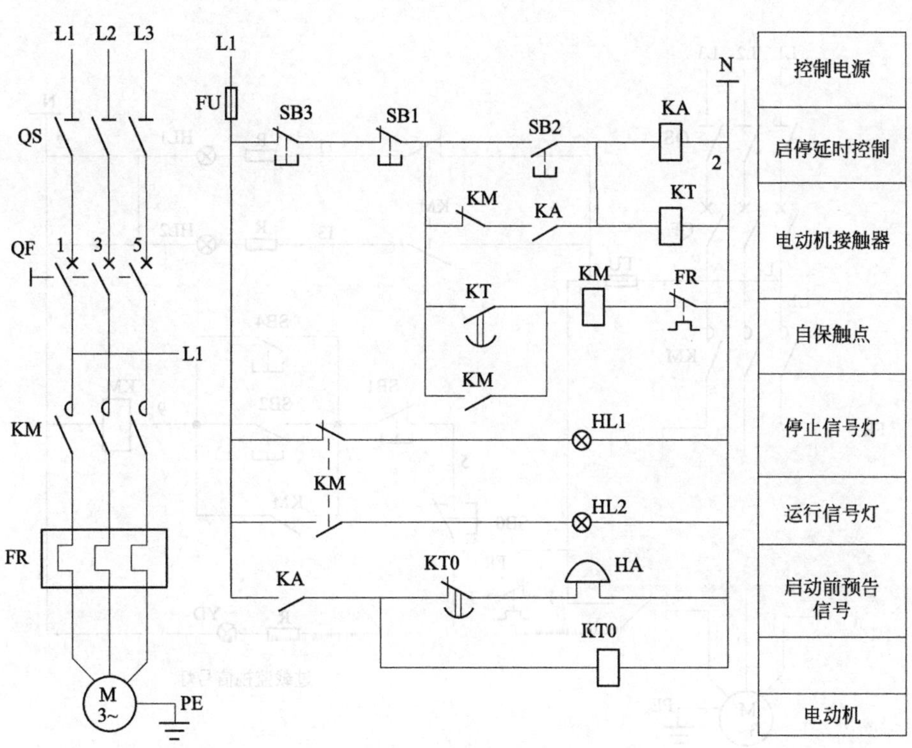

图 062　自动发出启动信号并自复、一启两停、有状态信号灯的电动机 220V 控制电路

【例 063】 有启动前发信号并自复、两启两停的电动机 220V 控制电路

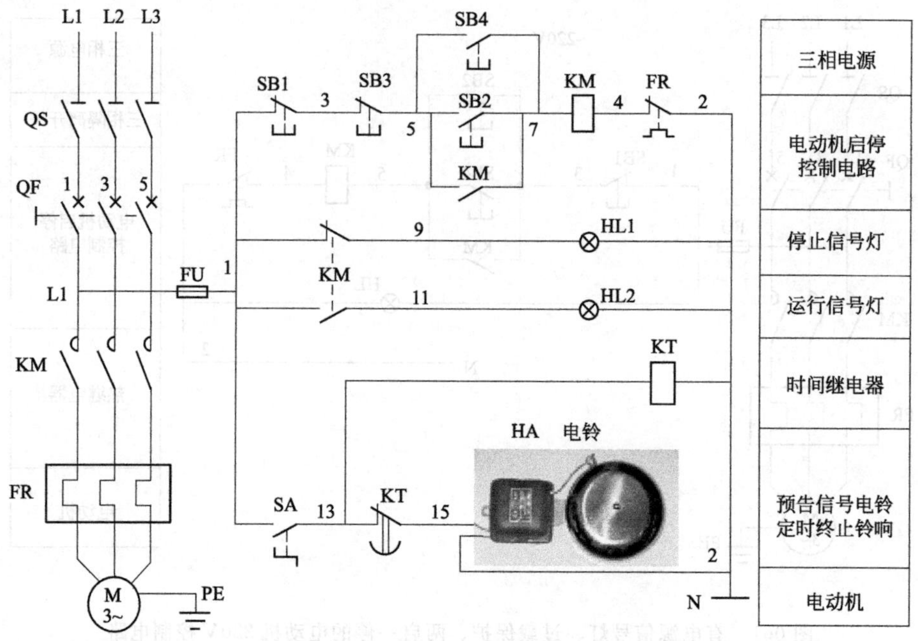

图 063 有启动前发信号并自复、两启两停的电动机 220V 控制电路

【例 064】 采用电动机保护器、两启两停的电动机 220V 控制电路

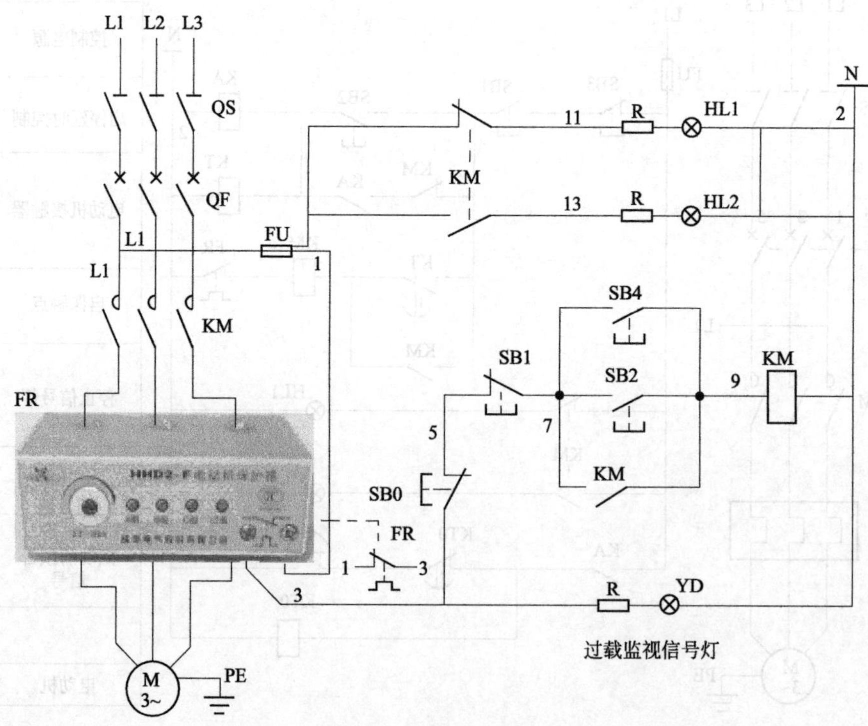

图 064 采用电动机保护器、两启两停的电动机 220V 控制电路

【例 065】 一次保护、有启停信号、两启两停的电动机 380V/48V 控制电路

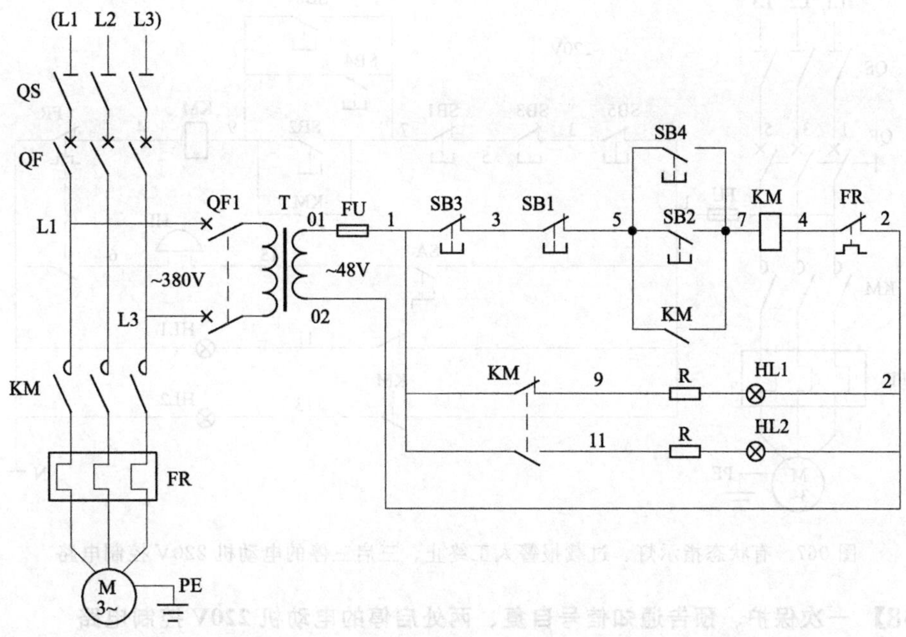

图 065　一次保护、有启停信号、两启两停的电动机 380V/48V 控制电路

【例 066】 二次保护、双电流表、两启三停的电动机 380V 控制电路

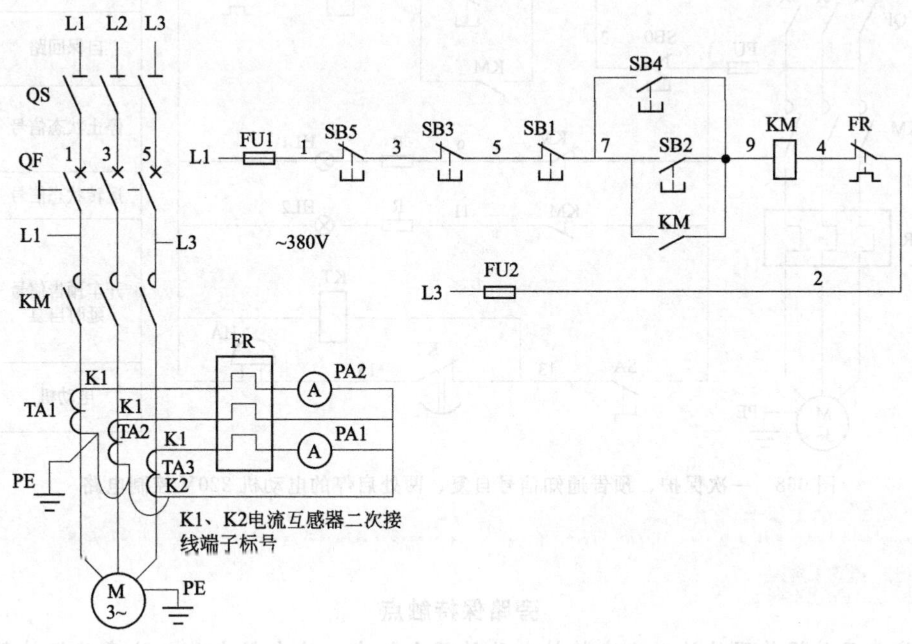

图 066　二次保护、双电流表、两启三停的电动机 380V 控制电路

【例 067】 有状态指示灯、过载报警人工终止、三启三停的电动机 220V 控制电路

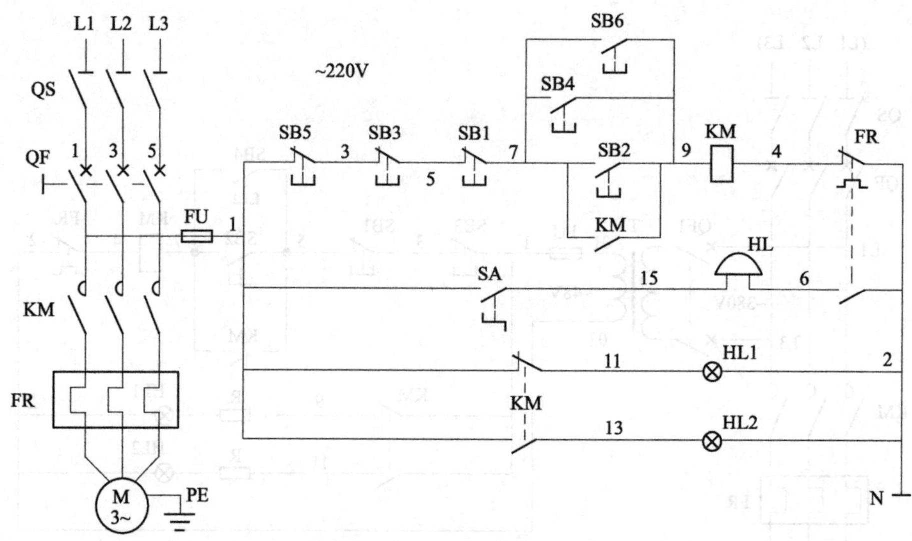

图 067 有状态指示灯、过载报警人工终止、三启三停的电动机 220V 控制电路

【例 068】 一次保护、预告通知信号自复、两处启停的电动机 220V 控制电路

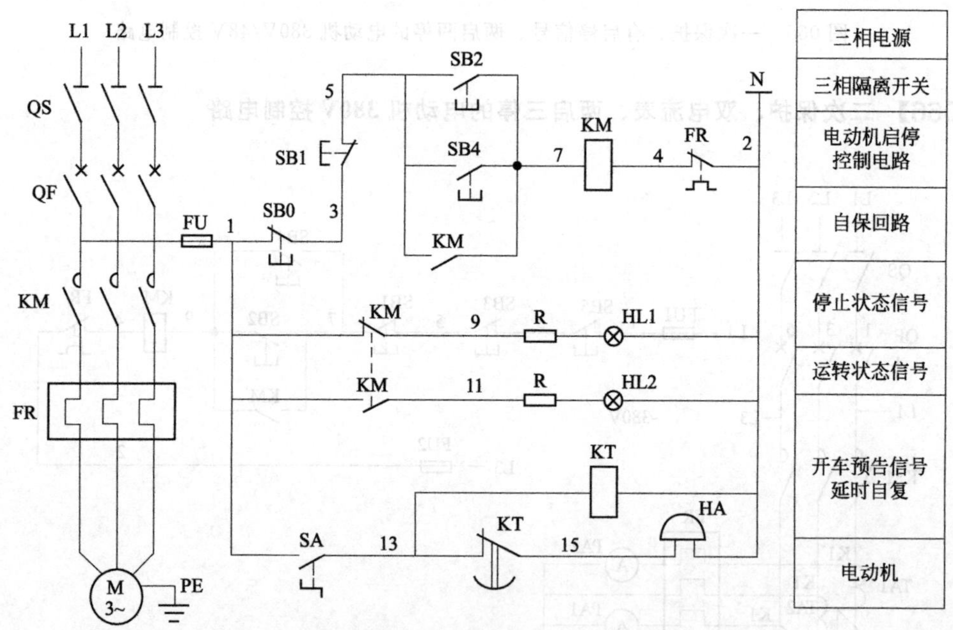

图 068 一次保护、预告通知信号自复、两处启停的电动机 220V 控制电路

加油站

旁路保持触点

依靠另外操作器件的触点来维持电路的闭合状态，这个触点称之为旁路保持触点。这一回路称之为旁路保持回路。旁路保持触点在控制电路中应用较多。

【例 069】 一次保护、两启两停的电动机 220V/127V 控制电路

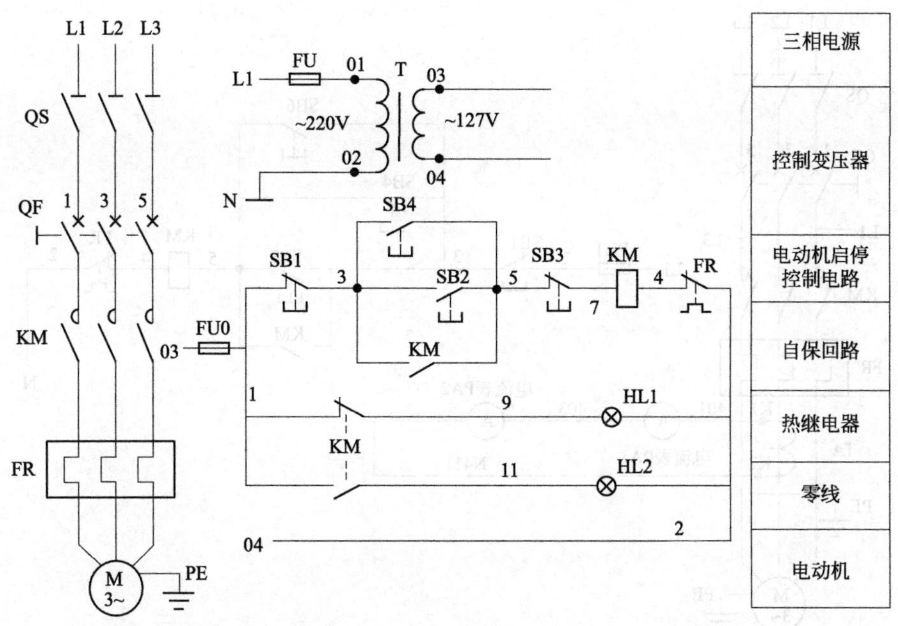

图 069　一次保护、两启两停的电动机 220V/127V 控制电路

【例 070】 采用电动机保护器作过载保护、两启三停的电动机 220V 控制电路

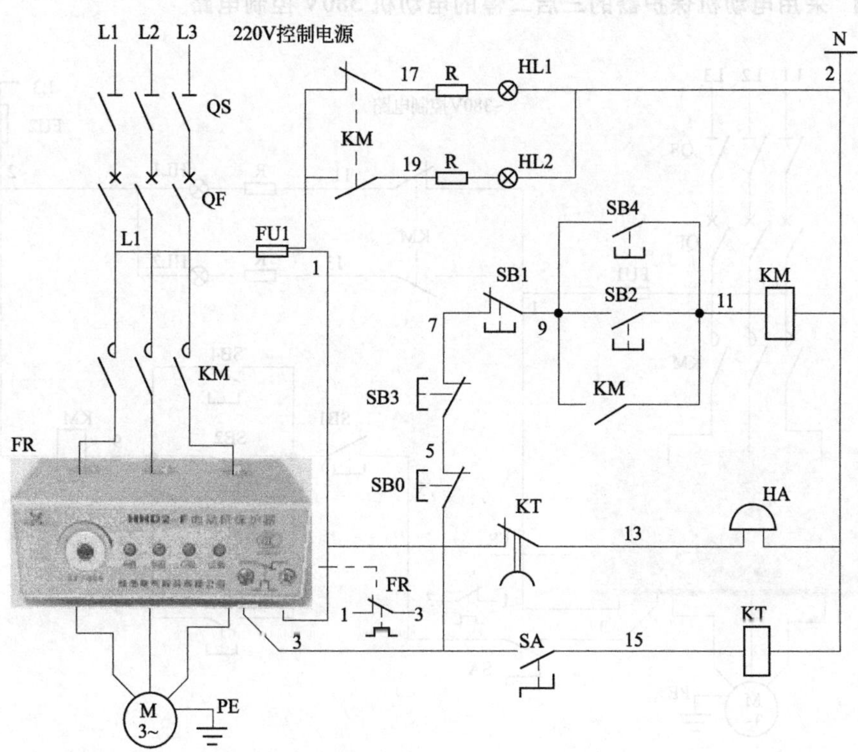

图 070　采用电动机保护器作过载保护、两启三停的电动机 220V 控制电路

【例 071】 单 TA、两只电流表串联、三启一停的电动机 220V 控制电路

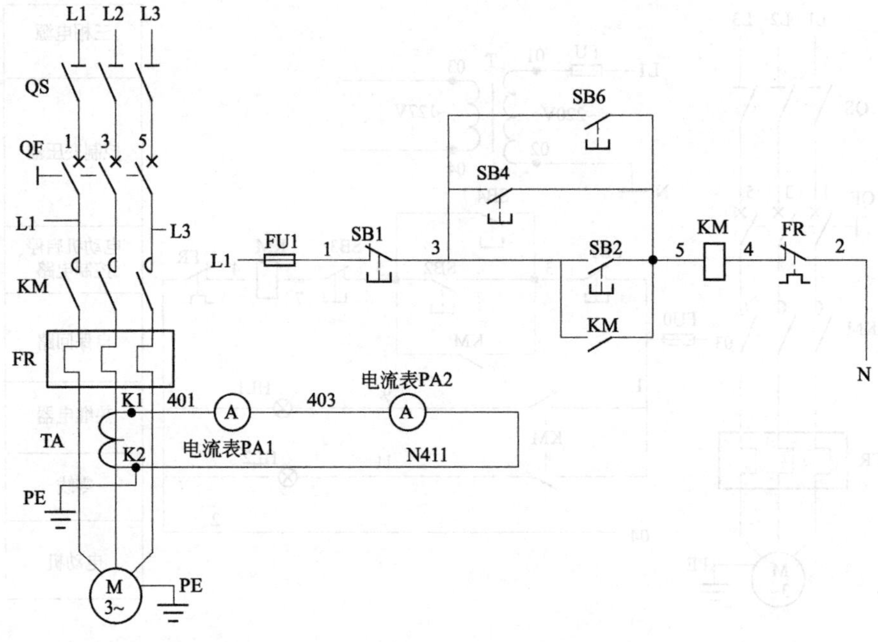

图 071 单 TA、两只电流表串联、三启一停的电动机 220V 控制电路

【例 072】 采用电动机保护器的三启二停的电动机 380V 控制电路

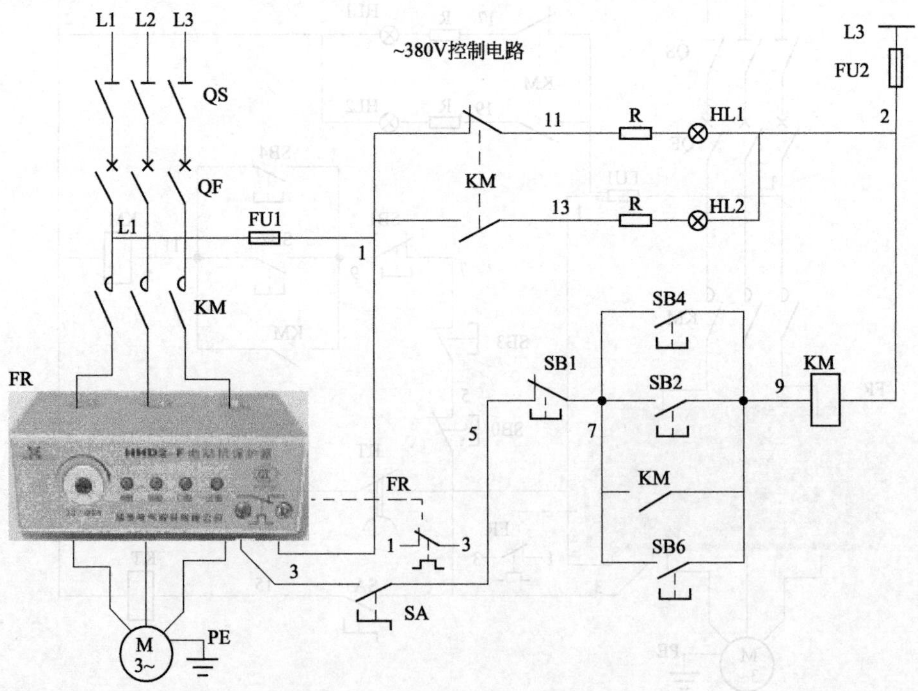

图 072 采用电动机保护器的三启二停的电动机 380V 控制电路

【例 073】 采用电动机保护器、有状态信号灯、三启二停的电动机 220V 控制电路

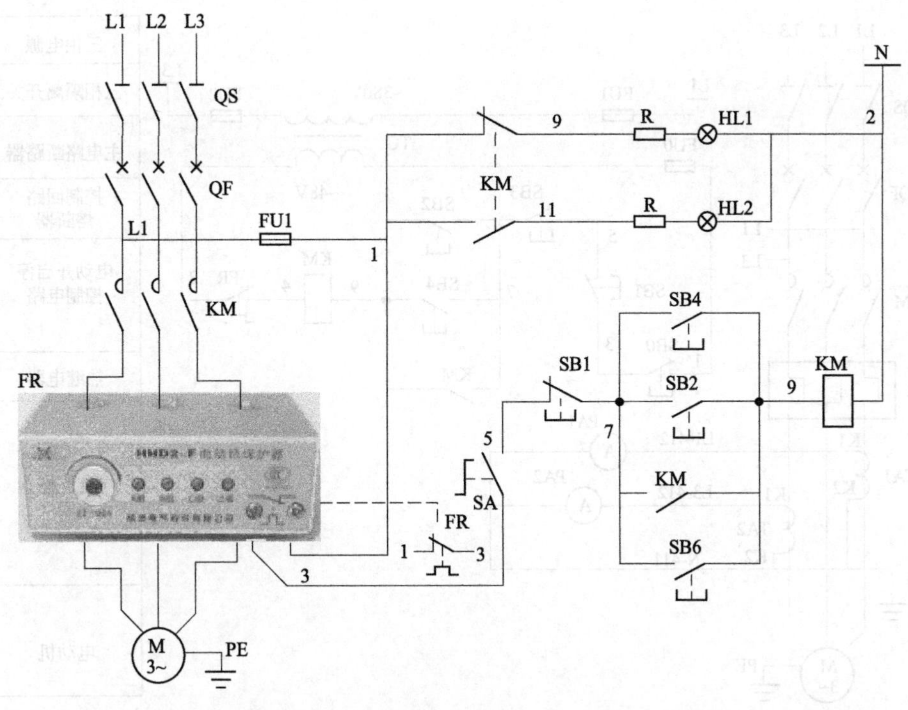

图 073　采用电动机保护器、有状态信号灯、三启二停的电动机 220V 控制电路

【例 074】 一次保护、有信号灯、单电流表、两启三停的电动机 380V 控制电路

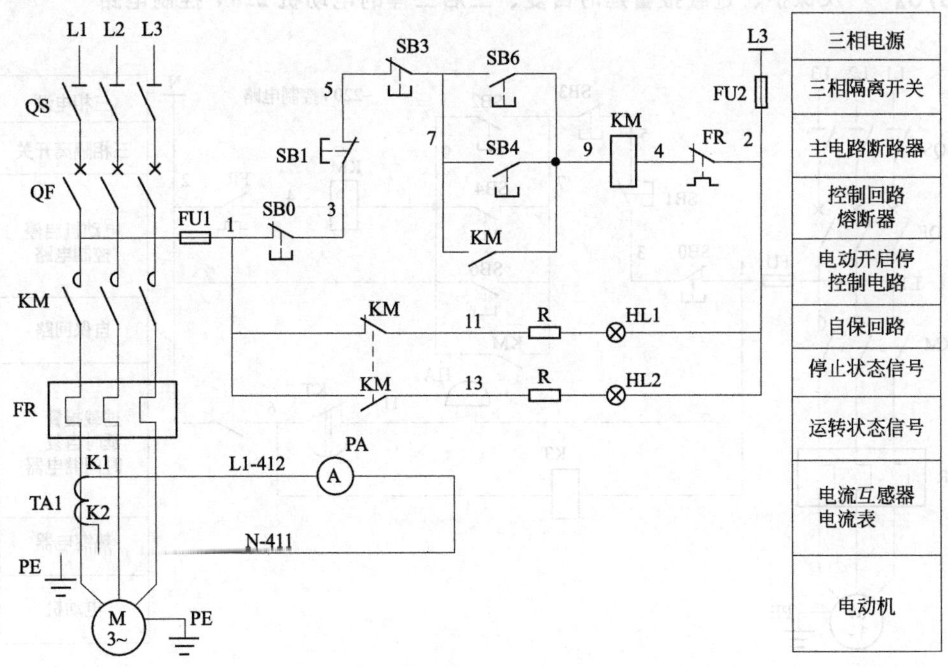

图 074　一次保护、有信号灯、单电流表、两启三停的电动机 380V 控制电路

【例 075】 有信号灯、双电流表、两启三停的电动机 380V/48V 控制电路

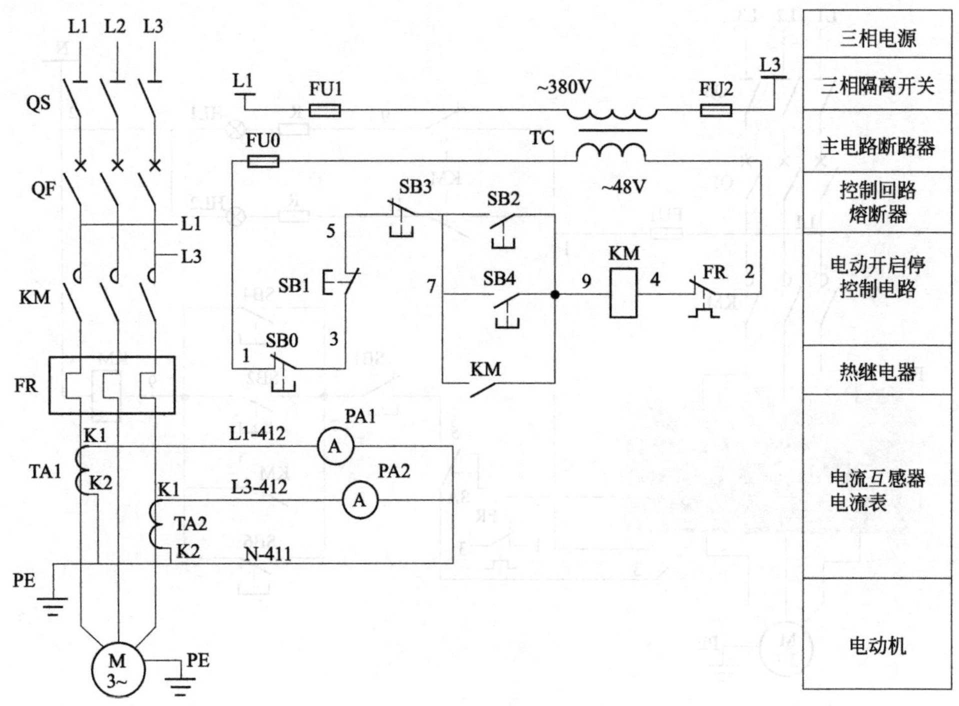

图 075 有信号灯、双电流表、两启三停的电动机 380V/48V 控制电路

【例 076】 一次保护、过载报警延时自复、三启三停的电动机 220V 控制电路

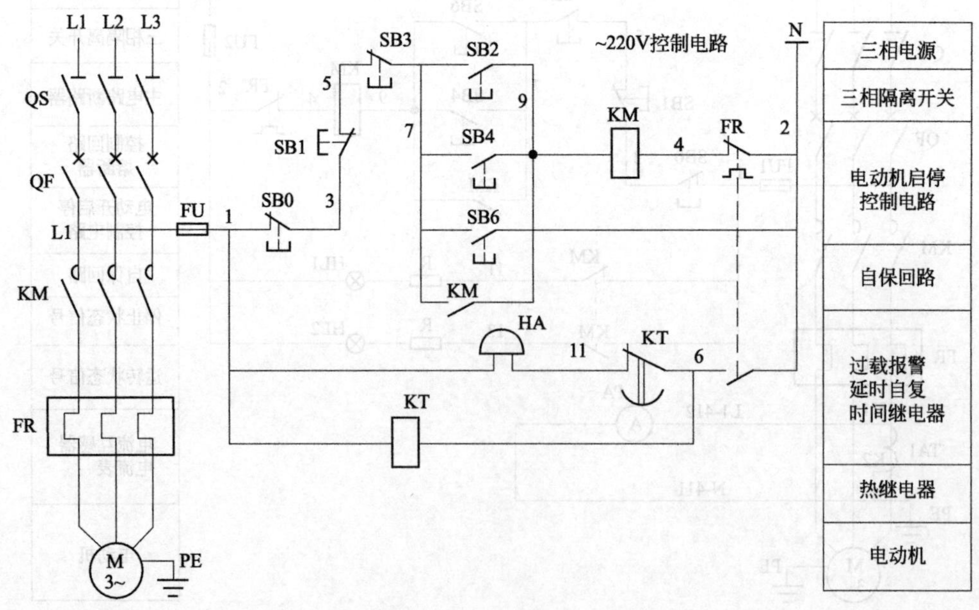

图 076 一次保护、过载报警延时自复、三启三停的电动机 220V 控制电路

【例 077】 KM 线圈工作电压 380V 用于两启三停的电动机的 220V 控制电路

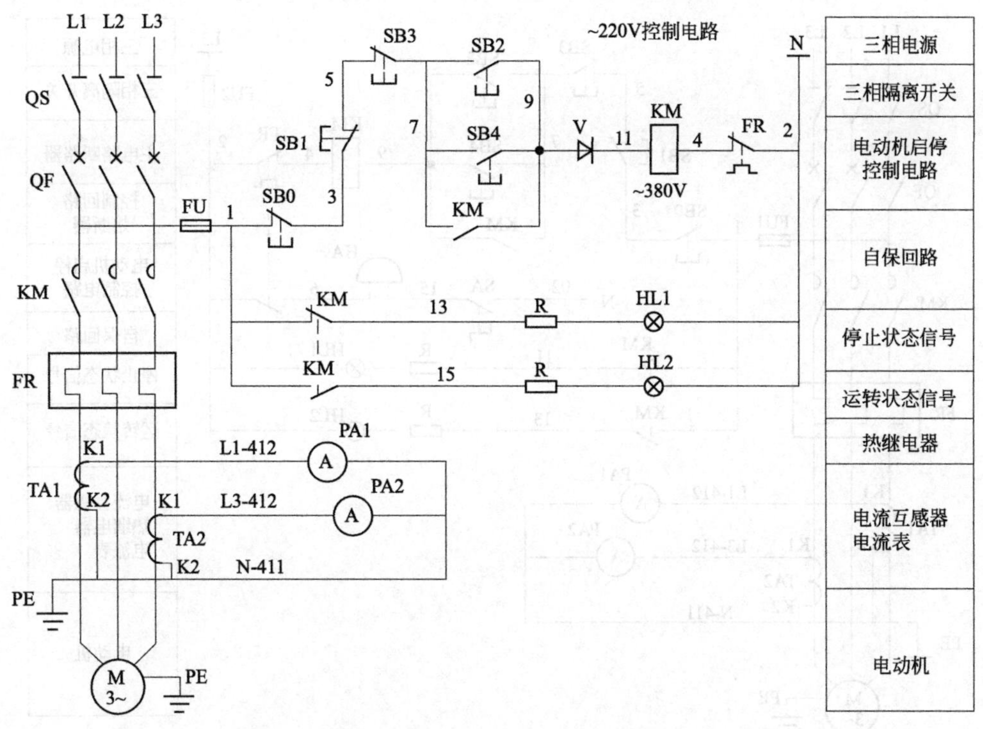

图 077　KM 线圈工作电压 380V 用于两启三停的电动机的 220V 控制电路

【例 078】 一次保护、有信号灯、三启三停的电动机 380V/48V 控制电路

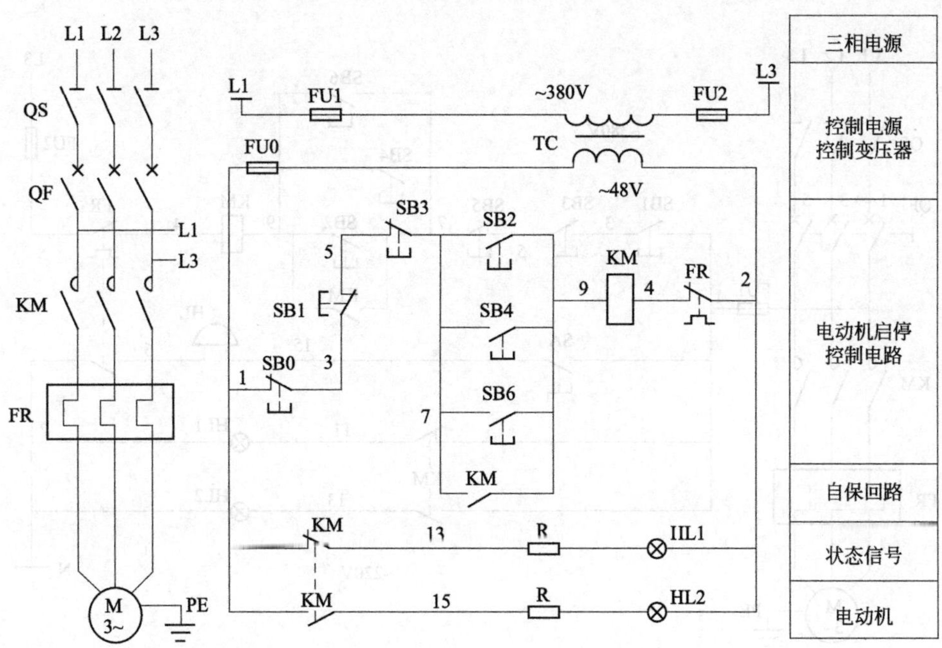

图 078　一次保护、有信号灯、三启三停的电动机 380V/48V 控制电路

【例 079】 过载报警、手动终止铃响、两启三停的电动机 380V 控制电路

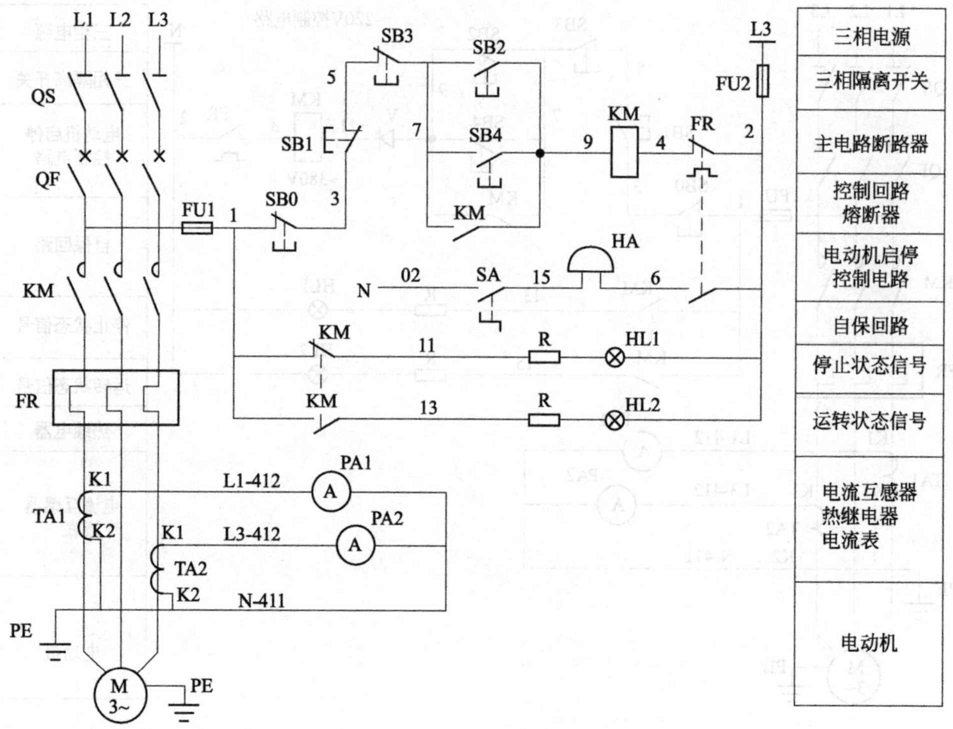

图 079　过载报警、手动终止铃响、两启三停的电动机 380V 控制电路

【例 080】 过载报警、手动终止铃响、三启三停的电动机 380V/220V 控制电路

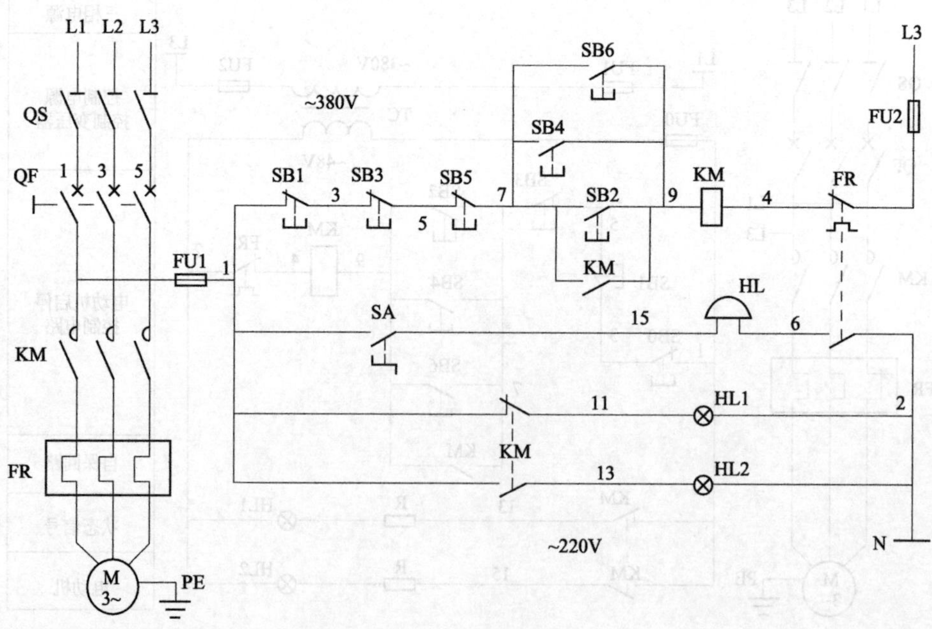

图 080　过载报警、手动终止铃响、三启三停的电动机 380V/220V 控制电路

【例 081】 拉线开关操作、有过载保护的 220V 控制电路

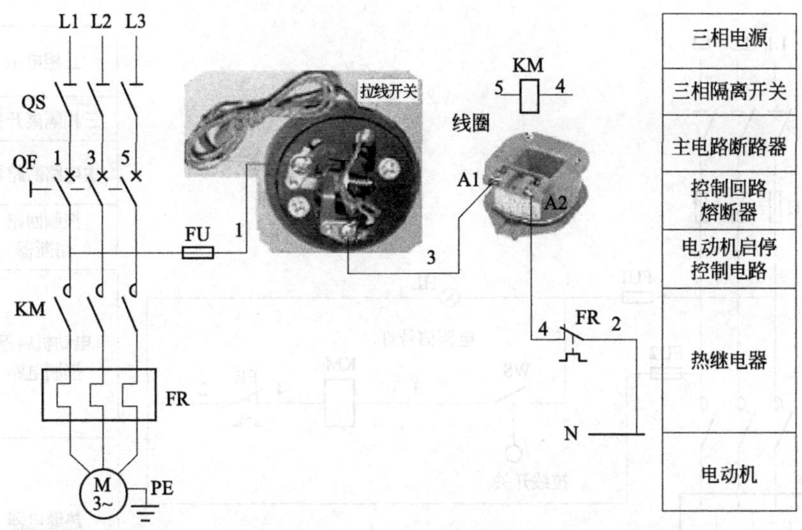

图 081　拉线开关操作、有过载保护的 220V 控制电路

【例 082】 拉线开关操作、有过载保护的 380V 控制电路

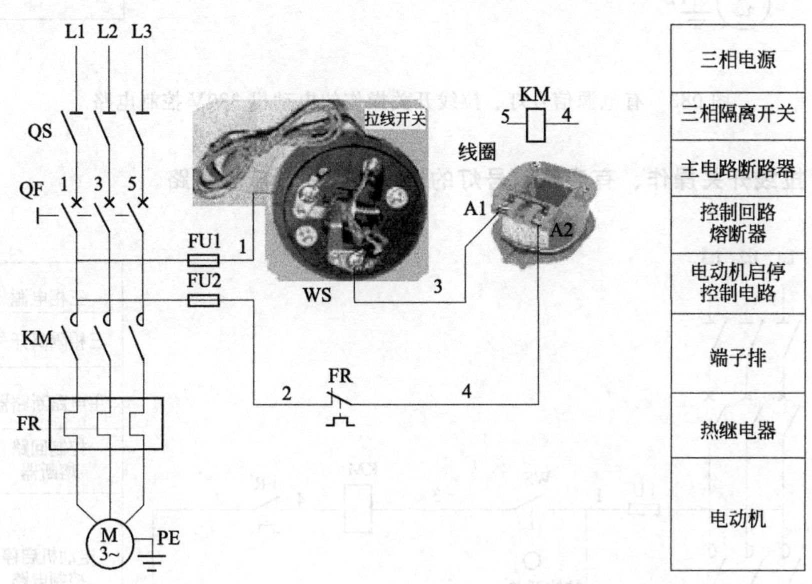

图 082　拉线开关操作、有过载保护的 380V 控制电路

加油站

触点的并联

根据电气（机械）控制要求，把开关或继电器触点的前端与另一个触点的前端相连接、尾端与尾端的连接方式称之为触点的并联回路（如 前端 KM SB 尾端 图示）。

【例 083】 有电源信号灯、拉线开关操作的电动机 380V 控制电路

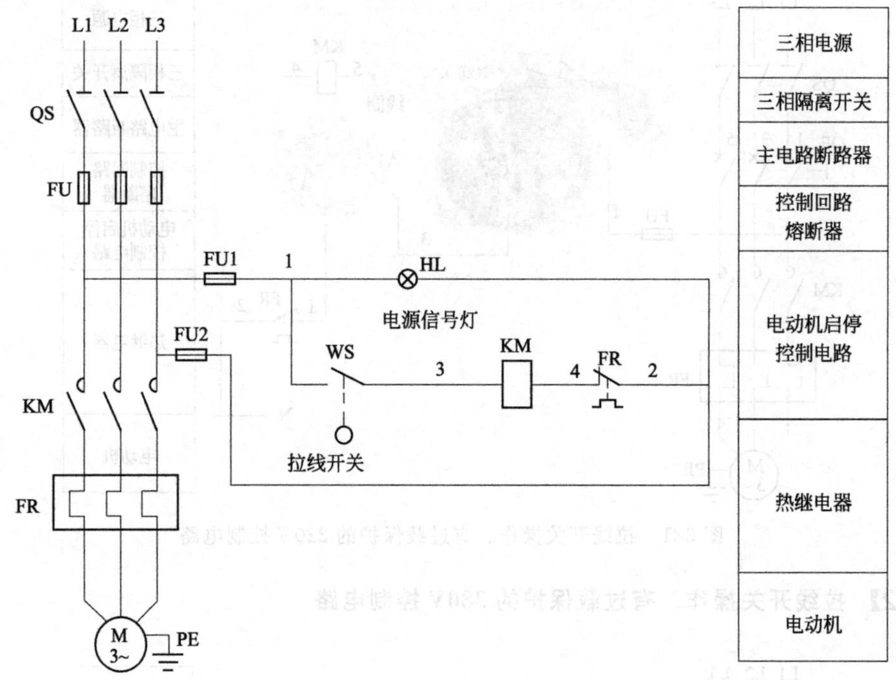

图 083 有电源信号灯、拉线开关操作的电动机 380V 控制电路

【例 084】 拉线开关操作、有启停信号灯的电动机 220V 控制电路

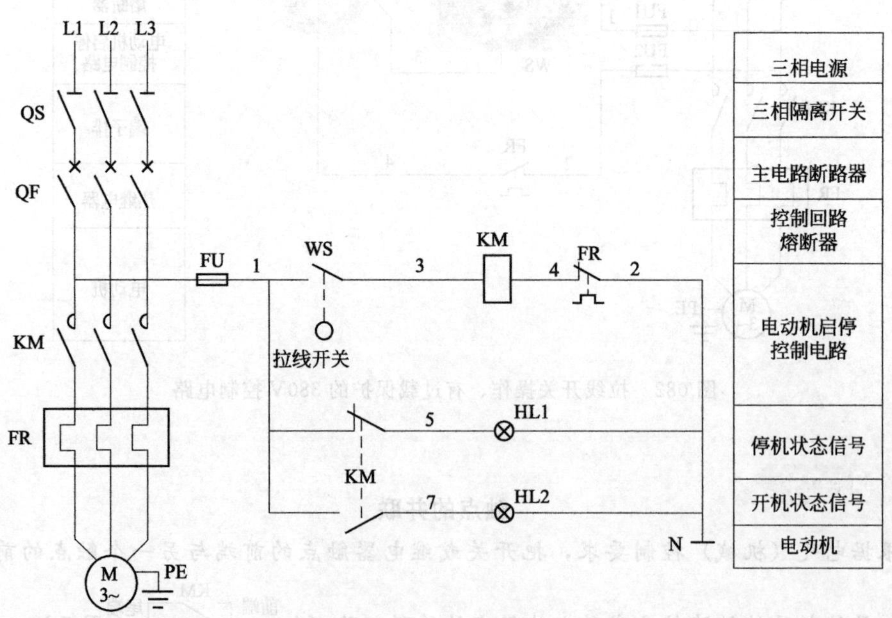

图 084 拉线开关操作、有启停信号灯的电动机 220V 控制电路

【例 085】 二次保护、拉线开关操作的电动机 220V 控制电路

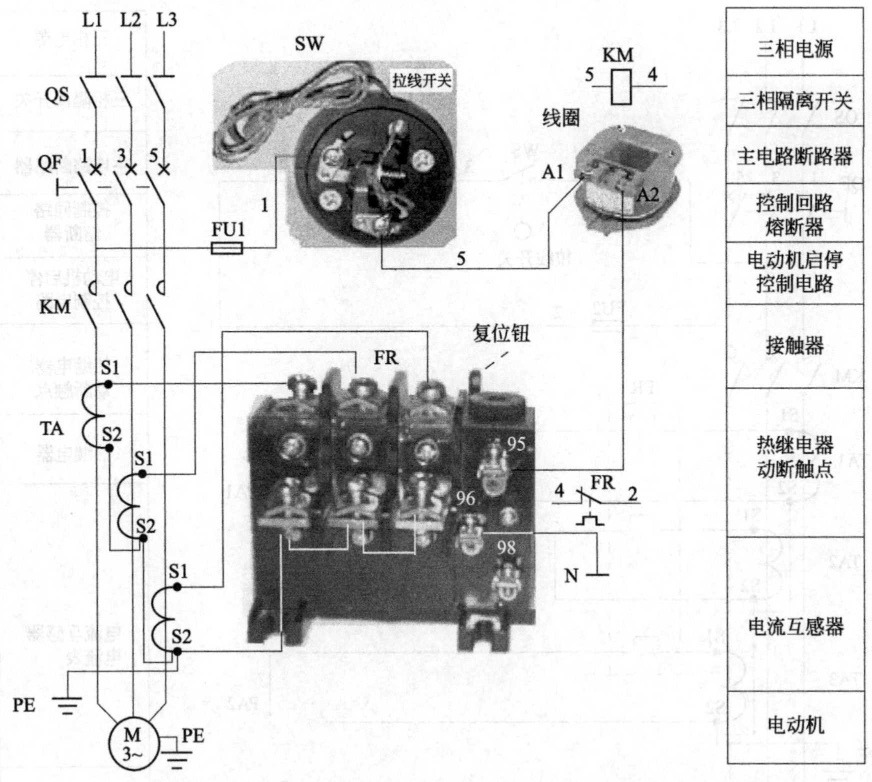

图 085 二次保护、拉线开关操作的电动机 220V 控制电路

【例 086】 单电流表、拉线开关操作的电动机 220V 控制电路

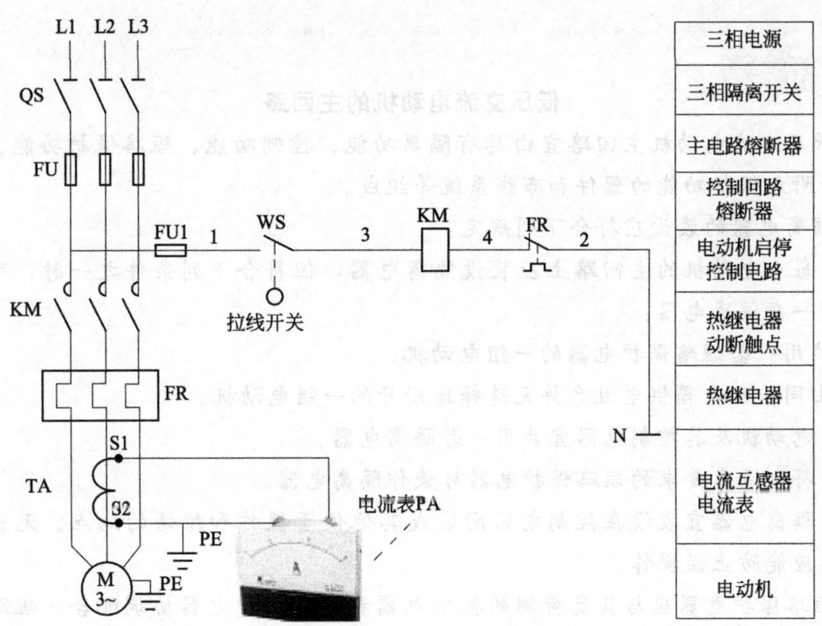

图 086 单电流表、拉线开关操作的电动机 220V 控制电路

【例 087】 二次保护、双电流表、拉线开关操作的电动机 380V 控制电路

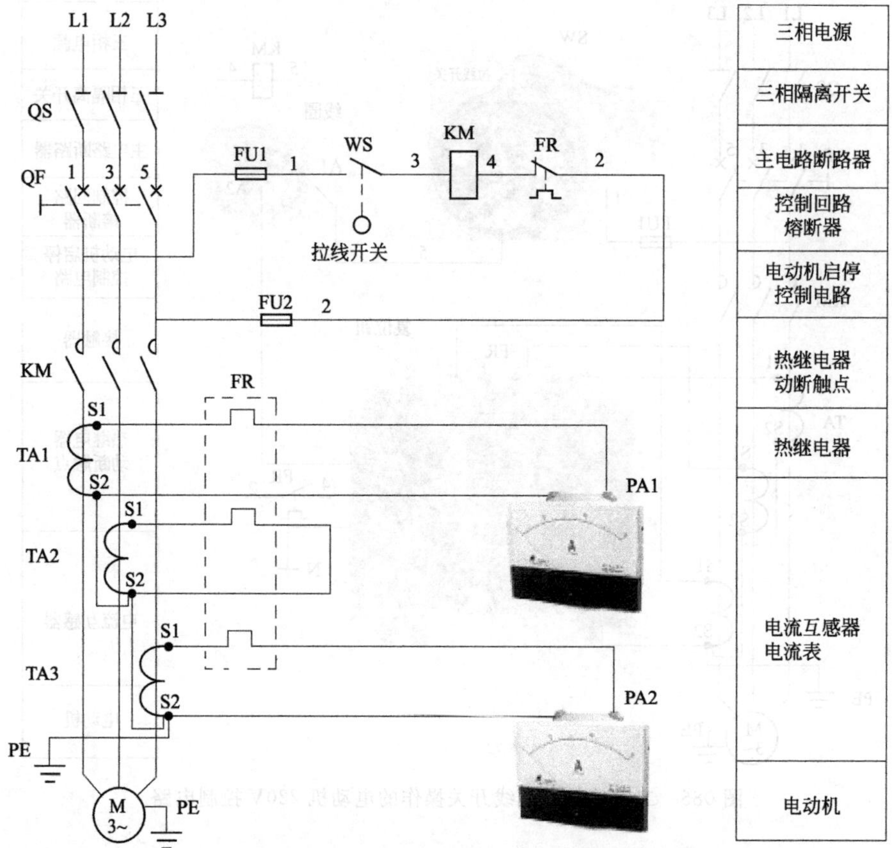

图 087 二次保护、双电流表、拉线开关操作的电动机 380V 控制电路

加油站

低压交流电动机的主回路

1. 低压交流电动机主回路宜由具有隔离功能、控制功能、短路保护功能、过载保护功能、附加保护功能的器件和布线系统等组成。

2. 隔离电器的装设应符合下列规定：

(1) 每台电动机的主回路上应装设隔离电器，但符合下列条件之一时，可数台电动机共用一套隔离电器：

① 共用一套短路保护电器的一组电动机；

② 由同一配电箱供电且允许无选择地断开的一组电动机。

(2) 电动机及其控制电器宜共用一套隔离电器。

(3) 符合隔离要求的短路保护电器可兼作隔离电器。

(4) 隔离电器宜装设在控制电器附近或其他便于操作和维修的地点。无载开断的隔离电器应能防止误操作。

3. 短路保护电器应与其负荷侧的控制电器和过载保护电器协调配合。短路保护电器的分断能力应符合现行国家标准《低压配电设计规范》GB 50054 的有关规定。

【例 088】 三只电流表、拉线开关操作的电动机 380V 控制电路

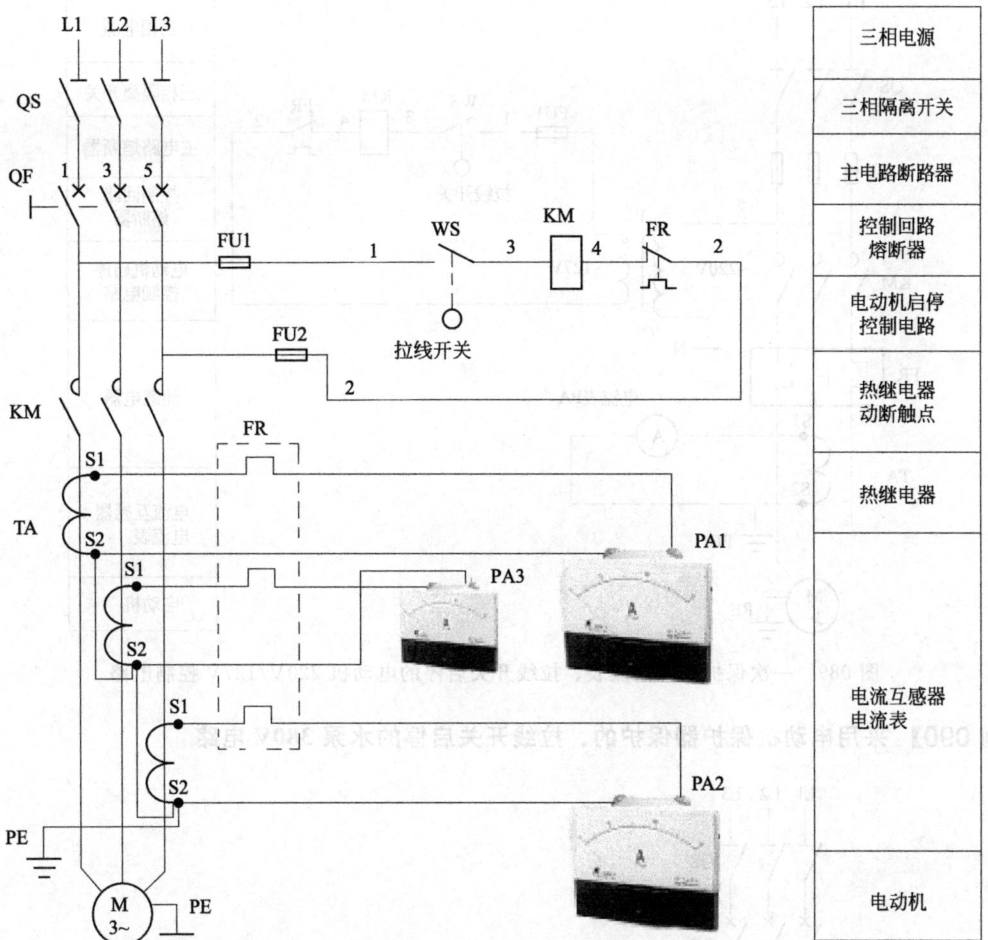

图 088 三只电流表、拉线开关操作的电动机 380V 控制电路

加油站

电动机回路中控制电器的装设应符合下列规定

(1) 每台电动机应分别装设控制电器，但当工艺需要时，一组电动机可共用一套控制电器。

(2) 控制电器宜采用接触器、启动器或其他电动机专用的控制开关。启动次数少的电动机，其控制电器可采用低压断路器或与电动机类别相适应的隔离开关。电动机的控制电器不得采用开启式开关。

(3) 控制电器应能接通和断开电动机堵转电流，其使用类别和操作频率应符合电动机的类型和机械的工作制。

(4) 控制电器宜装设在便于操作和维修的地点。过载保护电器的装设宜靠近控制电器或为其组成部分。

【例 089】 一次保护、单电流表、拉线开关启停的电动机 220V/127V 控制电路

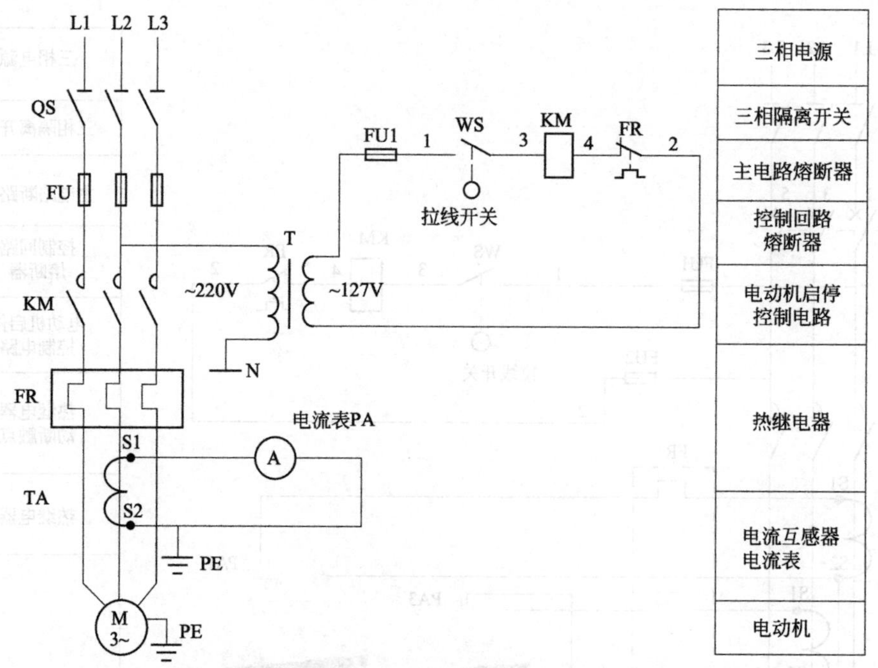

图 089 一次保护、单电流表、拉线开关启停的电动机 220V/127V 控制电路

【例 090】 采用电动机保护器保护的、拉线开关启停的水泵 380V 电路

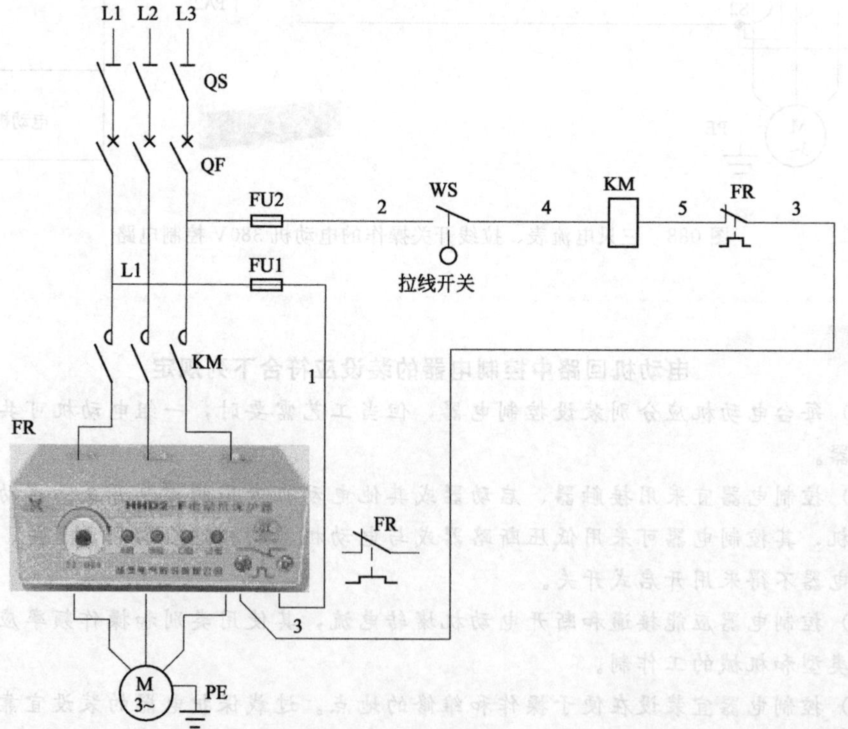

图 090 采用电动机保护器保护的、拉线开关启停的水泵 380V 电路

【例 091】 过载报警、拉线开关启停的电动机 380V/220V 控制电路

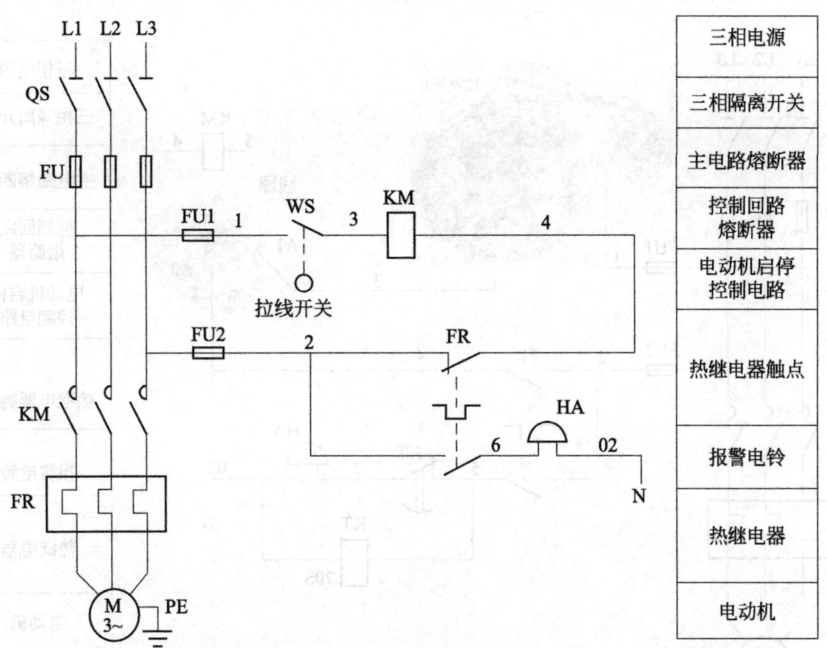

图 091　过载报警、拉线开关启停的电动机 380V/220V 控制电路

【例 092】 过载报警、拉线开关启停的电动机 220V 控制电路

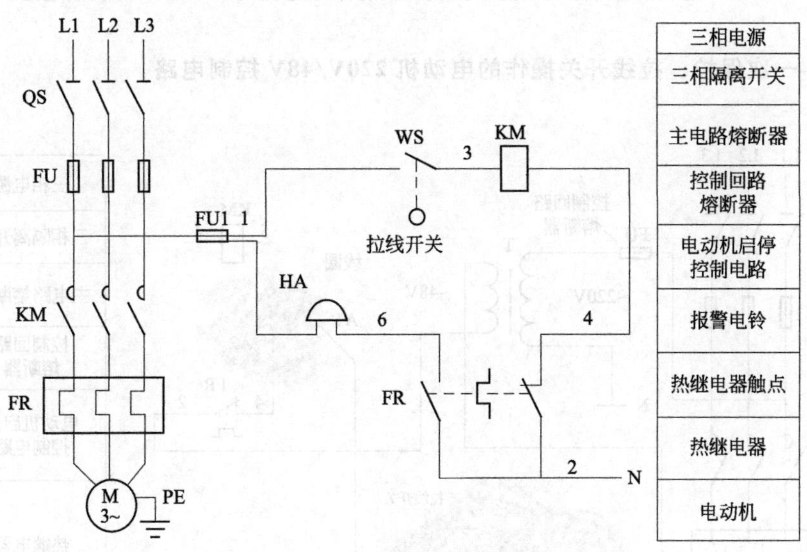

图 092　过载报警、拉线开关启停的电动机 220V 控制电路

加油站

电流互感器二次回路中性点接地

电流互感器二次回路中性点应分别一点接地，接地线截面不应小于 4mm²，且不得与其他回路接地线压在同一接线鼻子上。

【例 093】 过载报警并定时终止、拉线开关启停的电动机 380V/220V 控制电路

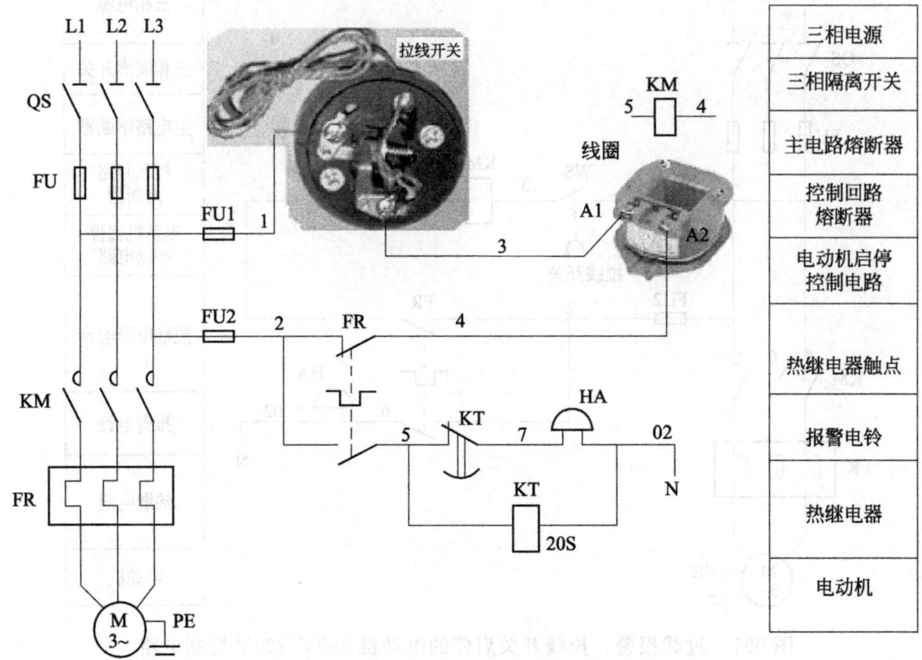

图 093 过载报警并定时终止、拉线开关启停的电动机 380V/220V 控制电路

【例 094】 一次保护、拉线开关操作的电动机 220V/48V 控制电路

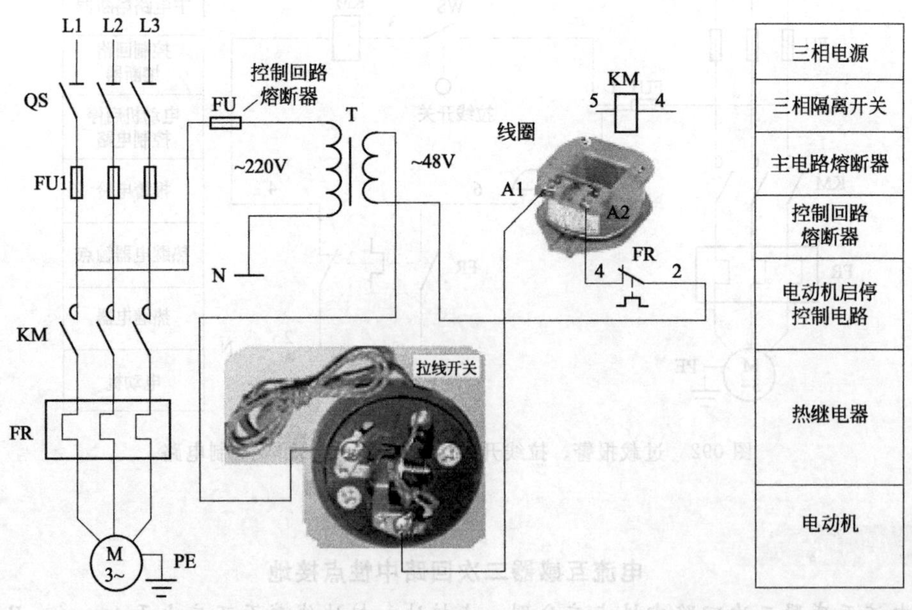

图 094 一次保护、拉线开关操作的电动机 220V/48V 控制电路

【例 095】 一次保护、油箱液面低自动停机的润滑油泵 380V 控制电路

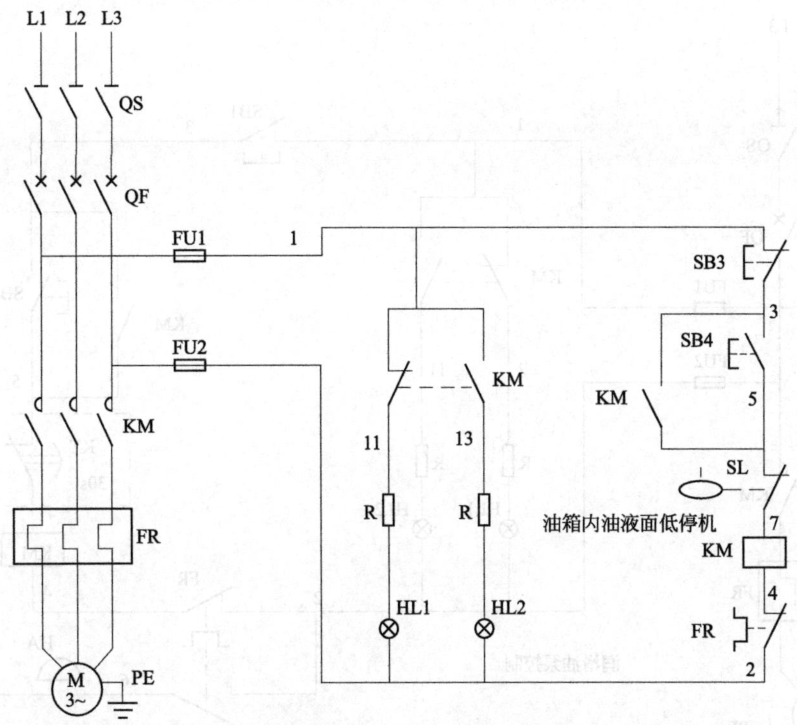

图 095 一次保护、油箱液面低自动停机的润滑油泵 380V 控制电路

【例 096】 单电流表、油箱液面低自动停机的润滑油泵 380V 控制电路

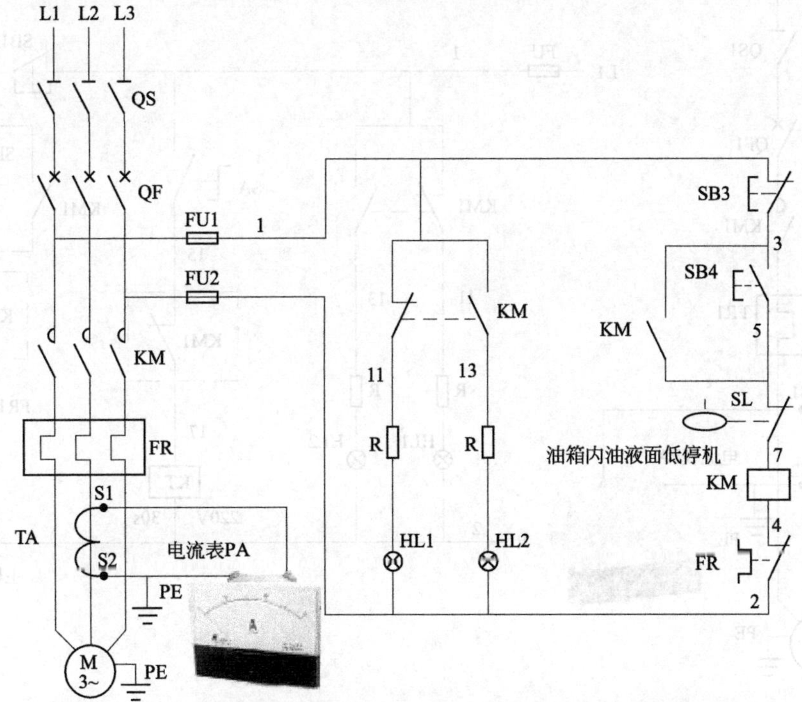

图 096 单电流表、油箱液面低自动停机的润滑油泵 380V 控制电路

【例 097】 润滑油泵过载报警、主机停机后润滑油泵延时停泵的控制电路

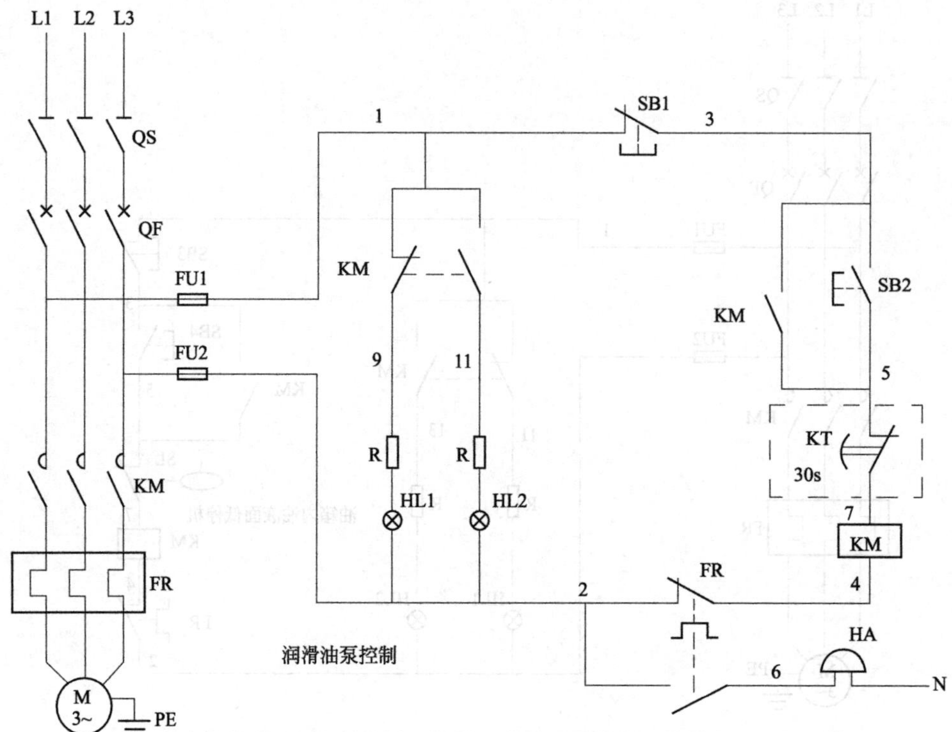

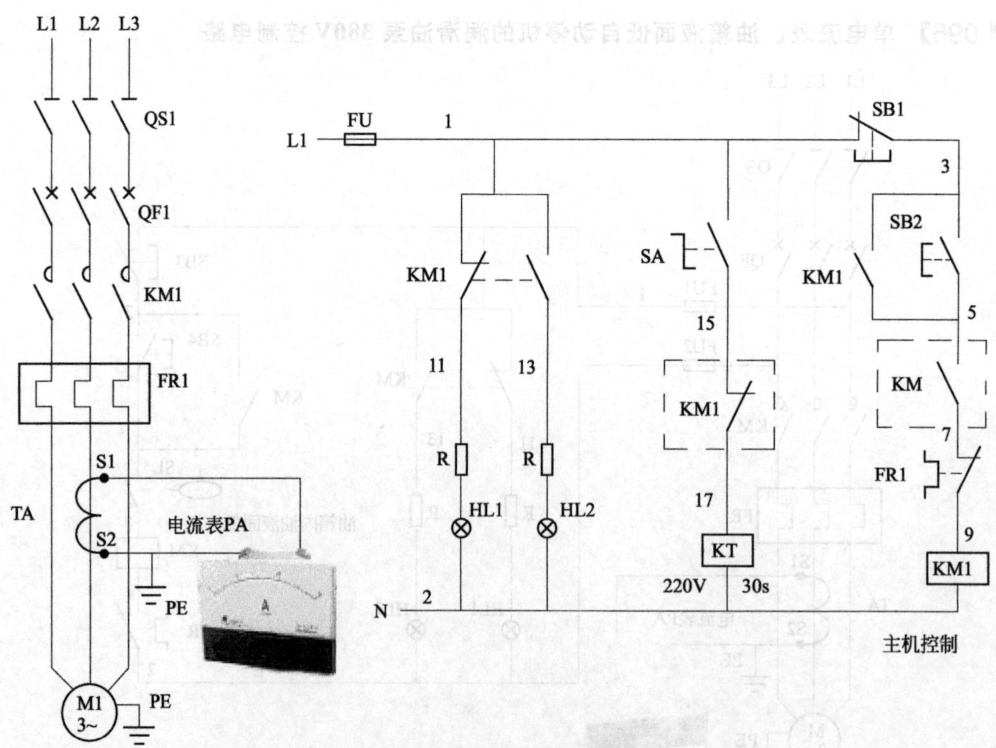

图 097 润滑油泵过载报警、主机停机后润滑油泵延时停泵的控制电路

【例 098】 主机停机后润滑油泵延时停泵的 380V/220V 控制电路

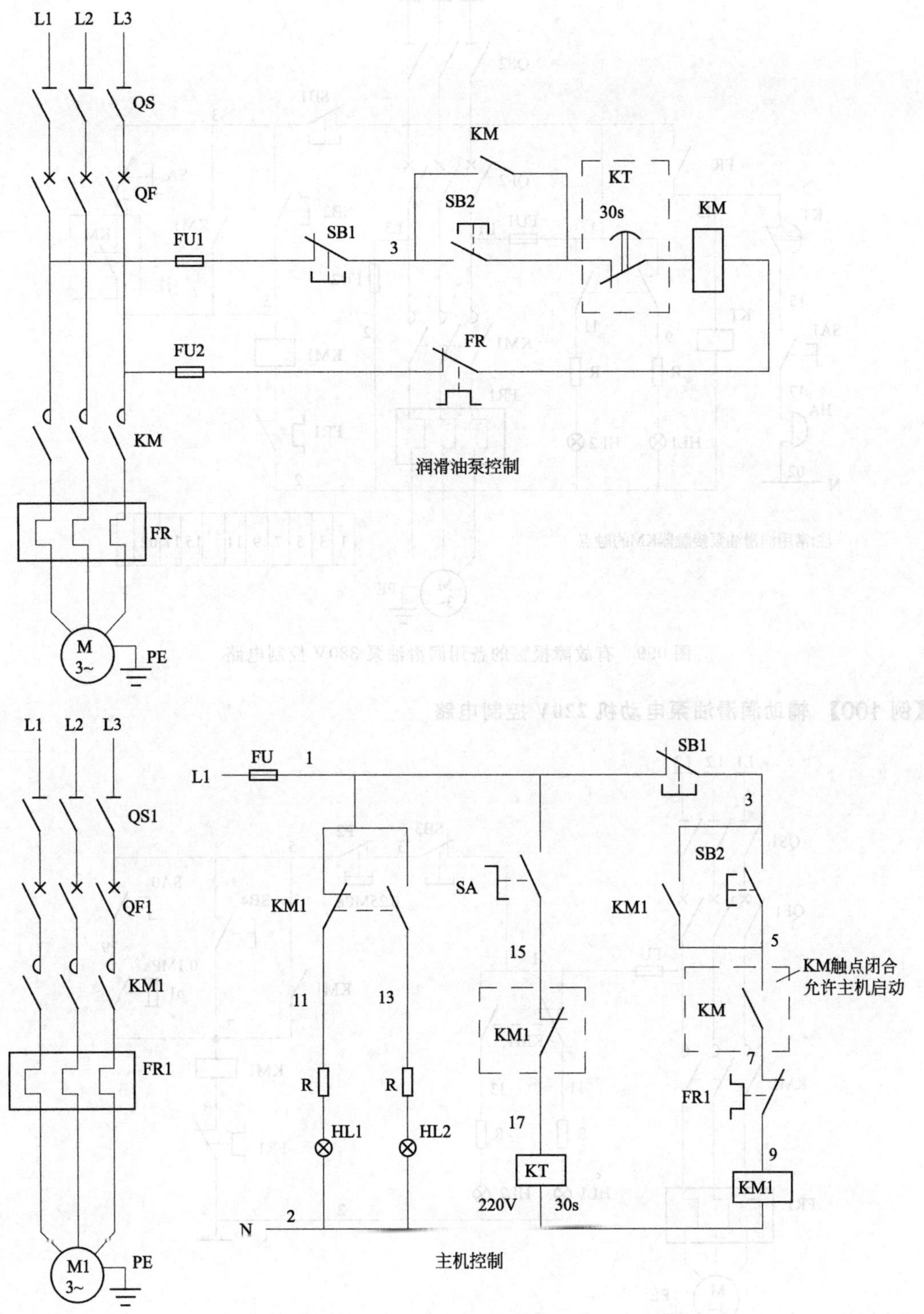

图 098　主机停机后润滑油泵延时停泵的 380V/220V 控制电路

【例 099】 有故障报警的备用润滑油泵 380V 控制电路

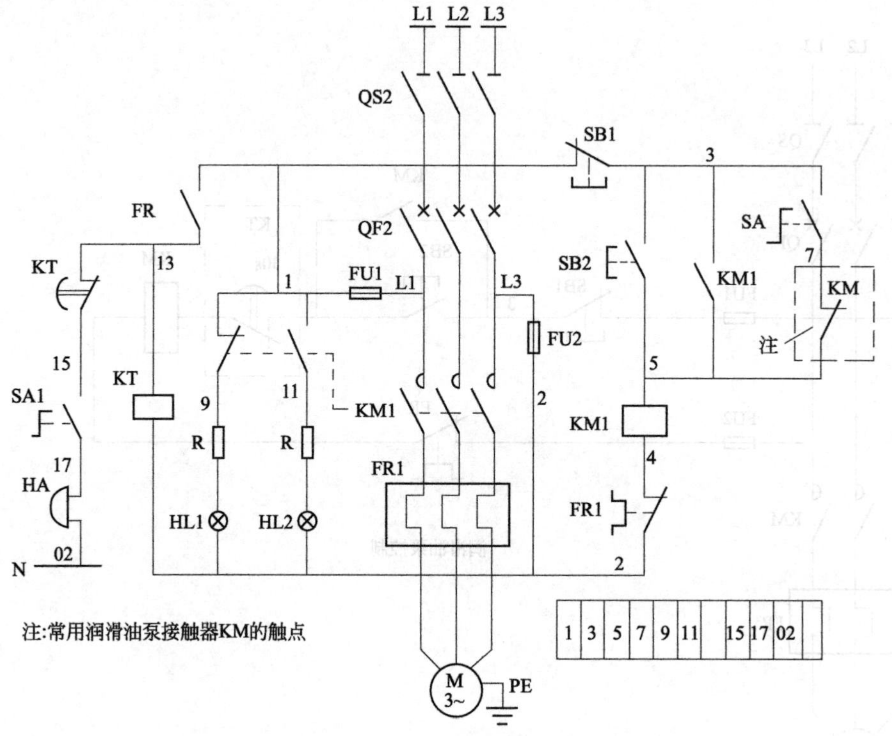

图 099 有故障报警的备用润滑油泵 380V 控制电路

【例 100】 辅助润滑油泵电动机 220V 控制电路

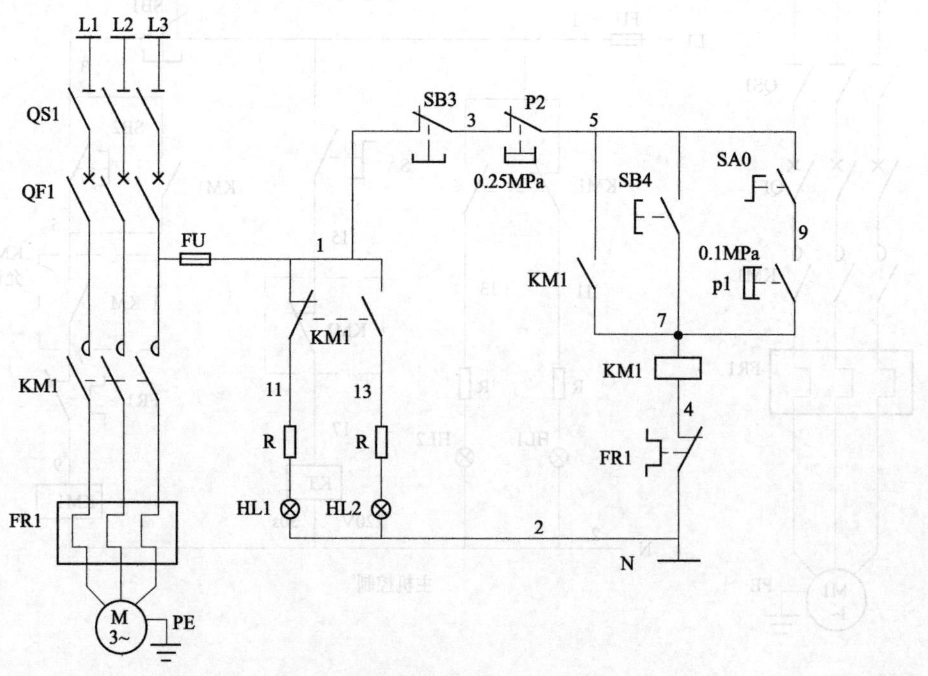

图 100 辅助润滑油泵电动机 220V 控制电路

【例 101】 与主机联锁停机的润滑油泵延时停泵的 220V 控制电路

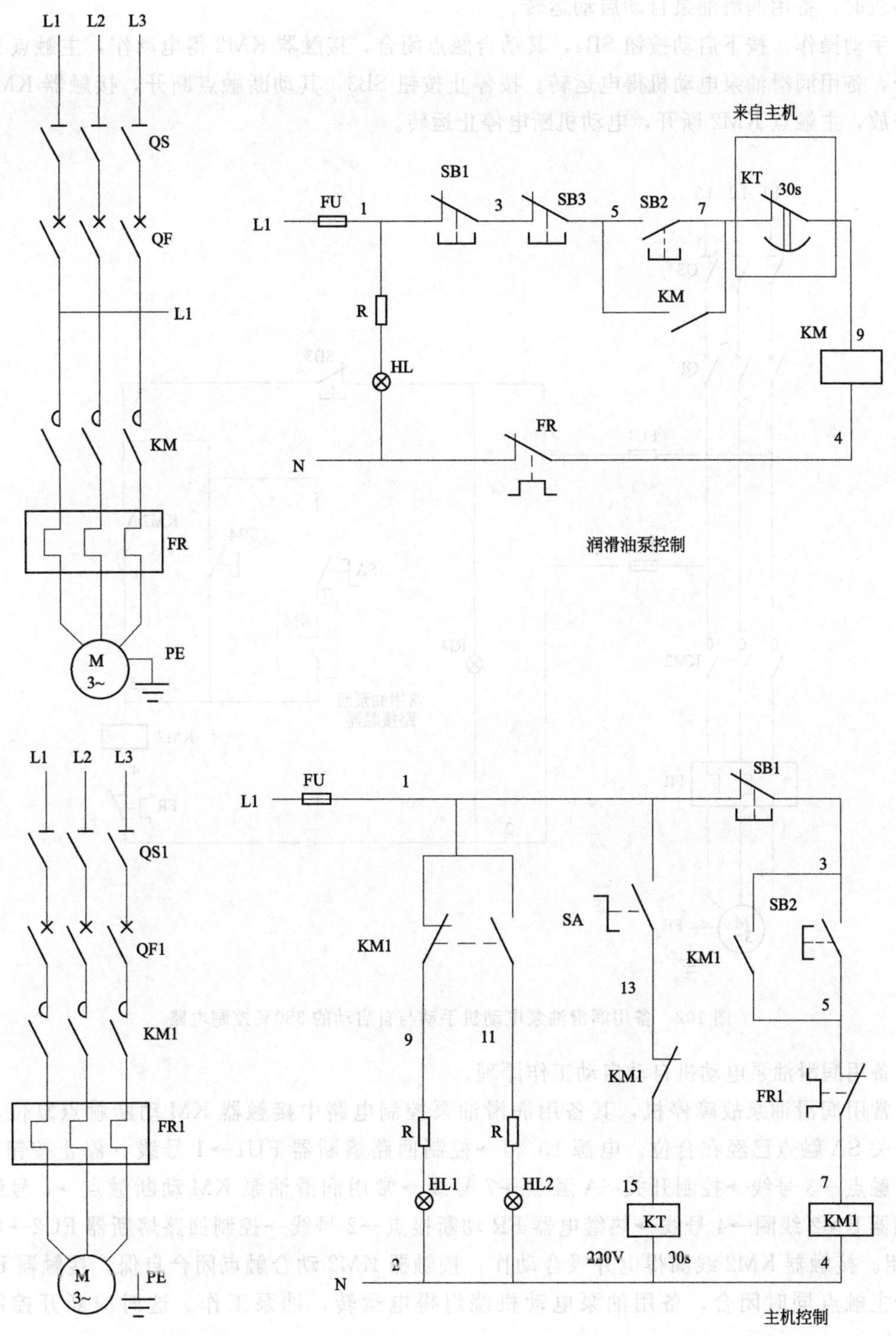

图 101　与主机联锁停机的润滑油泵延时停泵的 220V 控制电路

【例 102】 备用润滑油泵电动机手动与自启动的 380V 控制电路

在不允许中断润滑油的机械设备上安装两台润滑油泵即常用泵和备用泵，常用泵因为故障停机时，备用润滑油泵自动启动运转。

手动操作：按下启动按钮 SB4，其动合触点闭合，接触器 KM2 得电动作，主触点 KM2 闭合，备用润滑油泵电动机得电运转。按停止按钮 SB3，其动断触点断开，接触器 KM2 断电释放，主触点 KM2 断开，电动机断电停止运转。

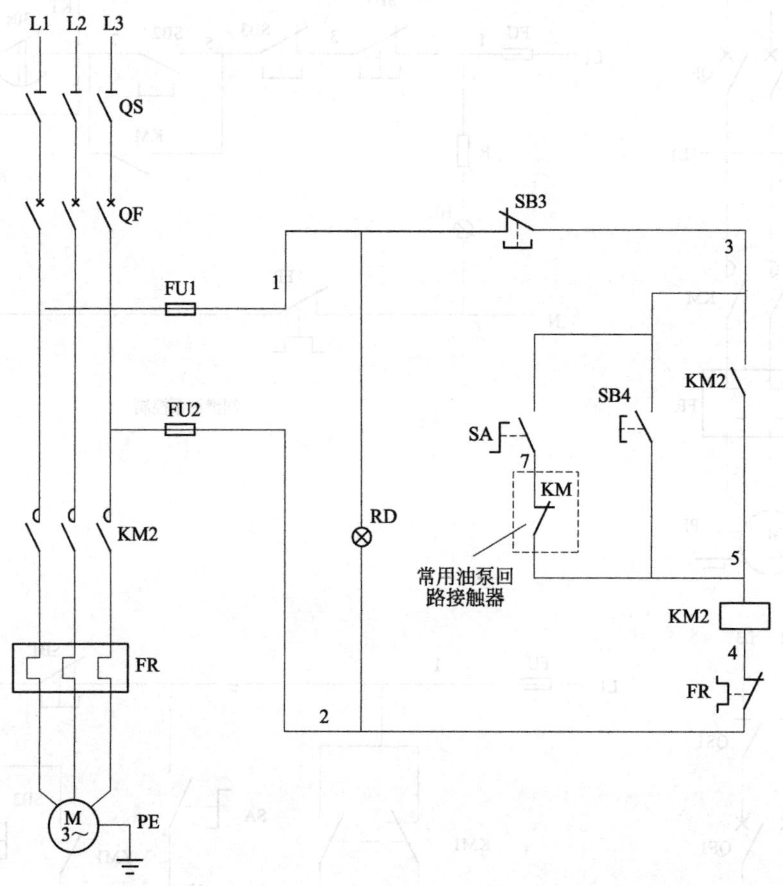

图 102 备用润滑油泵电动机手动与自启动的 380V 控制电路

备用润滑油泵电动机自动启动工作原理。

常用润滑油泵故障停机，其备用润滑油泵控制电路中接触器 KM 动断触点复位，控制开关 SA 触点已经在合位。电源 L1 相→控制回路熔断器 FU1→1 号线→停止按钮 SB3 动断触点→3 号线→控制开关 SA 触点→7 号线→常用润滑油泵 KM 动断触点→5 号线→接触器 KM2 线圈→4 号线→热继电器 FR 动断接点→2 号线→控制回路熔断器 FU2→电源 L3 相。接触器 KM2 线圈得电并吸合动作，接触器 KM2 动合触点闭合自保，接触器 KM2 三个主触点同时闭合，备用油泵电动机绕组得电运转，油泵工作。这时应断开控制开关 SA。

正常停机时，先断开控制开关 SA。按下停止按钮 SB3，接触器 KM2 线圈断电释放，KM2 三个主触点断开，电动机断电停止转动，备用油泵停止工作。

【例 103】 只能自动进行补压的辅助润滑油泵 220V 控制电路

在不允许中断润滑油的机械设备上除有常用润滑油泵外，压缩机启动运转之前，先启动主油泵运转，满足机械设备润滑油的需要，在润滑油压力出现不足时，进行补充润滑油的油泵，称辅助润滑油泵。

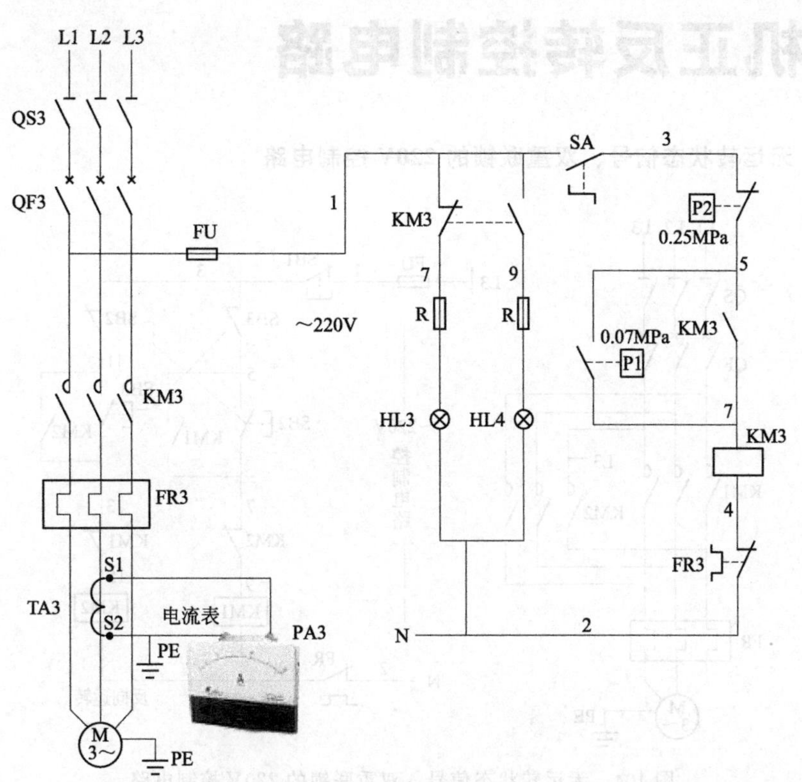

图 103　只能自动进行补压的辅助润滑油泵 220V 控制电路

辅助润滑油泵工作过程如下。

合上控制开关 SA。当润滑油压力低于规定压力值 0.07MPa 时，压力触点 P1 闭合，相当于按下启动按钮作用。

电源 L1 相→控制回路熔断器 FU→1 号线→控制开关 SA 触点→3 号线→油压接点 P2→5 号线→闭合的油压 P1 接点→7 号线→接触器 KM3 线圈→4 号线→热继电器 FR3 动断接点→2 号线→电源 N 极。接触器 KM3 线圈得电并吸合动作，接触器 KM3 动合触点闭合自保，接触器 KM3 三个主触点同时闭合，油泵电动机得电运转，油泵工作。润滑油压力上升到压缩机润滑需要的油压力 0.25MPa 规定值时，压力触点 P2 断开，油泵接触器 KM3 线圈断电释放，电动机断电停止转动，辅助油泵停止工作。

主机正常停机后，为防止低油压下补助油泵自行启动，线路中安装控制开关 SA，主机停机后，将控制开关 SA 断开，补助油泵不会因油压低而自行启动。

第二章

电动机正反转控制电路

【例 104】 无运转状态信号、双重联锁的 220V 控制电路

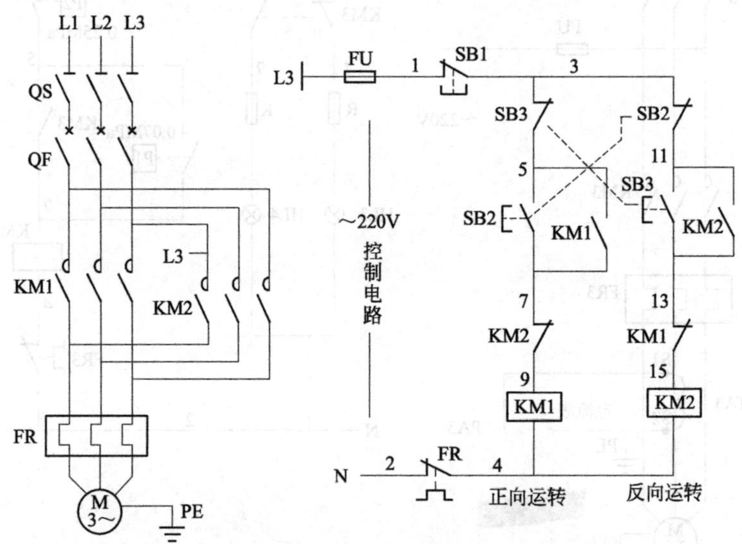

图 104　无运转状态信号、双重联锁的 220V 控制电路

【例 105】 无运转状态信号、双重联锁的 380V 控制电路

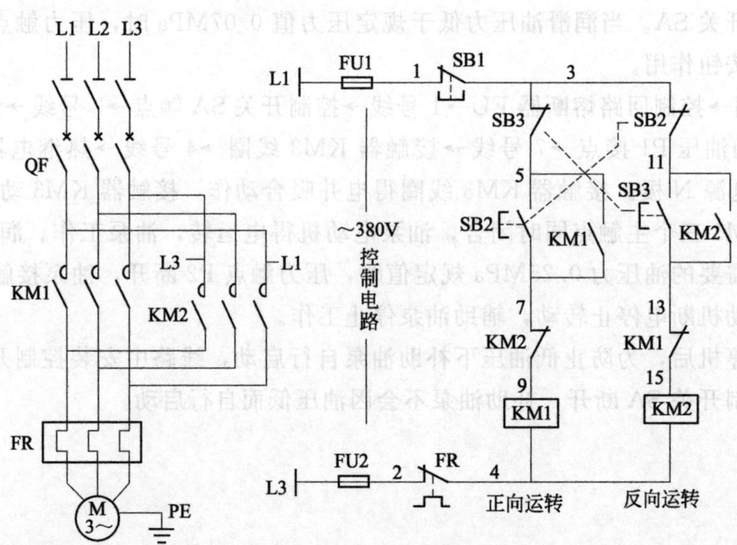

图 105　无运转状态信号、双重联锁的 380V 控制电路

【例 106】 有电源信号灯与运行方向信号灯、双重联锁的电动机 220V 控制电路（1）

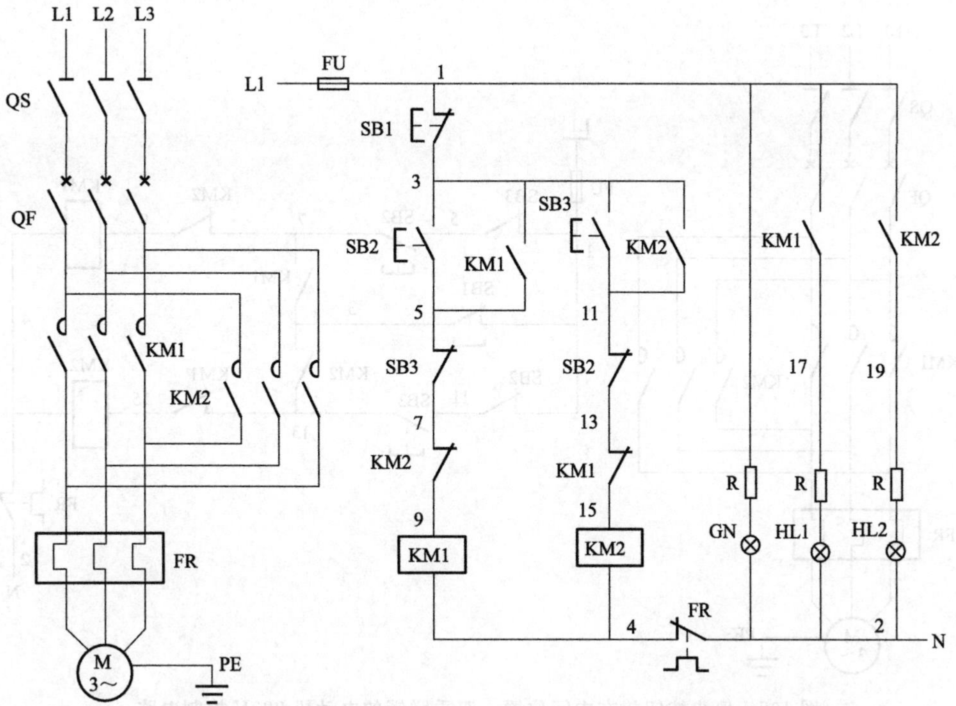

图 106　有电源信号灯与运行方向信号灯、双重联锁的电动机 220V 控制电路（1）

【例 107】 有电源信号灯与运行方向信号灯、双重联锁的电动机 220V 控制电路（2）

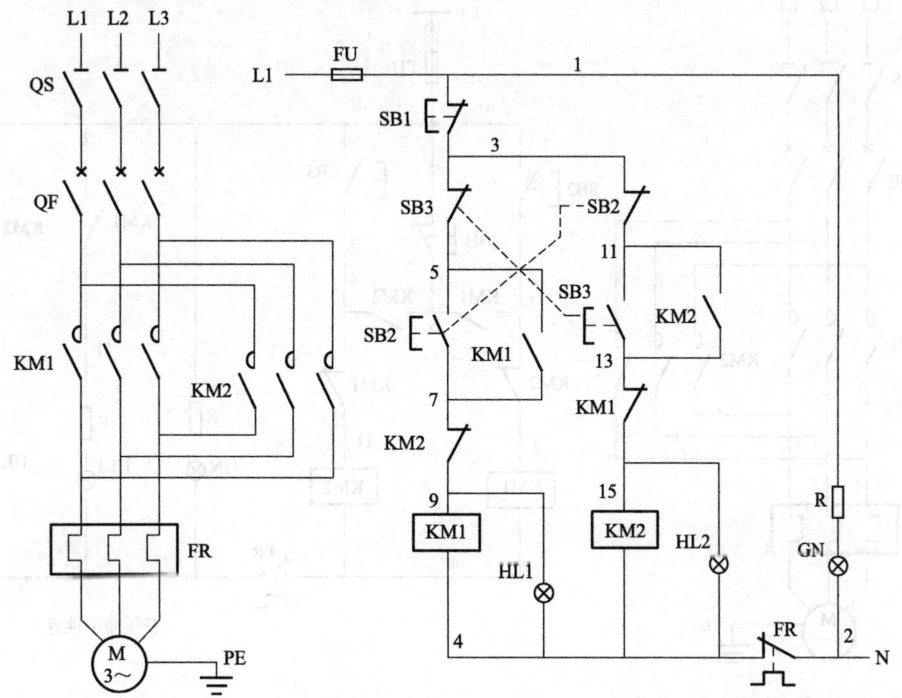

图 107　有电源信号灯与运行方向信号灯、双重联锁的电动机 220V 控制电路（2）

【例 108】 停止按钮放在中间位置、双重联锁的电动机 220V 控制电路

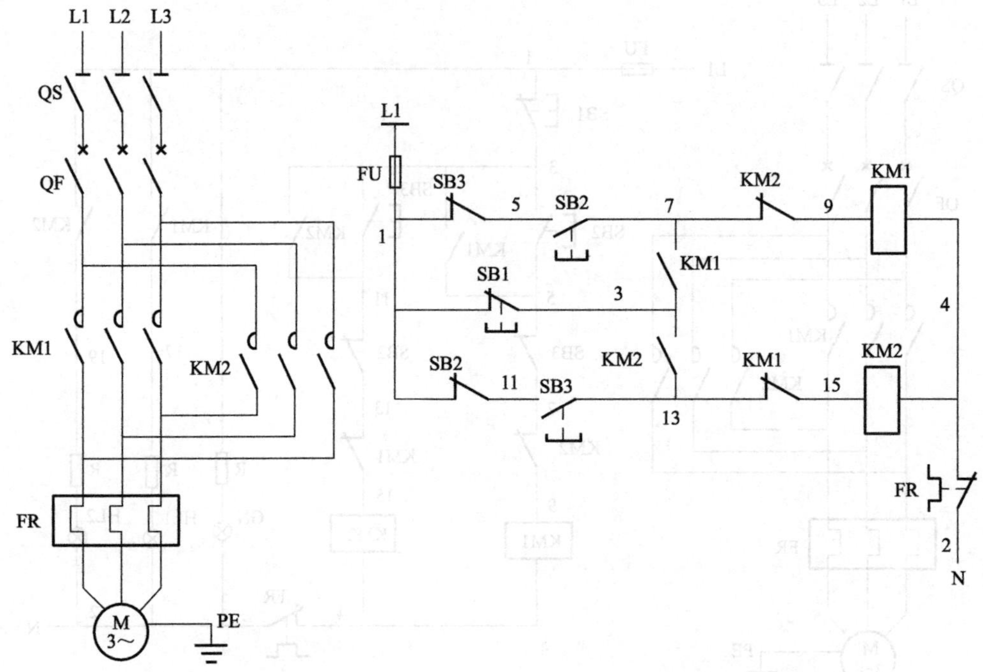

图 108 停止按钮放在中间位置、双重联锁的电动机 220V 控制电路

【例 109】 停止按钮放在中间位置、接触器触点联锁的电动机 220V 控制电路

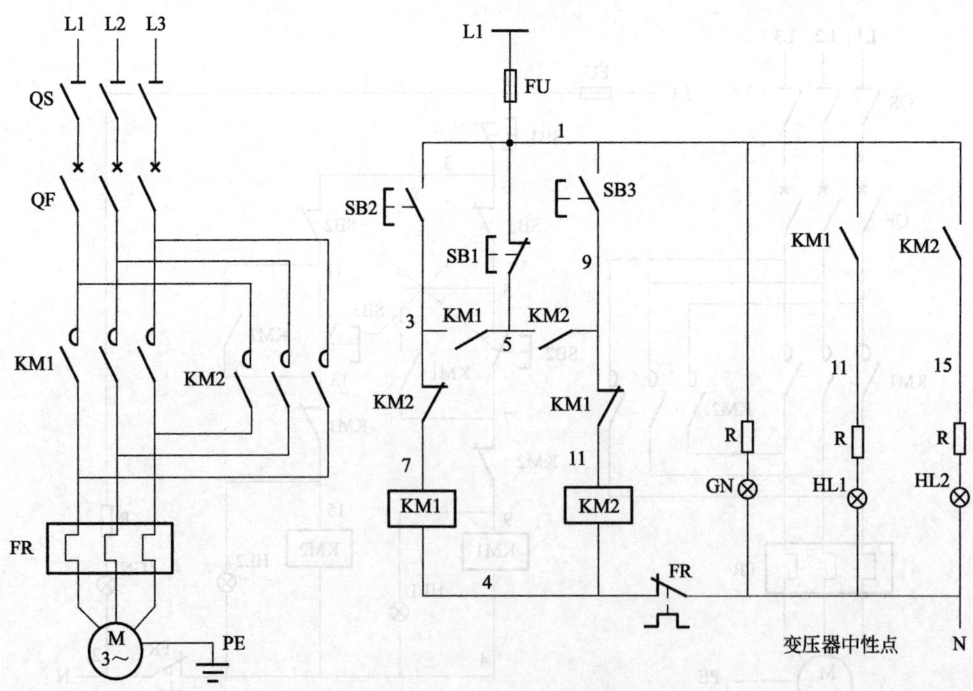

图 109 停止按钮放在中间位置、接触器触点联锁的电动机 220V 控制电路

【例 110】 停止按钮在中间位置、有电源信号灯、双重联锁的电动机 380V 控制电路

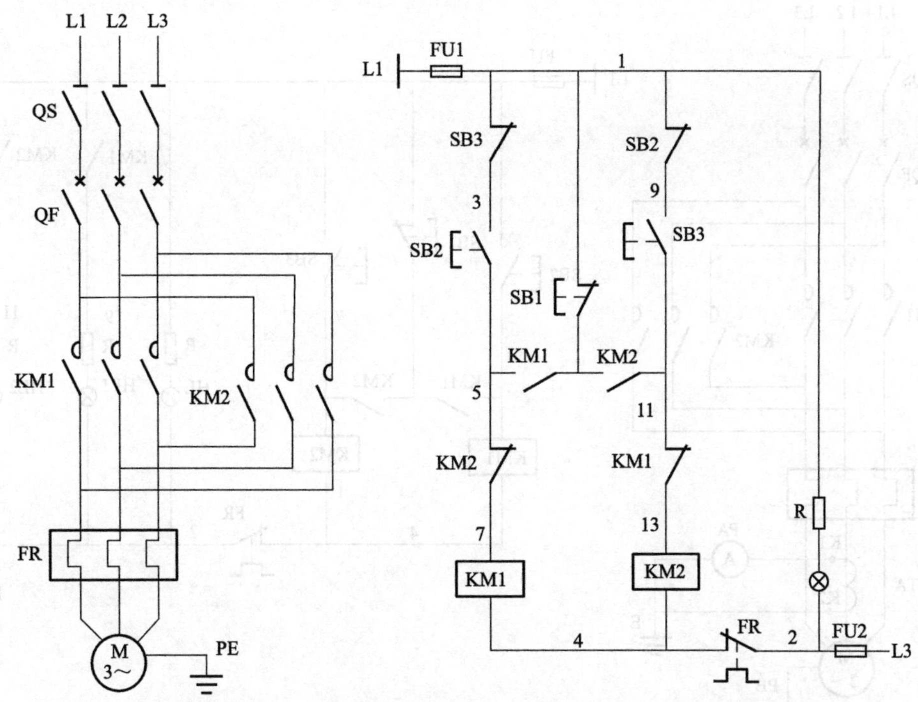

图 110　停止按钮在中间位置、有电源信号灯、双重联锁的电动机 380V 控制电路

【例 111】 停止按钮放在中间、按钮触点联锁的正反转 220V 控制电路

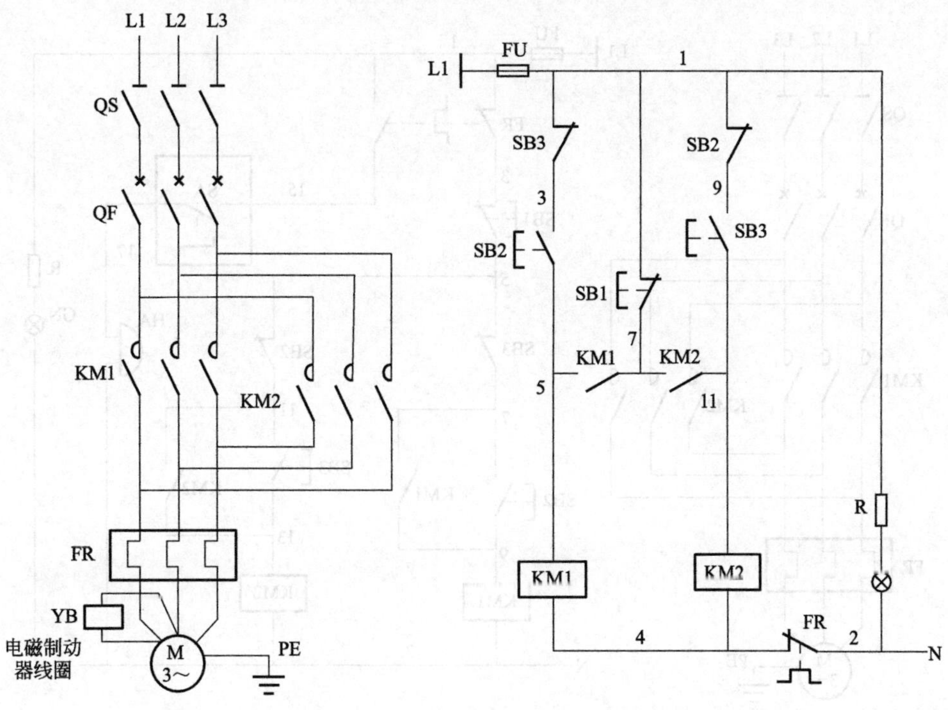

图 111　停止按钮放在中间、按钮触点联锁的正反转 220V 控制电路

【例 112】 停止按钮放在中间、没有联锁的正反转 220V 控制电路

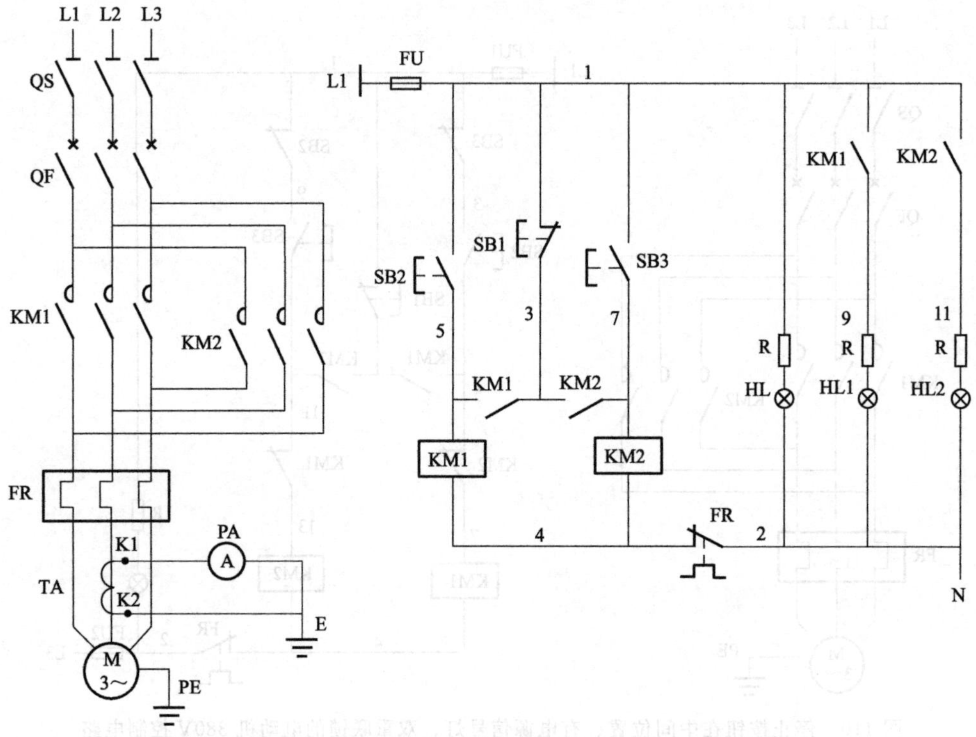

图 112 停止按钮放在中间、没有联锁的正反转 220V 控制电路

【例 113】 按钮联锁、过载报警手复的正反转电动机 220V 控制电路

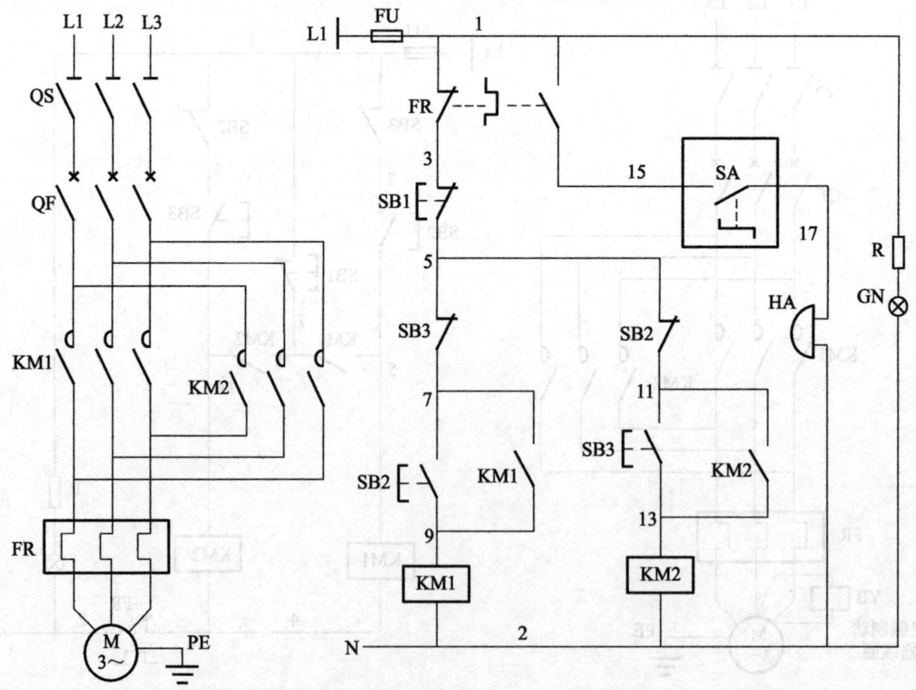

图 113 按钮联锁、过载报警手复的正反转电动机 220V 控制电路

【例 114】 过载报警延时自复、双重联锁的电动机正反转 380V/220V 控制电路

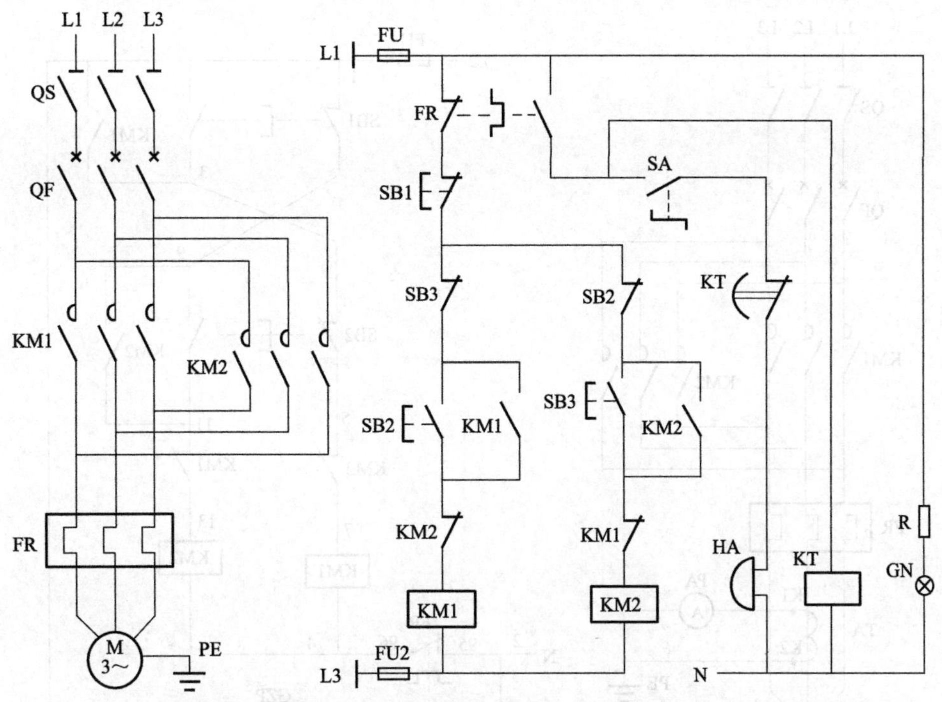

图 114 过载报警延时自复、双重联锁的电动机正反转 380V/220V 控制电路

【例 115】 按钮触点联锁、过载报警手复的电动机正反转 220V 控制电路

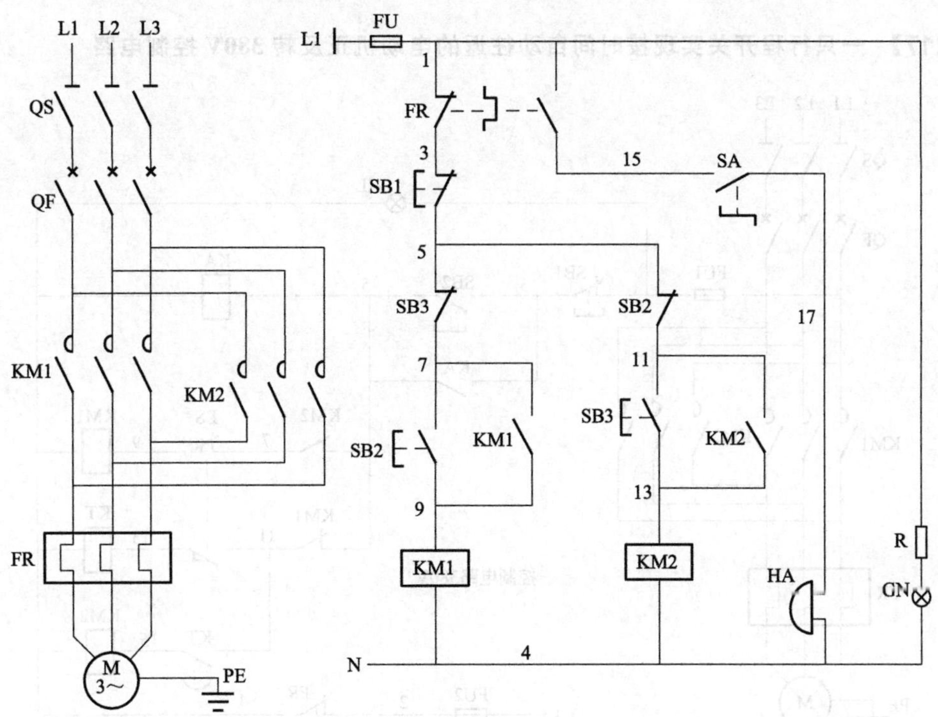

图 115 按钮触点联锁、过载报警手复的电动机正反转 220V 控制电路

【例 116】 两个按钮操作、接触器触点联锁的电动机正反转 220V 控制电路

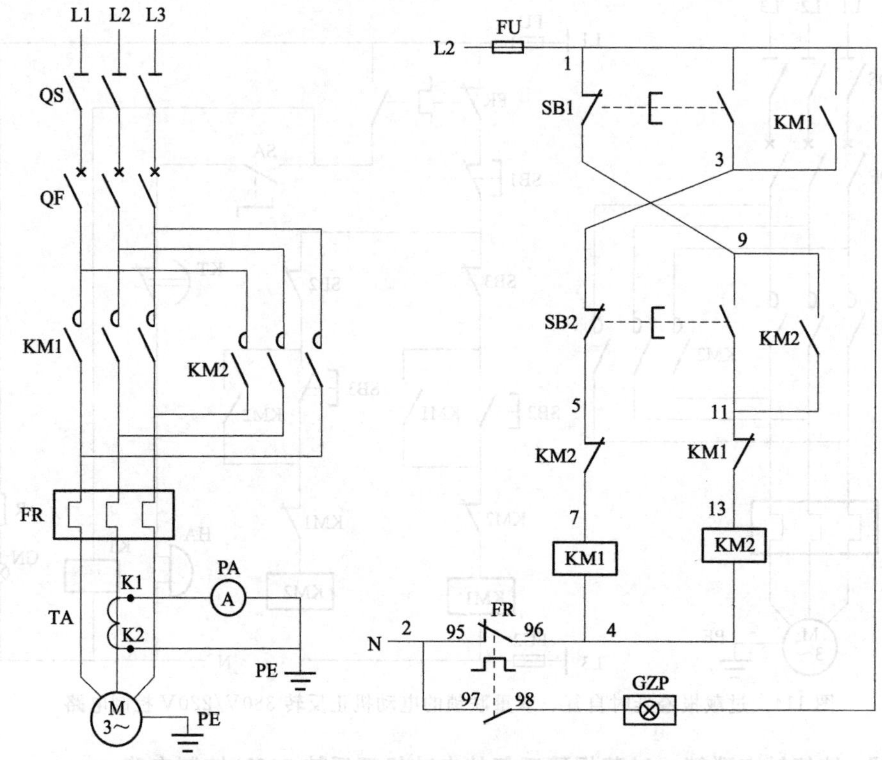

图 116 两个按钮操作、接触器触点联锁的电动机正反转 220V 控制电路

【例 117】 一只行程开关实现按时间自动往返的电动机正反转 380V 控制电路

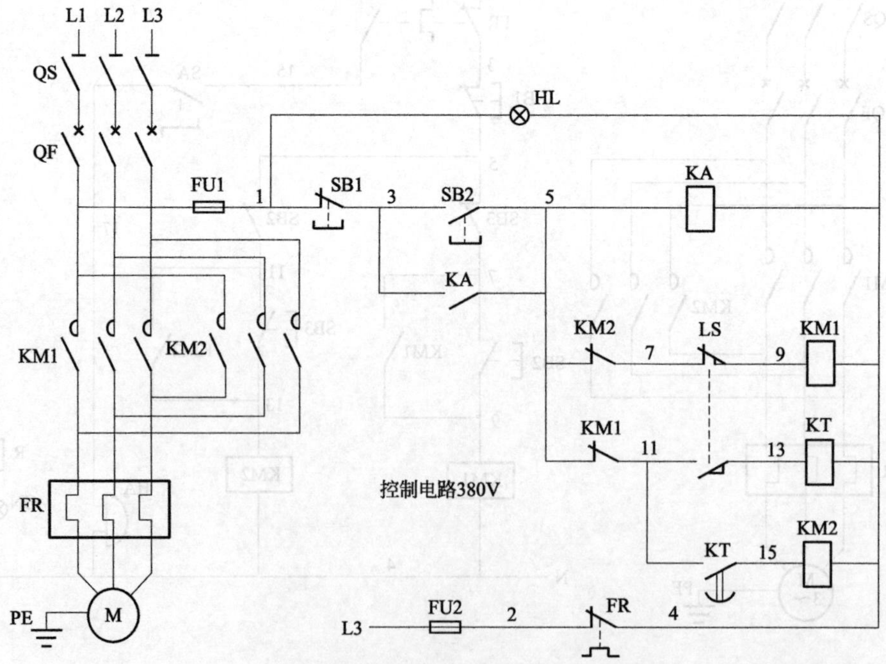

图 117 一只行程开关实现按时间自动往返的电动机正反转 380V 控制电路

【例 118】 单电流表、两个按钮操作、接触器触点联锁的正反转 380V 控制电路

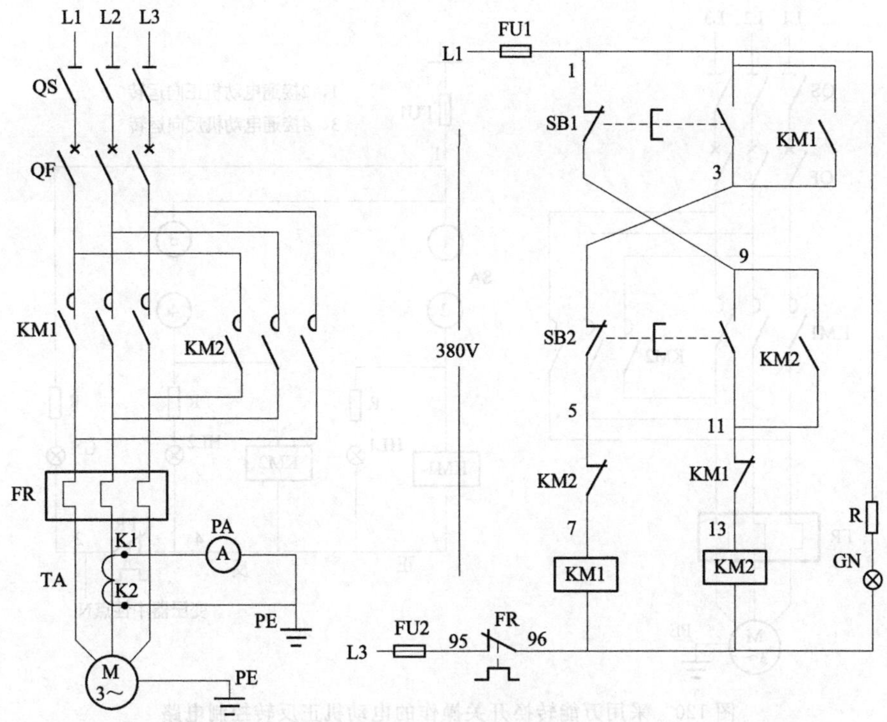

图 118　单电流表、两个按钮操作、接触器触点联锁的正反转 380V 控制电路

【例 119】 一只行程开关实现按时间自动往返的电动机正反转 220V 控制电路

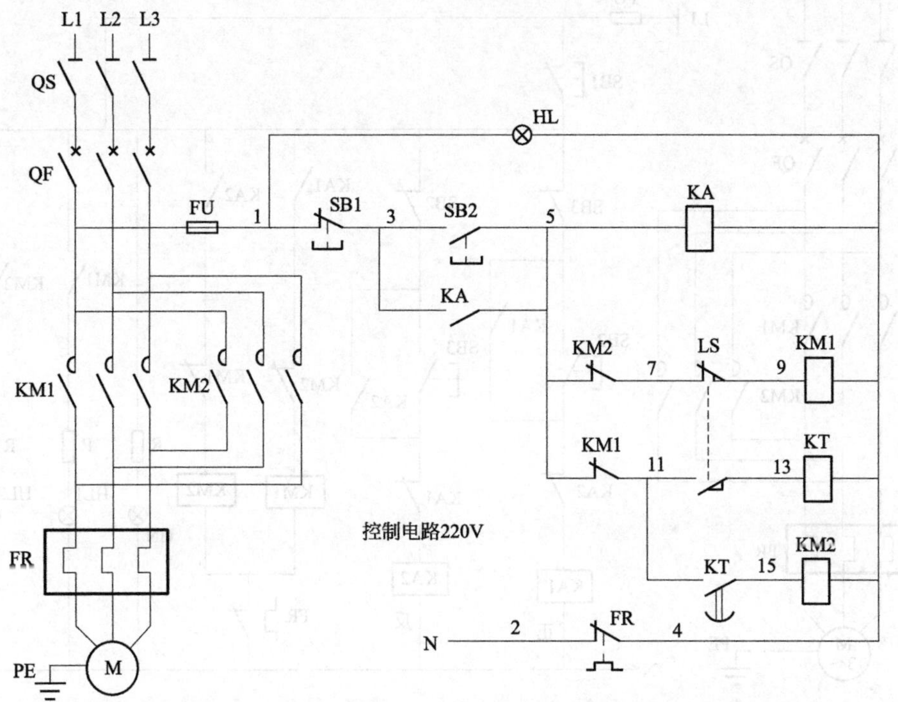

图 119　一只行程开关实现按时间自动往返的电动机正反转 220V 控制电路

【例 120】 采用万能转换开关操作的电动机正反转控制电路

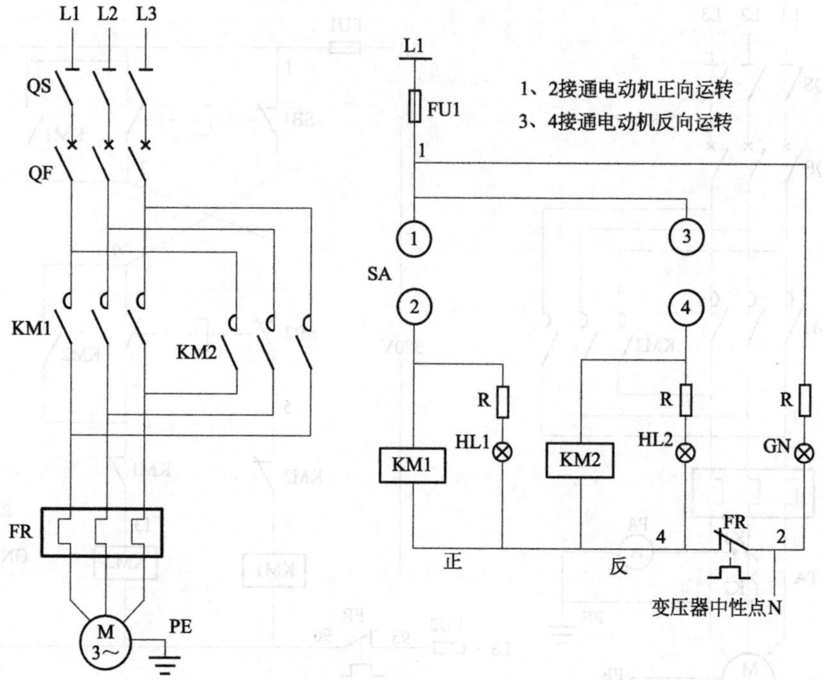

图 120 采用万能转换开关操作的电动机正反转控制电路

【例 121】 加有中间继电器触点联锁的电动机正反转 220V 控制电路

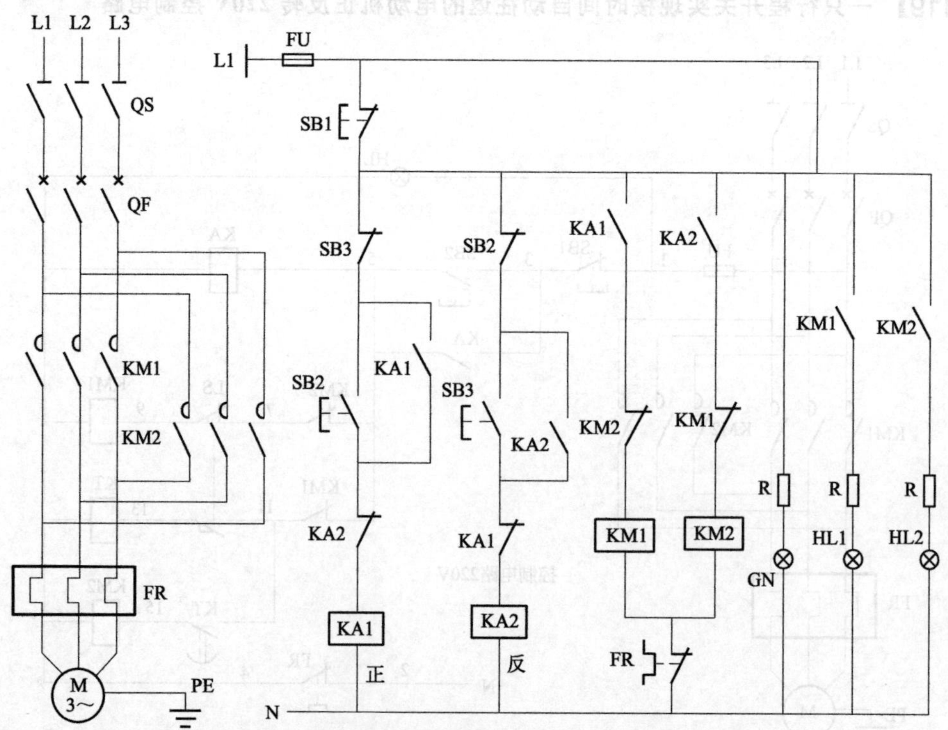

图 121 加有中间继电器触点联锁的电动机正反转 220V 控制电路

【例 122】 双重联锁、行程开关限位、自动往返的电动机正反转 220V 控制电路

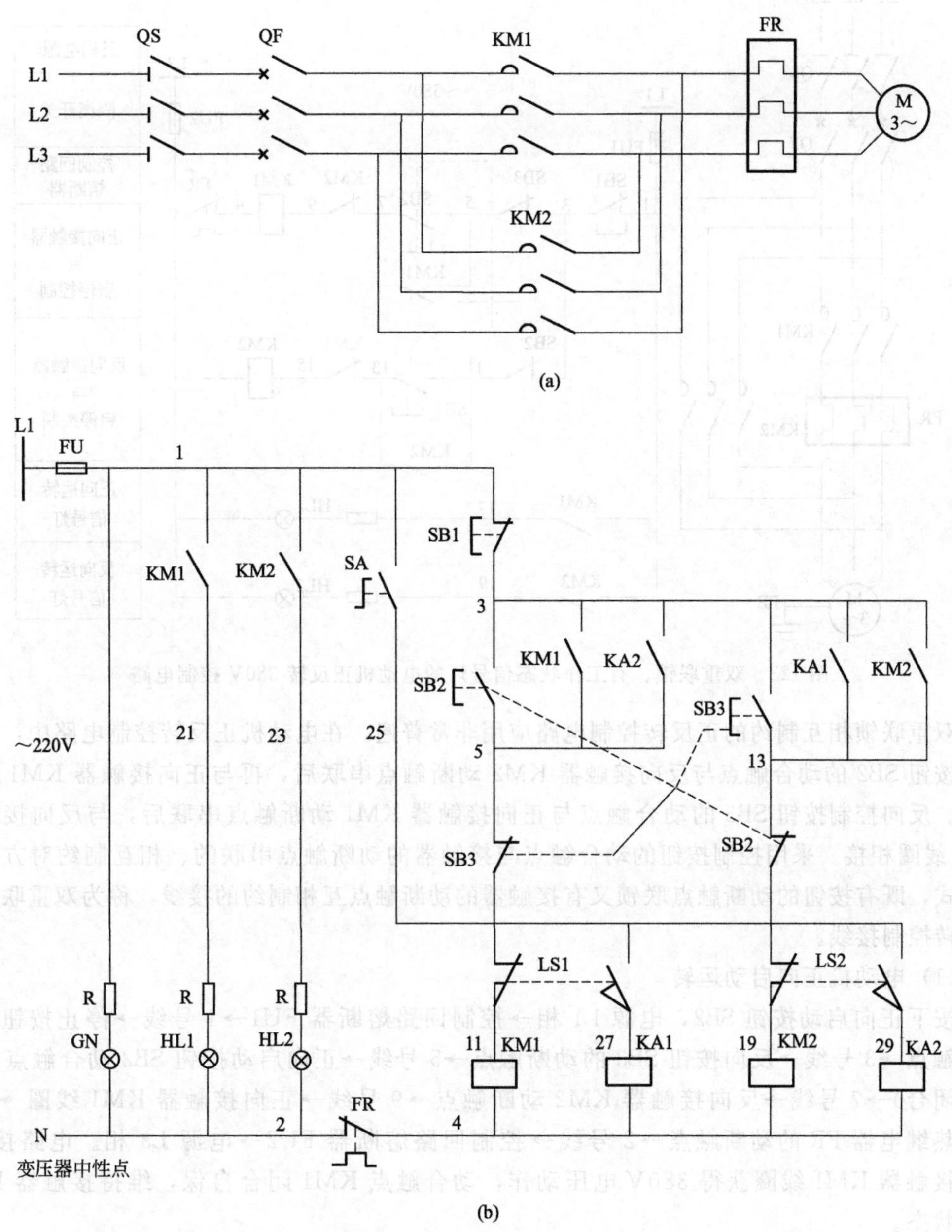

图 122　双重联锁、行程开关限位、自动往返的电动机正反转 220V 控制电路

加油站

小母线：成套柜、控制屏及继电器屏安装的二次接线公共连接点的导体。

端子排：连接和固定电缆芯线终端或二次设备间连线端头的连接器件。

端子：连接装置和外部导体的元件。

【例 123】 双重联锁、有工作状态信号灯的电动机正反转 380V 控制电路

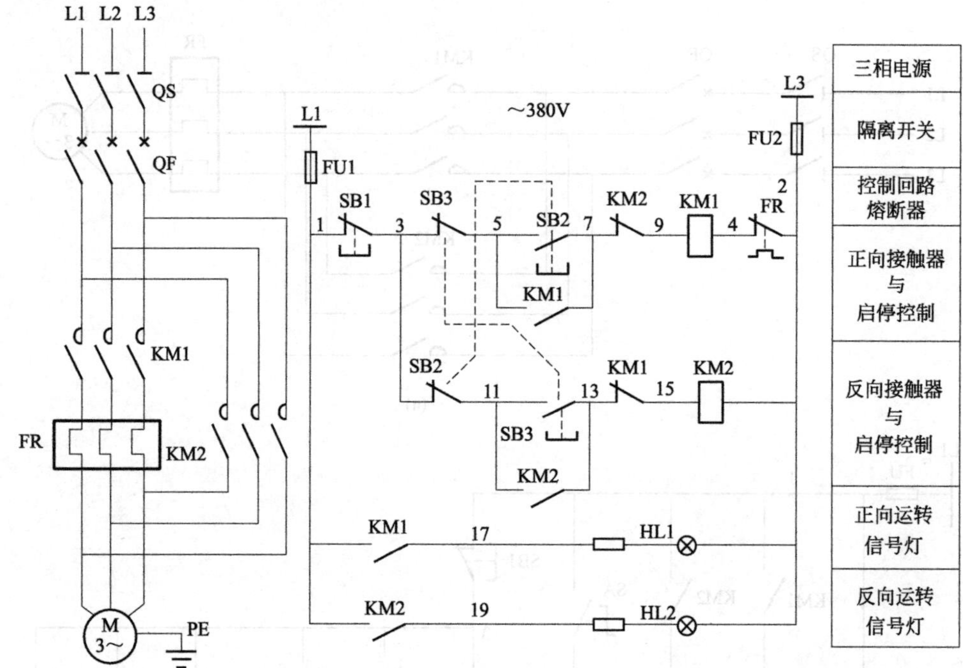

图 123 双重联锁、有工作状态信号灯的电动机正反转 380V 控制电路

双重联锁相互制约的正反转控制电路应用非常普遍。在电动机正反转控制电路中，正向控制按钮 SB2 的动合触点与反向接触器 KM2 动断触点串联后，再与正向接触器 KM1 线圈连接。反向控制按钮 SB3 的动合触点与正向接触器 KM1 动断触点串联后，与反向接触器 KM2 线圈相接。采用控制按钮的动合触点与接触器的动断触点串联的、相互制约对方的接线方式，既有按钮的动断触点联锁又有接触器的动断触点互相制约的接线，称为双重联锁的正反转控制接线。

(1) 电动机正向启动运转

按下正向启动按钮 SB2，电源 L1 相→控制回路熔断器 FU1→1 号线→停止按钮 SB1 动断触点→3 号线→反向按钮 SB3 的动断触点→5 号线→正向启动按钮 SB2 动合触点（按下时闭合）→7 号线→反向接触器 KM2 动断触点→9 号线→正向接触器 KM1 线圈→4 号线→热继电器 FR 的动断触点→2 号线→控制回路熔断器 FU2→电源 L3 相。电路接通，正向接触器 KM1 线圈获得 380V 电压动作，动合触点 KM1 闭合自保，维持接触器 KM1 工作状态。

正向接触器 KM1 三个主触点同时闭合，电动机绕组获得按 L1、L2、L3 排列的三相 380V 交流电源，电动机 M 正向启动运转。

接触器 KM1 动合触点闭合→17 号线→信号灯 HL1 得电灯亮，表示电动机（机械设备）正向运转。

(2) 电动机反向启动运转

按下反向启动按钮 SB3，电源 L1 相→控制回路熔断器 FU1→1 号线→停止按钮 SB1 动断触点→3 号线→正向按钮 SB2 的动断触点 →11 号线→反向启动按钮 SB3 的动合触点（按下时闭合）→13 号线→正向接触器 KM1 动断触点→15 号线→反向接触器 KM2 线圈→4 号

线→热继电器 FR 动断触点→2 号线→控制回路熔断器 FU2→电源 L3 相。电路接通，反向接触器 KM2 线圈获得 380V 电压动作，动合触点 KM2 闭合自保，维持接触器 KM2 工作状态。

主电路中，反向接触器 KM2 三个主触点同时闭合，电动机 M 绕组获得按 L3、L2、L1 排列的三相 380V 交流电源，电动机 M 反向启动运转。

接触器 KM2 动合触点闭合→19 号线→信号灯 HL2 得电灯亮，表示电动机（机械设备）反向运转。

(3) 正常停机

① 电动机在正向或反向运转中，只要按下停止按钮 SB1，切断接触器的电路，接触器断电释放，接触器主触点断开，电动机断电停止运转。

② 正方向运转中，按反方向启动按钮 SB3，其动断触点断开，切断正向接触器 KM1 的电路，接触器断电释放，正向接触器主触点断开，电动机断电停止正方向运转。

③ 反方向运转中，按正方向启动按钮 SB2，其动断触点断开，切断反向接触器 KM2 的电路，反向接触器断电释放，其主触点断开，电动机断电停止反向运转。

(4) 电动机过负荷停机

电动机过负荷时，负荷电流达到热继电器 FR 的整定值时，热继电器 FR 动作，动断触点 FR 断开，切断接触器 KM1 或 KM2 线圈控制电路，接触器断电释放，接触器 KM1 或 KM2 的三个主触点同时断开，电动机 M 绕组脱离三相 380V 交流电源停止转动，机械设备停止工作。

【例 124】 双重联锁正向连续运转、反向点动运转的正反转 380V 控制电路

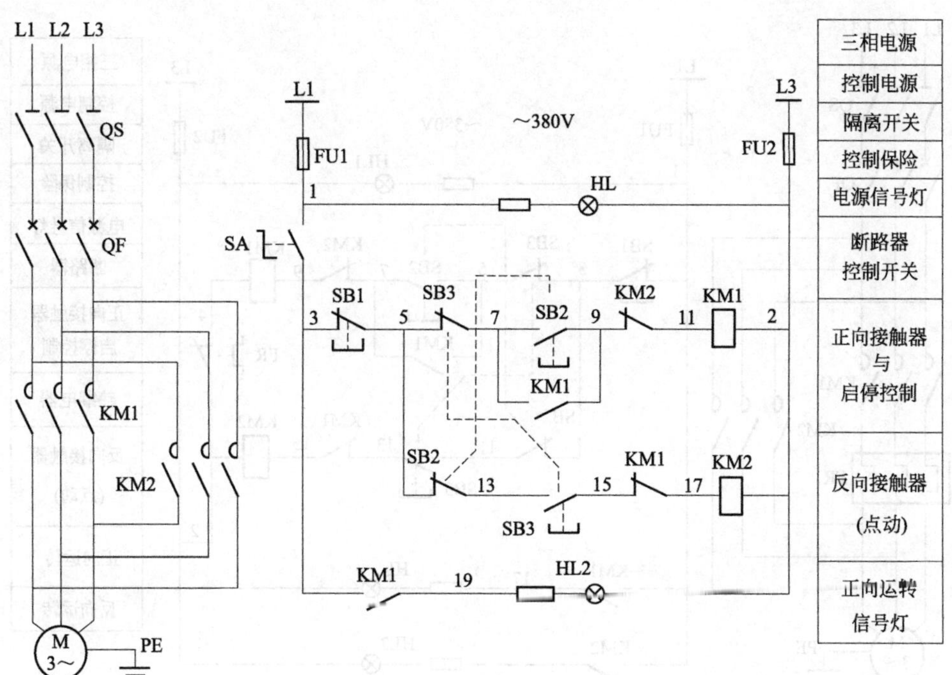

图 124　双重联锁正向连续运转、反向点动运转的正反转 380V 控制电路

【例 125】 双重联锁正向连续运转、反向点动运转的正反转 220V 控制电路

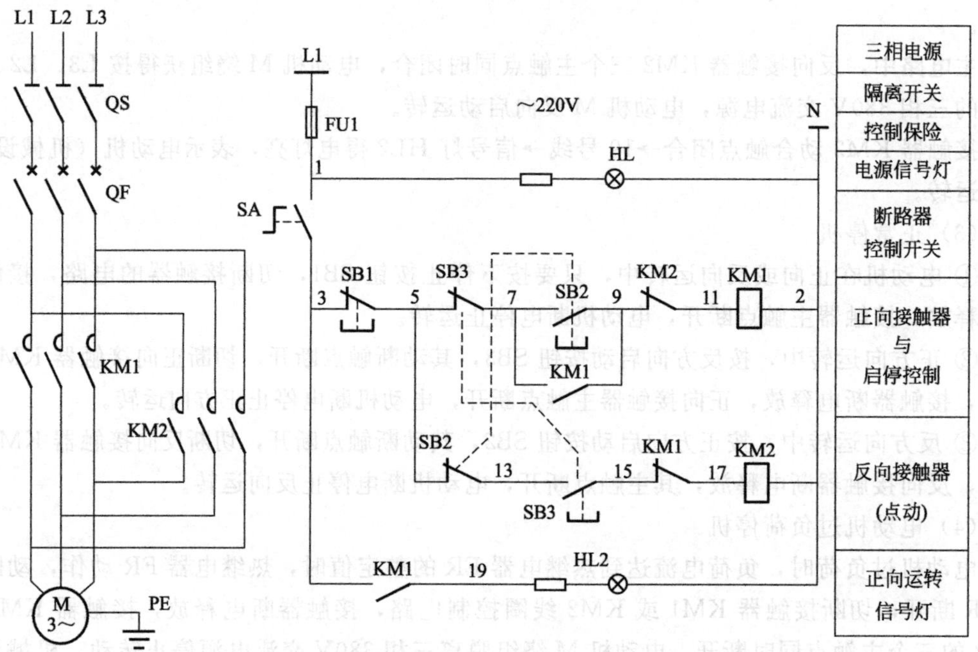

图 125 双重联锁正向连续运转、反向点动运转的正反转 220V 控制电路

【例 126】 正向有保护、双重联锁正向连续运转、反向点动运转的 380V 控制电路

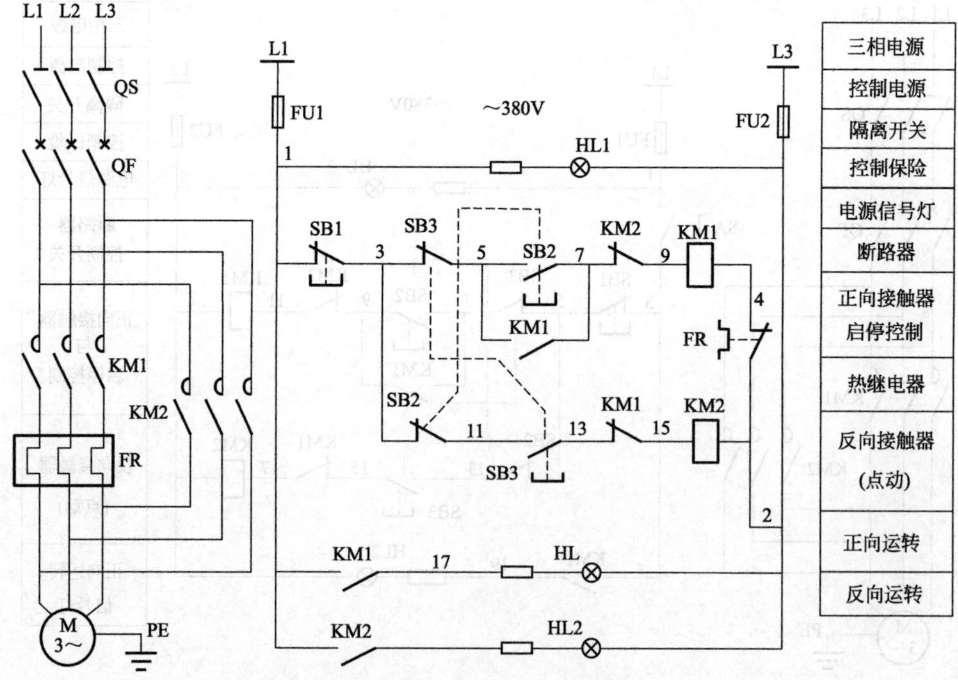

图 126 正向有保护、双重联锁正向连续运转、反向点动运转的 380V 控制电路

【例 127】 过载报警、有保护、双重联锁正向连续运转、反向点动运转的 220V 控制电路

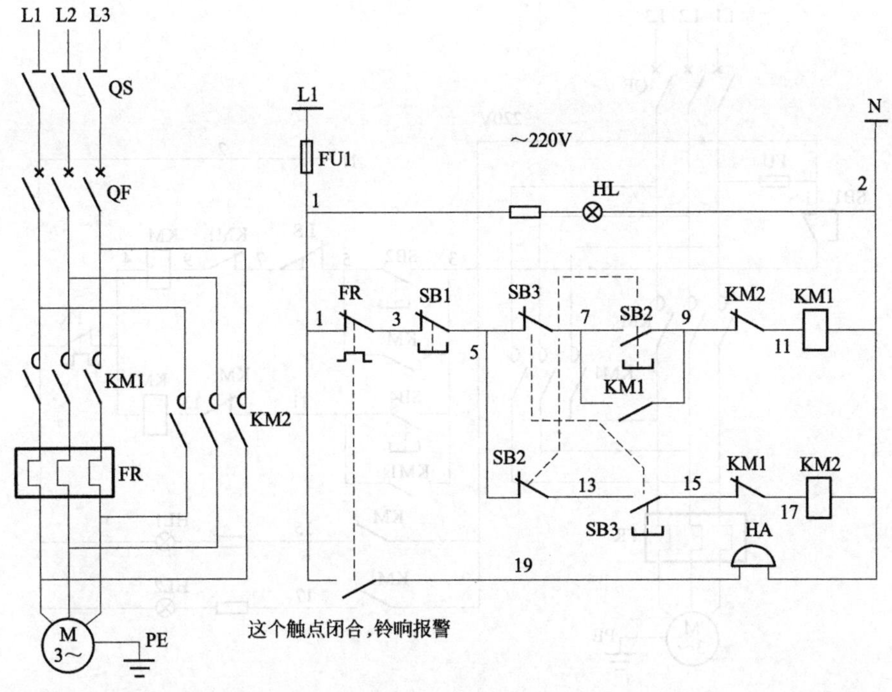

图 127 过载报警、有保护、双重联锁正向连续运转、反向点动运转的 220V 控制电路

【例 128】 向前限位、接触器触点联锁的电动机正反转 380V 控制电路

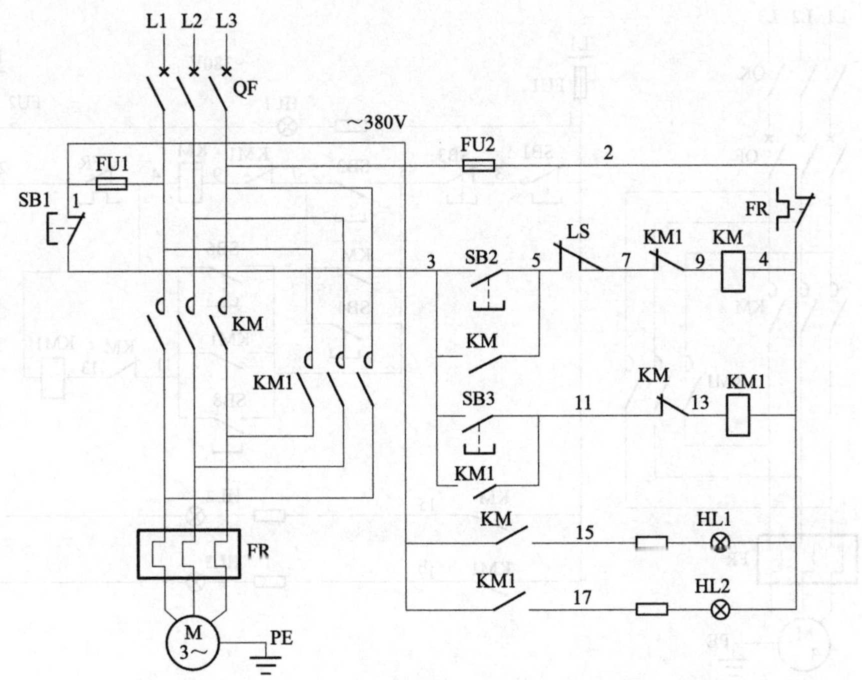

图 128 向前限位、接触器触点联锁的电动机正反转 380V 控制电路

【例 129】 向前限位、接触器触点联锁的电动机正反转 220V 控制电路

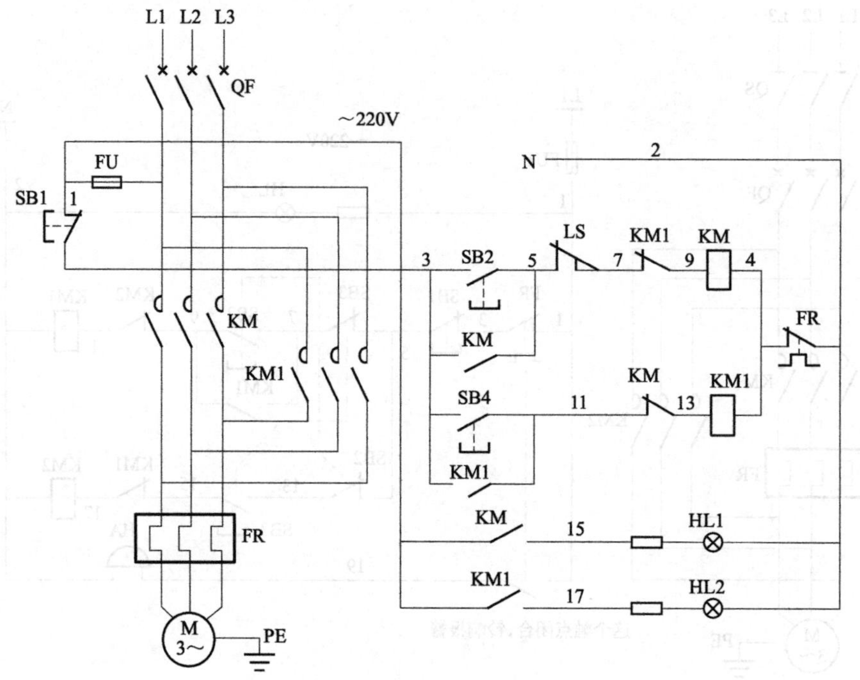

图 129 向前限位、接触器触点联锁的电动机正反转 220V 控制电路

【例 130】 两地操作、接触器触点联锁的电动机正反转 380V 控制电路

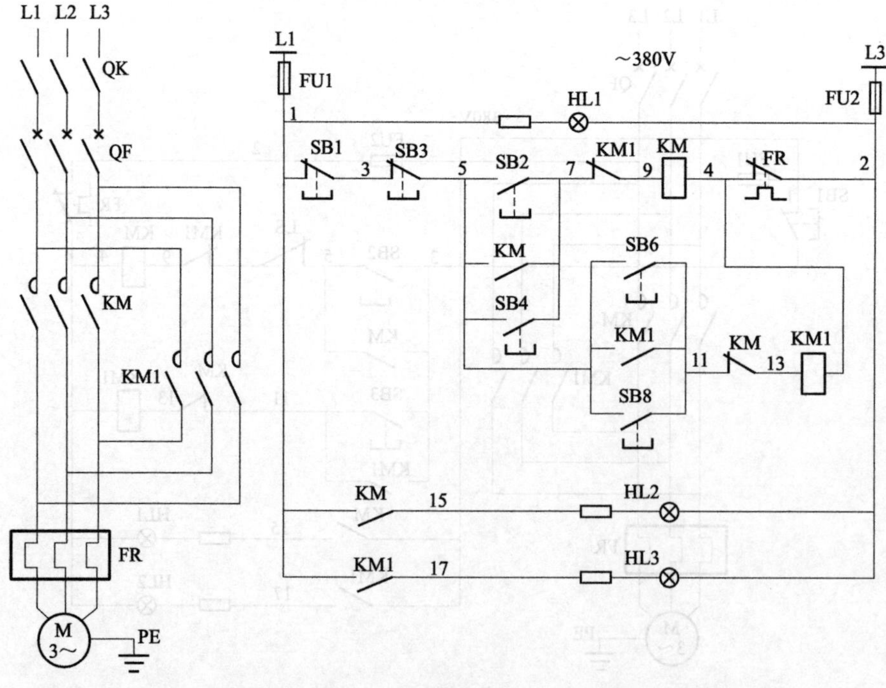

图 130 两地操作、接触器触点联锁的电动机正反转 380V 控制电路

【例 131】 两地操作、接触器触点联锁、过载报警的电动机正反转 220V 控制电路

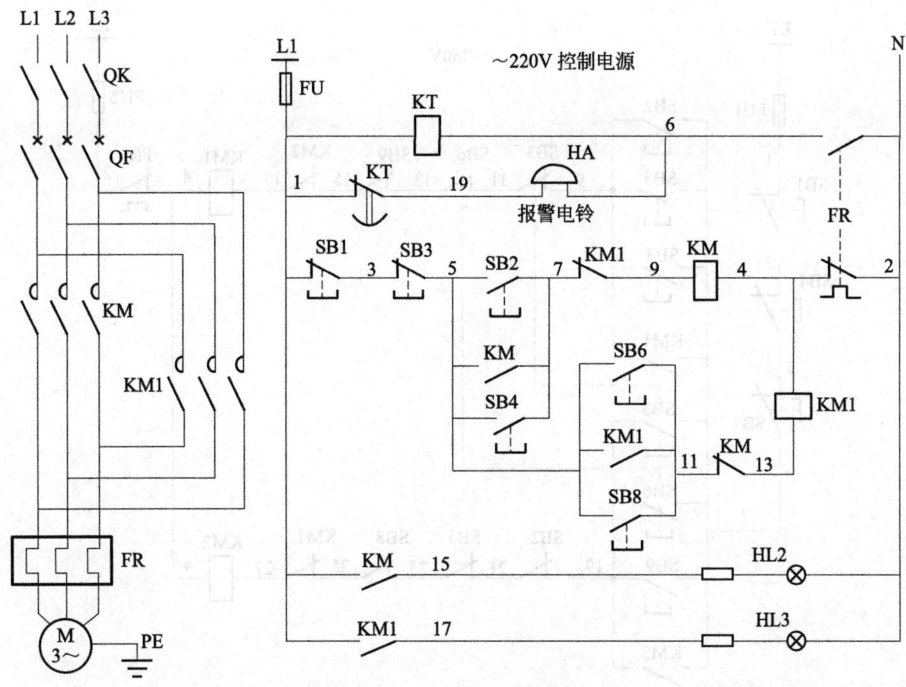

图 131　两地操作、接触器触点联锁、过载报警的电动机正反转 220V 控制电路

【例 132】 三地操作、接触器触点联锁的电动机正反转 380V 控制电路

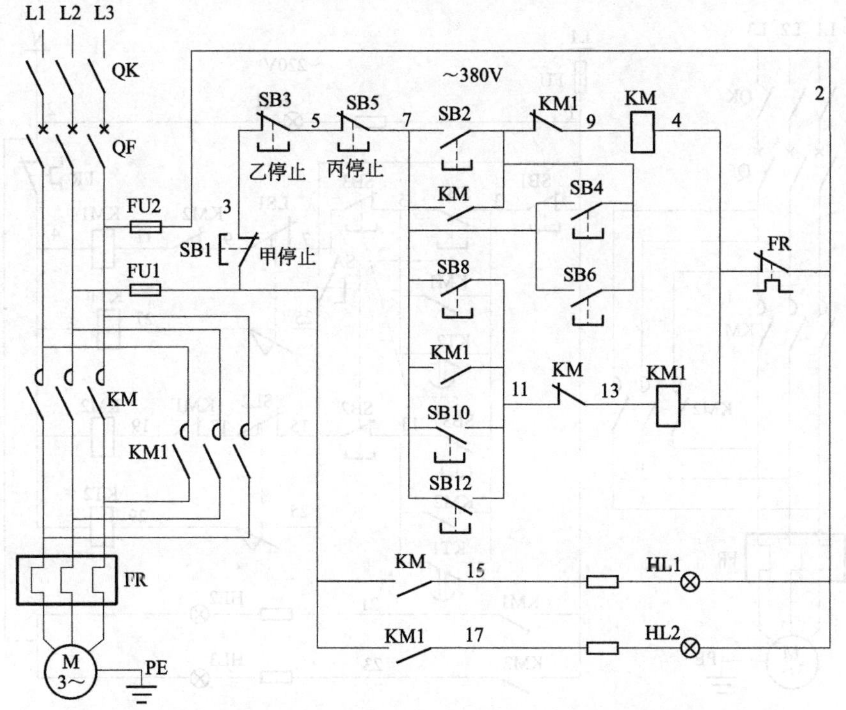

图 132　三地操作、接触器触点联锁的电动机正反转 380V 控制电路

【例 133】 双重联（互）锁、三处操作的电动机正反转 380V 控制电路

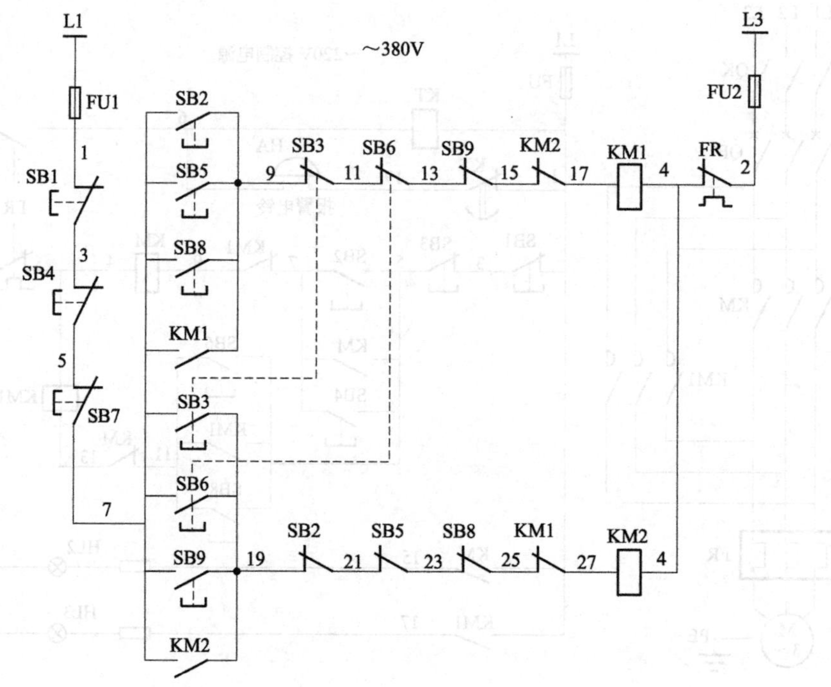

图 133 双重联（互）锁、三处操作的电动机正反转 380V 控制电路

【例 134】 按时间自动往返、双重联锁电动机正反转 220V 控制电路

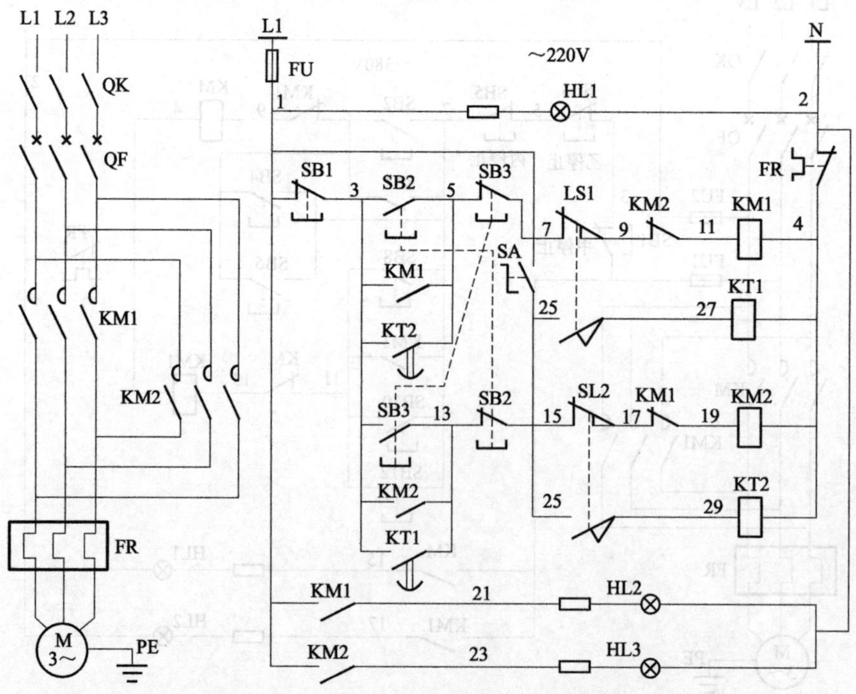

图 134 按时间自动往返、双重联锁电动机正反转 220V 控制电路

【例 135】 按时间自动往返、双重联锁电动机正反转 380V 控制电路

按时间自动往返、双重联锁电动机正反转 380V 控制电路如图 135 所示。

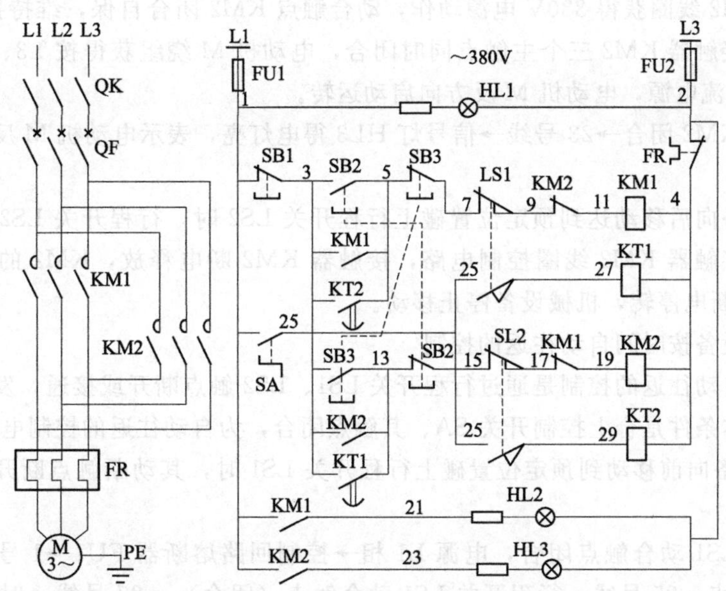

图 135 按时间自动往返、双重联锁电动机正反转 380V 控制电路

工作原理：

本电路适用于在一定距离内进行往返移动的机械设备，当移动的机械设备达到规定位置时能自动停止。待到整定的时间（如 30min），机械设备自动启动开始返回，当返回到原始位置碰上限位开关后自动停止，待到整定的时间（如 30min）机械设备自动启动又开始向前移动。

(1) 电动机正方向启动

按下向前启动按钮 SB2，电源 L1 相→控制回路熔断器 FU1→1 号线→停止按钮 SB1 动断触点→3 号线→启动按钮 SB2 动合触点（按下时闭合）→5 号线→按钮 SB3 动断触点→7 号线→行程开关 LS1 动断触点→9 号线→反向接触器 KM2 动断触点→11 号线→正向接触器 KM1 线圈→4 号线→热继电器 FR 的动断触点→2 号线→控制回路熔断器 FU2→电源 L3 相。

接触器 KM1 线圈获得 380V 电源动作，动合触点 KM1 闭合自保，维持接触器 KM1 工作状态，正向接触器 KM1 三个主触点同时闭合，电动机 M 绕组获得按 L1、L2、L3 排列的三相 380V 交流电源，电动机 M 正方向启动运转。

动合触点 KM1 闭合→21 号线→信号灯 HL2 得电灯亮，表示电动机 M 正方向运转的工作状态。

当移动的机械设备达到预定位置碰上行程开关 LS1 时，行程开关 LS1 的动断触点断开，切断正向接触器 KM1 线圈电路，接触器 KM1 断电释放，接触器 KM1 三个主触点断开，电动机断电停转，机械设备向前移动停止。

(2) 电动机反方向启动

按下向后启动按钮 SB3，电源 L1 相→控制回路熔断器 FU1→1 号线→停止按钮 SB1 动断触点→3 号线→启动按钮 SB3 动合触点（按下时闭合）→13 号线→按钮 SB2 动断触点→15 号线→行程开关 LS2 动断触点→17 号线→正向接触器 KM1 动断触点→19 号线→反向接

触器 KM2 线圈→4 号线→热继电器 FR 的动断触点→2 号线→控制回路熔断器 FU2→电源 L3 相。

接触器 KM2 线圈获得 380V 电源动作，动合触点 KM2 闭合自保，维持接触器 KM2 工作状态，正向接触器 KM2 三个主触点同时闭合，电动机 M 绕组获得按 L3、L2 、L1 排列的三相 380V 交流电源，电动机 M 反方向启动运转。

动合触点 KM2 闭合→23 号线→信号灯 HL3 得电灯亮，表示电动机 M 反方向运转的工作状态。

当机械设备向后移动达到预定位置碰上行程开关 LS2 时，行程开关 LS2 的动断触点断开，切断反向接触器 KM2 线圈控制电路，接触器 KM2 断电释放，KM2 的三个主触点断开，电动机 M 断电停转，机械设备停止移动。

(3) 机械设备按时间自动往返的控制

机械设备自动往返的控制是通过行程开关 LS1、LS2 触点断开或接通，发出启动指令或停机指令。基本条件是合上控制开关 SA、其触点闭合，为自动往返的控制电路提供电源。

① 机械设备向前移动到预定位置碰上行程开关 LS1 时，其动断触点断开，电动机正向运转停止。

行程开关 LS1 动合触点闭合，电源 L1 相→控制回路熔断器 FU1→1 号线→控制开关 SA 已接通的触点→25 号线→行程开关 LS1 动合触点（闭合）→27 号线→时间继电器 KT1 线圈→4 号线→热继电器 FR 的动断触点→2 号线→控制回路熔断器 FU2→电源 L3 相。时间继电器 KT1 得电动作，延时动合触点 KT1 在整定的时间 30min 时闭合。这一延时动合触点与反向启动按钮 SB3 动合触点并联的，相当于启动按钮的作用。

时间继电器 KT1 动合触点的闭合，电源 L1 相→控制回路熔断器 FU1→1 号线→停止按钮 SB1 动断触点→3 号线→闭合的时间继电器 KT1 动合触点→13 号线→按钮 SB2 动断触点→15 号线→行程开关 LS2 动断触点→17 号线→正向接触器 KM1 动断触点→19 号线→反向接触器 KM2 线圈→4 号线→热继电器 FR 的动断触点→2 号线→控制回路熔断器 FU2→电源 L3 相。

接触器 KM2 线圈获得 380V 电源动作，动合触点 KM2 闭合自保，维持接触器 KM2 工作状态，正向接触器 KM2 三个主触点同时闭合，电动机 M 绕组获得按 L3、L2 、L1 排列的三相 380V 交流电源，电动机 M 反方向启动运转。

动合触点 KM2 闭合→23 号线→信号灯 HL3 得电灯亮，表示电动机 M 反方向运转的工作状态。

当机械设备向后移动达到预定位置碰上行程开关 LS2 时，行程开关 LS2 的动断触点断开，切断反向接触器 KM2 线圈控制电路，接触器 KM2 断电释放，KM2 的三个主触点断开，电动机 M 断电停转，机械设备停止移动。

② 机械设备向后移动到预定位置碰上行程开关 LS2 时，其动断触点断开，电动机反向运转停止。

行程开关 LS2 的动合触点闭合，电源 L1 相→控制回路熔断器 FU1→1 号线→控制开关 SA 已接通的触点→25 号线→行程开关 LS2 闭合的动合触点→29 号线→时间继电器 KT2 线圈→4 号线→热继电器 FR 的动断触点→2 号线→控制回路熔断器 FU2→电源 L3 相，时间继电器 KT2 得电动作，延时动合触点 KT2 闭合，这个延时闭合的动合触点 KT2 与正向启动按钮 SB2 动合触点并联，相当于启动按钮的作用。

延时动合触点 KT2 的闭合，电源 L1 相→控制回路熔断器 FU1→1 号线→停止按钮 SB1 动断触点→3 号线→闭合的时间继电器 KT2 动合触点→5 号线→按钮 SB3 动断触点→7 号线→行程开关 LS1 动断触点→9 号线→反向接触器 KM2 动断触点→11 号线→正向接触器 KM1 线圈→4 号线→热继电器 FR 的动断触点→2 号线→控制回路熔断器 FU2→电源 L3 相。

接触器 KM1 线圈获得 380V 电源动作，动合触点 KM1 闭合自保，维持接触器 KM1 工作状态，正向接触器 KM1 三个主触点同时闭合，电动机 M 绕组获得按 L1、L2、L3 排列的三相 380V 交流电源，电动机 M 正方向启动运转。

动合触点 KM1 闭合→21 号线→信号灯 HL2 得电灯亮，表示电动机 M 正方向运转的工作状态。

当移动的机械设备达到预定位置碰上行程开关 LS1 时，行程开关 LS1 的动断触点断开，切断正向接触器 KM1 线圈电路，接触器 KM1 断电释放，接触器 KM1 三个主触点断开，电动机断电停转，至此完成一个工作循环。

依靠行程开关动合触点启动时间继电器，通过时间继电器延时动合触点闭合发出往返指令，实现按时间自动往返的电动机正反转控制。只要断开控制开关 SA，就可终止时间自动往返的工作循环。

加油站

二次回路接线应符合下列规定

(1) 应按有效图纸施工，接线应正确。

(2) 导线与电气元件间应采用螺栓连接、插接、焊接或压接等，且均应牢固可靠。

(3) 盘、柜内的导线不应有接头，芯线应无损伤。

(4) 多股导线与端子、设备连接应压终端附件。

(5) 电缆芯线和所配导线的端部均应标明其回路编号，编号应正确，字迹应清晰，不易脱色。

(6) 配线应整齐、清晰、美观，导线绝缘应良好。

(7) 每个接线端子的每侧接线宜为 1 根，不得超过 2 根；对于插接式端子，不同截面的两根导线不得接在同一端子中；螺栓连接端子接两根导线时，中间应加平垫片。

(8) 盘、柜内电流回路配线应采用截面不小于 $2.5mm^2$、标称电压不低于 450V/750V 的铜芯绝缘导线，其他回路截面不应小于 $1.5mm^2$；电子元件回路、弱电回路采用锡焊连接时，在满足载流量和电压降及有足够机械强度的情况下，可采用不小于 $0.5mm^2$ 截面的绝缘导线。

(9) 导线用于连接门上的电器、控制台板等可动部位时，尚应符合下列规定：

① 应采用多股软导线，敷设长度应有适当裕度。

② 线束应有外套塑料缠绕管保护。

③ 与电器连接时，端部应压接终端附件。

④ 在可动部位两端应固定牢固。

第三章

系统低电压时能够自启动的电动机控制电路

【例 136】 不能立即停机延时自启动 220V 控制电路

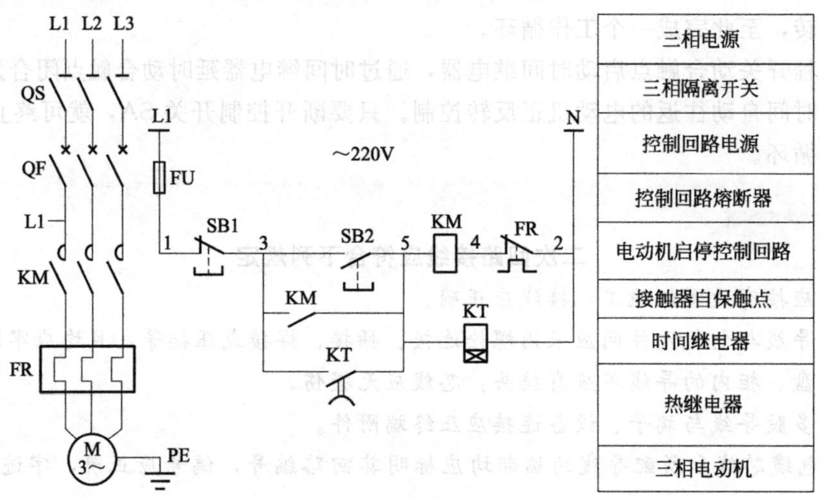

图 136 不能立即停机延时自启动 220V 控制电路

【例 137】 不能立即停机延时自启动 380V 控制电路

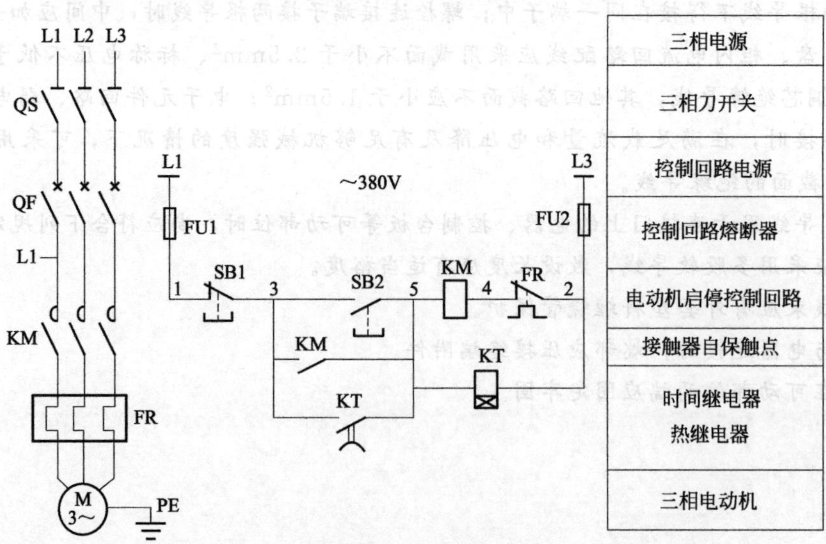

图 137 不能立即停机延时自启动 380V 控制电路

【例 138】 一次保护、不能立即停机延时自启动 36V 控制电路

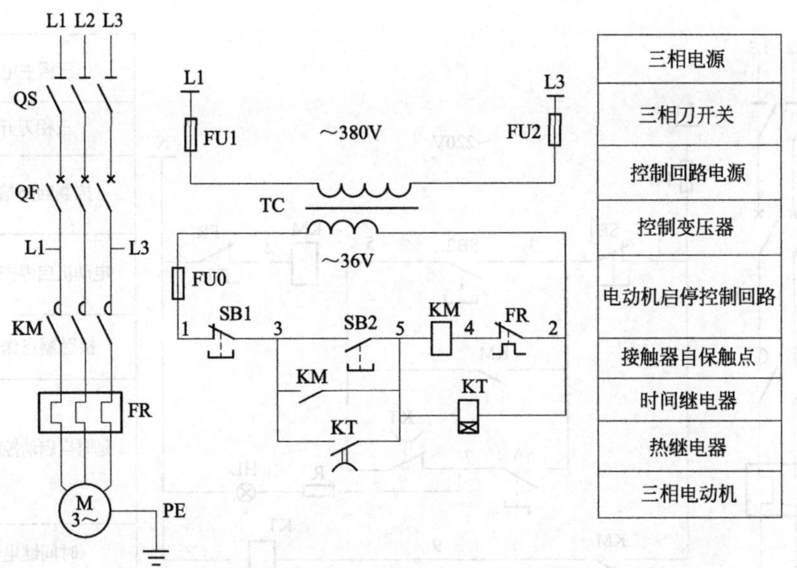

图 138 一次保护、不能立即停机延时自启动 36V 控制电路

【例 139】 有启停信号灯，不能立即停机延时自启动 220V 控制电路

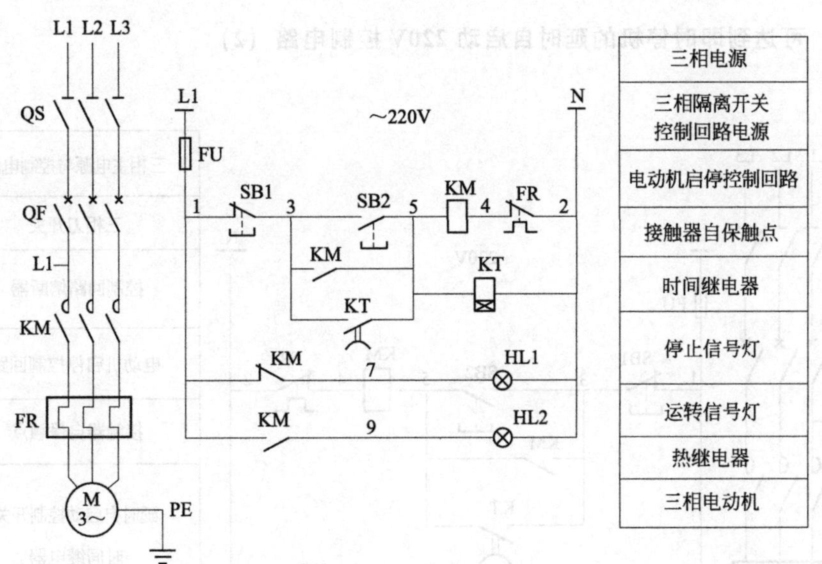

图 139 有启停信号灯，不能立即停机延时自启动 220V 控制电路

图 136～图 139、图 143、图 161 简要说明：

按下启动按钮 SB2，电动机启动运转。时间继电器 KT 动作，KT 延时断开的动合触点闭合，为电动机自启动作准备。系统低压或瞬时停电时，5s 可恢复供电，通过延时 5s 断开的动合触点，实现电动机自启动，保证生产需要。停机时，按下停止按钮 SB1 的时间必须超过时间继电器 KT 的整定时间（5s）。

【例 140】 可达到即时停机的延时自启动 220V 控制电路 (1)

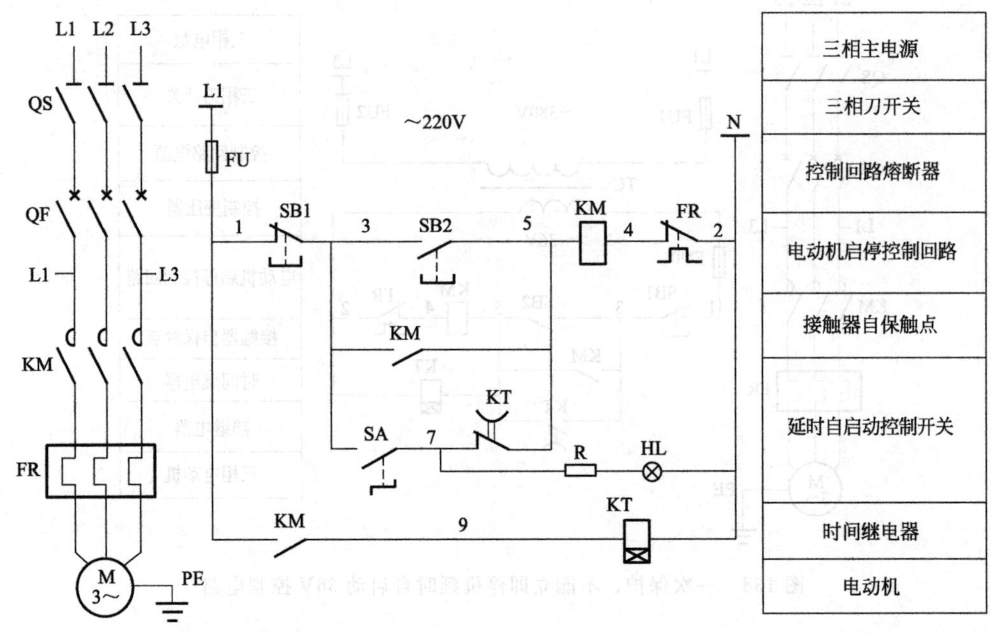

图 140 可达到即时停机的延时自启动 220V 控制电路 (1)

【例 141】 可达到即时停机的延时自启动 220V 控制电路 (2)

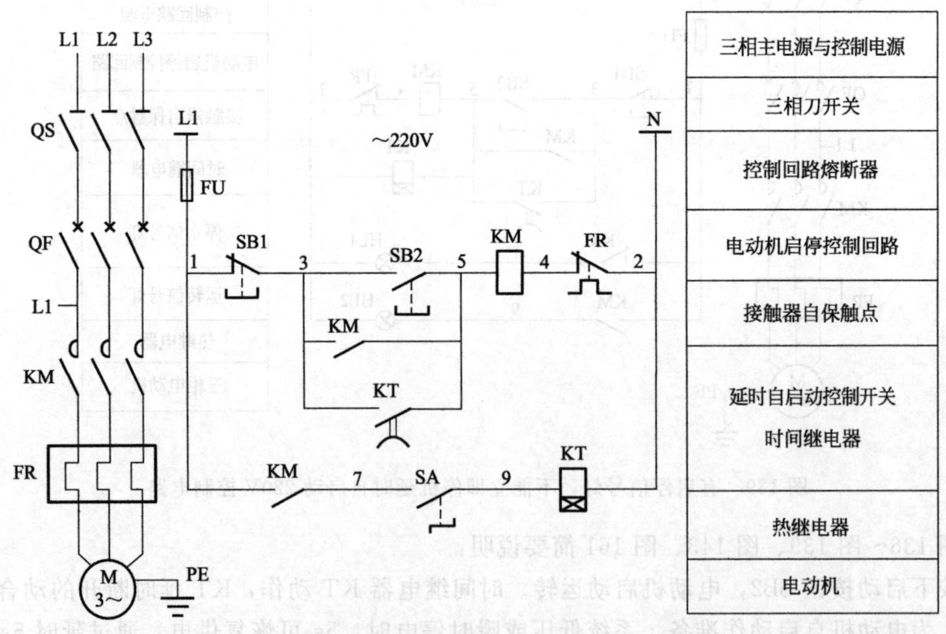

图 141 可达到即时停机的延时自启动 220V 控制电路 (2)

【例 142】 可达到即时停机的延时自启动 220V 控制电路（3）

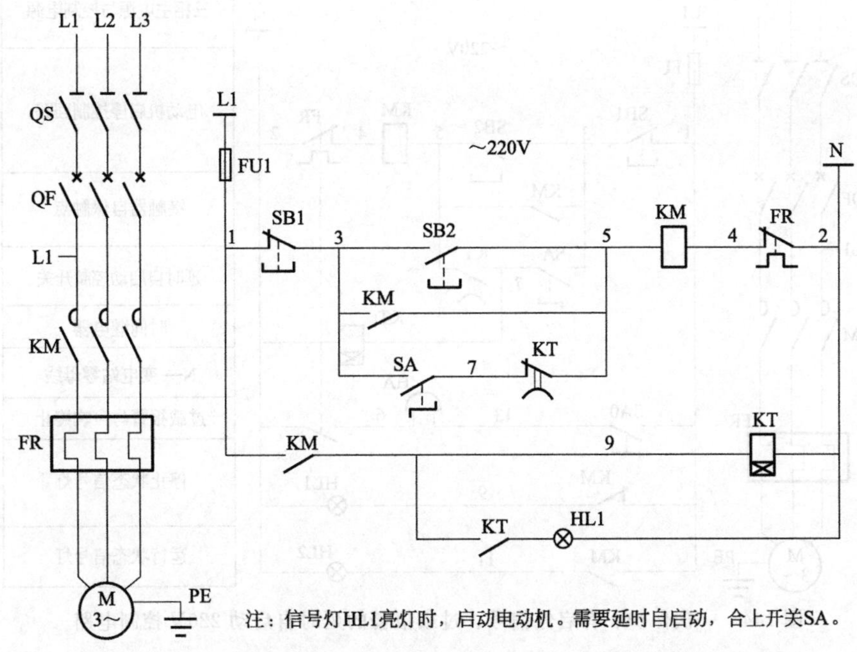

图 142　可达到即时停机的延时自启动 220V 控制电路（3）

【例 143】 有电源信号灯、可达到即时停机的延时自启动 220V 控制电路

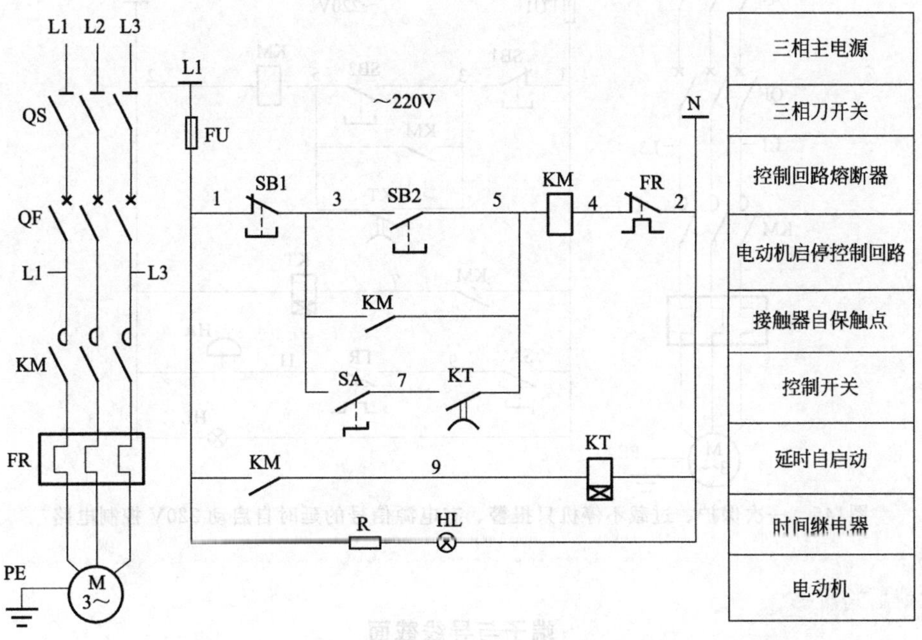

图 143　有电源信号灯、可达到即时停机的延时自启动 220V 控制电路

【例 144】 一次保护、有启停信号、过载报警的延时自启动 220V 控制电路

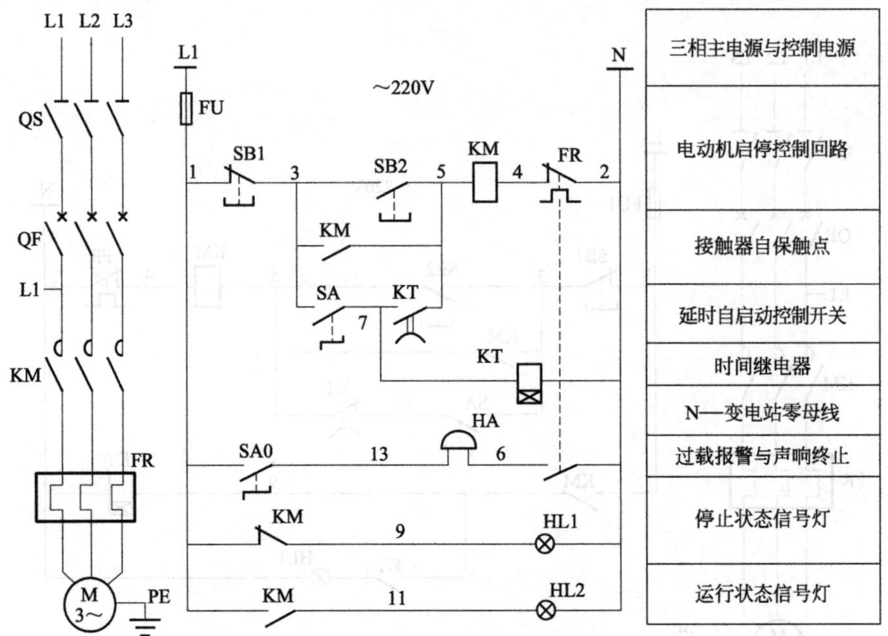

图 144 一次保护、有启停信号、过载报警的延时自启动 220V 控制电路

【例 145】 一次保护、过载不停机只报警、有电源信号的延时自启动 220V 控制电路

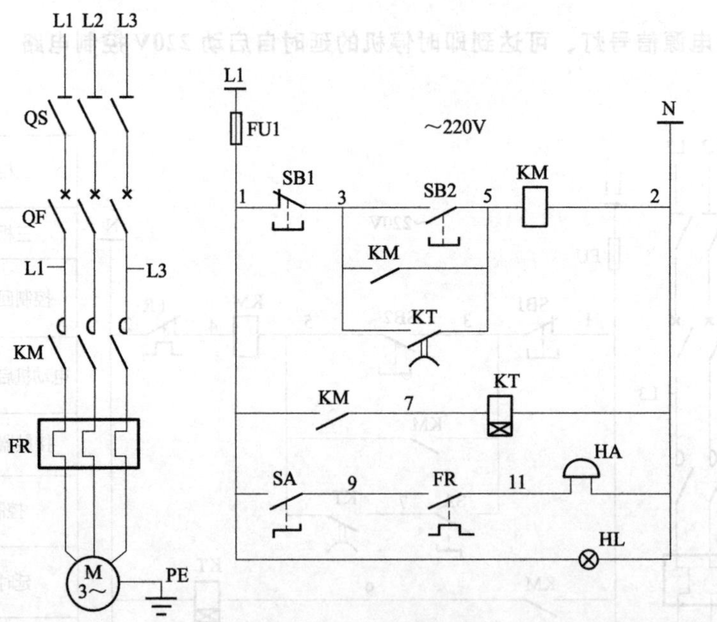

图145 一次保护、过载不停机只报警、有电源信号的延时自启动 220V 控制电路

加油站

端子与导线截面

接线端子应与导线截面匹配，不得使用小端子配大截面导线。

【例 146】 可达到即时停机的延时自启动 380V 控制电路（1）

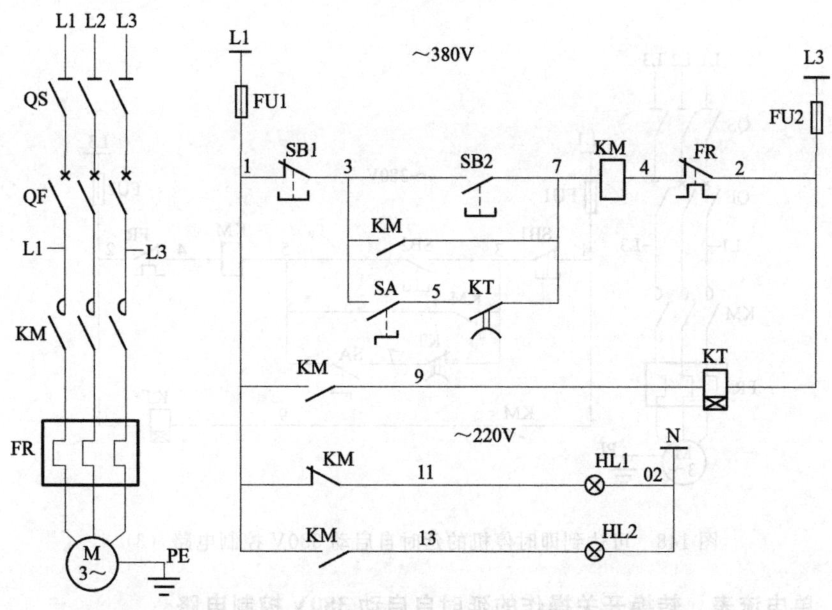

图 146 可达到即时停机的延时自启动 380V 控制电路（1）

【例 147】 可达到即时停机的延时自启动 380V 控制电路（2）

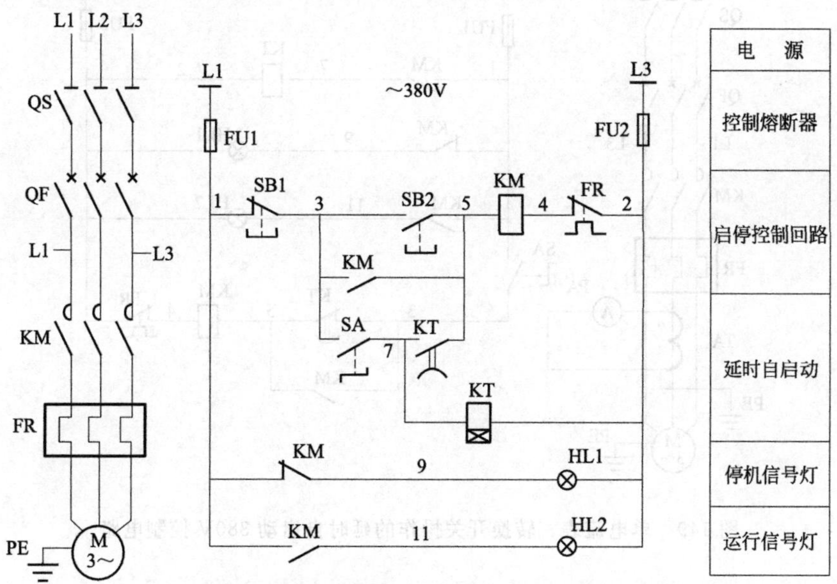

图 147 可达到即时停机的延时自启动 380V 控制电路（2）

加油站

二次回路绝缘

二次回路的电源回路送电前应检查绝缘，其绝缘电阻值不应小于 1MΩ，潮湿地区不应小于 0.5MΩ。

【例 148】 可达到即时停机的延时自启动 380V 控制电路（3）

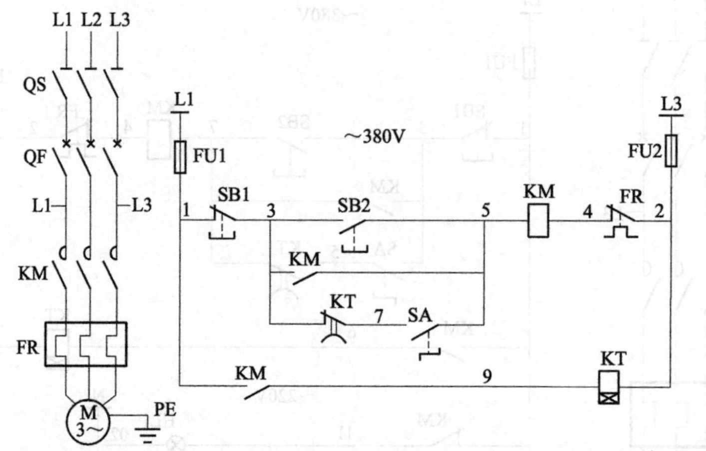

图 148 可达到即时停机的延时自启动 380V 控制电路（3）

【例 149】 单电流表、转换开关操作的延时自启动 380V 控制电路

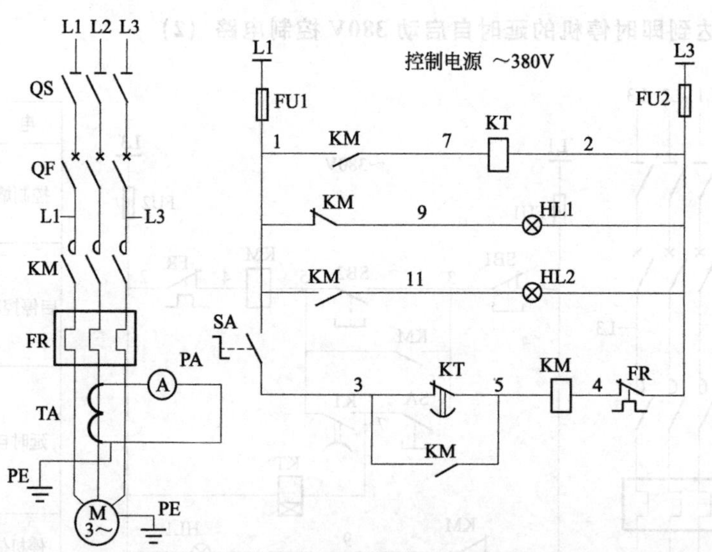

图 149 单电流表、转换开关操作的延时自启动 380V 控制电路

加油站

盘、柜上装置的接地端子连接

盘、柜上装置的接地端子连接线、电缆铠装及屏蔽接地线应用黄绿绝缘多股接地铜导线与接地铜排相连。电缆铠装的接地线截面宜与芯线截面相同，且不应小于 $4mm^2$，电缆屏蔽层的接地线截面面积应大于屏蔽层截面面积的 2 倍。当接地线较多时，可将不超过 6 根的接地线同压一接线鼻子，且应与接地铜排可靠连接。

【例 150】 二次保护、转换开关控制线圈的延时自启动 127V 控制电路

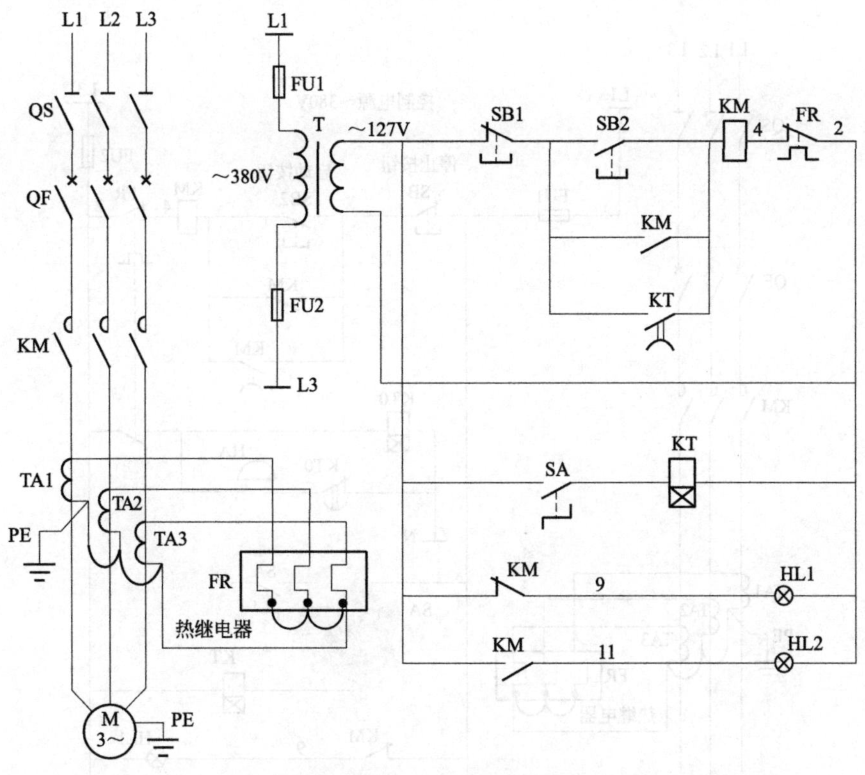

图 150　二次保护、转换开关控制线圈的延时自启动 127V 控制电路

【例 151】 单电流表、转换开关控制线圈的延时自启动 220V 控制电路

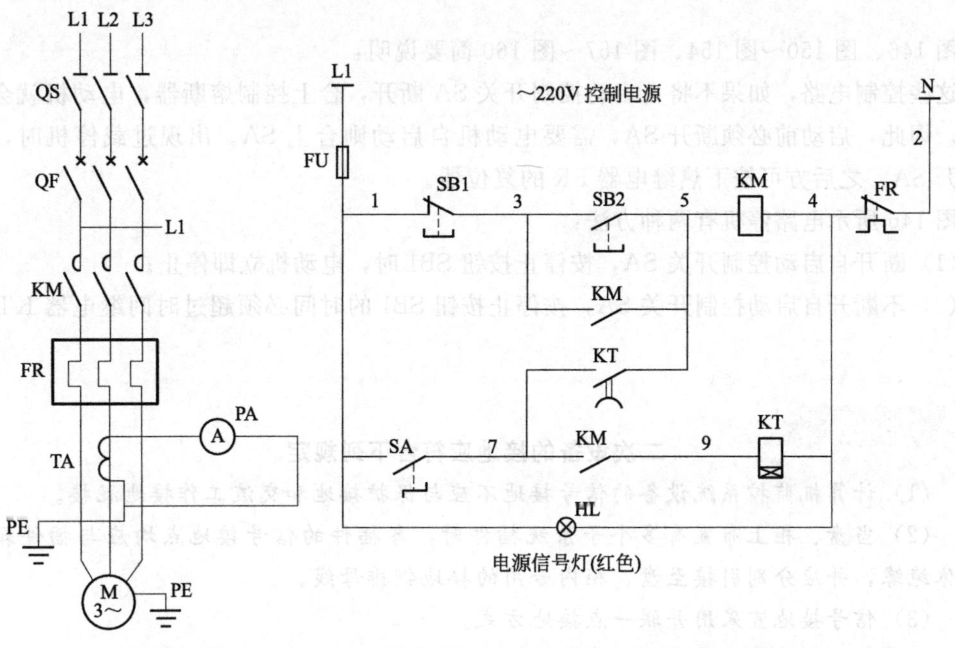

图 151　单电流表、转换开关控制线圈的延时自启动 220V 控制电路

【例 152】 过载报警、二次保护、电动机延时自启动 380V 控制电路

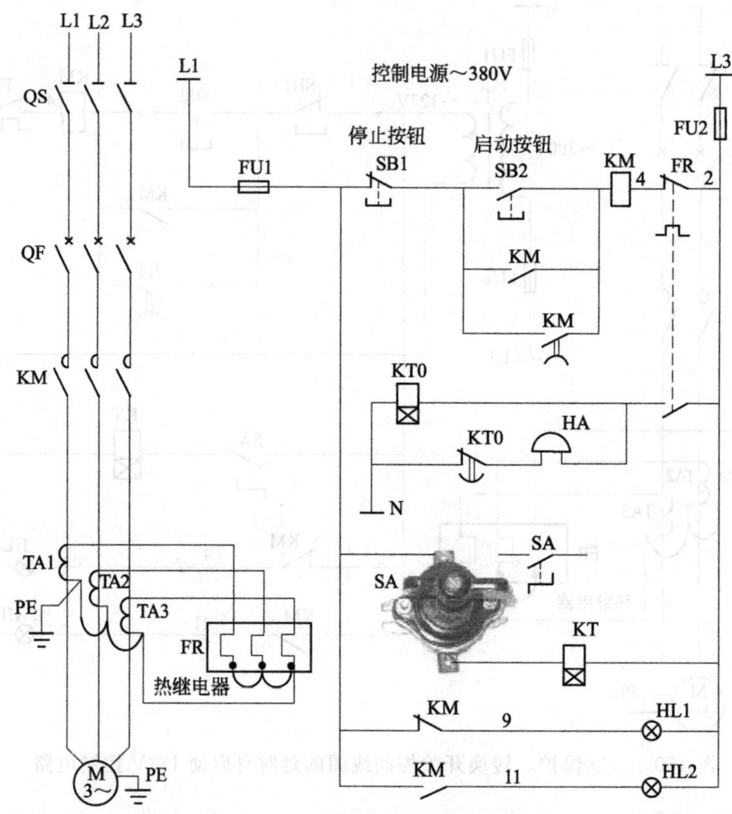

图 152 过载报警、二次保护、电动机延时自启动 380V 控制电路

图 146、图 150～图 154、图 157～图 160 简要说明：

这些控制电路，如果不将自启动控制开关 SA 断开，合上控制熔断器，电动机就会自动运转。因此，启动前必须断开 SA，需要电动机自启动则合上 SA。出现过载停机时，应立即断开 SA，之后方可按下热继电器 FR 的复位器。

图 146 所示电路停机有两种方法：

（1）断开自启动控制开关 SA，按停止按钮 SB1 时，电动机立即停止；

（2）不断开自启动控制开关 SA，按停止按钮 SB1 的时间必须超过时间继电器 KT 的整定值。

加油站

二次设备的接地应符合下列规定

（1）计算机监控系统设备的信号接地不应与保护接地和交流工作接地混接。

（2）当盘、柜上布置有多个子系统插件时，各插件的信号接地点均应与插件箱的箱体绝缘，并应分别引接至盘、柜内专用的接地铜排母线。

（3）信号接地宜采用并联一点接地方式。

（4）盘、柜上装有装置性设备或其他有接地要求的电器时，其外壳应可靠接地。

【例 153】 采用电动机过载保护器的延时自启动 220V 控制电路

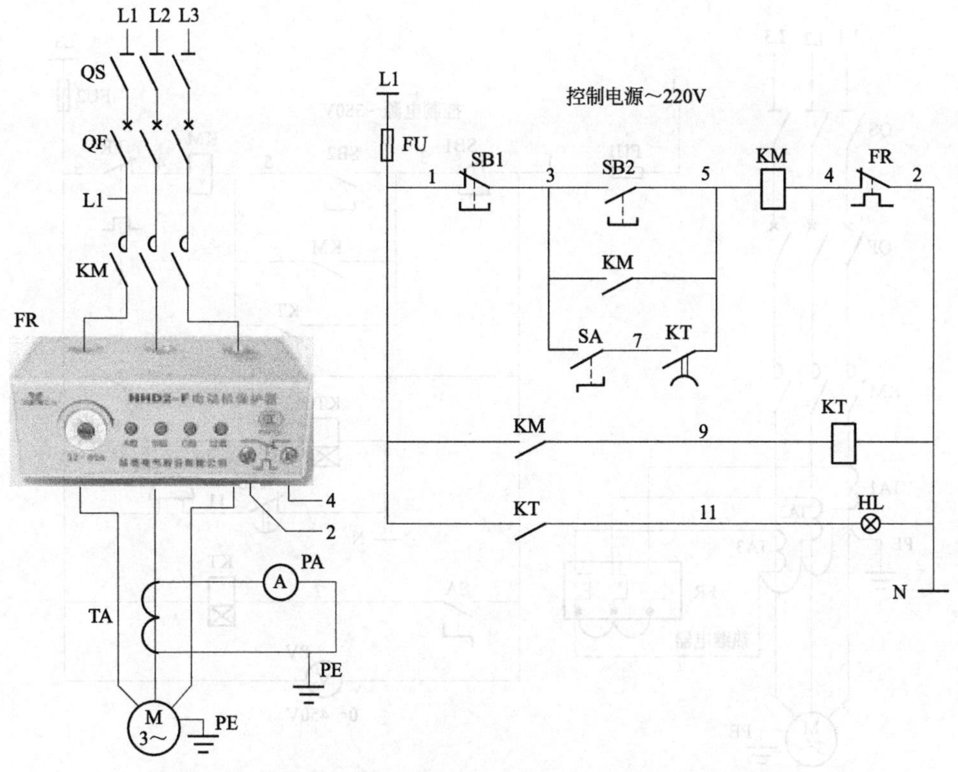

图 153　采用电动机过载保护器的延时自启动 220V 控制电路

【例 154】 一次保护、有启停信号、过载报警的延时自启动 380V 控制电路

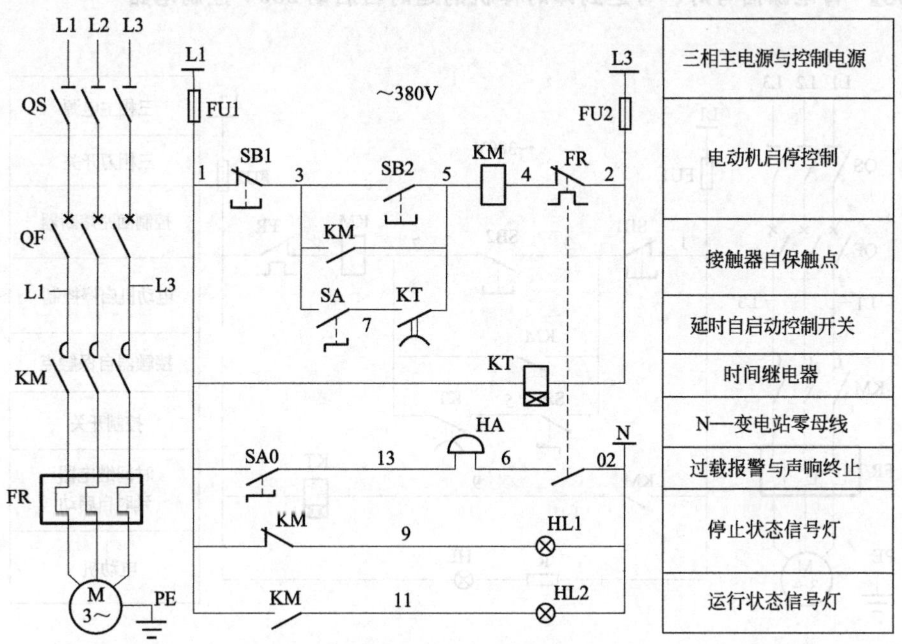

图 154　一次保护、有启停信号、过载报警的延时自启动 380V 控制电路

【例 155】 二次保护、报警信号延时消除、可达到即时停机的延时自启动 380V 控制电路

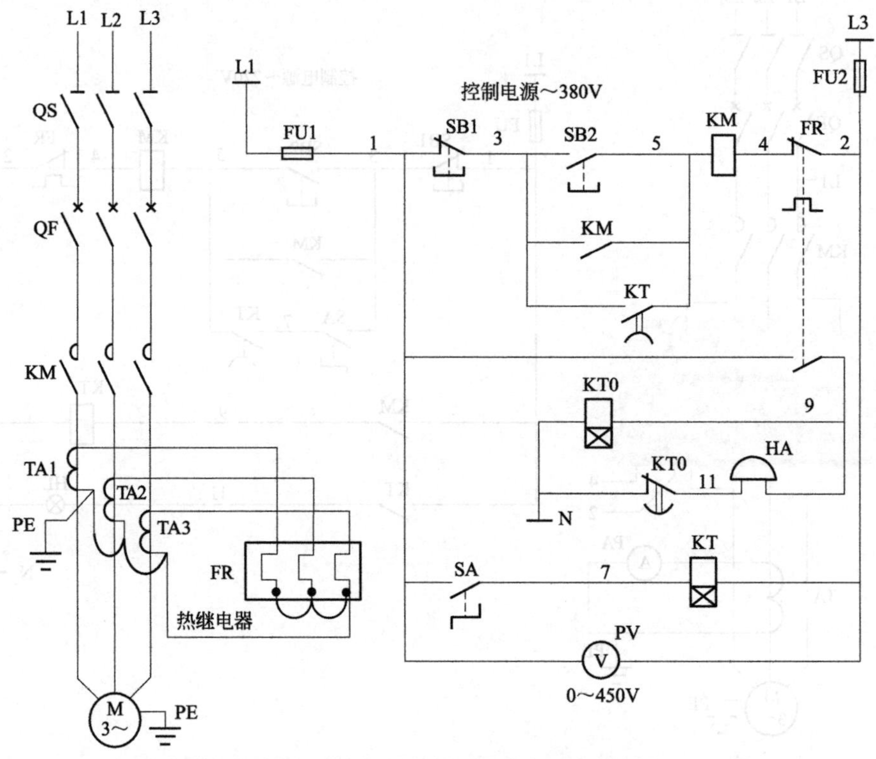

图 155　二次保护、报警信号延时消除、可达到即时停机的延时自启动 380V 控制电路

【例 156】 有电源信号灯、可达到即时停机的延时自启动 380V 控制电路

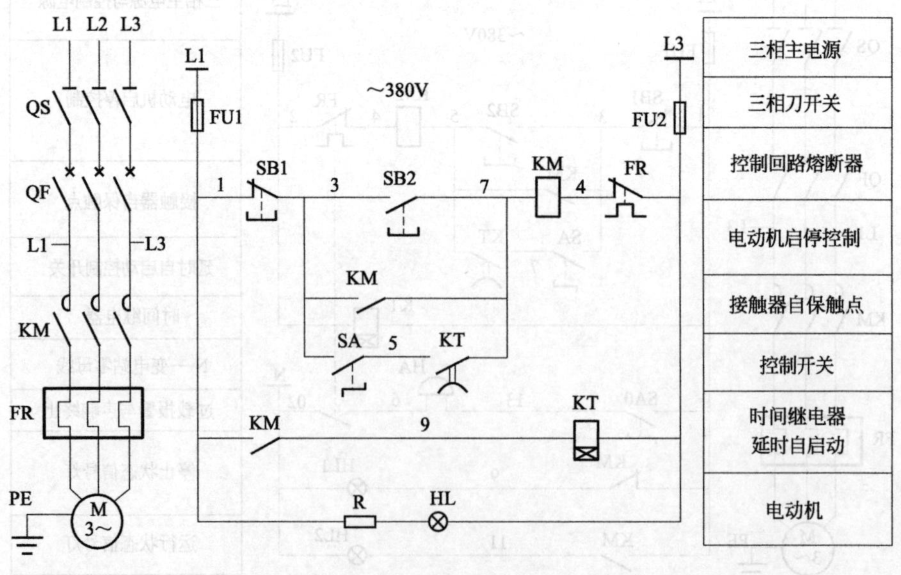

图 156　有电源信号灯、可达到即时停机的延时自启动 380V 控制电路

【例 157】 有电源信号、过载报警延时消除、启动前可发出预告信号、可达到即时停机的延时自启动 220V 控制电路

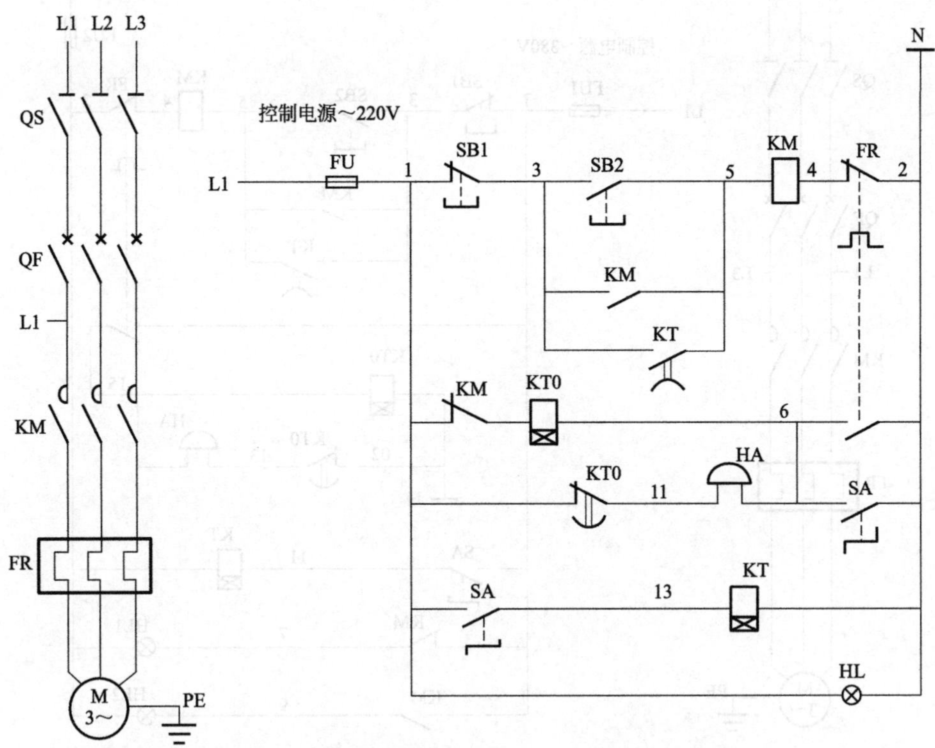

图 157 有电源信号、过载报警延时消除、启动前可发出预告信号、可达到即时停机的延时自启动 220V 控制电路

加油站

二次回路质量验收

在验收时，应按下列规定进行检查：

(1) 盘、柜的固定及接地应可靠，盘、柜漆层应完好、清洁整齐、标识规范。

(2) 盘、柜内所装电器元件应齐全完好，安装位置应正确，固定应牢固。

(3) 所有二次回路接线应正确，连接应可靠，标识应齐全清晰。二次回路的电源回路送电前，应检查绝缘，其绝缘电阻值不应小于 1MΩ，潮湿地区不应小于 0.5MΩ。

(4) 手车或抽屉式开关推入或拉出时应灵活，机械闭锁应可靠，照明装置应完好。

(5) 用于热带地区的盘、柜应具有防潮、抗霉和耐热性能，应按现行行业标准《热带电工产品通用技术要求》JB/T 4159 的有关规定验收合格。

(6) 盘、柜孔洞及电缆管应封堵严密，可能结冰的地区还应采取防止电缆管内积水结冰的措施。

(7) 备品备件及专用工具等应移交齐全。

【例 158】 报警信号延时消除、可达到即时停机的延时自启动 380V 控制电路

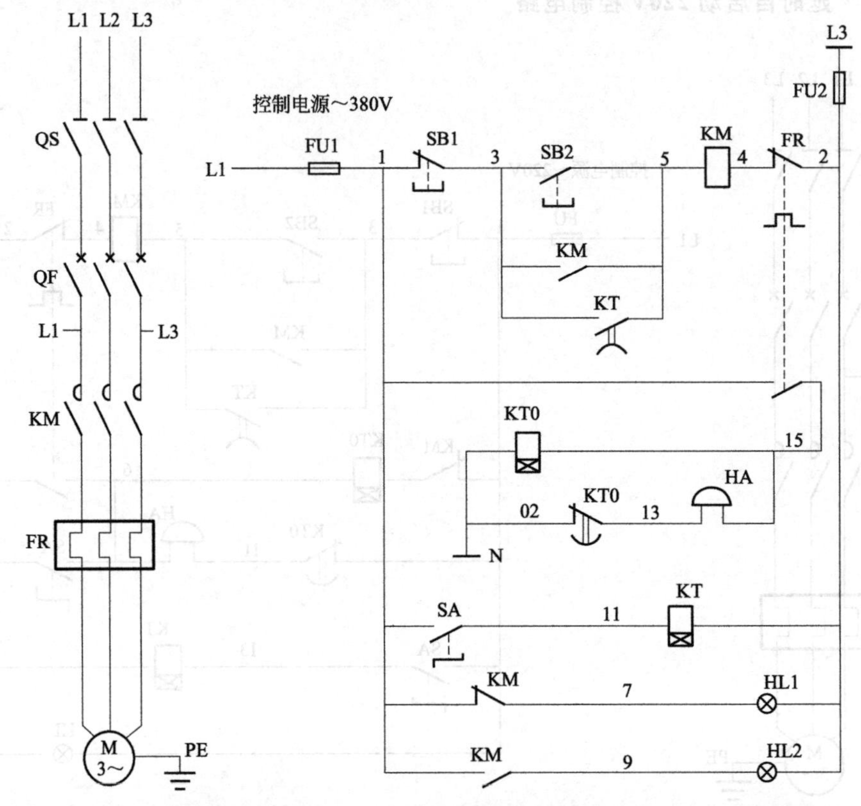

图 158 报警信号延时消除、可达到即时停机的延时自启动 380V 控制电路

【例 159】 有启动预告信号、可达到即时停机的延时自启动 380V 控制电路

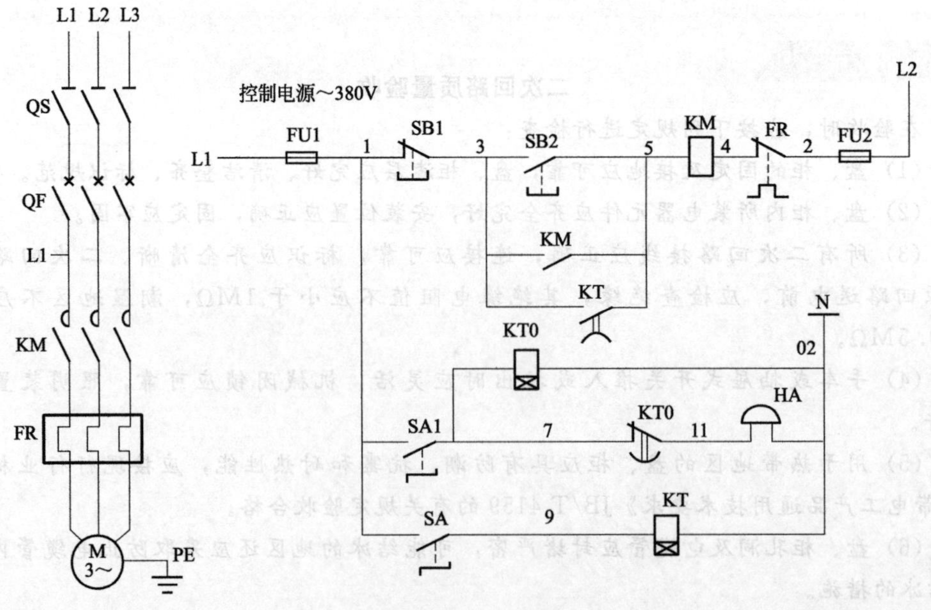

图 159 有启动预告信号、可达到即时停机的延时自启动 380V 控制电路

【例 160】 有启动前预告信号、可达到即时停机的延时自启动 220V 控制电路

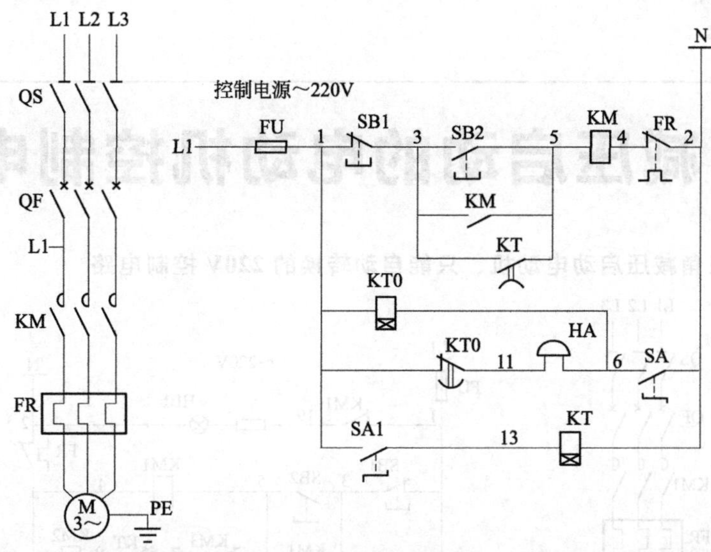

图 160 有启动前预告信号、可达到即时停机的延时自启动 220V 控制电路

【例 161】 可达到即时停机的延时自启动 36V 控制电路

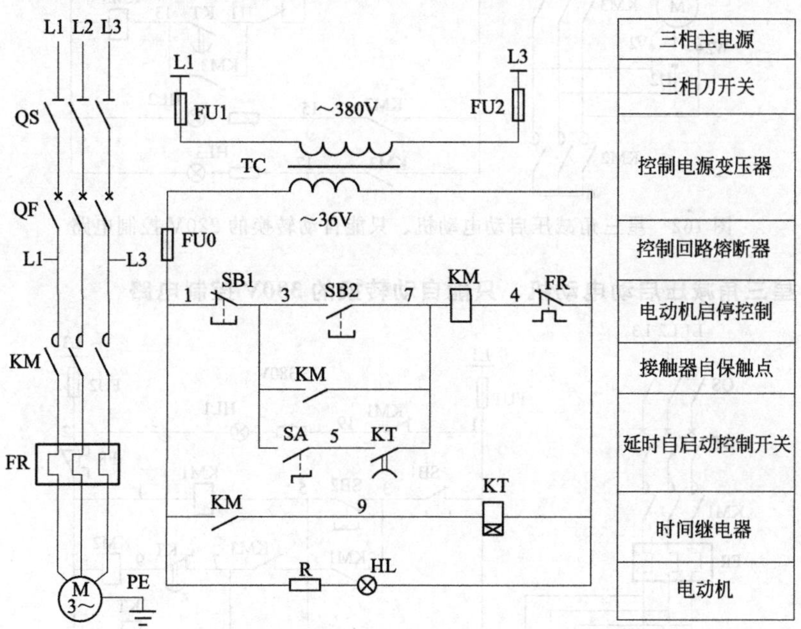

图 161 可达到即时停机的延时自启动 36V 控制电路

第四章

星三角减压启动的电动机控制电路

【例 162】 星三角减压启动电动机、只能自动转换的 220V 控制电路

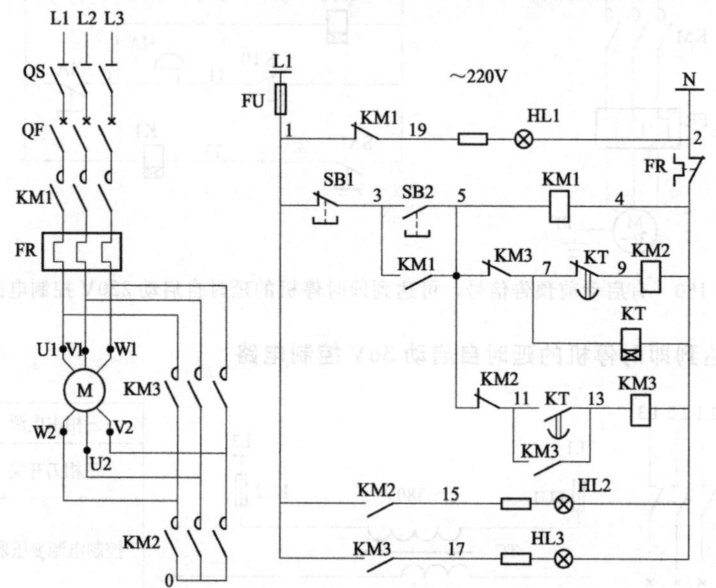

图 162　星三角减压启动电动机、只能自动转换的 220V 控制电路

【例 163】 星三角减压启动电动机、只能自动转换的 380V 控制电路

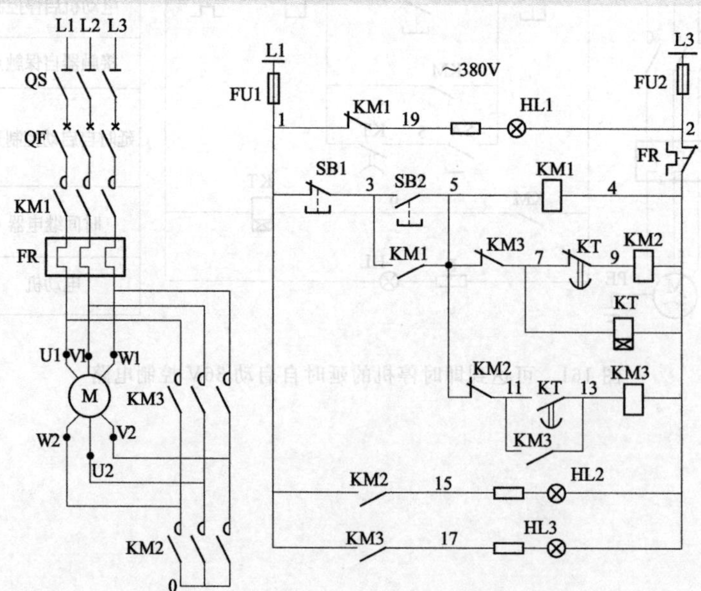

图 163　星三角减压启动电动机、只能自动转换的 380V 控制电路

【例 164】 星三角启动采用手动转换 380V 控制电路

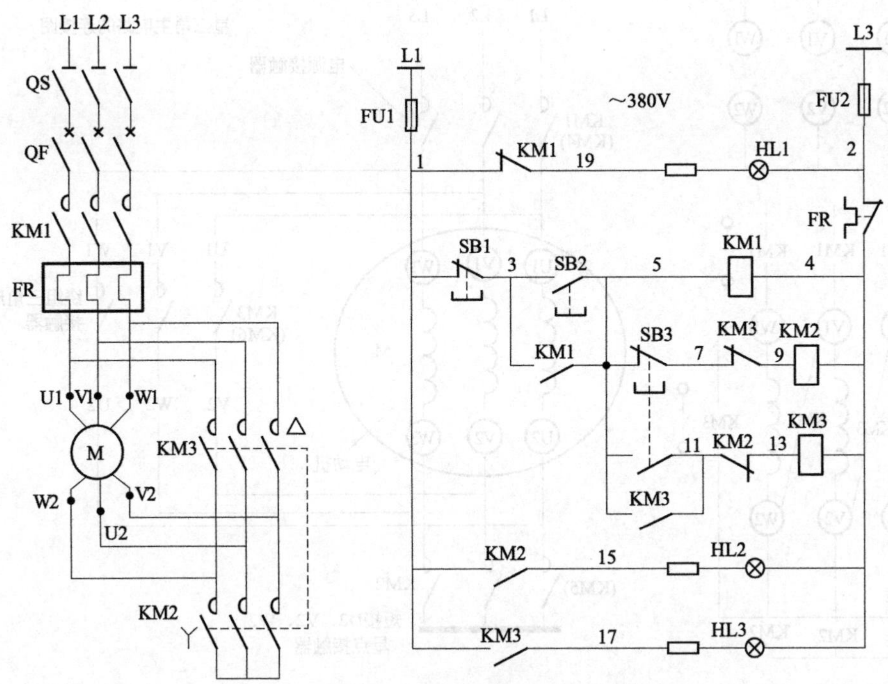

图 164　星三角启动采用手动转换 380V 控制电路

【例 165】 星三角启动采用手动转换 220V 控制电路

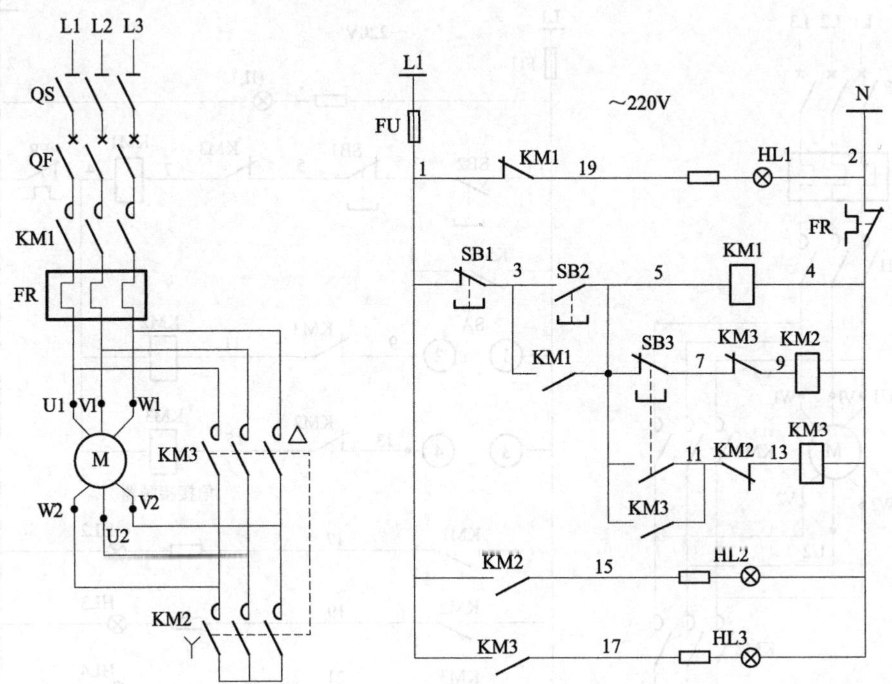

图 165　星三角启动采用手动转换 220V 控制电路

【例 166】 星三角启动的电动机绕组的连接

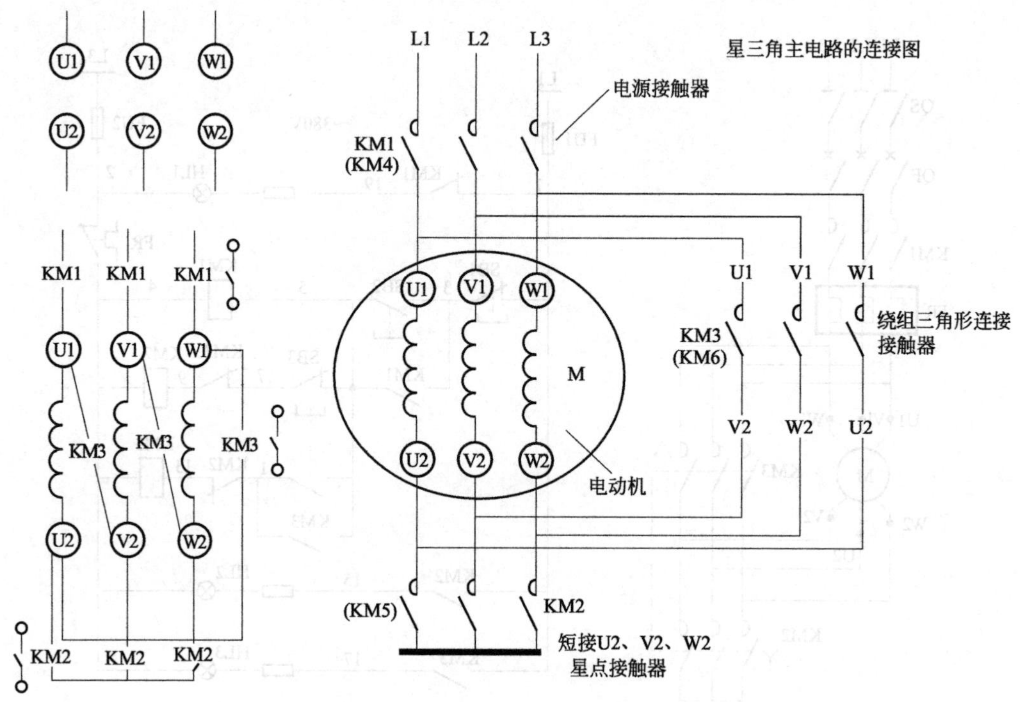

图 166 星三角启动的电动机绕组的连接

【例 167】 按钮启动、万能转换开关操作转换的星三角启动电动机 220V 控制电路

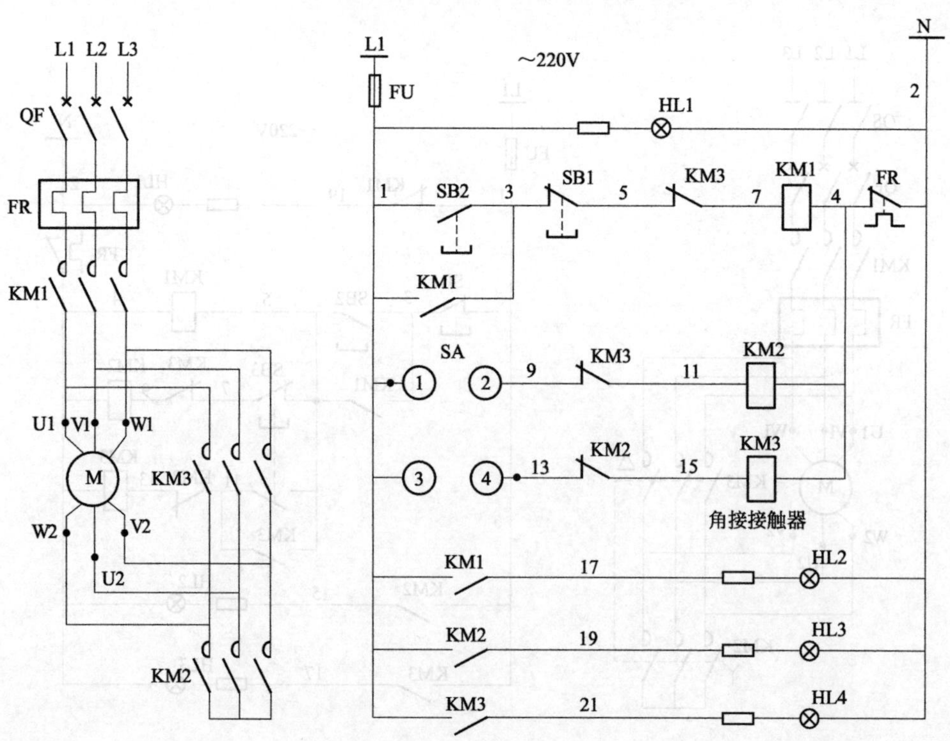

图 167 按钮启动、万能转换开关操作转换的星三角启动电动机 220V 控制电路

【例 168】 手动操作从星形启动切换到三角运行的电动机 220V 控制电路

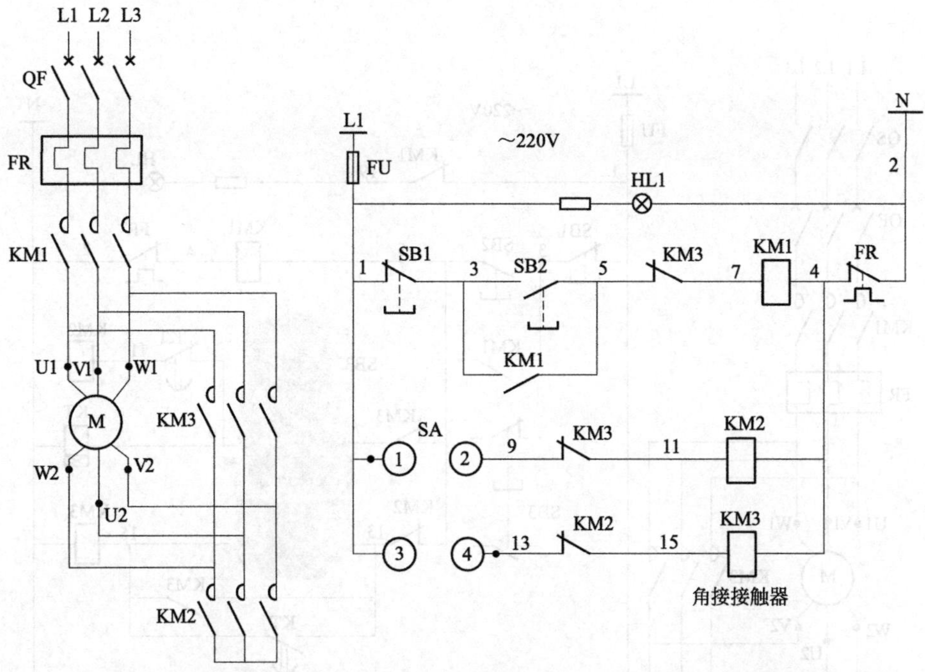

图 168　手动操作从星形启动切换到三角运行的电动机 220V 控制电路

【例 169】 可选手动-自动转换的星三角启动电动机 220V 控制电路

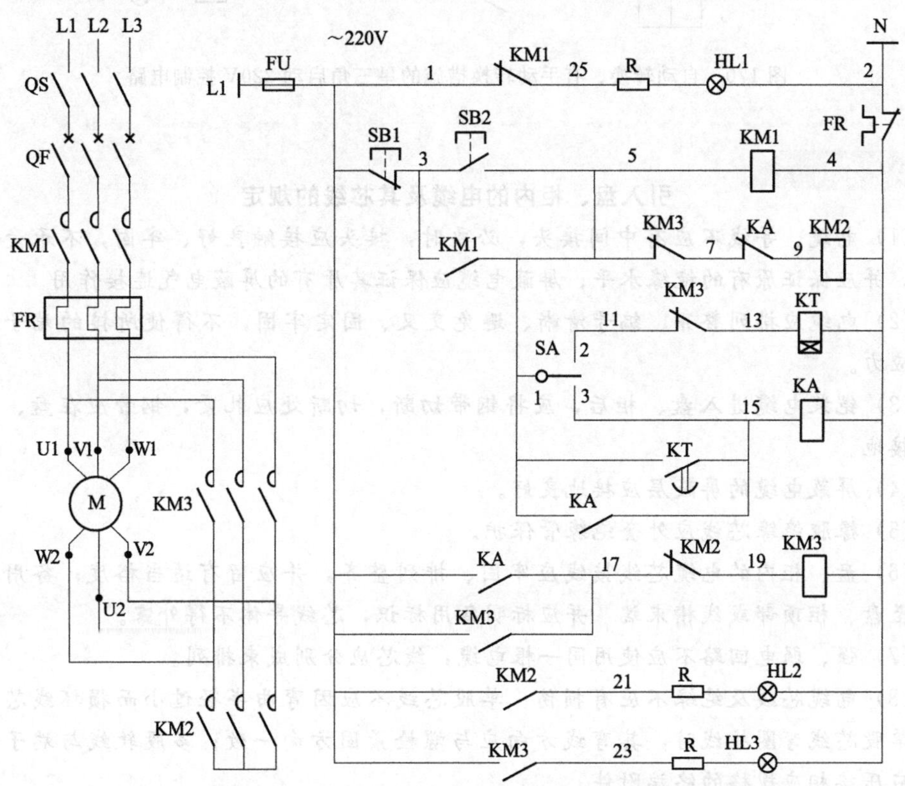

图 169　可选手动-自动转换的星三角启动电动机 220V 控制电路

【例 170】 自动转换、有手动转换措施的星三角启动 220V 控制电路

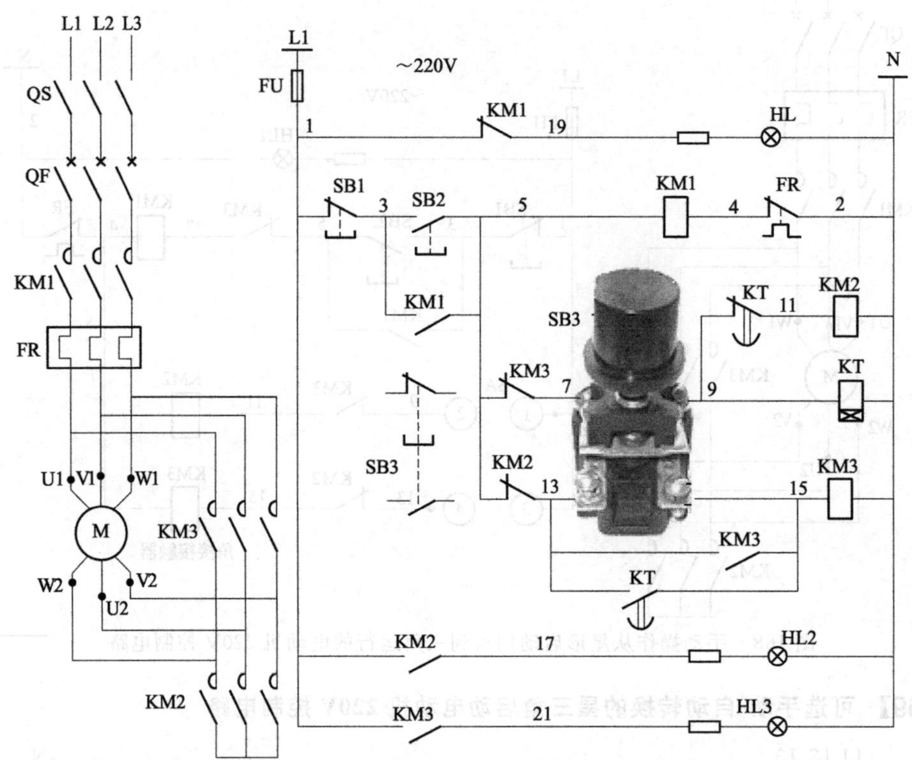

图 170　自动转换、有手动转换措施的星三角启动 220V 控制电路

加油站

引入盘、柜内的电缆及其芯线的规定

(1) 电缆、导线不应有中间接头，必要时，接头应接触良好、牢固，不承受机械拉力，并应保证原有的绝缘水平；屏蔽电缆应保证其原有的屏蔽电气连接作用。

(2) 电缆应排列整齐、编号清晰、避免交叉、固定牢固，不得使所接的端子承受机械应力。

(3) 铠装电缆进入盘、柜后，应将钢带切断，切断处应扎紧，钢带应在盘、柜侧一点接地。

(4) 屏蔽电缆的屏蔽层应接地良好。

(5) 橡胶绝缘芯线应外套绝缘管保护。

(6) 盘、柜内的电缆芯线接线应牢固、排列整齐，并应留有适当裕度；备用芯线应引至盘、柜顶部或线槽末端，并应标明备用标识，芯线导体不得外露。

(7) 强、弱电回路不应使用同一根电缆，线芯应分别成束排列。

(8) 电缆芯线及绝缘不应有损伤；单股芯线不应因弯曲半径过小而损坏线芯及绝缘。单股芯线弯圈接线时，其弯线方向应与螺栓紧固方向一致；多股软线与端子连接时，应压接相应规格的终端附件。

【例 171】 二次保护、万能转换开关操作的星三角启动 380V 控制电路

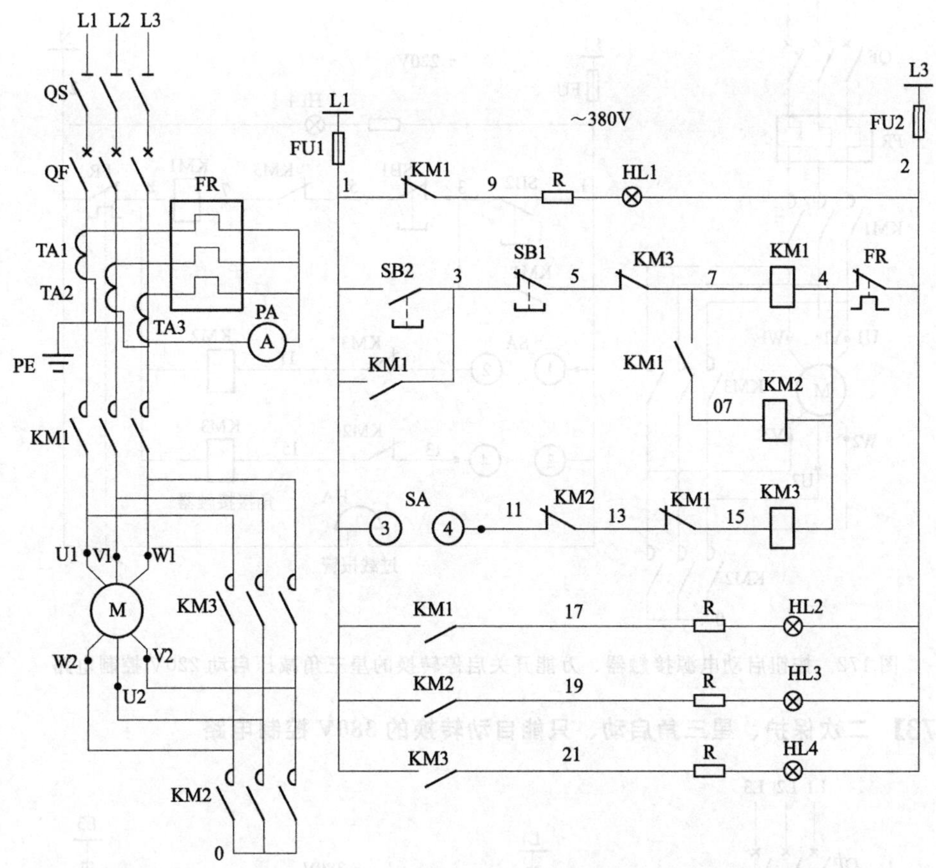

图 171　二次保护、万能转换开关操作的星三角启动 380V 控制电路

加油站

端子排的安装应符合下列规定

(1) 端子排应无损坏，固定应牢固，绝缘应良好。

(2) 端子应有序号，端子排应便于更换且接线方便；离底面高度宜大于 350mm。

(3) 回路电压超过 380V 的端子板应有足够的绝缘，并应涂以红色标识。

(4) 交、直流端子应分段布置。

(5) 强、弱电端子应分开布置，当有困难时，应有明显标识，并应设空端子隔开或设置绝缘的隔板。

(6) 正、负电源之间以及经常带电的正电源与合闸或跳闸回路之间，宜以空端子或绝缘隔板隔开。

(7) 电流回路应经过试验端子，其他需断开的回路宜经特殊端子或试验端子。试验端子应接触良好。

(8) 潮湿环境宜采用防潮端子。

【例 172】 按钮启动电源接触器、万能开关启停转换的星三角减压启动 220V 控制电路

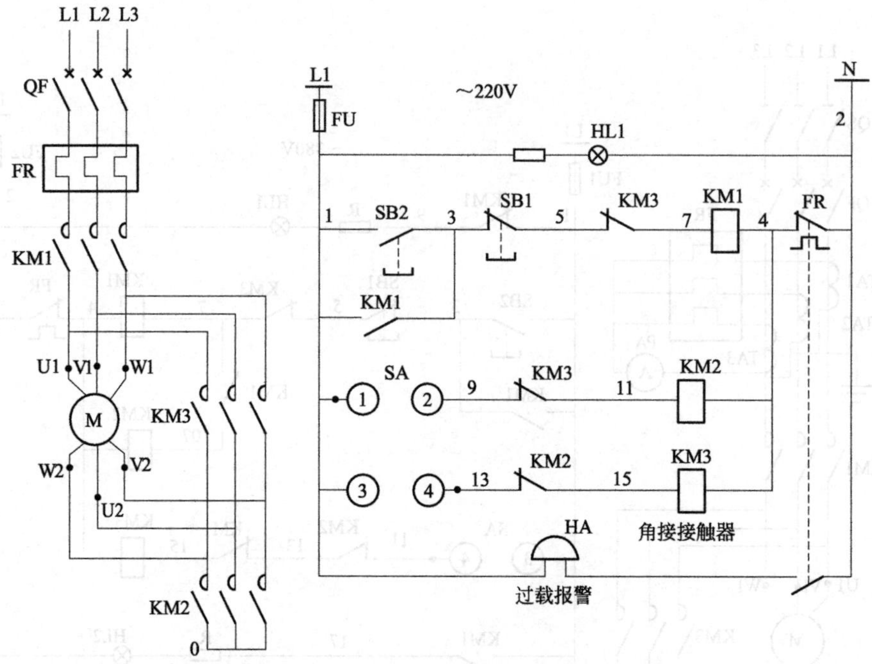

图 172　按钮启动电源接触器、万能开关启停转换的星三角减压启动 220V 控制电路

【例 173】 二次保护、星三角启动、只能自动转换的 380V 控制电路

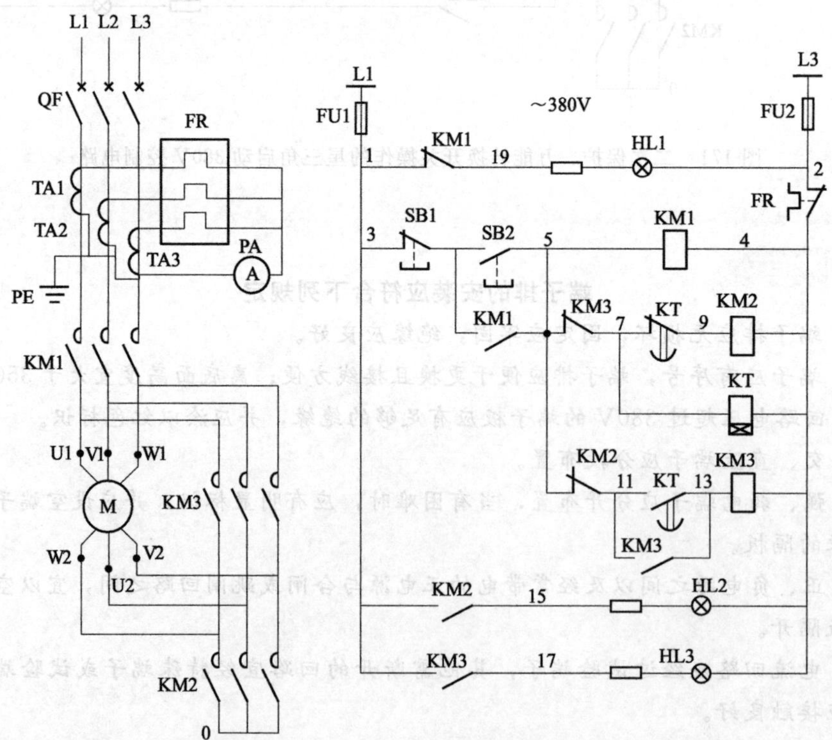

图 173　二次保护、星三角启动、只能自动转换的 380V 控制电路

【例 174】 万能转换开关操作、星三角启动的电动机 36V 控制电路

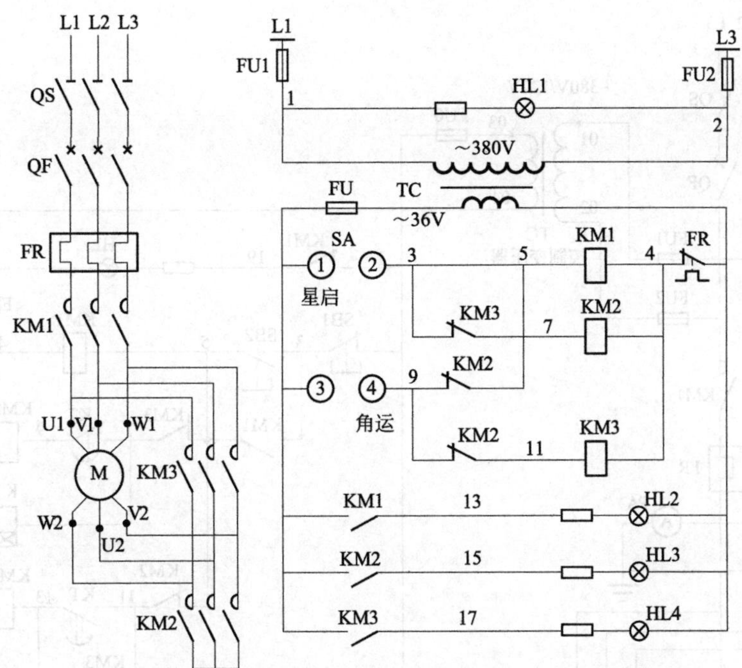

图 174　万能转换开关操作、星三角启动的电动机 36V 控制电路

【例 175】 有工艺联锁的星三角启动的电动机 220V 控制电路

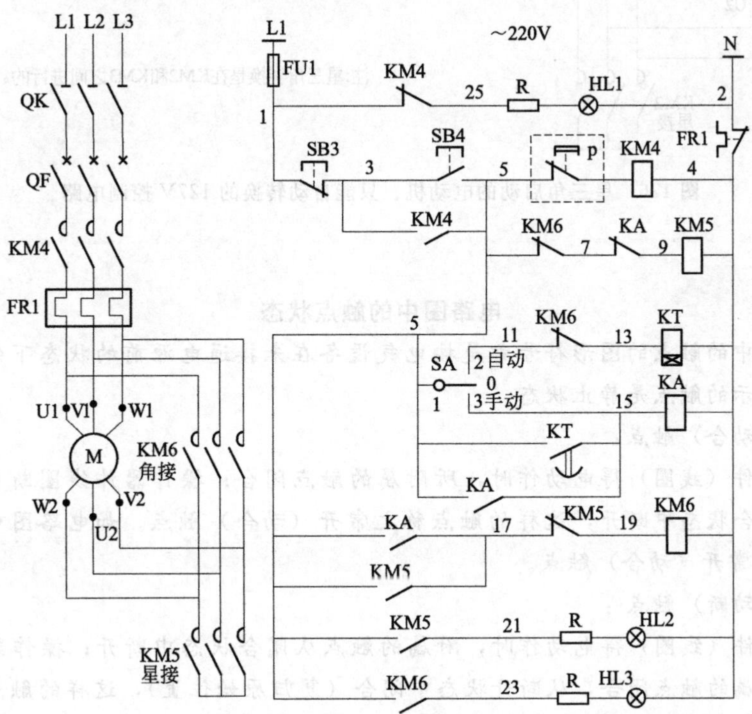

图 175　有工艺联锁的星三角启动的电动机 220V 控制电路

【例 176】 星三角启动的电动机、只能自动转换的 127V 控制电路

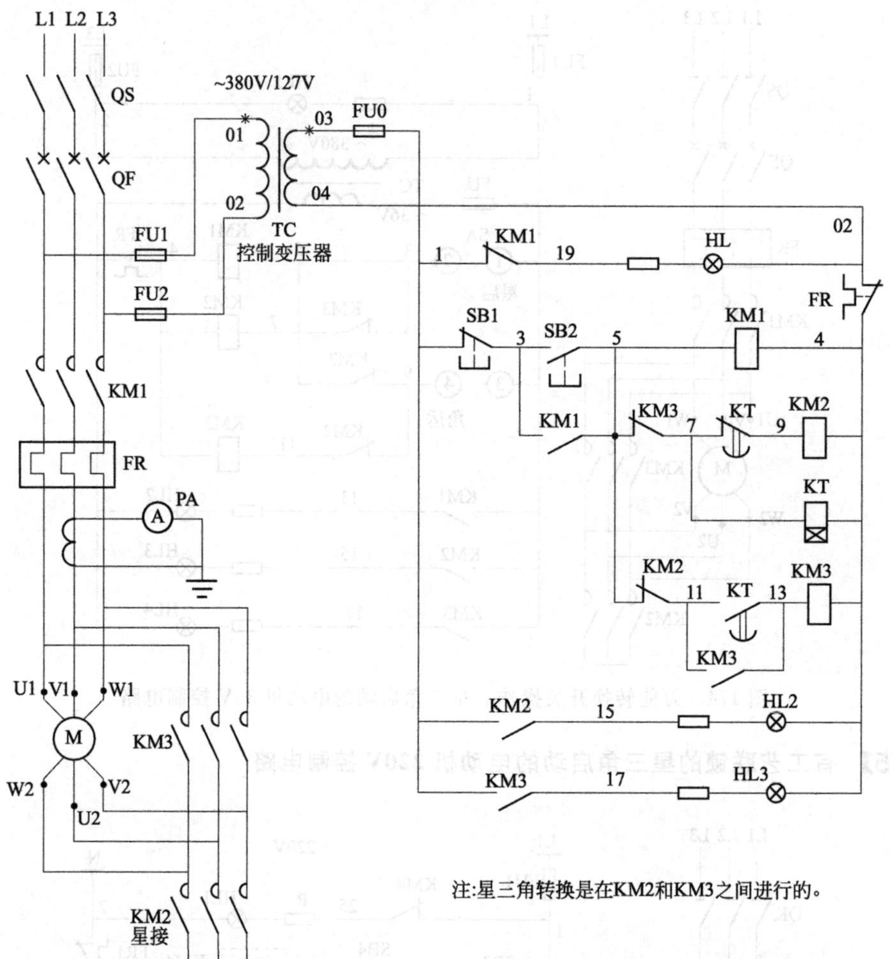

图 176 星三角启动的电动机、只能自动转换的 127V 控制电路

加油站

电路图中的触点状态

电路图中的触点的图形符号都是按电气设备在未接通电源前的状态下的实际位置画出的，表示的触点是静止状态。

常开（动合）触点：

操作器件（线圈）得电动作时，所附属的触点闭合；操作器件线圈断电时，附属的触点从闭合状态中断开，这样的触点称之常开（动合）触点。如电路图中的启动按钮 SB2 就是常开（动合）触点。

常闭（动断）触点：

操作器件（线圈）得电动作时，附属的触点从闭合状态中断开；操作器件线圈断电时，所附属的触点闭合，从断开状态中闭合（复归原始位置），这样的触点称之常闭（动断）触点。如电路图中的停止按钮 SB1 就是常闭触点。

【例 177】 星三角启动、采用手动转换的 220V/36V 控制电路

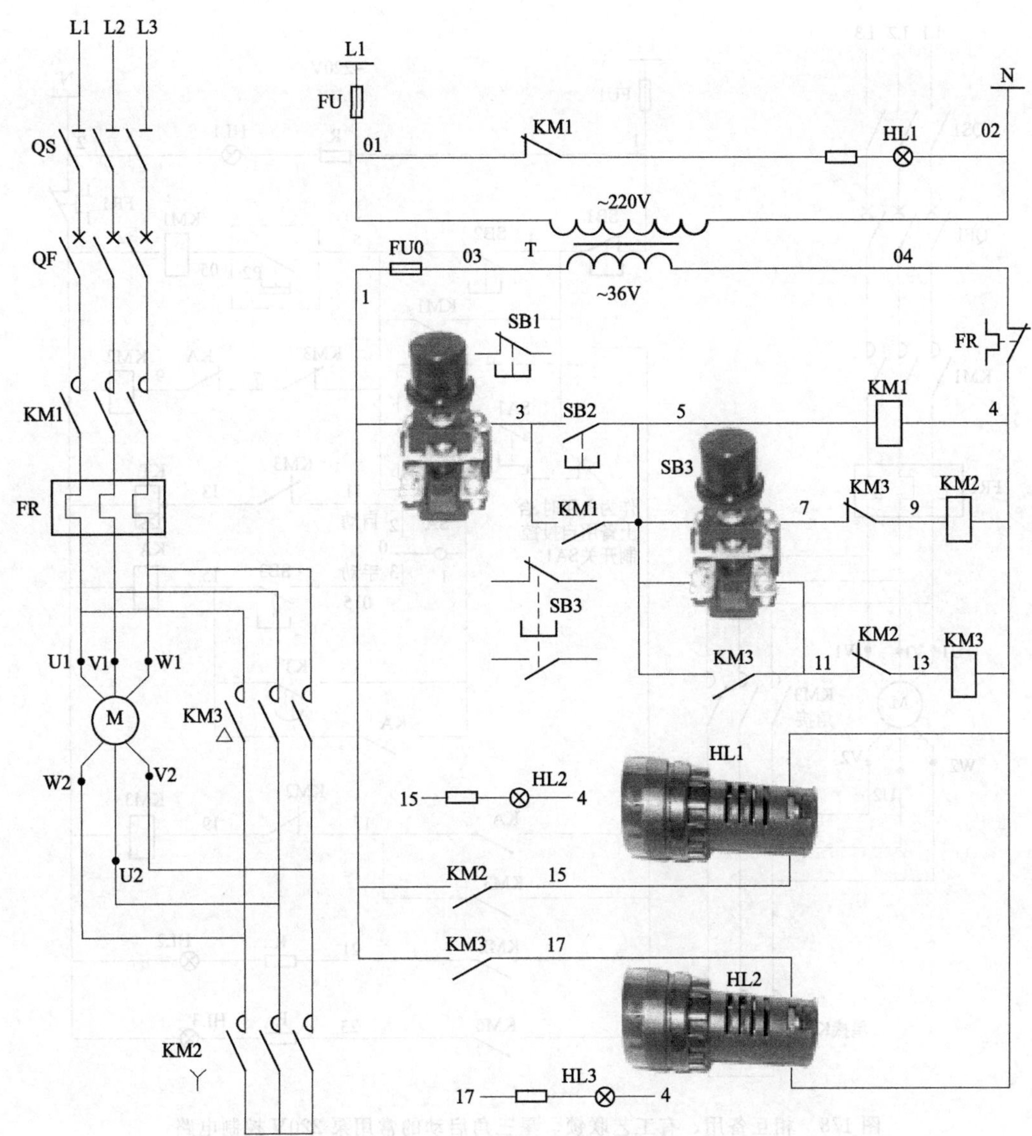

图 177　星三角启动、采用手动转换的 220V/36V 控制电路

加油站

自锁（自保）触点

操作器件（线圈）得电动作时，所附属的常开触点闭合，保证电路接通，使操作器件“线圈”维持闭合状态。换句话说，就是依靠自身附属的触点作为辅助电路，维持操作器件（线圈）的吸合状态，所用触点称之为自锁（一般称自保）触点。这样这一回路称之为自锁或自保回路。

【例 178】 相互备用、有工艺联锁、星三角启动的常用泵 220V 控制电路

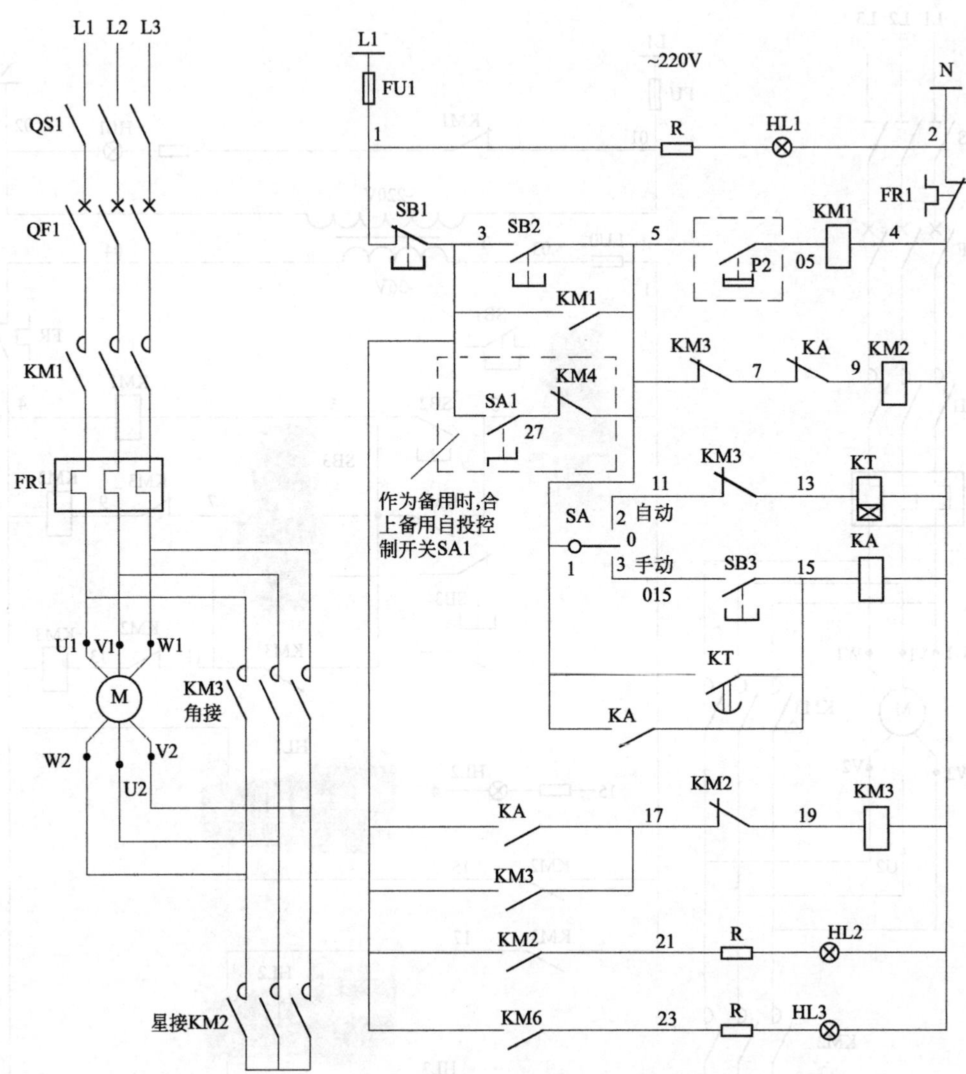

图 178 相互备用、有工艺联锁、星三角启动的常用泵 220V 控制电路

加油站

拉合隔离开关

用绝缘棒拉合隔离开关、高压熔断器或经传动机构拉合断路器和隔离开关，均应戴绝缘手套。雨天操作室外高压设备时，绝缘棒应有防雨罩，还应穿绝缘靴。接地网电阻不符合要求的，晴天也应穿绝缘靴。雷电时，一般不进行倒闸操作，禁止就地进行倒闸操作。

装卸高压熔断器，应戴护目眼镜和绝缘手套，必要时使用绝缘夹钳，并站在绝缘垫或绝缘台上。

【例 179】 二次保护、星三角启动、手动或自动转换的电动机 220V 控制电路

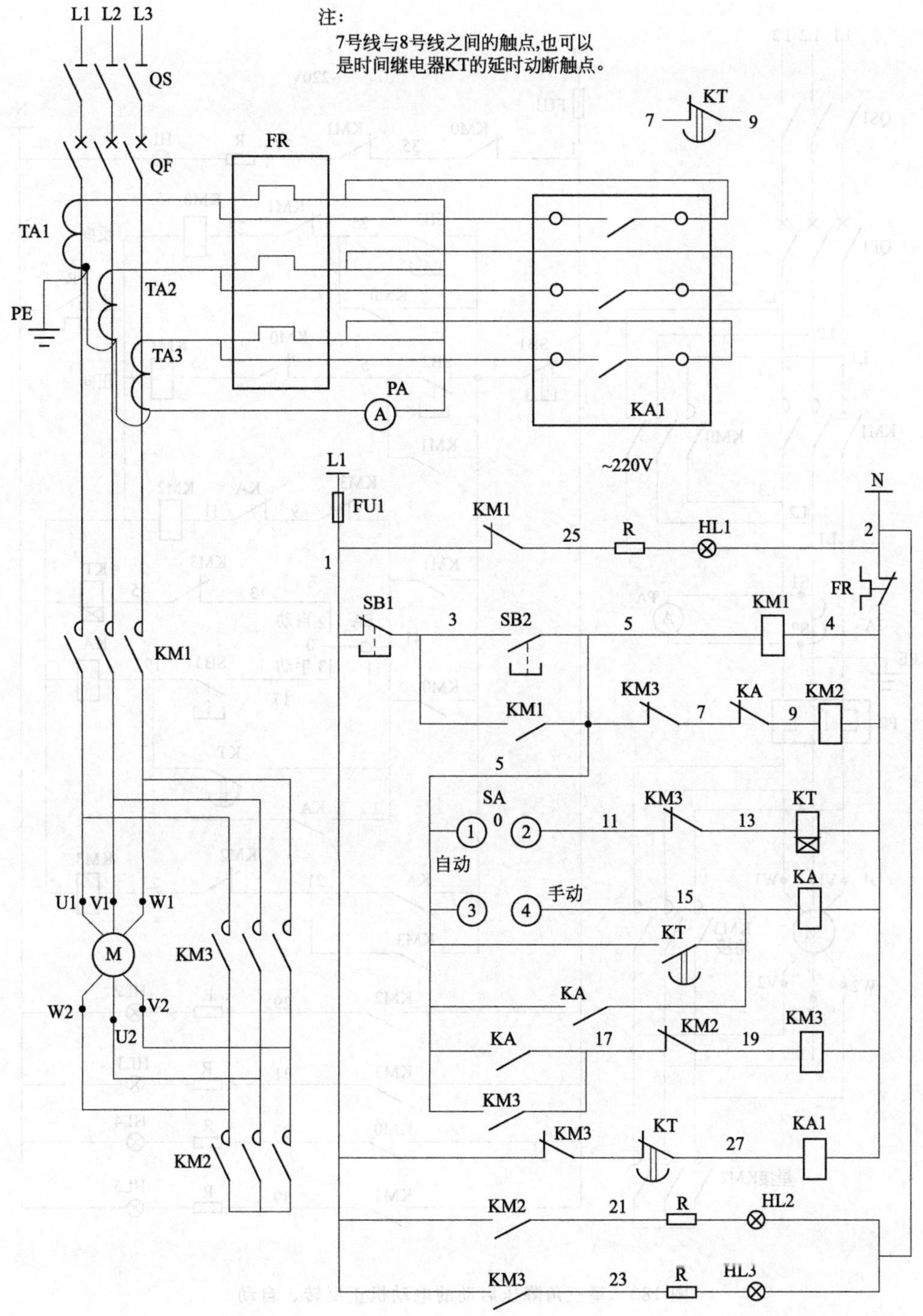

图 179　二次保护、星三角启动、手动或自动转换的电动机 220V 控制电路

【例 180】 星三角降压启动的电动机正反转、自动与手动转换可选的 220V 控制电路

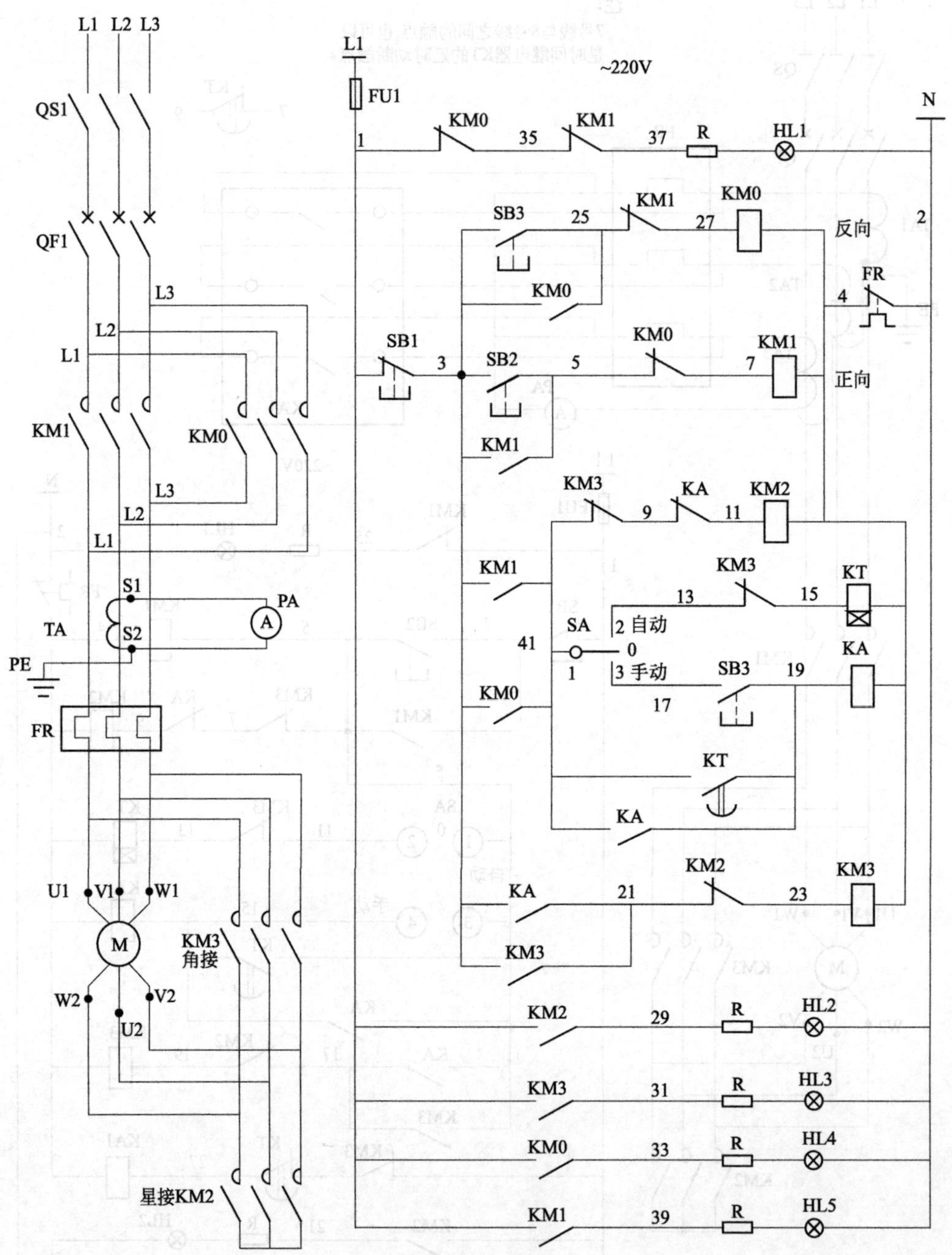

图 180 星三角降压启动的电动机正反转、自动与手动转换可选的 220V 控制电路

【例 181】 二次保护、可手动与自动转换的星三角启动的电动机 220V 控制电路

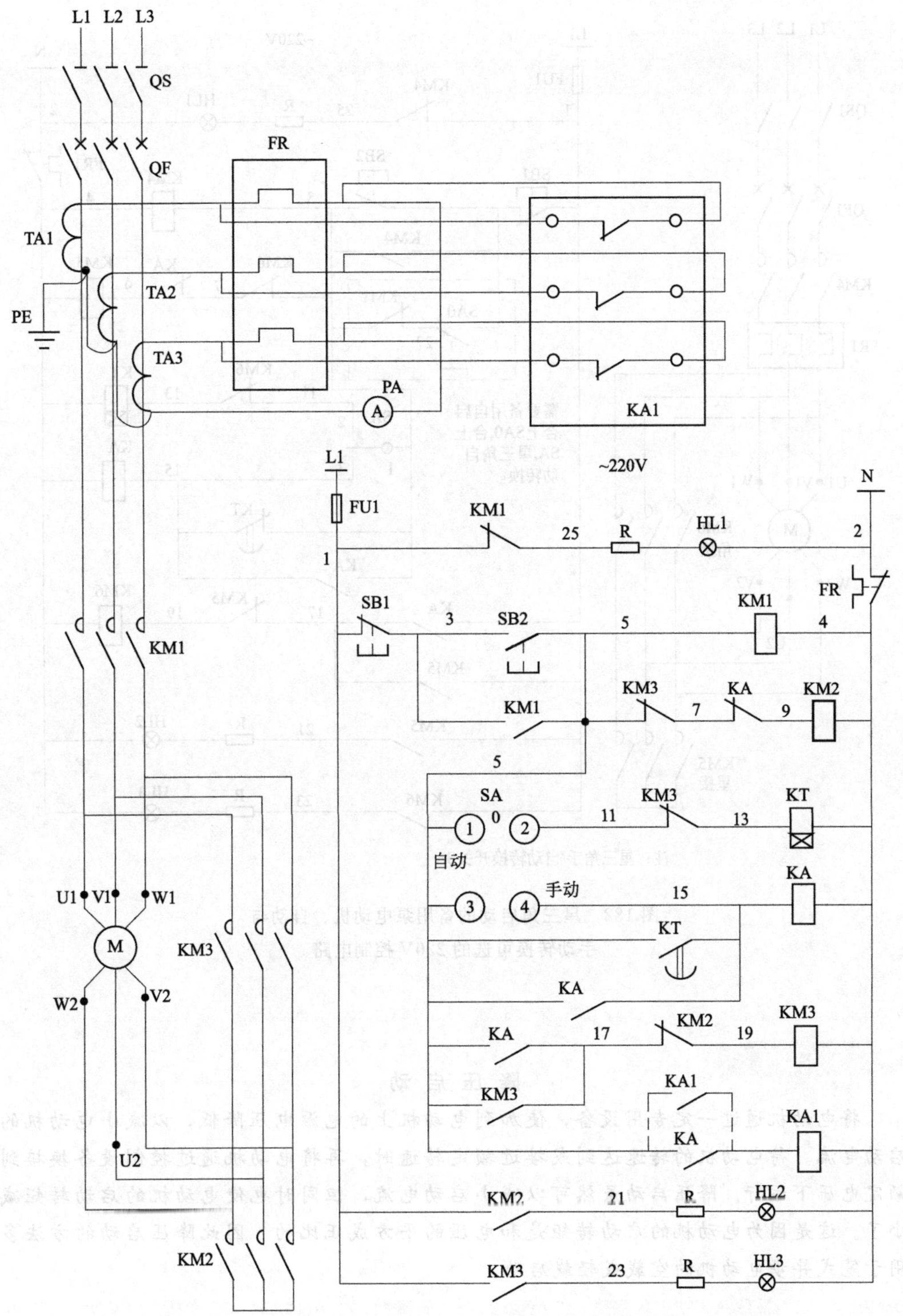

图 181 二次保护、可手动与自动转换的星三角启动的电动机 220V 控制电路

【例 182】 星三角启动的备用泵电动机、自动与手动转换可选的 220V 控制电路

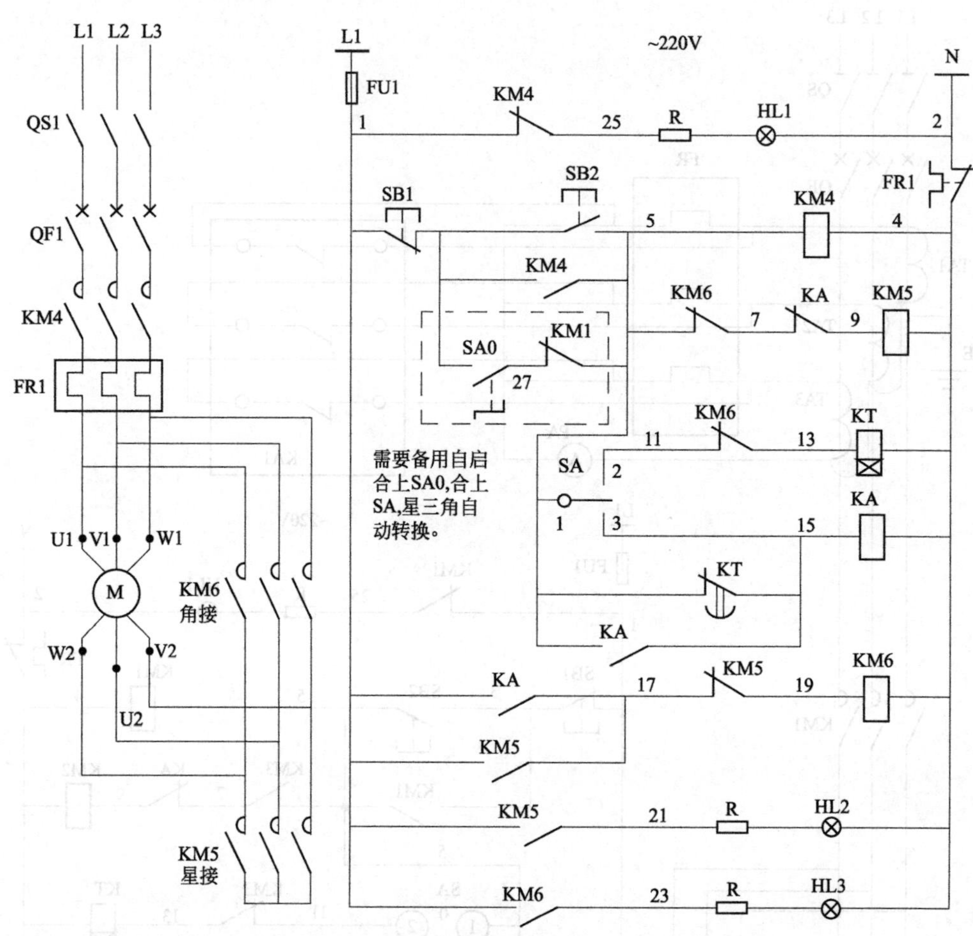

图 182　星三角启动的备用泵电动机、自动与手动转换可选的 220V 控制电路

加油站

降压启动

将电动机通过一定专用设备，使加到电动机上的电源电压降低，以减小电动机的启动电流。待电动机的转速达到或接近额定转速时，再将电动机通过控制设备换接到额定电压下运行。降压启动虽然可以减小启动电流，但同时也使电动机的启动转矩减小了。这是因为电动机的启动转矩是和电压的平方成正比的。因此降压启动的方法多用于笼式异步电动机的空载或轻载启动。

【例 183】 星三角启动、只能自动转换的电动机正反转 380V 控制电路

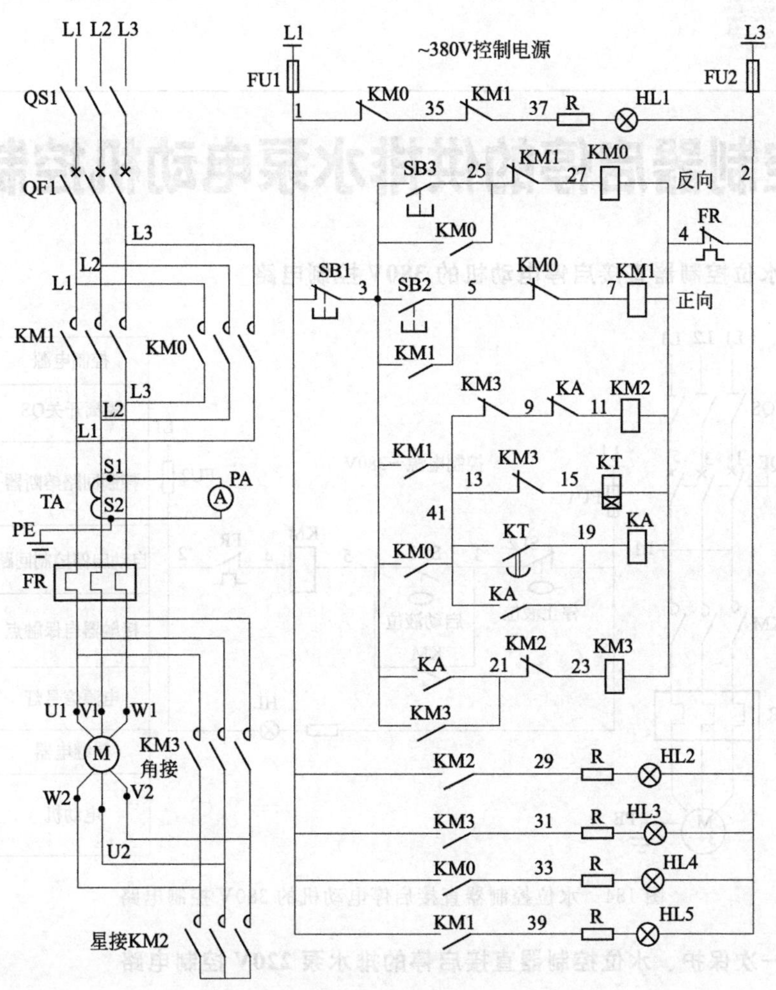

图 183　星三角启动、只能自动转换的电动机正反转 380V 控制电路

加油站

频敏变阻器或电阻器启动

绕线转子电动机宜采用在转子回路中接入频敏变阻器或电阻器启动，并应符合下列规定：

① 启动电流平均值不宜超过电动机额定电流的 2 倍或制造厂的规定值；

② 启动转矩应满足机械的要求；

③ 当有调速要求时，电动机的启动方式应与调速方式相匹配。

第五章

液位控制器启停的供排水泵电动机控制电路

【例 184】 水位控制器直接启停电动机的 380V 控制电路

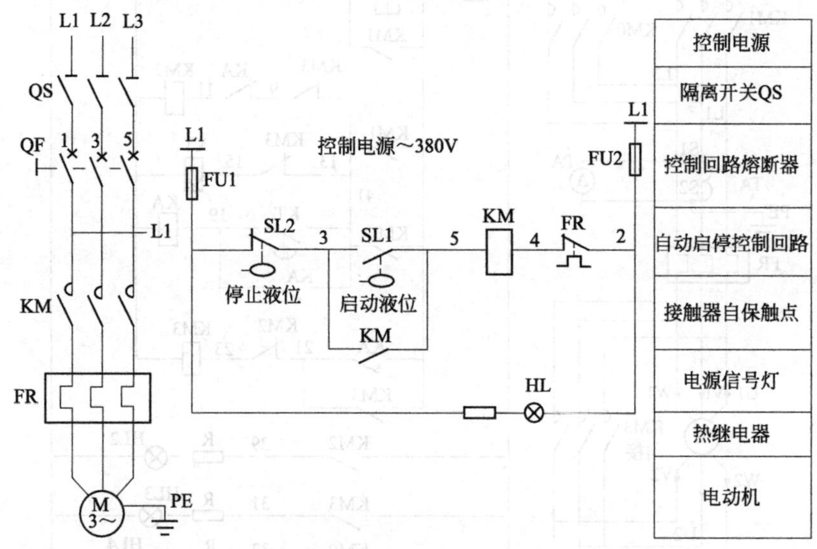

图 184　水位控制器直接启停电动机的 380V 控制电路

【例 185】 一次保护、水位控制器直接启停的排水泵 220V 控制电路

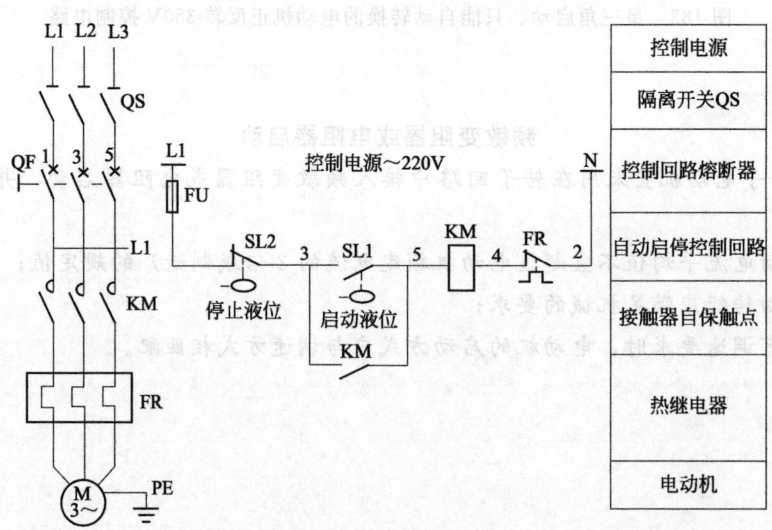

图 185　一次保护、水位控制器直接启停的排水泵 220V 控制电路

【例 186】 过载报警、有状态信号、水位控制器直接启停电动机的控制电路

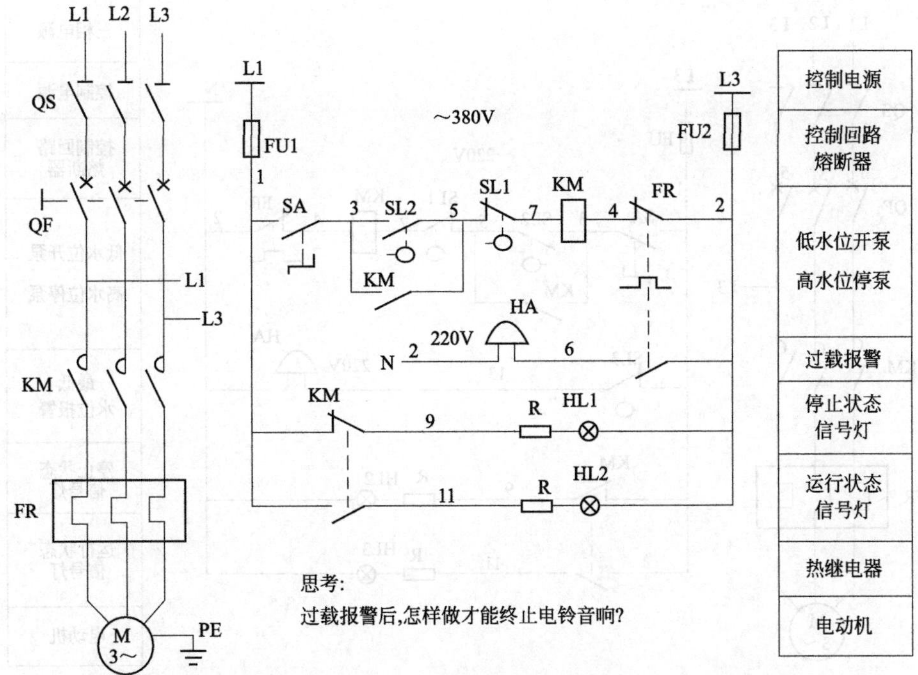

图 186　过载报警、有状态信号、水位控制器直接启停电动机的控制电路

【例 187】 有电压监视、过载报警、水位直接启停电动机的 220V 控制电路

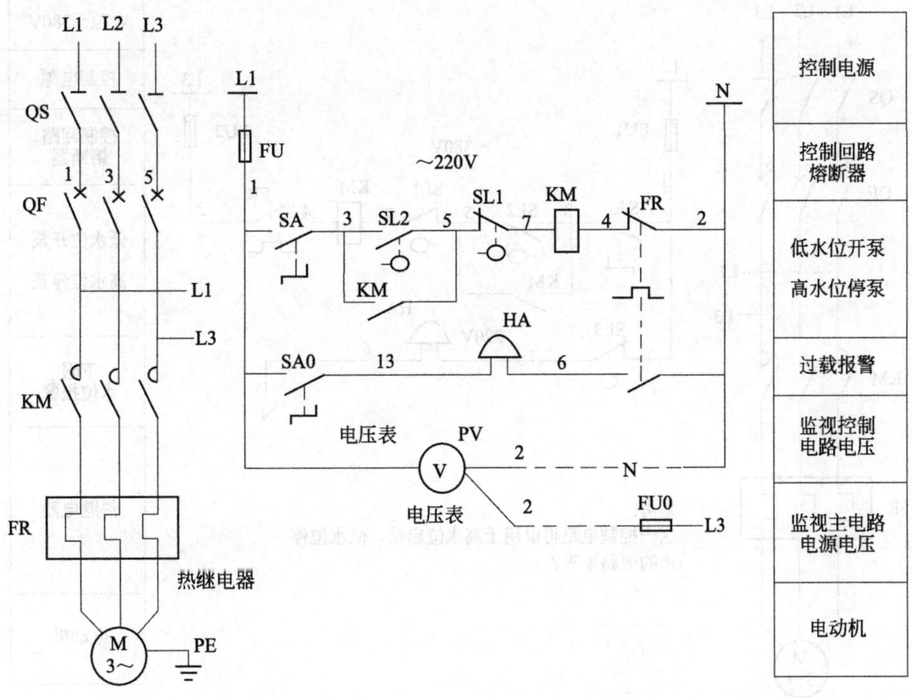

图 187　有电压监视、过载报警、水位直接启停电动机的 220V 控制电路

【例 188】 状态信号灯、低水位报警、水位直接启停电动机的 220V 控制电路

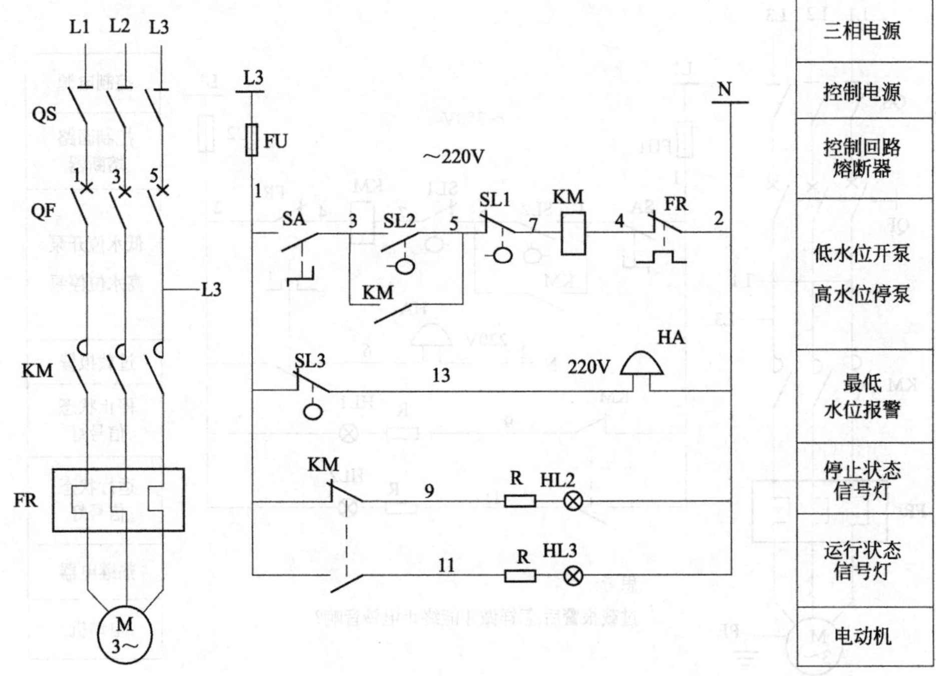

图 188 状态信号灯、低水位报警、水位直接启停电动机的 220V 控制电路

【例 189】 低水位报警、水位控制器直接启停电动机的 380V 控制电路

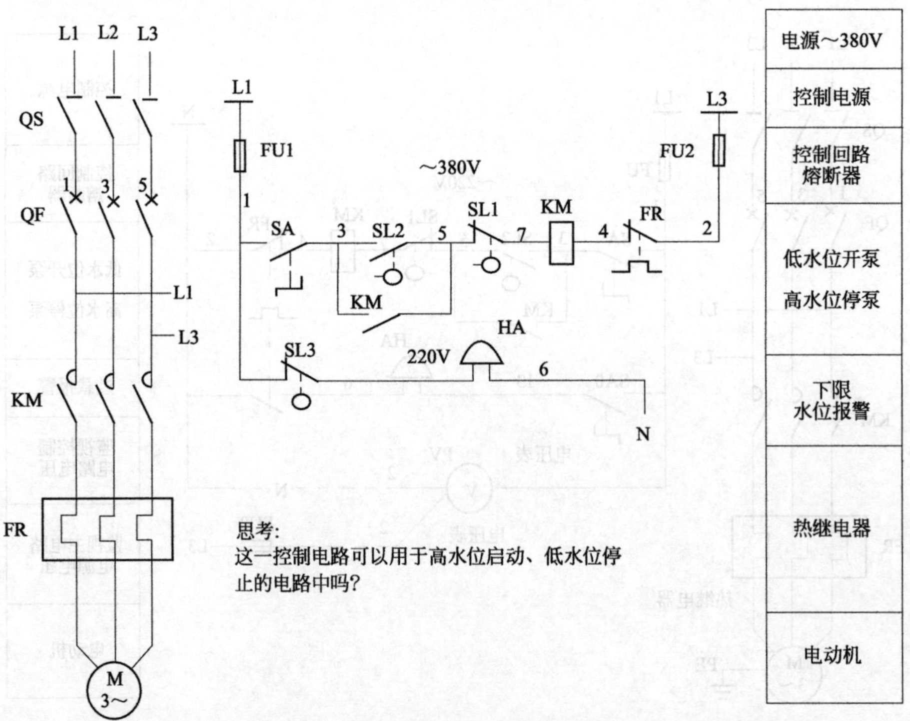

图 189 低水位报警、水位控制器直接启停电动机的 380V 控制电路

【例 190】 低水位报警、发出启动上水泵指令、水位控制器直接启停的控制电路

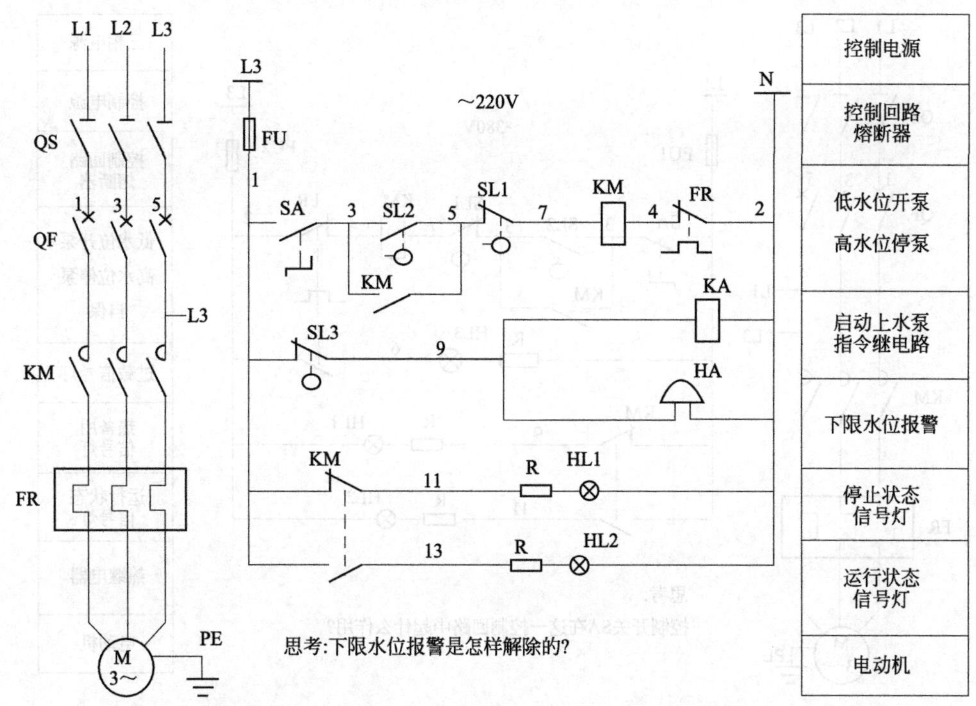

图 190　低水位报警、发出启动上水泵指令、水位控制器直接启停的控制电路

【例 191】 一次保护、手动操作与自动控制可选的上水泵 220V 控制电路

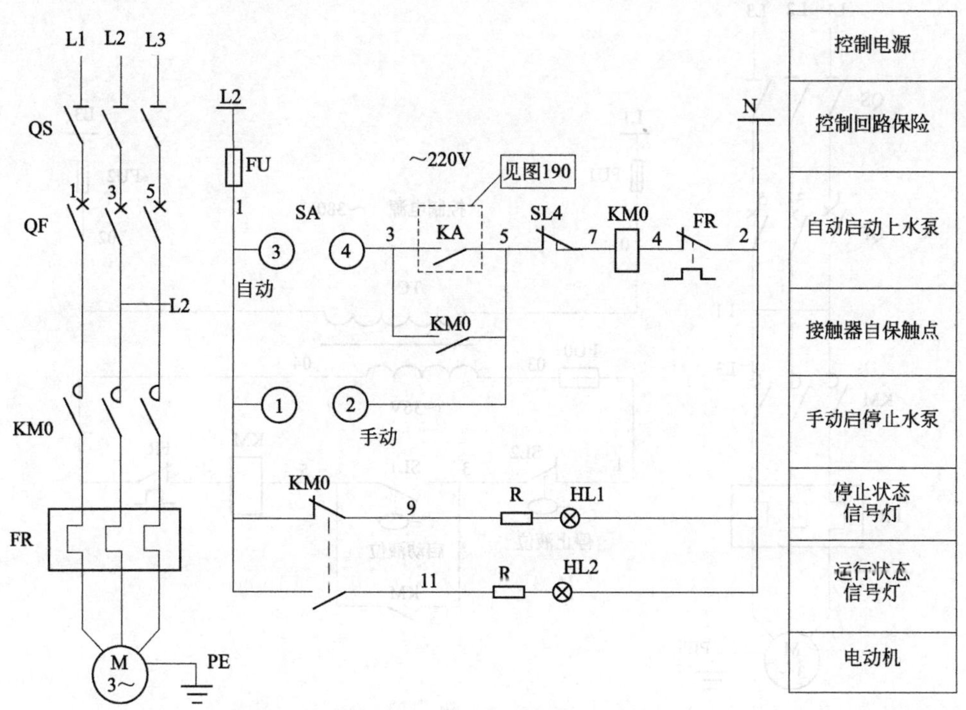

图 191　一次保护、手动操作与自动控制可选的上水泵 220V 控制电路

【例 192】 一次保护、过载有信号灯显示的上水泵 380V 控制电路

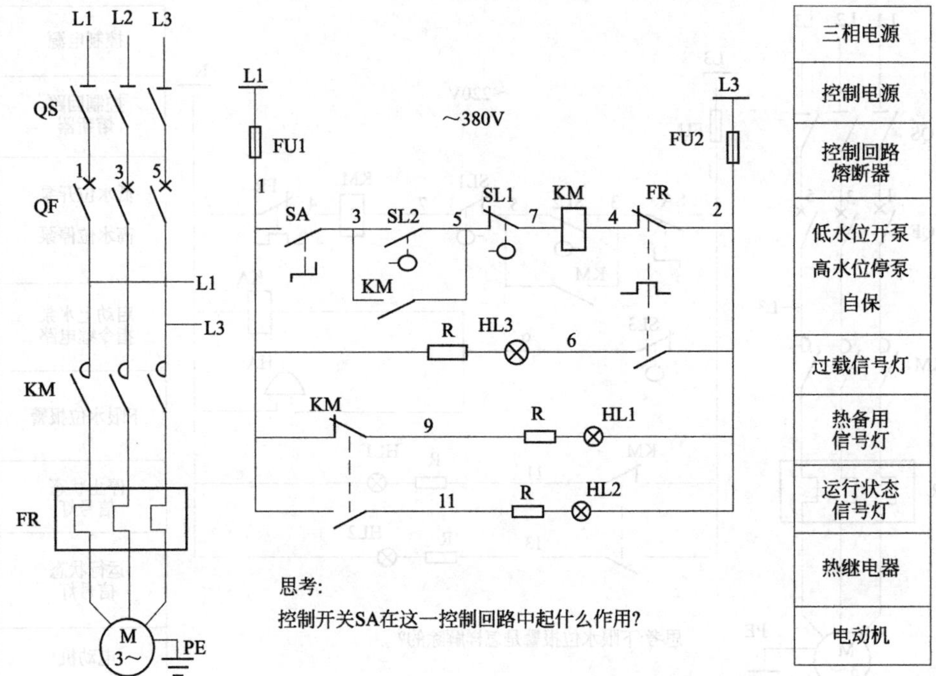

图 192 一次保护、过载有信号灯显示的上水泵 380V 控制电路

【例 193】 一次保护、水位直接启停的上水泵 36V 控制电路

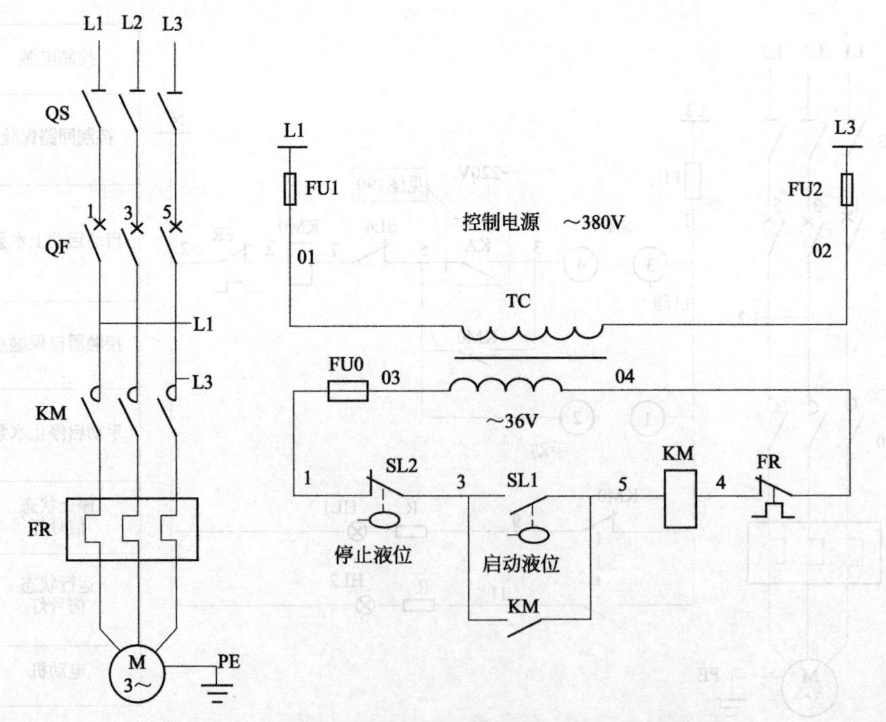

图 193 一次保护、水位直接启停的上水泵 36V 控制电路

【例 194】 水位控制水泵下限、备用泵自启的 380V 控制电路

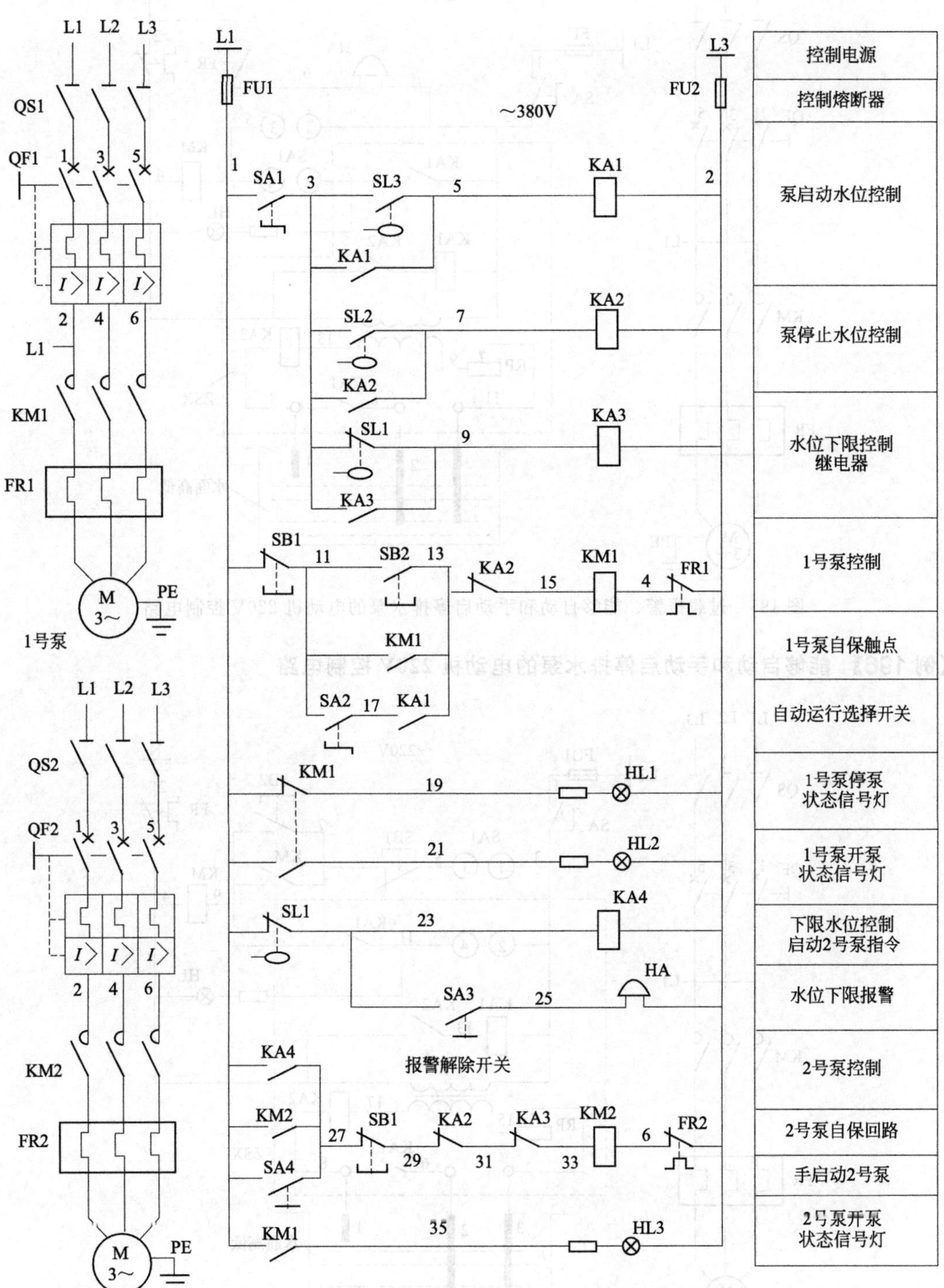

图 194　水位控制水泵下限、备用泵自启的 380V 控制电路

【例 195】 过载报警、能够自动和手动启停排水泵的电动机 220V 控制电路

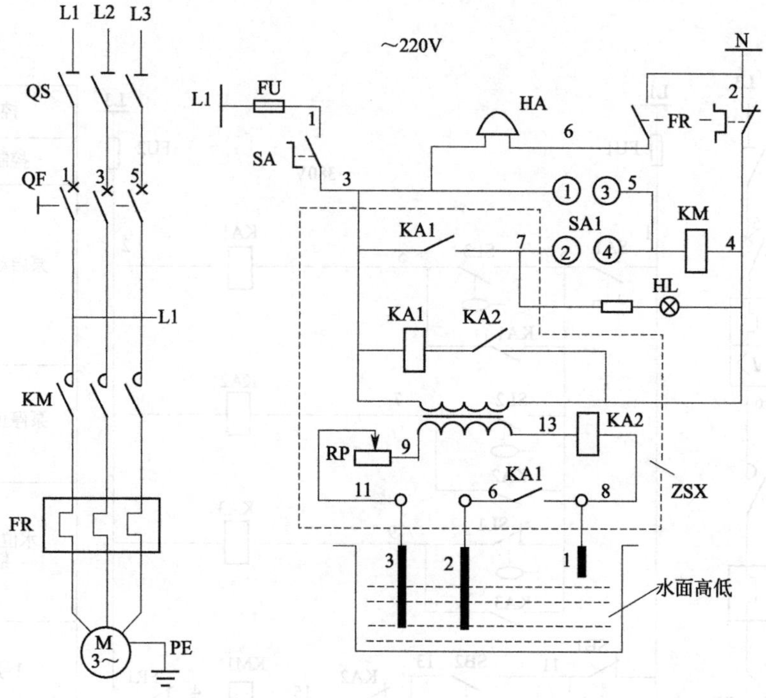

图 195 过载报警、能够自动和手动启停排水泵的电动机 220V 控制电路

【例 196】 能够自动和手动启停排水泵的电动机 220V 控制电路

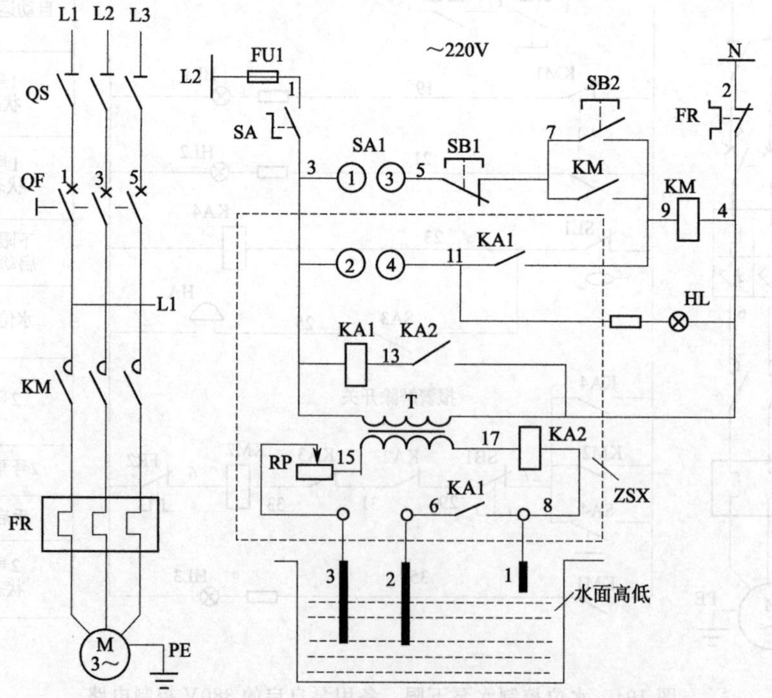

图 196 能够自动和手动启停排水泵的电动机 220V 控制电路

【例 197】一次保护、有信号灯、水位直接启停的上水泵电动机 380V/36V 控制电路

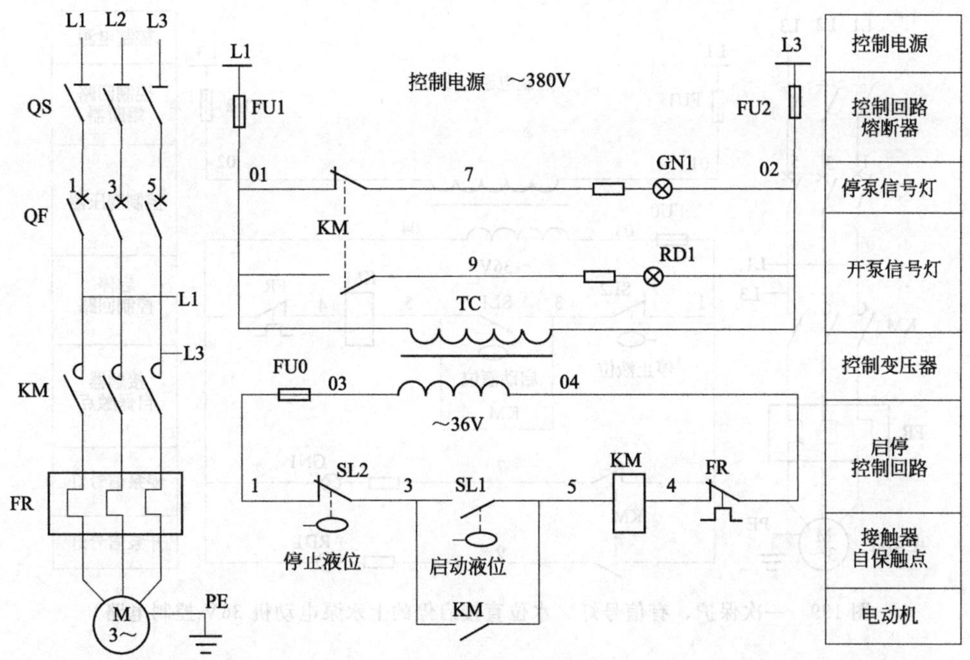

图 197　一次保护、有信号灯、水位直接启停的上水泵电动机 380V/36V 控制电路

【例 198】过载、有信号灯、水位直接启停的上水泵电动机 380V 控制电路

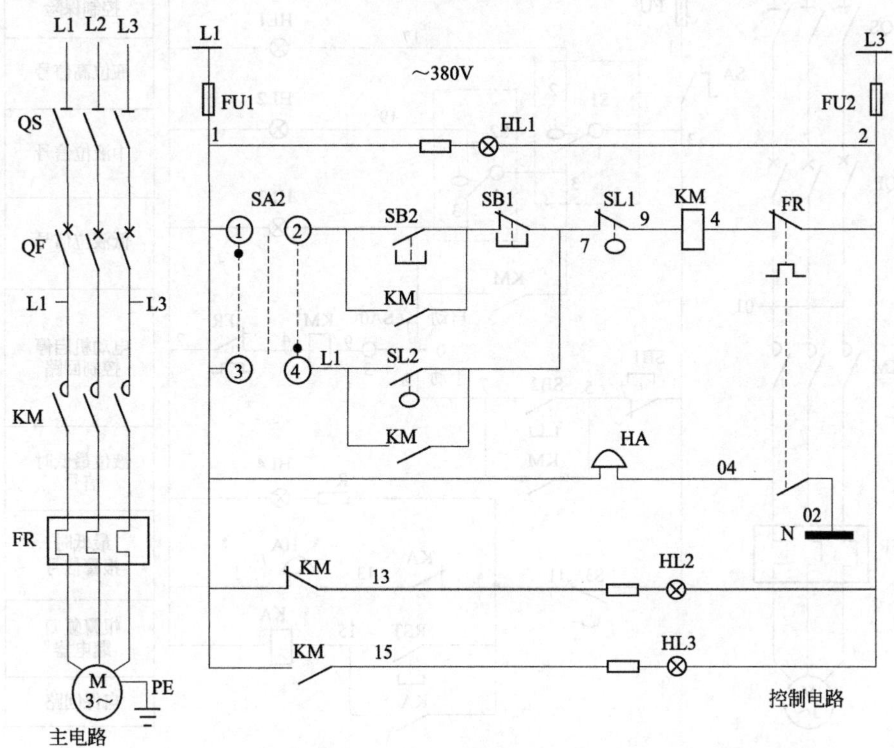

图 198　过载、有信号灯、水位直接启停的上水泵电动机 380V 控制电路

【例 199】 一次保护、有信号灯、水位直接启停的上水泵电动机 36V 控制电路

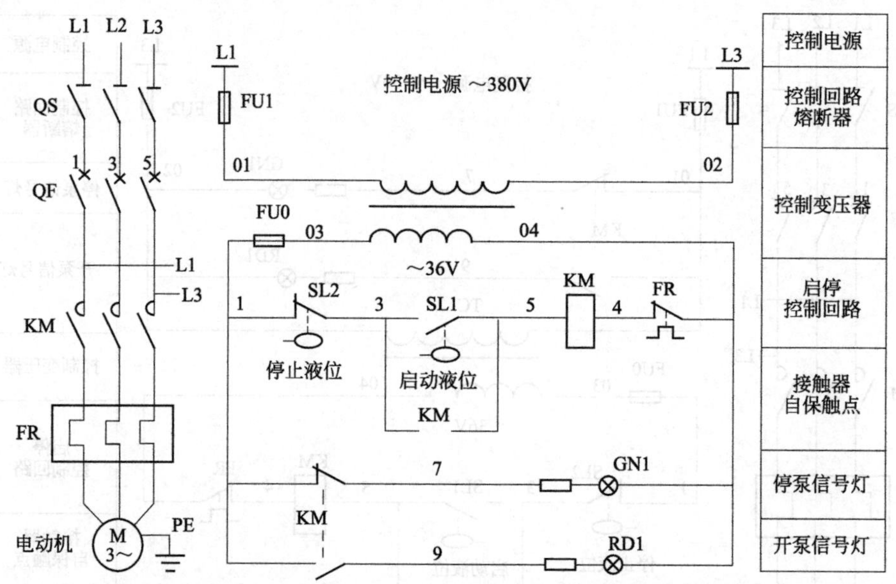

图 199　一次保护、有信号灯、水位直接启停的上水泵电动机 36V 控制电路

【例 200】 三个液位控制的给水泵电动机电路

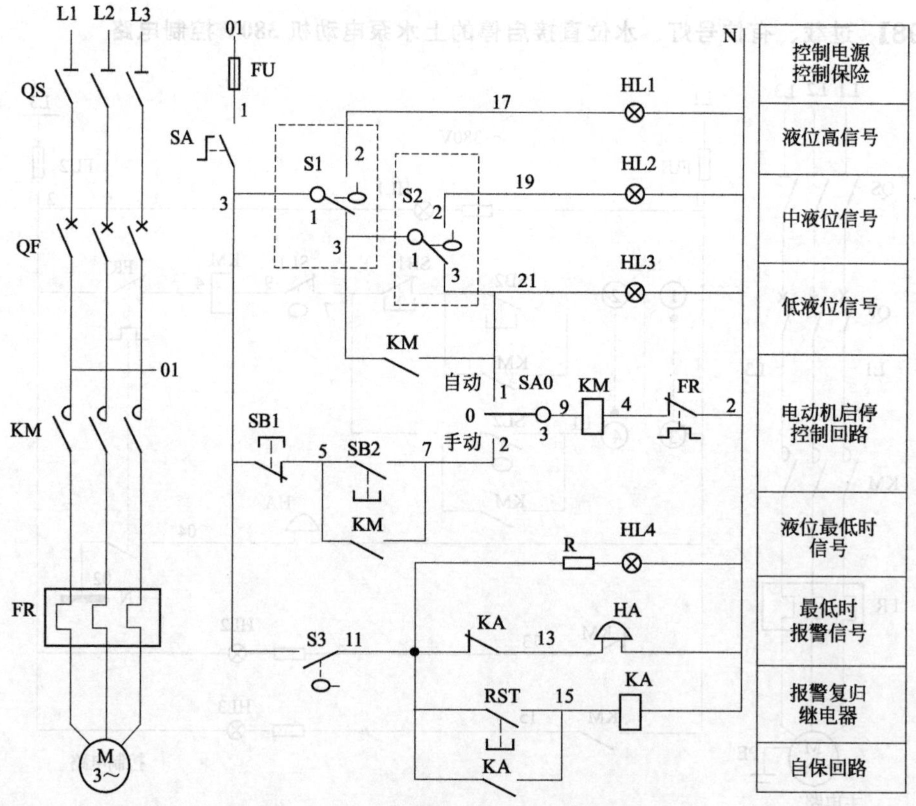

图 200　三个液位控制的给水泵电动机电路

【例 201】两个水位可手动、自动操作、有状态信号灯的电动机 380V 控制电路

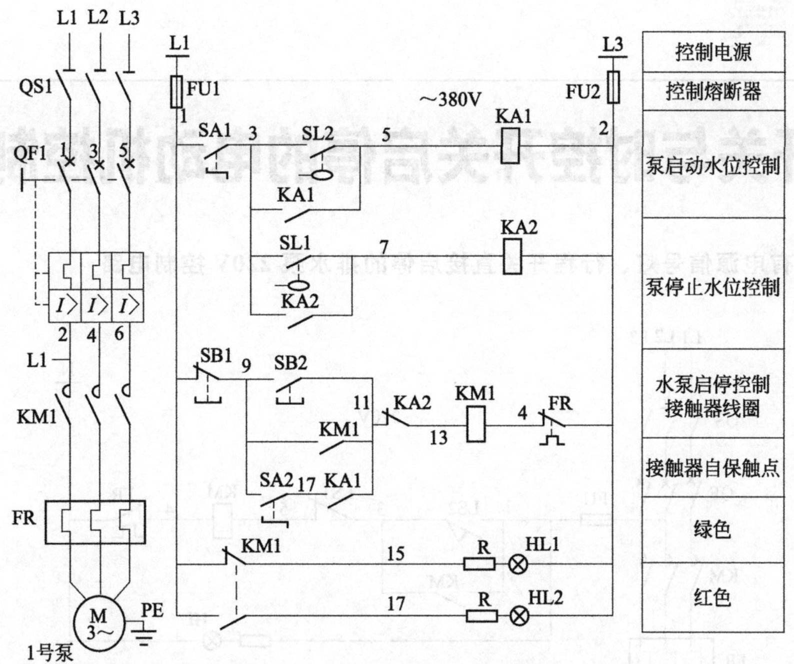

图 201　两个水位可手动、自动操作、有状态信号灯的电动机 380V 控制电路

【例 202】过载信号灯、二次保护、液位控制的 380V 电动机回路

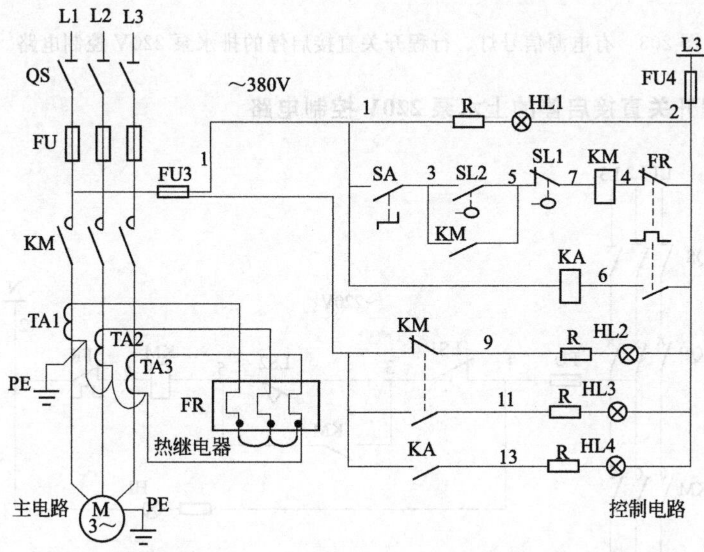

图 202　过载信号灯、二次保护、液位控制的 380V 电动机回路

第六章

行程开关与时控开关启停的电动机控制电路

【例 203】 有电源信号灯、行程开关直接启停的排水泵 220V 控制电路

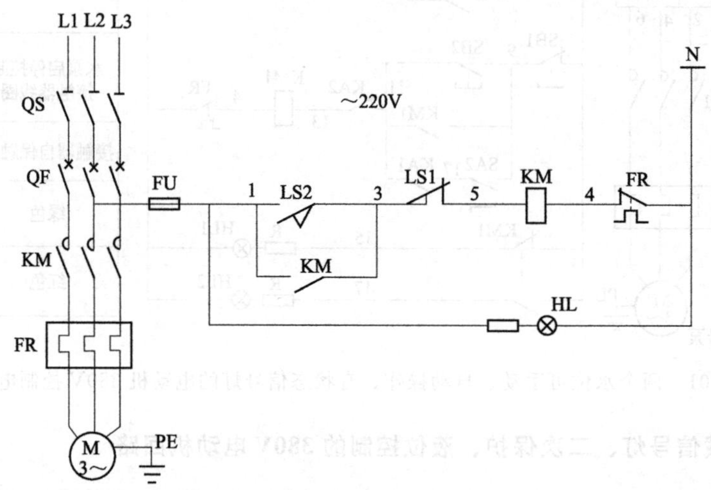

图 203 有电源信号灯、行程开关直接启停的排水泵 220V 控制电路

【例 204】 行程开关直接启停的上水泵 220V 控制电路

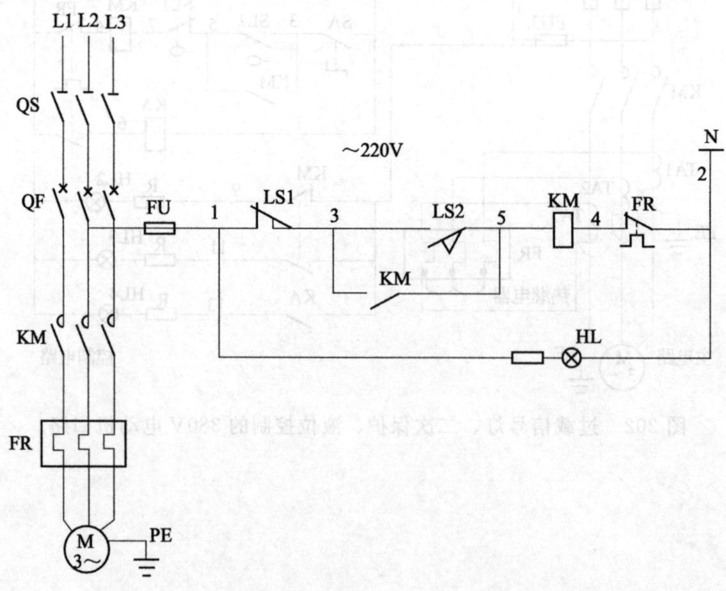

图 204 行程开关直接启停的上水泵 220V 控制电路

【例 205】 有启动通知信号、行程开关直接启停的电动机 220V 控制电路

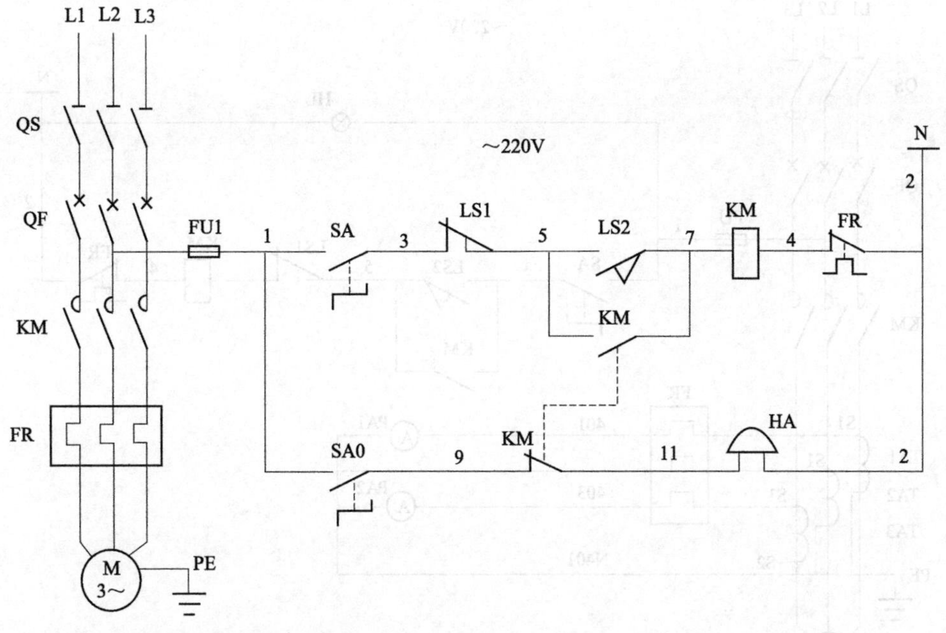

图 205　有启动通知信号、行程开关直接启停的电动机 220V 控制电路

【例 206】 行程开关与按钮操作可选的电动机 220V 控制电路

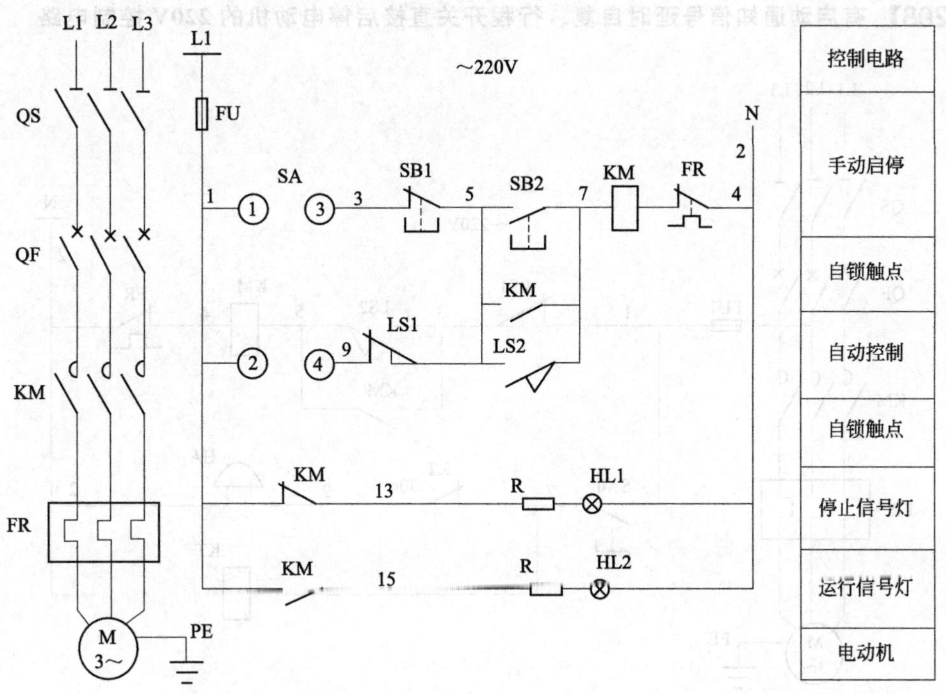

图 206　行程开关与按钮操作可选的电动机 220V 控制电路

【例 207】 二次保护、有电源信号灯、行程开关直接启停电动机的 220V 控制电路

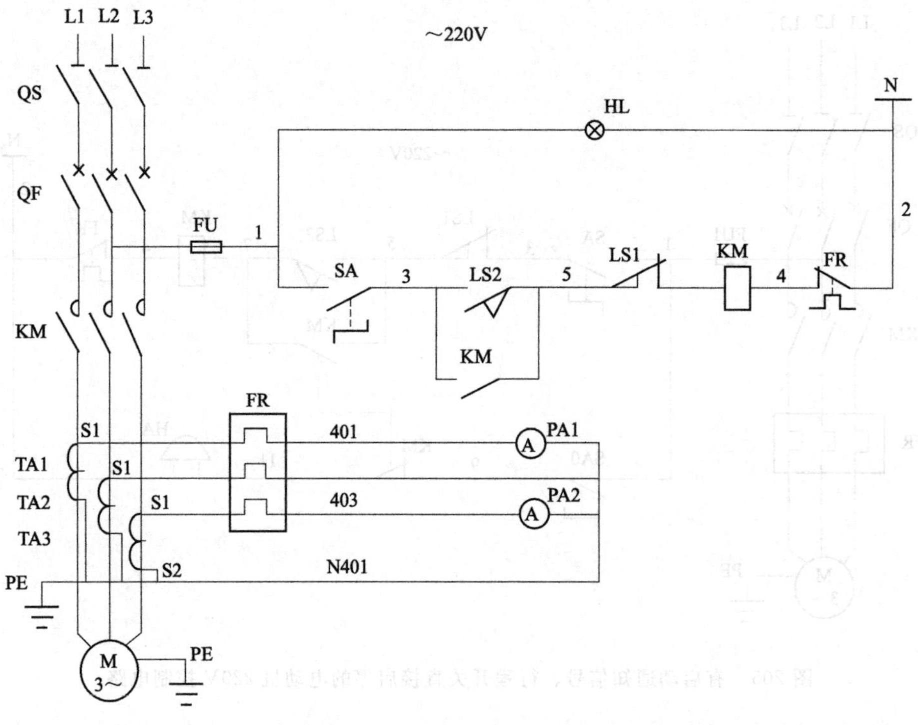

图 207 二次保护、有电源信号灯、行程开关直接启停电动机的 220V 控制电路

【例 208】 有启动通知信号延时自复、行程开关直接启停电动机的 220V 控制电路

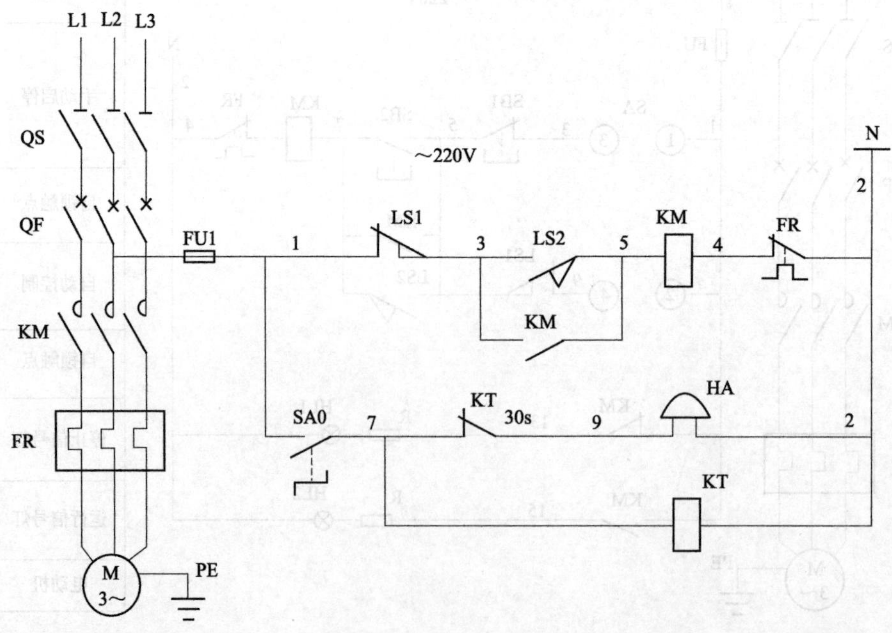

图 208 有启动通知信号延时自复、行程开关直接启停电动机的 220V 控制电路

【例 209】 二次保护、有状态信号、行程开关直接启停电动机 220V 控制电路

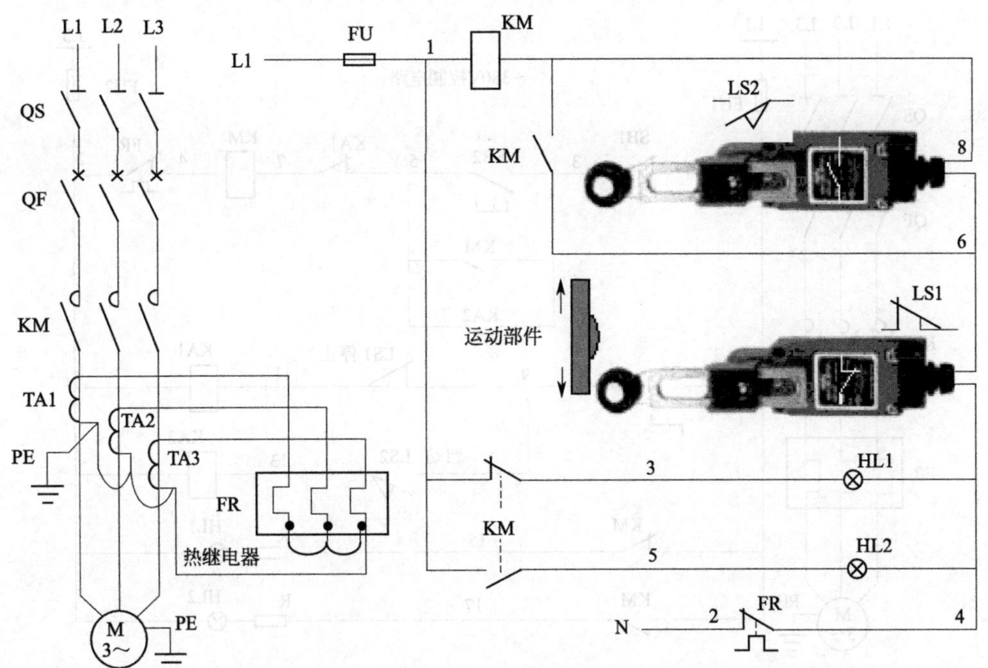

图 209　二次保护、有状态信号、行程开关直接启停电动机 220V 控制电路

【例 210】 二次保护、有状态信号、双电流表、行程开关直接启停电动机 220V 控制电路

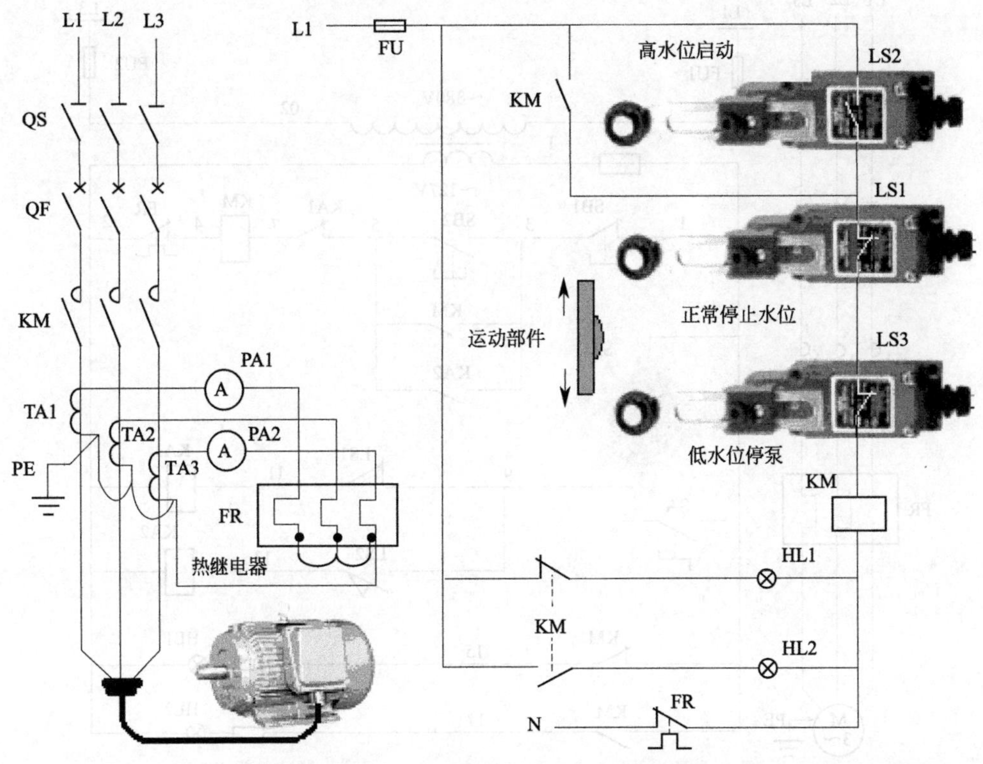

图 210　二次保护、有状态信号、双电流表、行程开关直接启停电动机 220V 控制电路

【例 211】 按钮操作与行程开关启停电动机 380V 控制电路

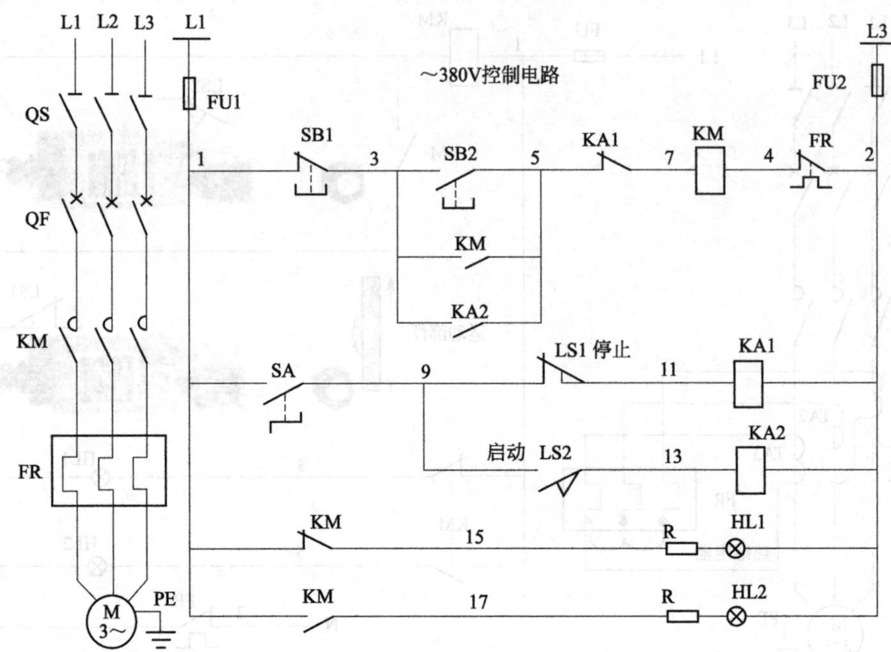

图 211 按钮操作与行程开关启停电动机 380V 控制电路

【例 212】 按钮操作与行程开关启停电动机的 127V 控制电路

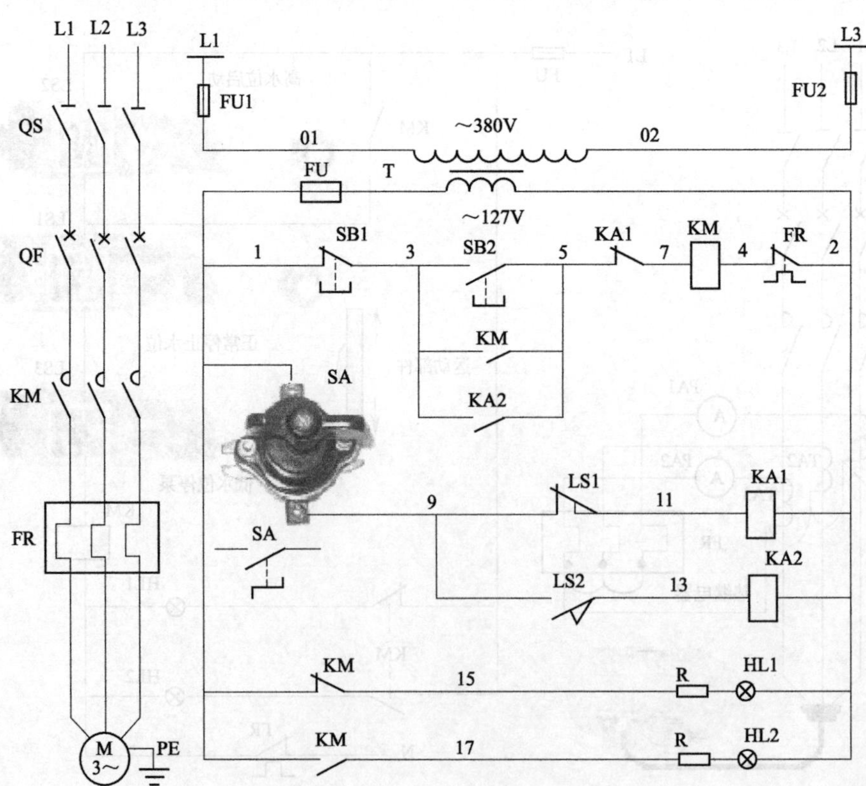

图 212 按钮操作与行程开关启停电动机的 127V 控制电路

【例 213】 手动与行程开关控制启停电动机 48V 控制电路

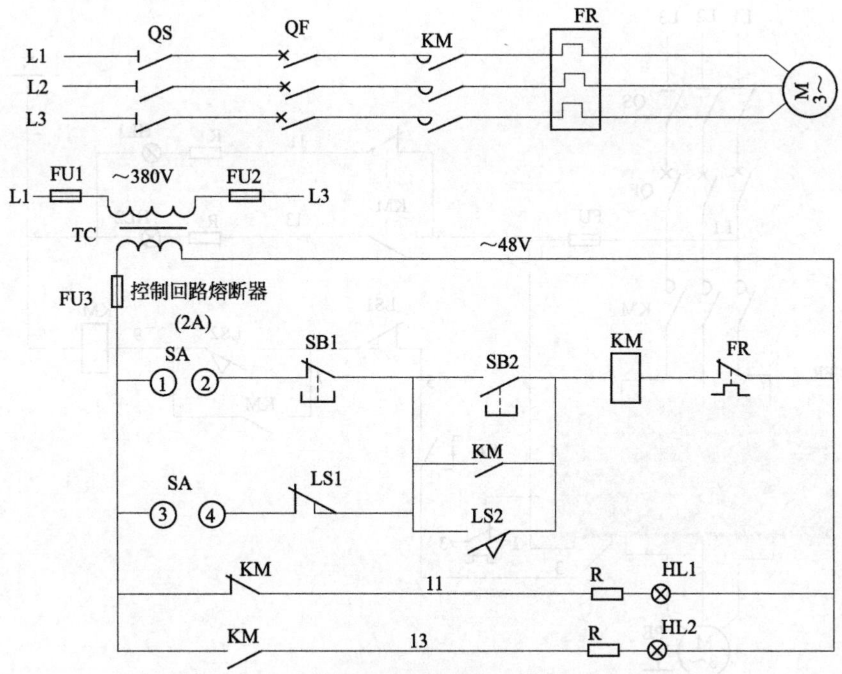

图 213　手动与行程开关控制启停电动机 48V 控制电路

【例 214】 电动机保护器保护、可选择行程开关启停或按钮启停的 220V 控制电路

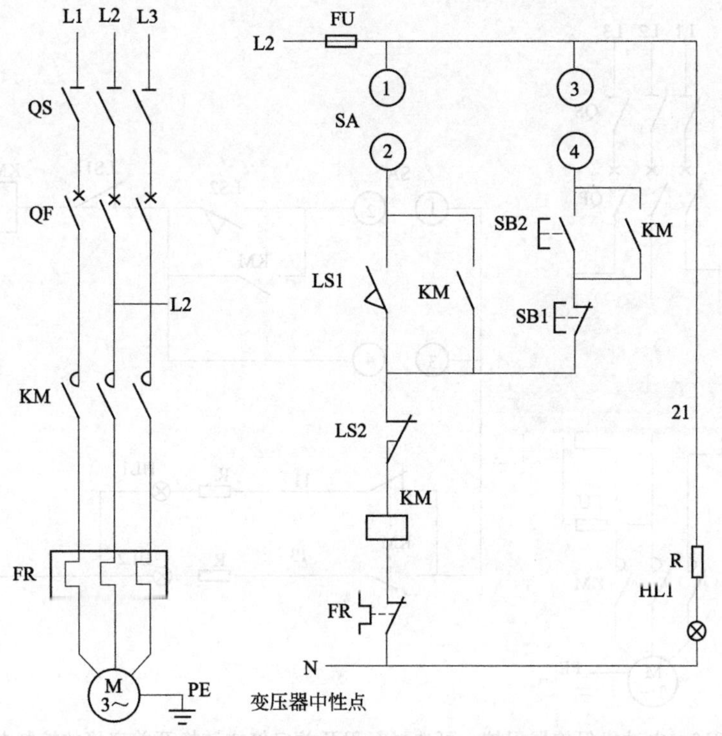

图 214　电动机保护器保护、可选择行程开关启停或按钮启停的 220V 控制电路

【例 215】 有状态信号、行程开关直接启停电动机 220V 控制电路

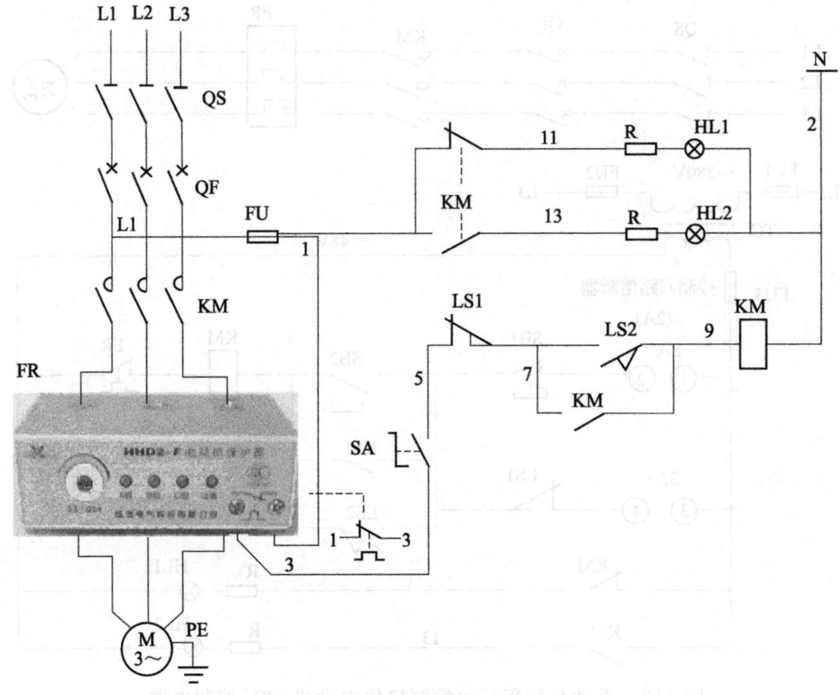

图 215 有状态信号、行程开关直接启停电动机 220V 控制电路

【例 216】 电动机保护器保护、可选择行程开关启停或转换开关启停的控制电路

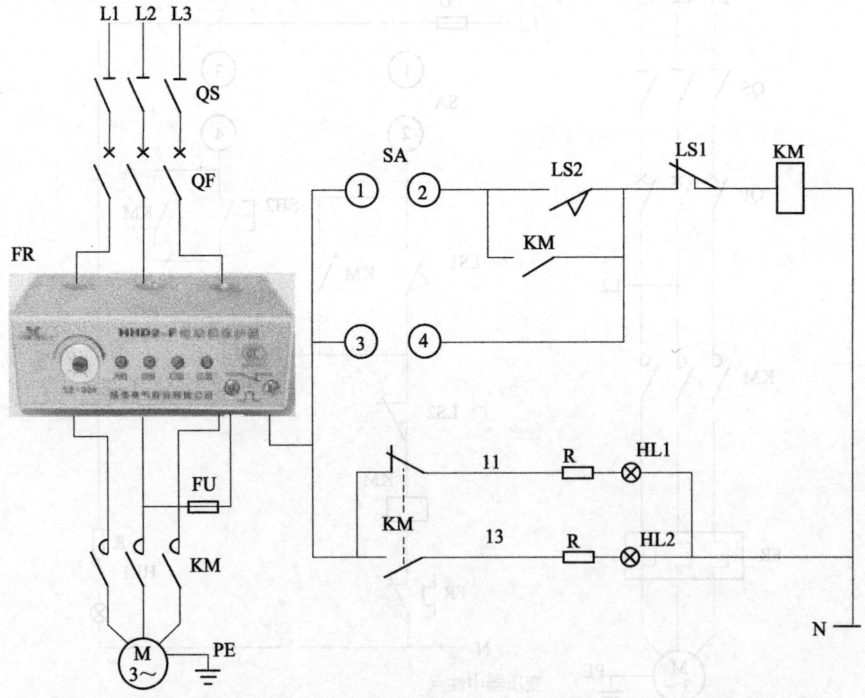

图 216 电动机保护器保护、可选择行程开关启停或转换开关启停的控制电路

【例 217】 通过转换开关向行程开关提供电源而启停电动机的 220V 控制电路

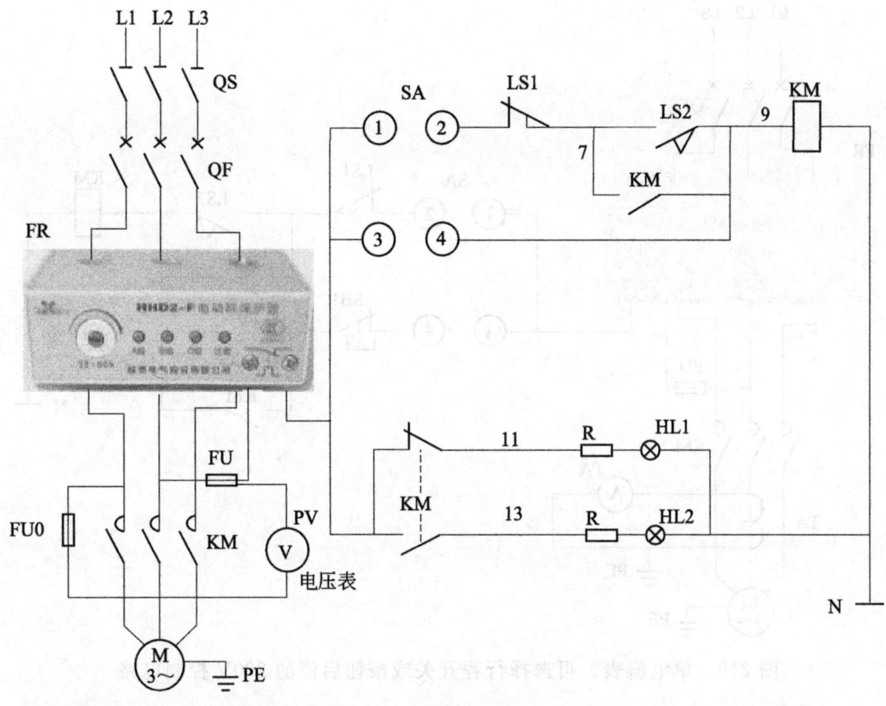

图 217　通过转换开关向行程开关提供电源而启停电动机的 220V 控制电路

【例 218】 单电流表、有状态信号灯、可选择行程开关或按钮启停电动机 220V 控制电路

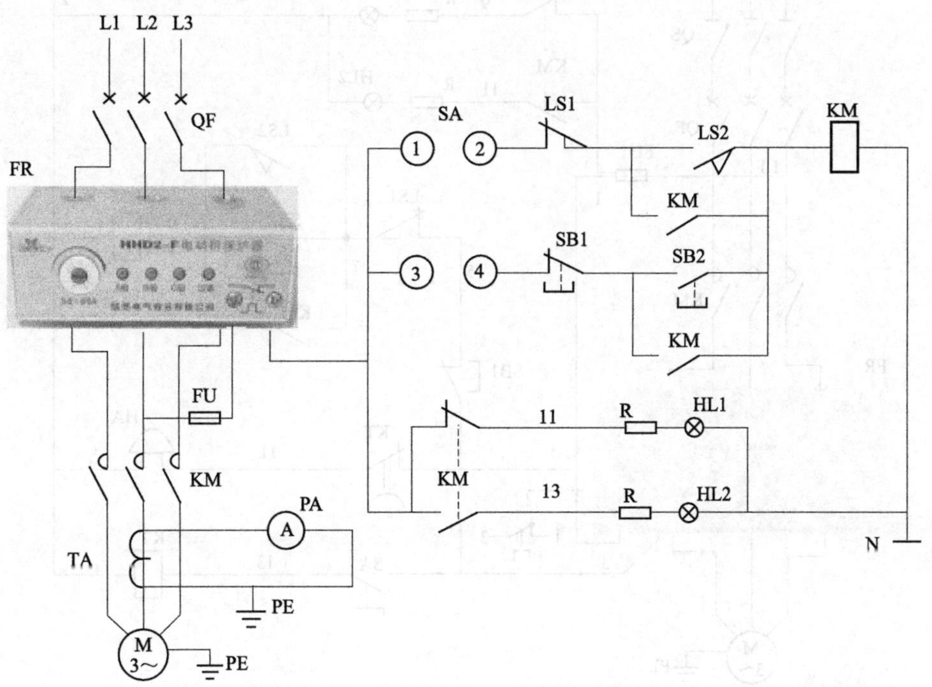

图 218　单电流表、有状态信号灯、可选择行程开关或按钮启停电动机 220V 控制电路

【例 219】 单电流表、可选择行程开关或按钮启停的 220V 控制电路

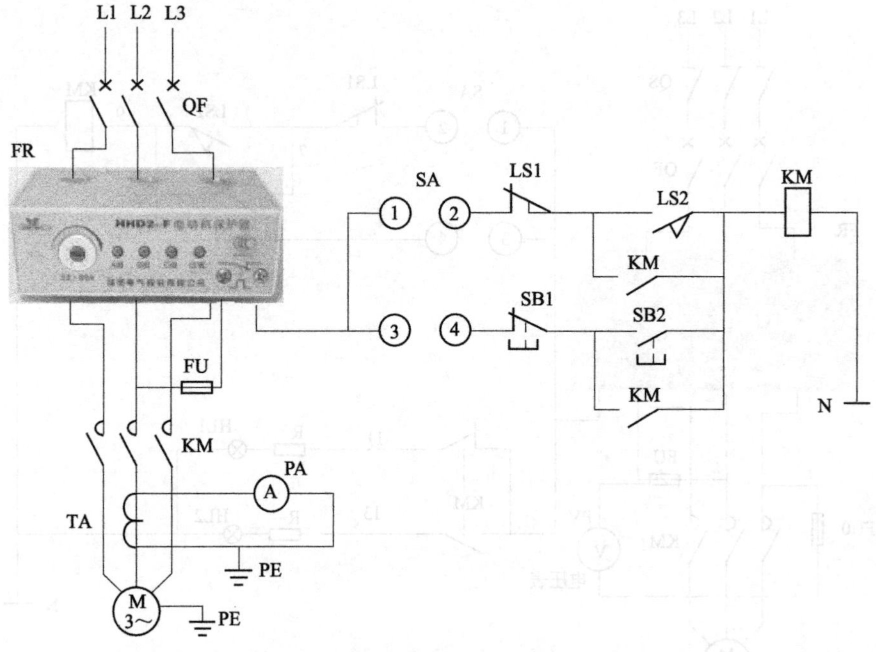

图 219 单电流表、可选择行程开关或按钮启停的 220V 控制电路

【例 220】 电动机保护器保护、行程开关与按钮混用启停的电动机 220V 控制电路

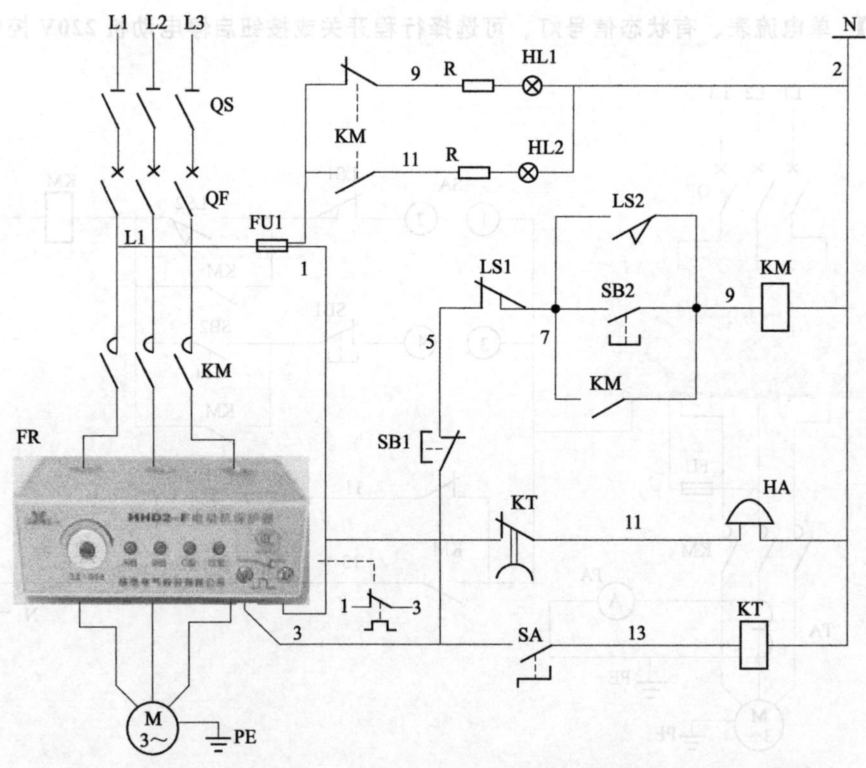

图 220 电动机保护器保护、行程开关与按钮混用启停的电动机 220V 控制电路

【例 221】 可选择行程开关或按钮启停电动机的 220V 控制电路

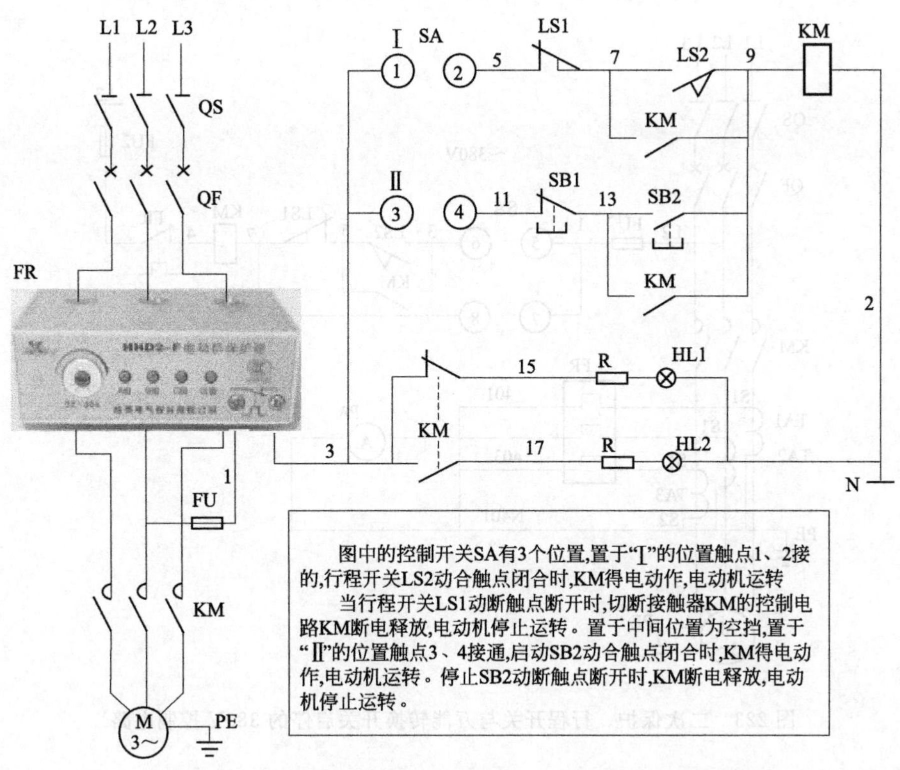

图 221　可选择行程开关或按钮启停电动机的 220V 控制电路

【例 222】 电压表监控、行程开关通过中间继电器启停电动机的 220V 控制电路

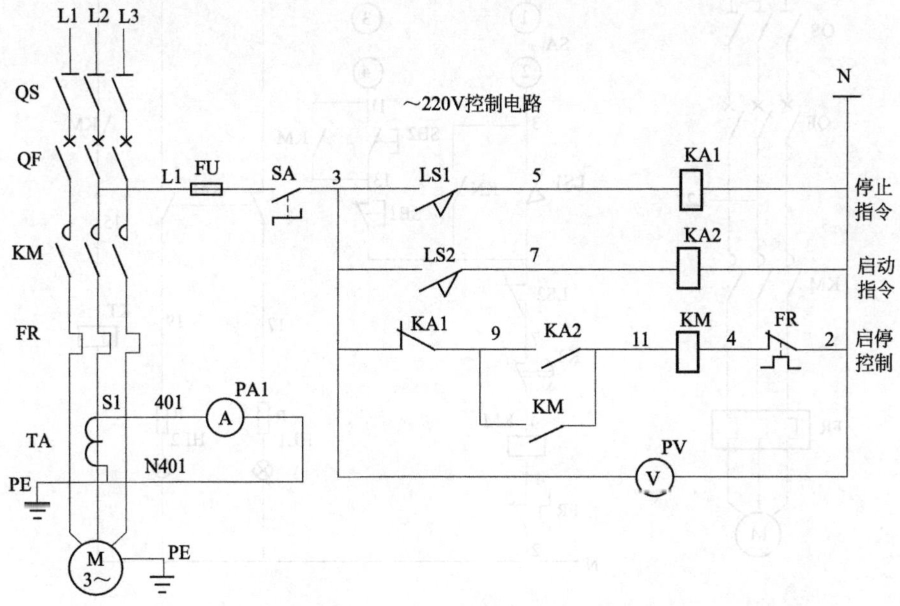

图 222　电压表监控、行程开关通过中间继电器启停电动机的 220V 控制电路

【例 223】 二次保护、行程开关与万能转换开关启停的 380V 控制电路

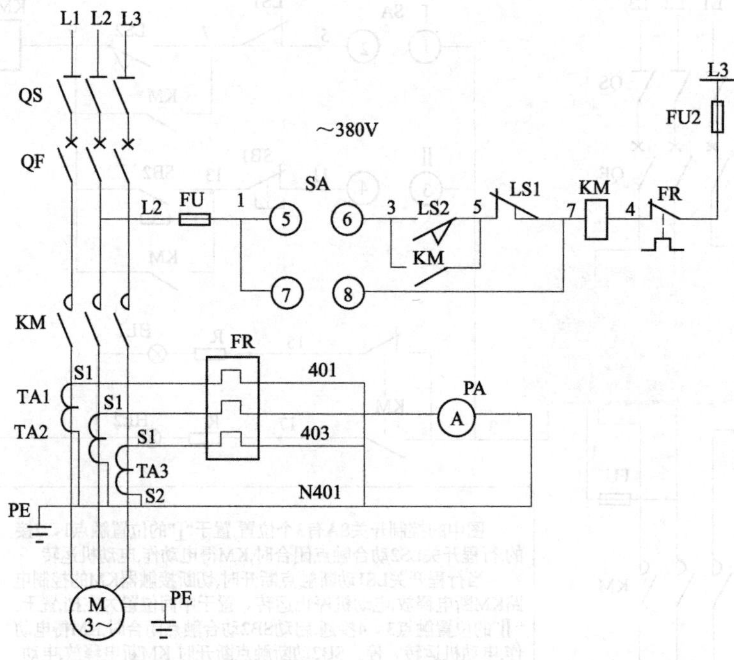

图 223 二次保护、行程开关与万能转换开关启停的 380V 控制电路

【例 224】 有状态信号、可选择行程开关或按钮启停、定时停机的 220V 控制电路

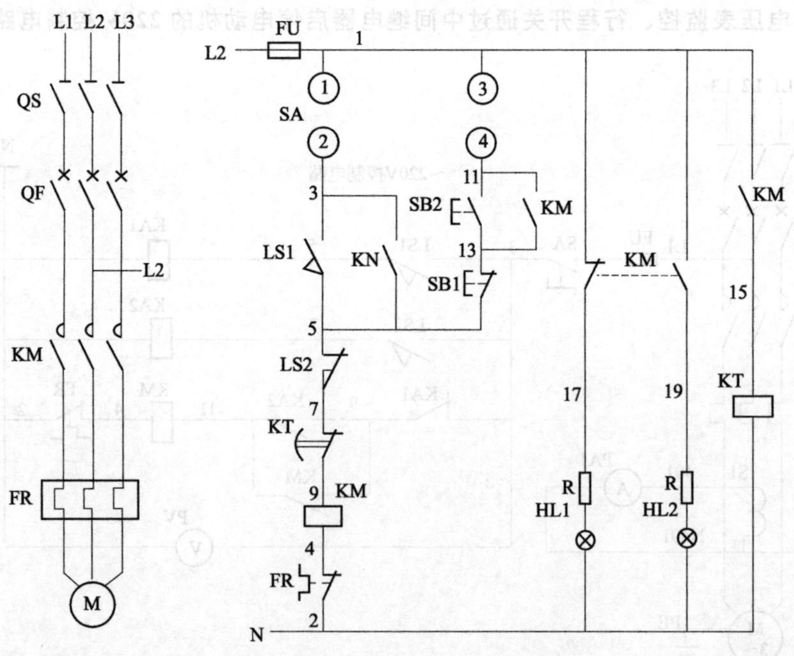

图 224 有状态信号、可选择行程开关或按钮启停、定时停机的 220V 控制电路

【例 225】 一次保护、KG316T 微电脑时控开关直接启停水泵的 220V 控制电路

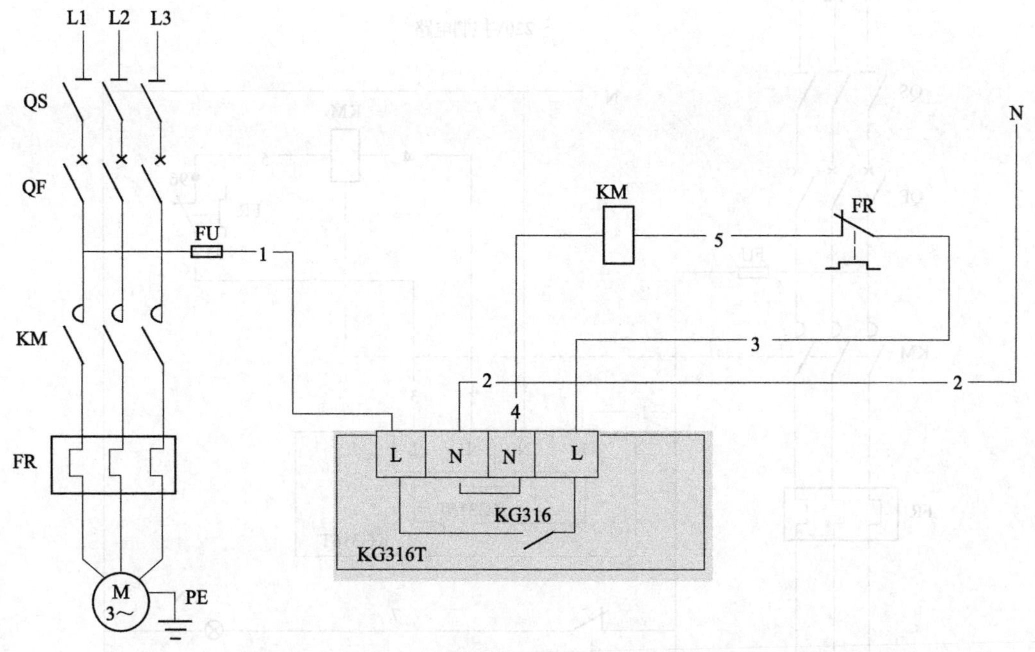

图 225　一次保护、KG316T 微电脑时控开关直接启停水泵的 220V 控制电路

【例 226】 加有控制开关 SA、KG316T 微电脑时控开关直接启停水泵的 220V 控制电路

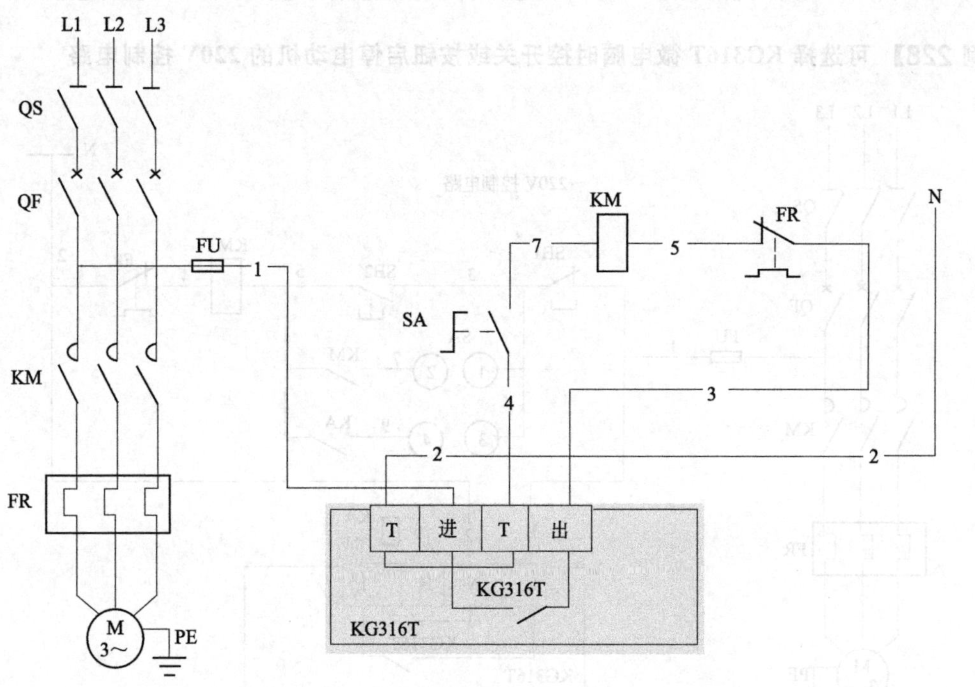

图 226　加有控制开关 SA、KG316T 微电脑时控开关直接启停水泵的 220V 控制电路

【例 227】 有状态信号灯、KG316T 微电脑时控开关直接启停电动机的 220V 控制电路

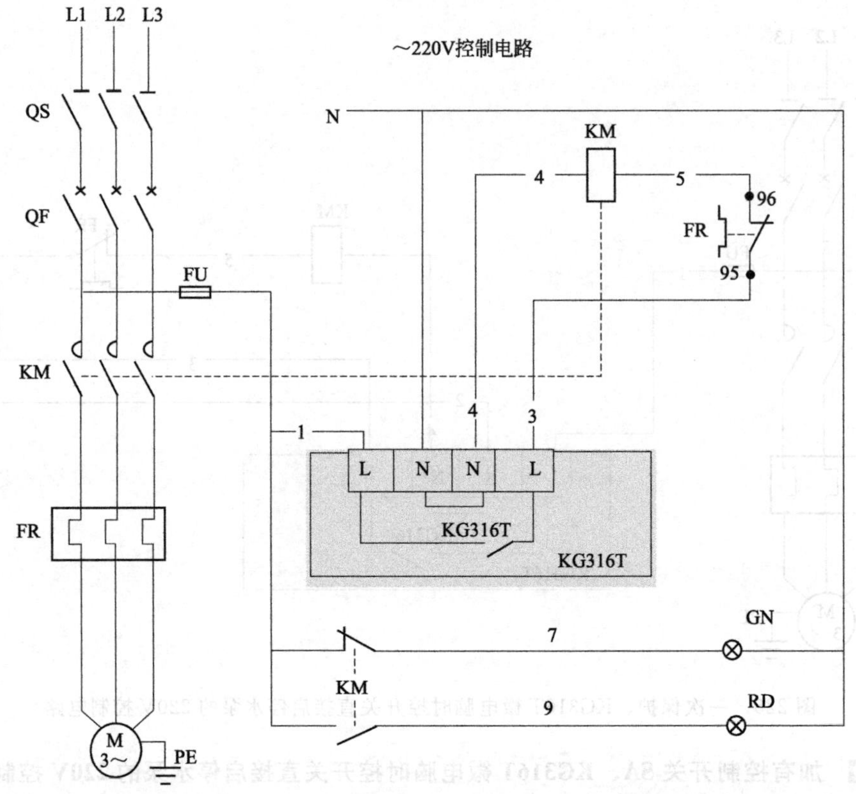

图 227 有状态信号灯、KG316T 微电脑时控开关直接启停电动机的 220V 控制电路

【例 228】 可选择 KG316T 微电脑时控开关或按钮启停电动机的 220V 控制电路

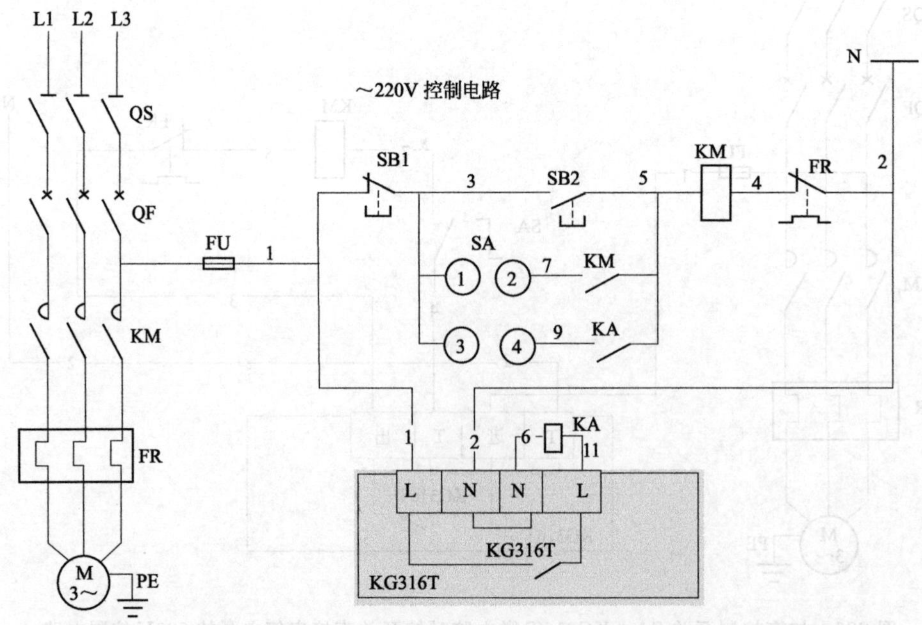

图 228 可选择 KG316T 微电脑时控开关或按钮启停电动机的 220V 控制电路

【例 229】 单电流表、KG316T 微电脑时控开关直接启停电动机的 220V 控制电路

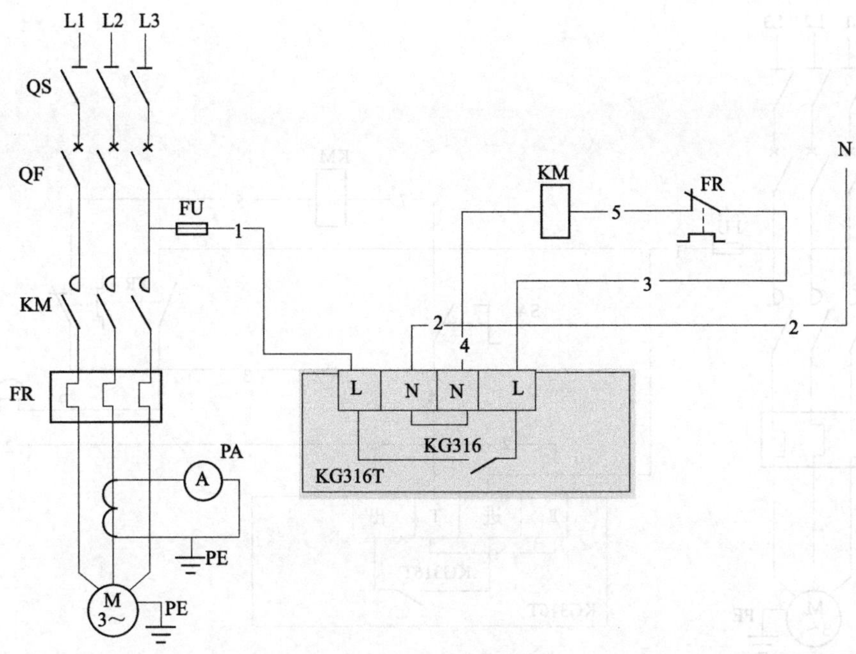

图 229　单电流表、KG316T 微电脑时控开关直接启停电动机的 220V 控制电路

【例 230】 可选择 KG316T 微电脑时控开关或按钮启停电动机的 220V 控制电路

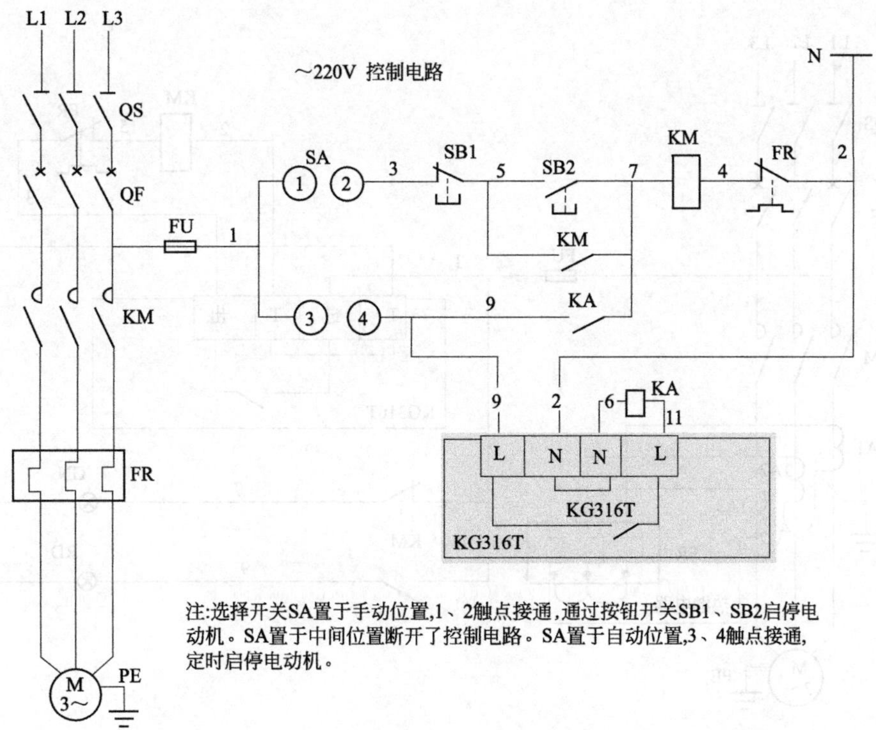

图 230　可选择 KG316T 微电脑时控开关或按钮启停电动机的 220V 控制电路

【例 231】 过载报警、KG316T 微电脑时控开关直接启停电动机的 220V 控制电路

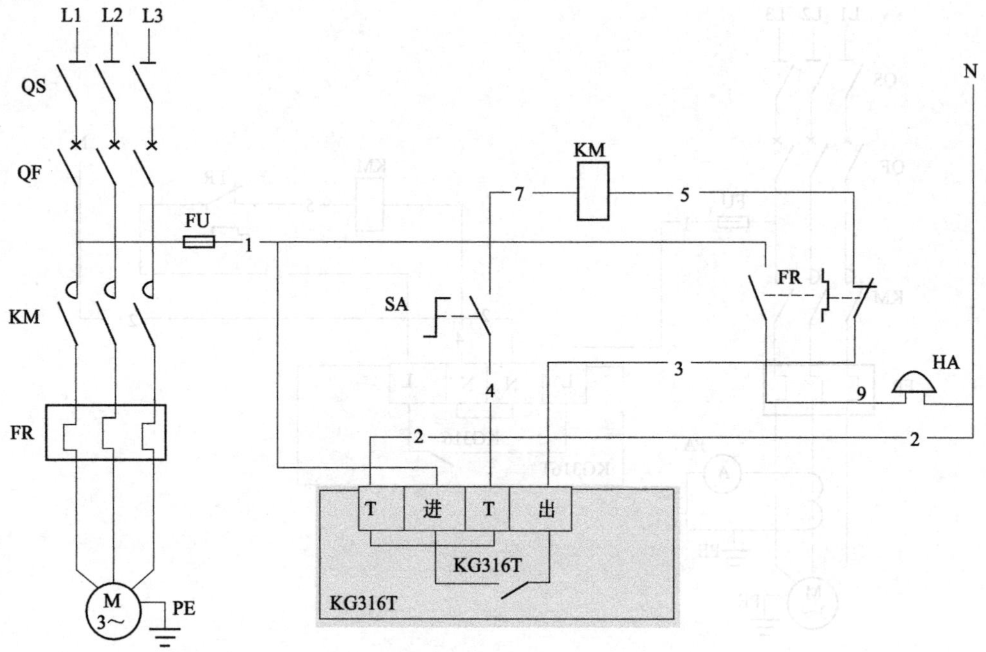

图 231 过载报警，KG316T 微电脑时控开关直接启停电动机的 220V 控制电路

【例 232】 有状态信号的 KG316T 微电脑时控开关直接启停电动机的 220V 控制电路

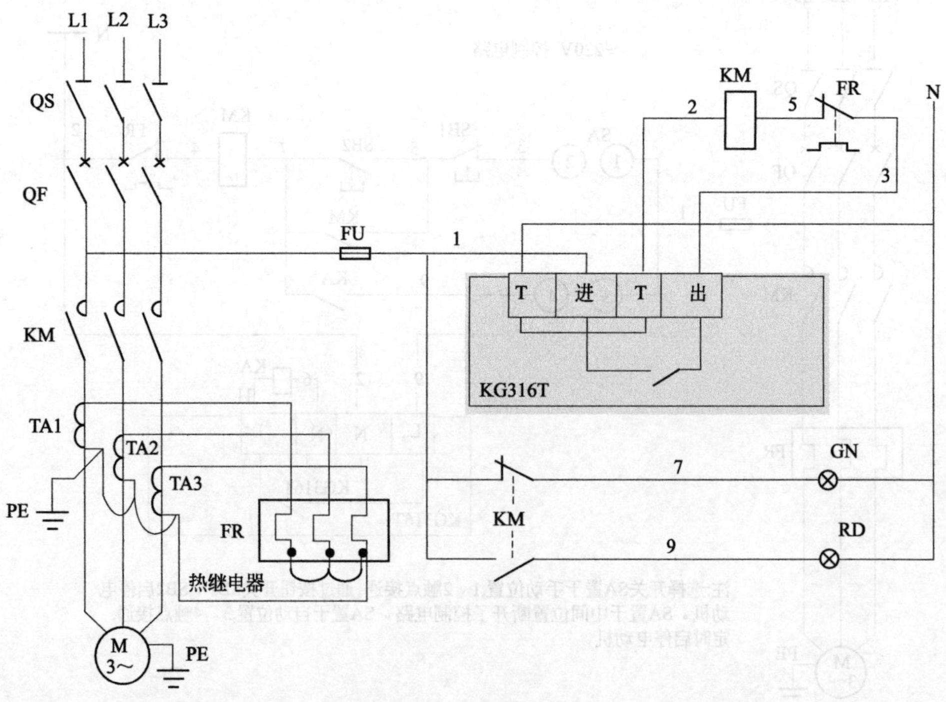

图 232 有状态信号的 KG316T 微电脑时控开关直接启停电动机的 220V 控制电路

【例 233】 二次保护、KG316T 微电脑时控开关定时直接启停电动机的 220V 控制电路

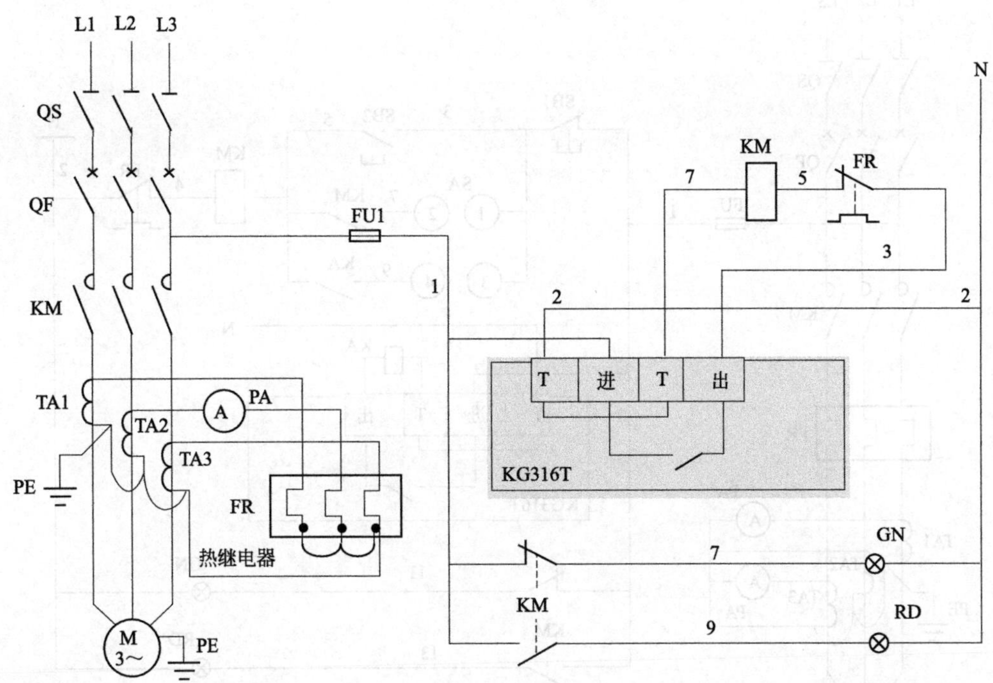

图 233 二次保护、KG316T 微电脑时控开关定时直接启停电动机的 220V 控制电路

【例 234】 二次保护、KG316T 微电脑时控开关定时与手动启停电动机的 220V 控制电路

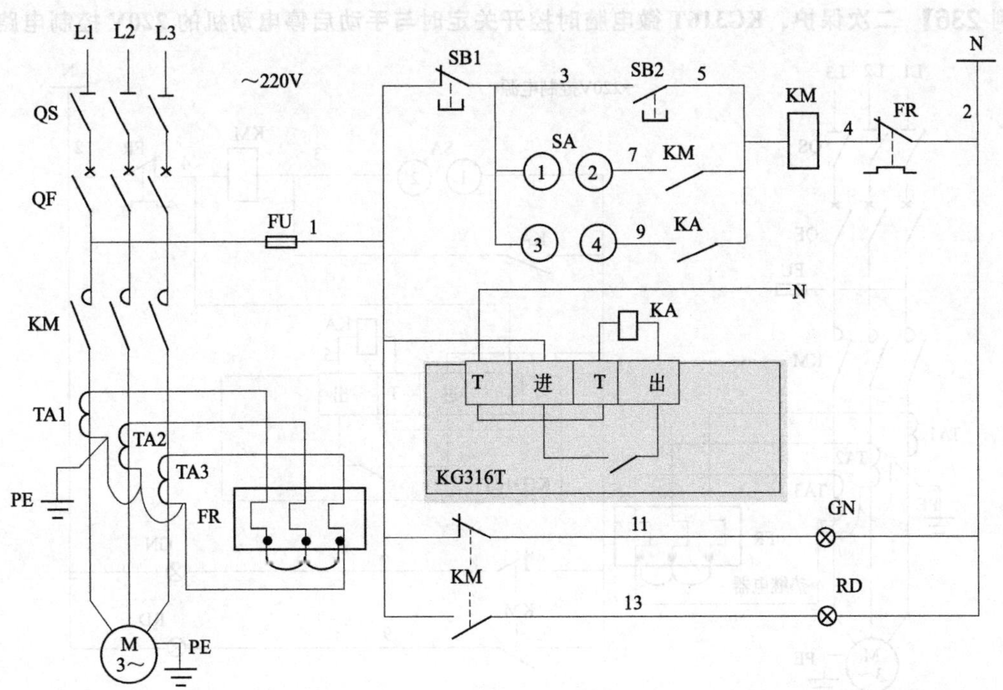

图 234 二次保护、KG316T 微电脑时控开关定时与手动启停电动机的 220V 控制电路

【例 235】 双电流表、KG316T 微电脑时控开关定时与手动启停电动机的 220V 控制电路

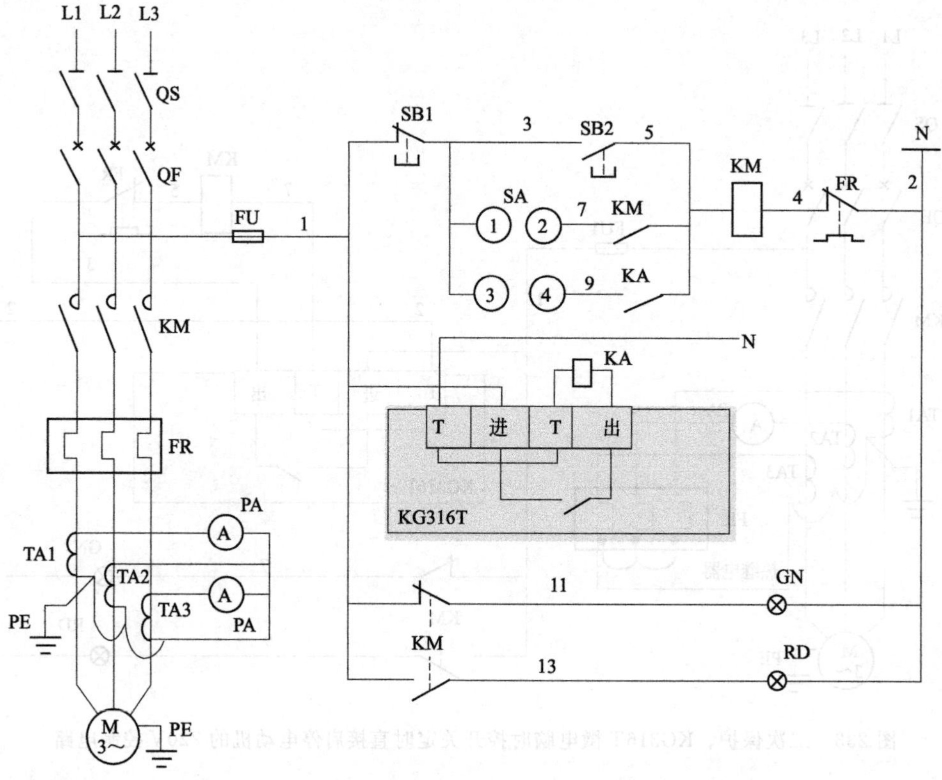

图 235 双电流表、KG316T 微电脑时控开关定时与手动启停电动机的 220V 控制电路

【例 236】 二次保护、KG316T 微电脑时控开关定时与手动启停电动机的 220V 控制电路

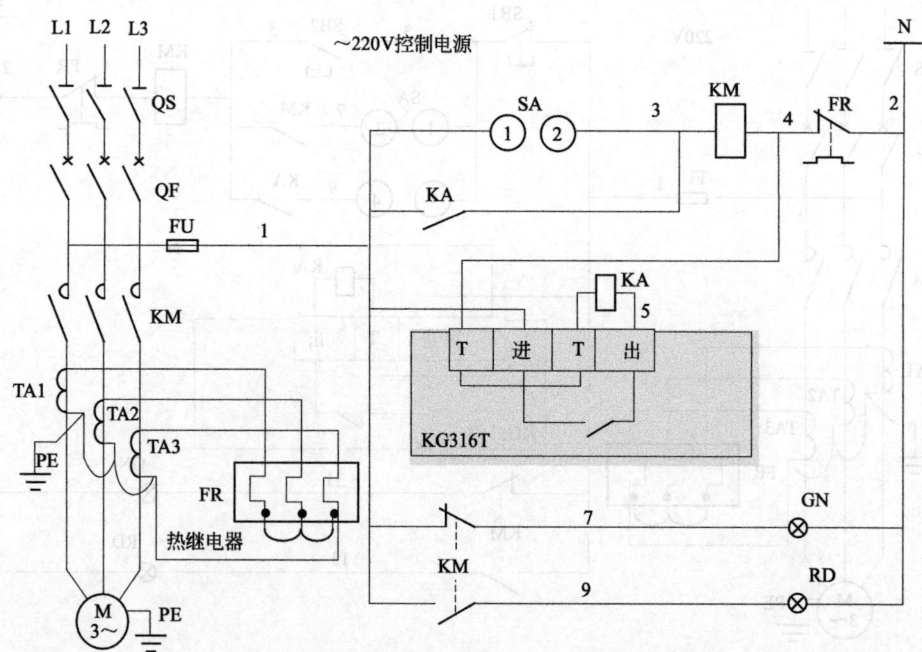

图 236 二次保护、KG316T 微电脑时控开关定时与手动启停电动机的 220V 控制电路

【例 237】 过载报警、KG316T 微电脑时控开关定时直接启停电动机的 220V 控制电路

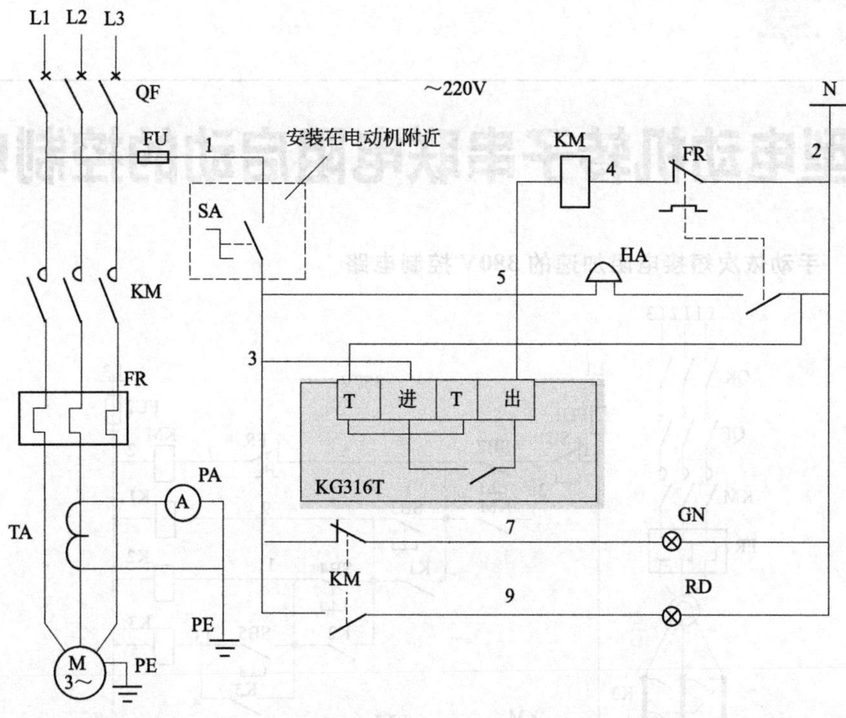

图 237　过载报警、KG316T 微电脑时控开关定时直接启停电动机的 220V 控制电路

【例 238】 有启动预告、可选择手动或自动运转方式启停电动机的 220V 控制电路

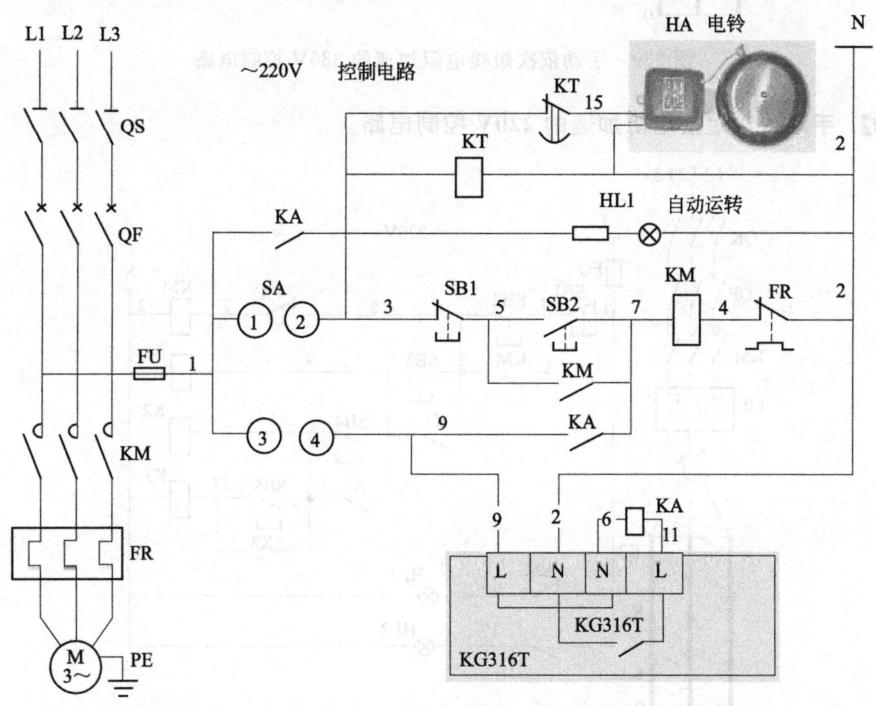

图 238　有启动预告、可选择手动或自动运转方式启停电动机的 220V 控制电路

第七章

绕线型电动机转子串联电阻启动的控制电路

【例 239】 手动依次短接电阻加速的 380V 控制电路

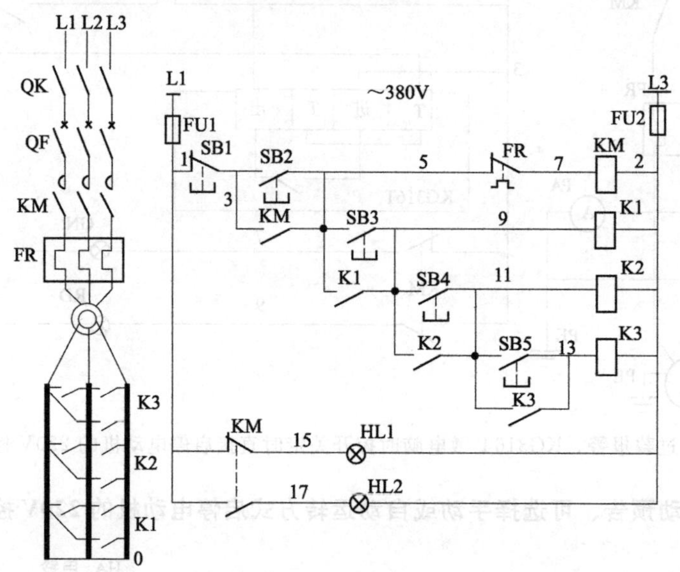

图 239　手动依次短接电阻加速的 380V 控制电路

【例 240】 手动依次短接电阻加速的 220V 控制电路

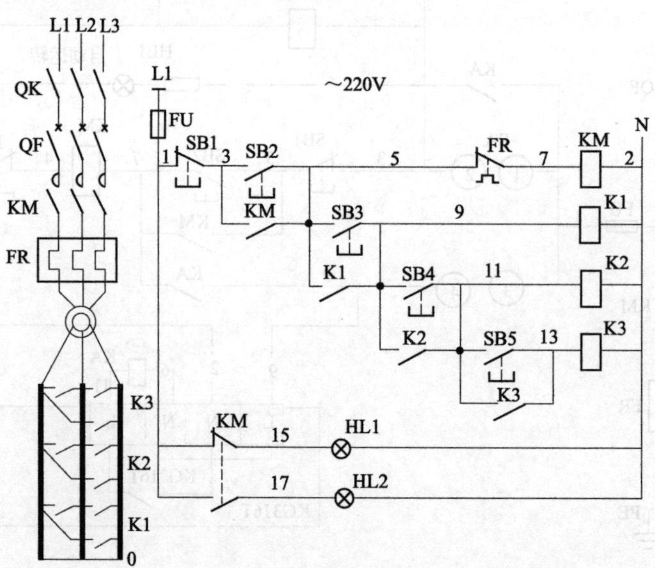

图 240　手动依次短接电阻加速的 220V 控制电路

【例 241】 按时间自动短接电阻加速的电动机 220V 控制电路

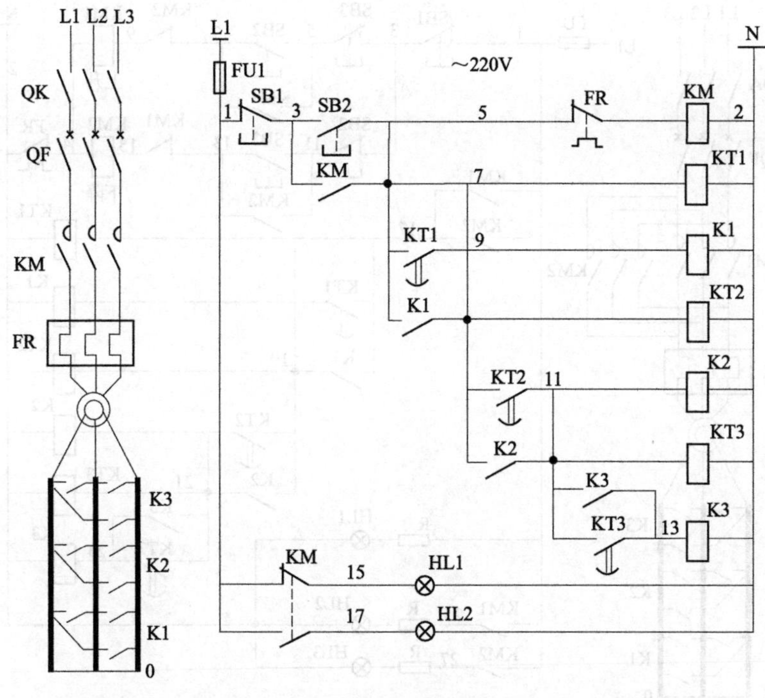

图 241　按时间自动短接电阻加速的电动机 220V 控制电路

【例 242】 按时间自动短接电阻加速的电动机 380V 控制电路

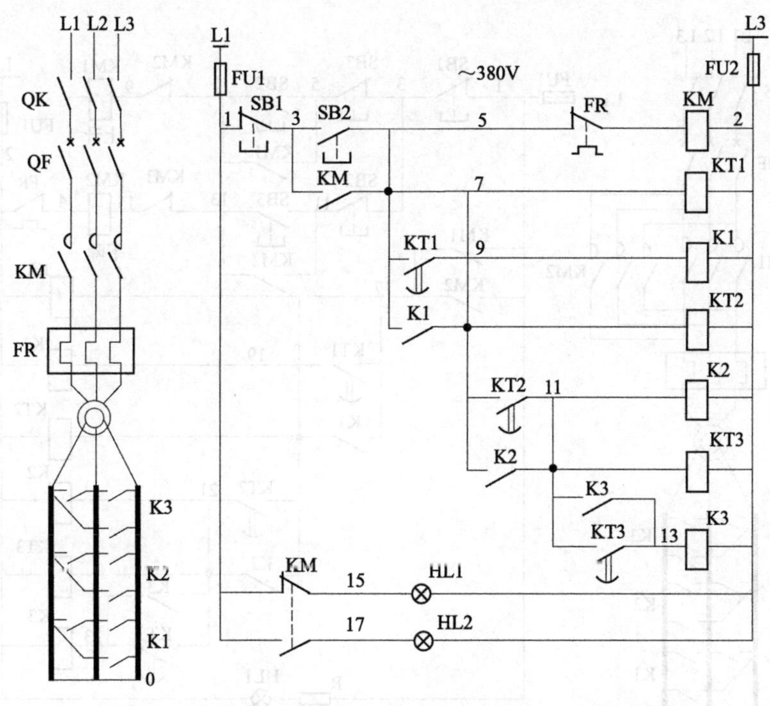

图 242　按时间自动短接电阻加速的电动机 380V 控制电路

【例 243】 按顺序自动短接电阻加速的电动机正反转 220V 控制电路

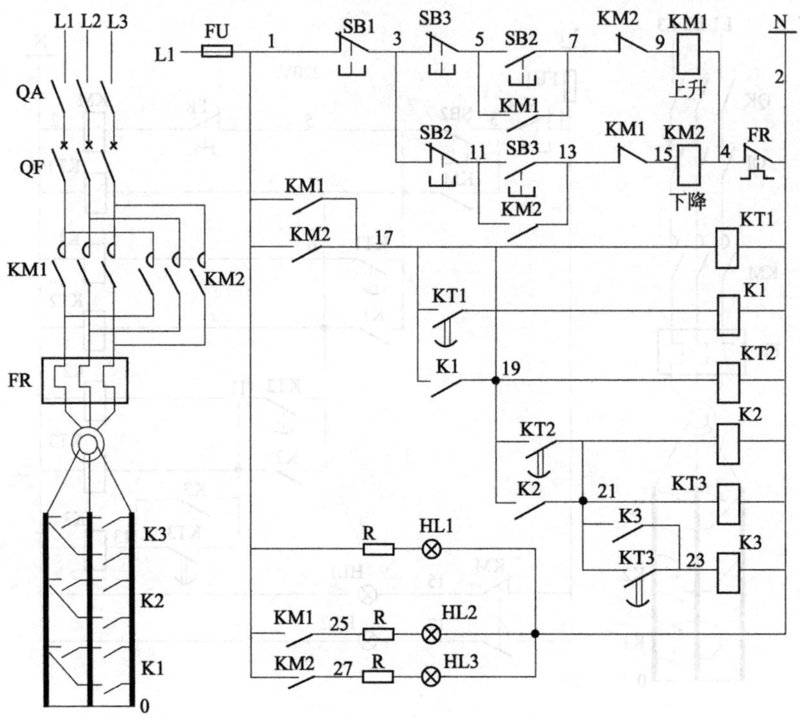

图 243 按顺序自动短接电阻加速的电动机正反转 220V 控制电路

【例 244】 按顺序自动短接电阻加速的电动机正反转 380V 控制电路

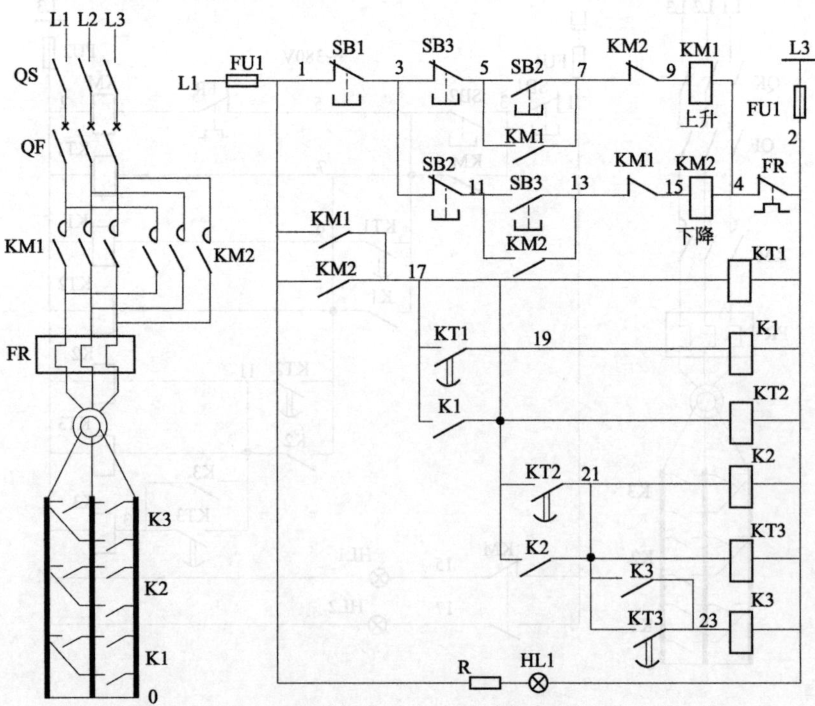

图 244 按顺序自动短接电阻加速的电动机正反转 380V 控制电路

【例 245】 一次保护、手动自动可选择的滑环电动机 380V 控制电路

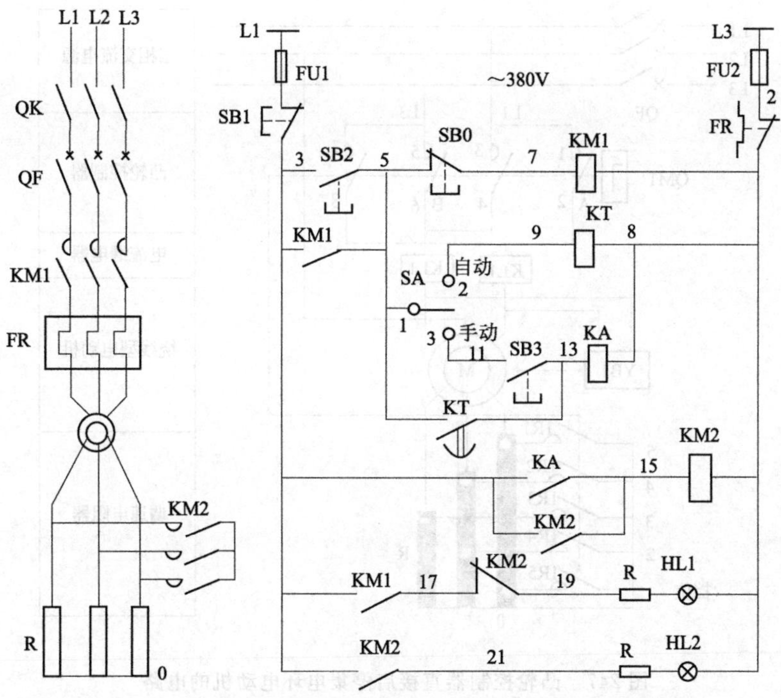

图 245 一次保护、手动自动可选择的滑环电动机 380V 控制电路

【例 246】 一次保护、手动自动可选择的滑环电动机 220V 控制电路

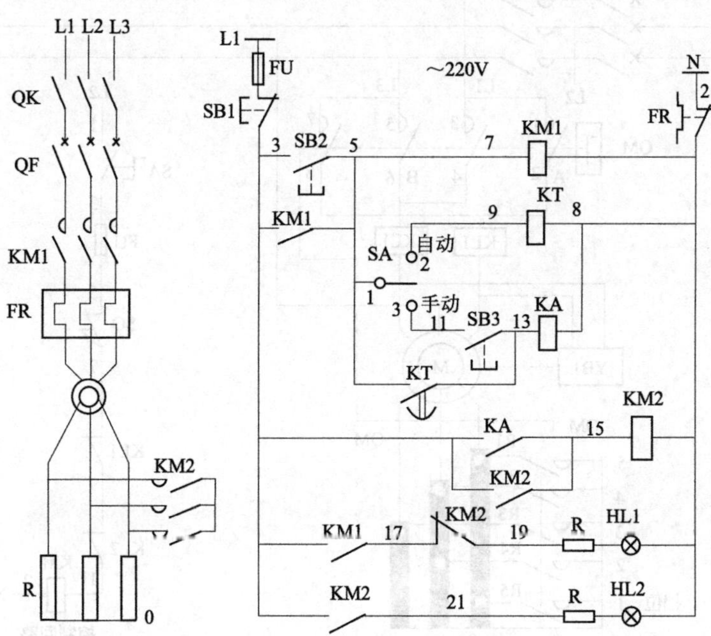

图 246 一次保护、手动自动可选择的滑环电动机 220V 控制电路

【例 247】 凸轮控制器直接启停集电环电动机的电路

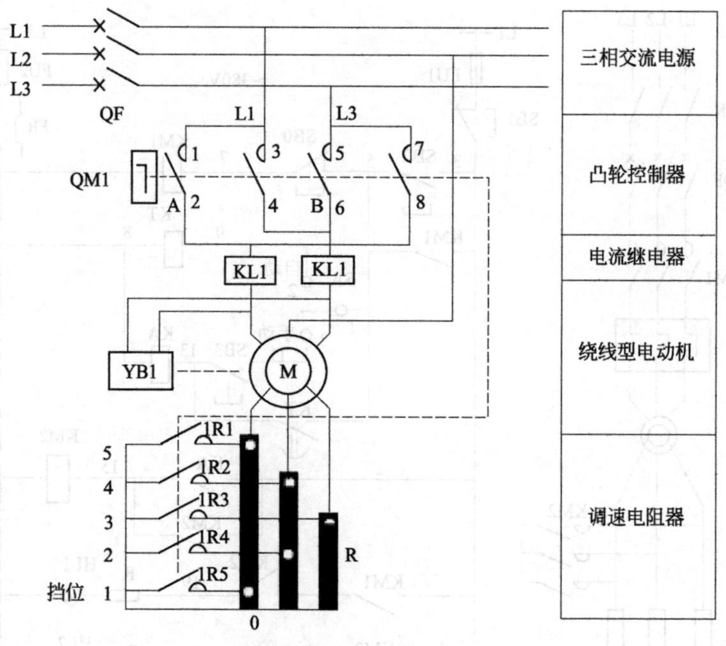

图 247 凸轮控制器直接启停集电环电动机的电路

【例 248】 有过流保护的凸轮控制器直接启停的滑环电动机 220V 控制电路

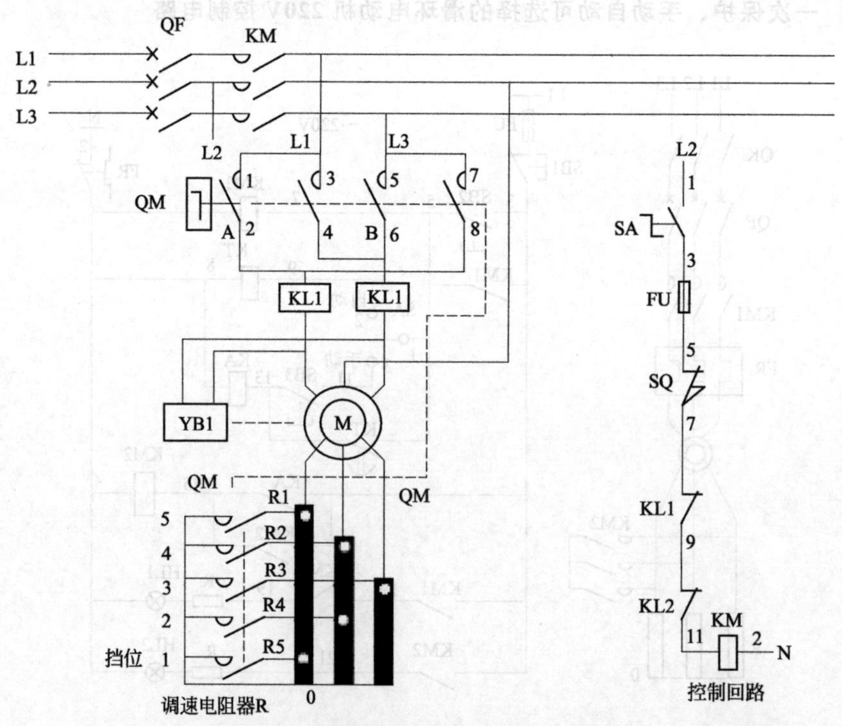

图 248 有过流保护的凸轮控制器直接启停的滑环电动机 220V 控制电路

【例 249】 过流保护、接触器触点作电源开关、凸轮控制器启停滑环电动机的电路

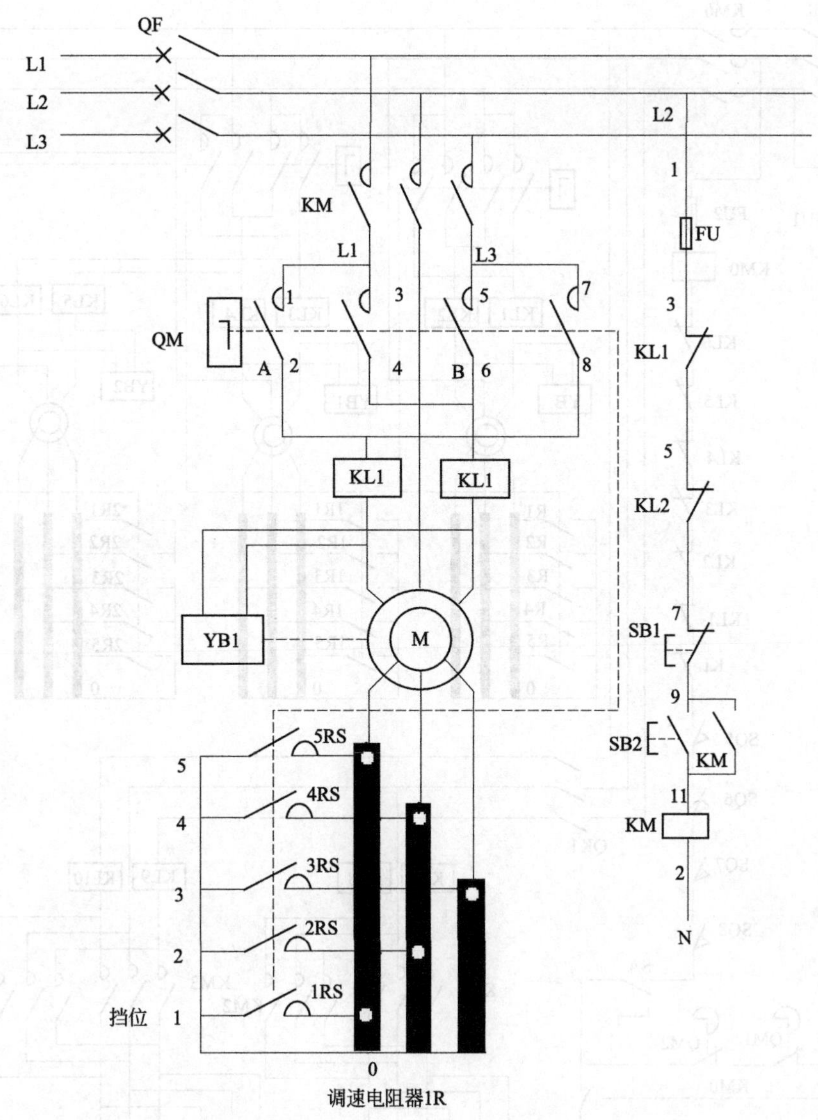

图 249 过流保护、接触器触点作电源开关、凸轮控制器启停滑环电动机的电路

电路工作原理：合上断路器 QF，合上控制电路熔断器 FU 后。电动机正向运转，按下 SB2，接触器 KM 得电吸合，向主电路提供电源。将凸轮开关 QM 置于正向，主触点 1、2，5、6 闭合，同时 1 挡 1RS 闭合，电动机正向慢速启动运转；凸轮开关 QM 置于 2 挡 2RS 闭合，电阻又切除一部分，电动机转速提高；凸轮开关 QM 置于 3 挡 3RS 闭合，电阻又切除一部分，电动机转速又提高，凸轮开关 QM 置于 4 挡 4RS 闭合，电阻又切除一部分，电动机转速又提高；凸轮开关 QM 置于 5 挡 5RS 闭合，电阻又切除一部分，这时电动机全速转速运转。挡位从 5 挡→4 挡→3 挡→2 挡→1 挡，电动机减速运转，置于“0”位，电动机断电停止运转。

电动机反向运转原理同正向。

【例 250】 桥式抓斗起重机电动机主电路与控制电路

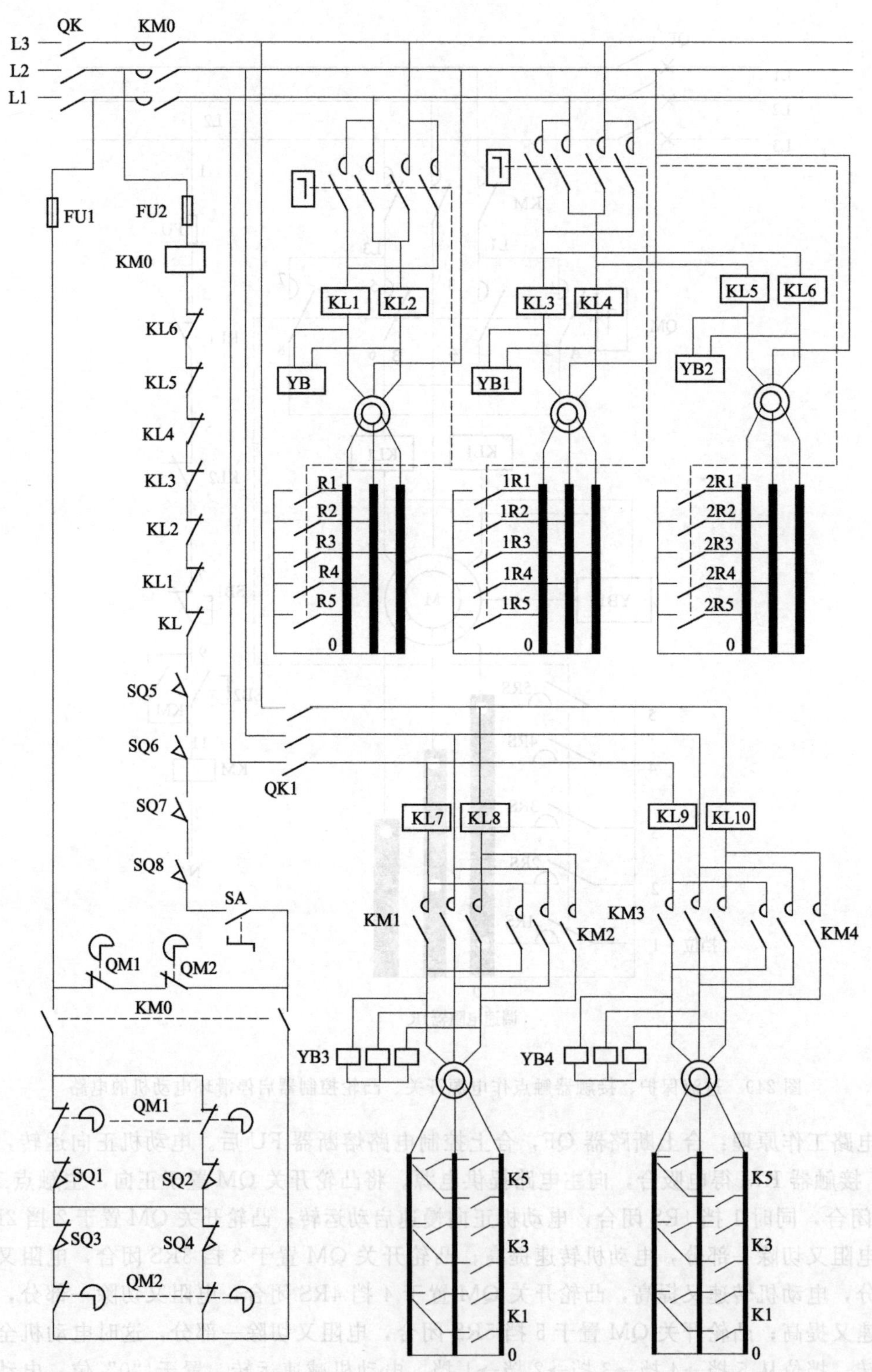

图 250(a) 桥式抓斗起重机电动机主电路

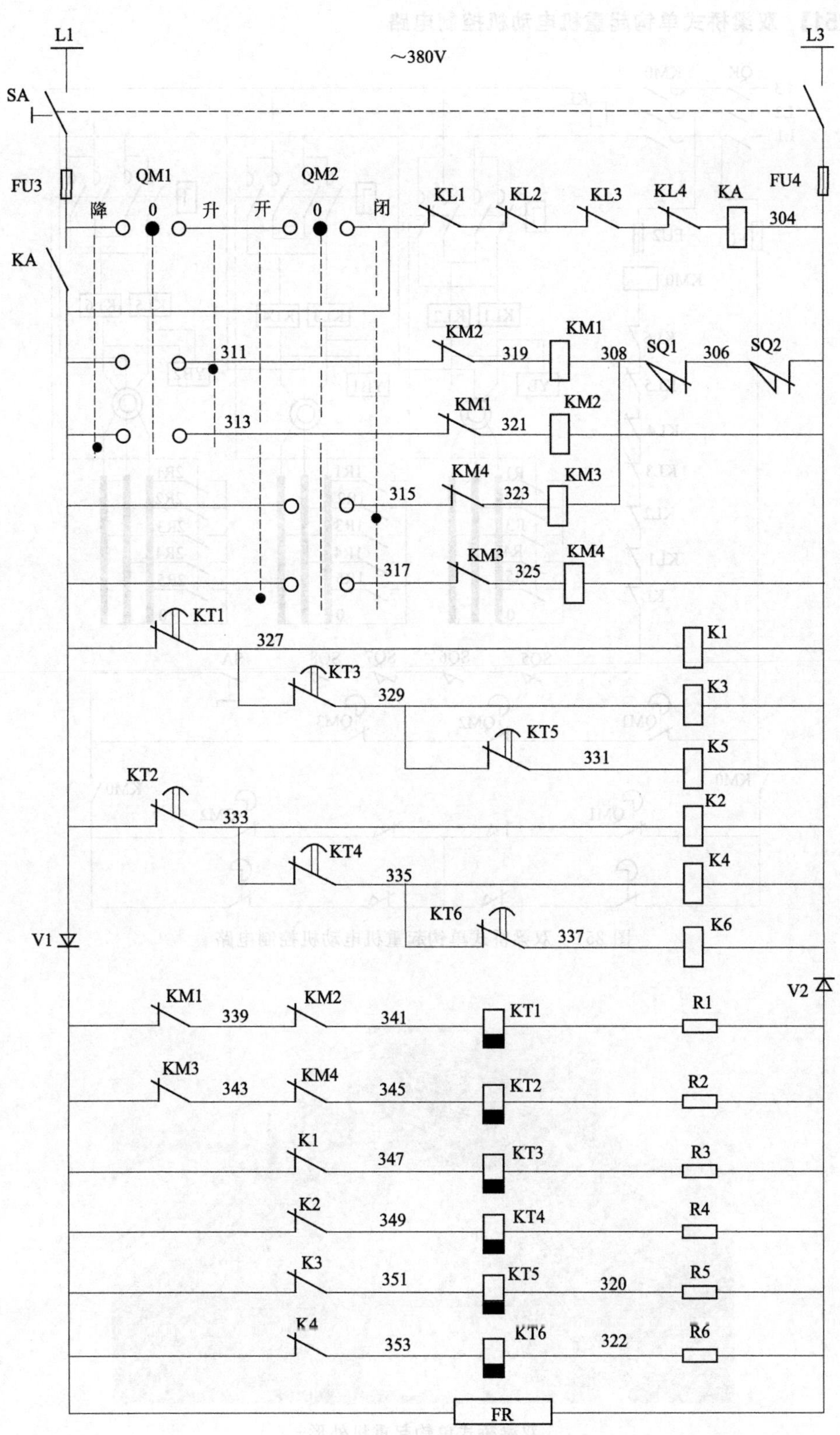

图 250(b)　双梁桥式抓斗起重机电动机 380V 控制电路

【例 251】 双梁桥式单钩起重机电动机控制电路

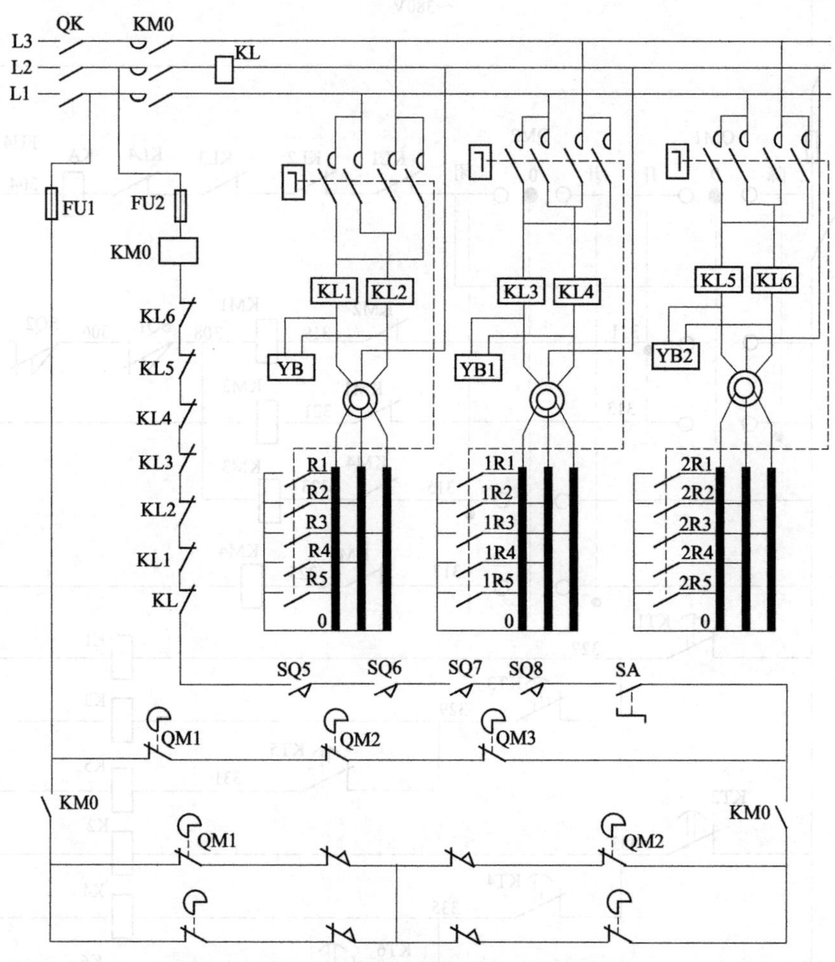

图 251 双梁桥式单钩起重机电动机控制电路

双梁桥式单钩起重机外形

第八章

远方微电脑无线遥控启停的电动机控制电路

【例 252】 一次保护、有启停状态信号灯的电动机 220V 控制电路

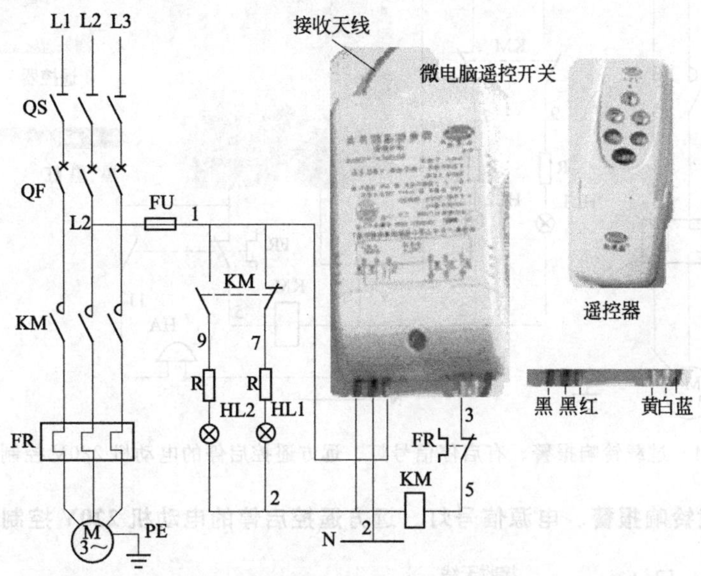

图 252 一次保护、有启停状态信号灯的电动机 220V 控制电路

【例 253】 一次保护、有过载保护的电动机 220V 控制电路

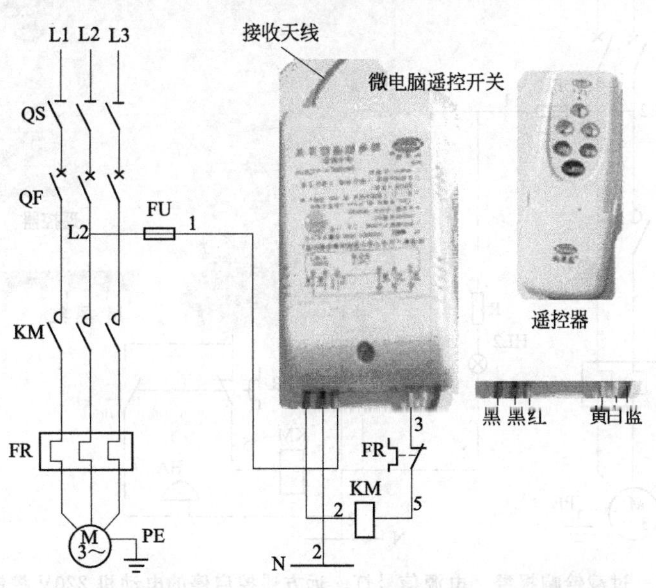

图 253 一次保护、有过载保护的电动机 220V 控制电路

【例 254】 过载铃响报警、有启停信号灯、远方遥控启停的电动机 220V 控制电路

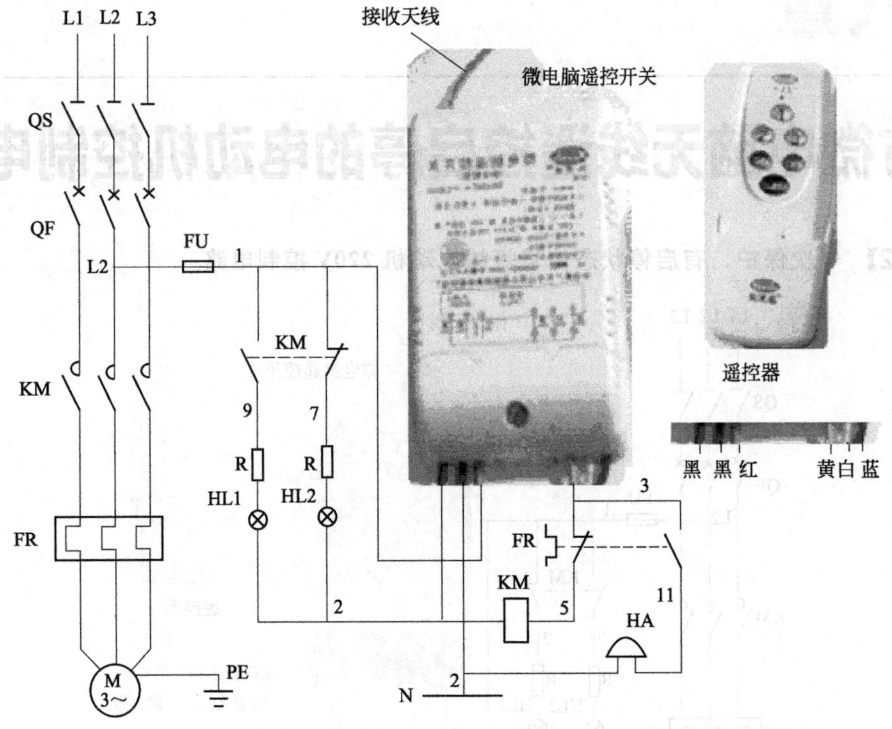

图 254 过载铃响报警、有启停信号灯、远方遥控启停的电动机 220V 控制电路

【例 255】 过载铃响报警、电源信号灯、远方遥控启停的电动机 220V 控制电路

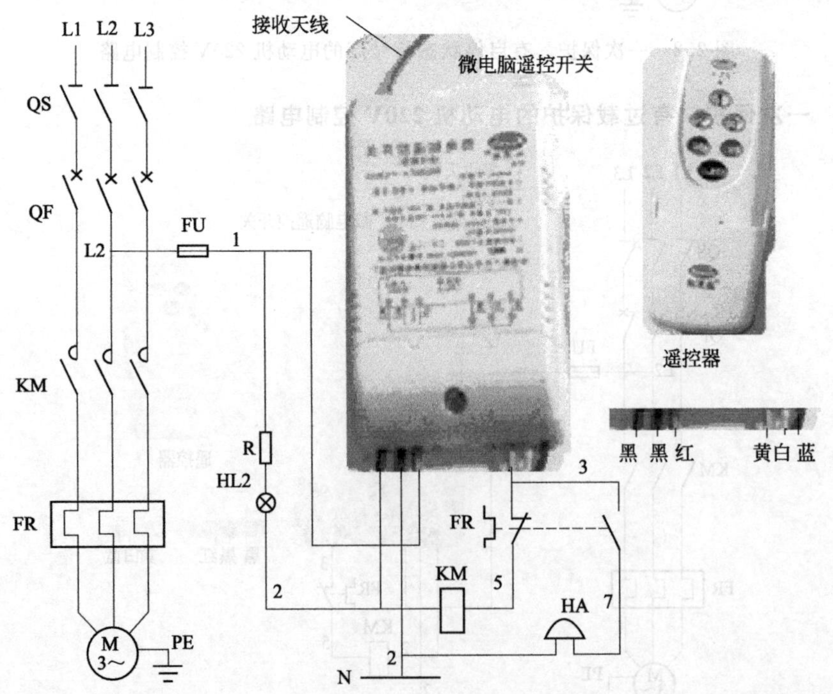

图 255 过载铃响报警、电源信号灯、远方遥控启停的电动机 220V 控制电路

【例 256】 远方遥控、通过万能转换开关选择 1 号泵或 2 号泵的启停控制电路

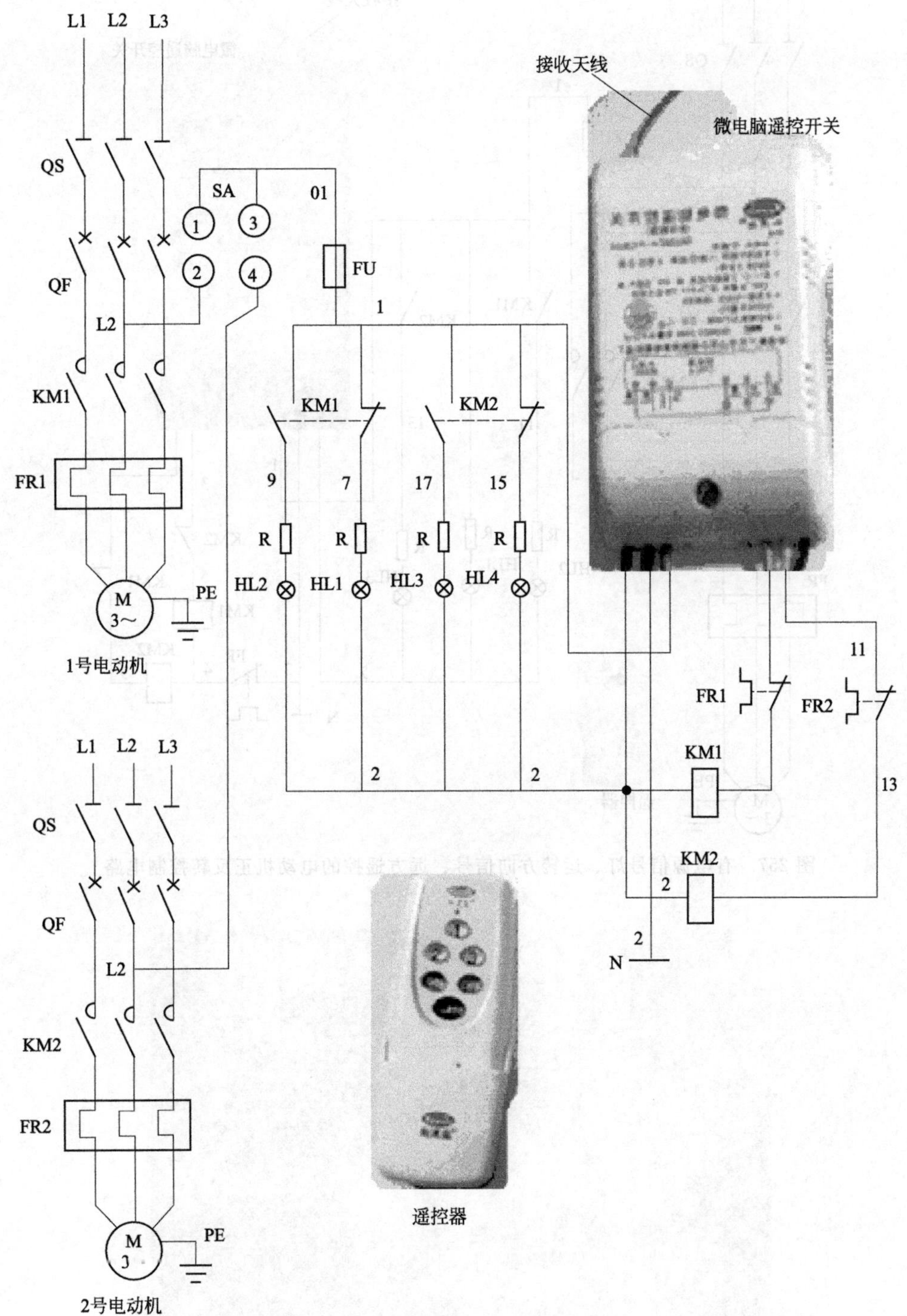

图 256　远方遥控、通过万能转换开关选择 1 号泵或 2 号泵的启停控制电路

【例 257】 有电源信号灯、运转方向信号、远方遥控的电动机正反转控制电路

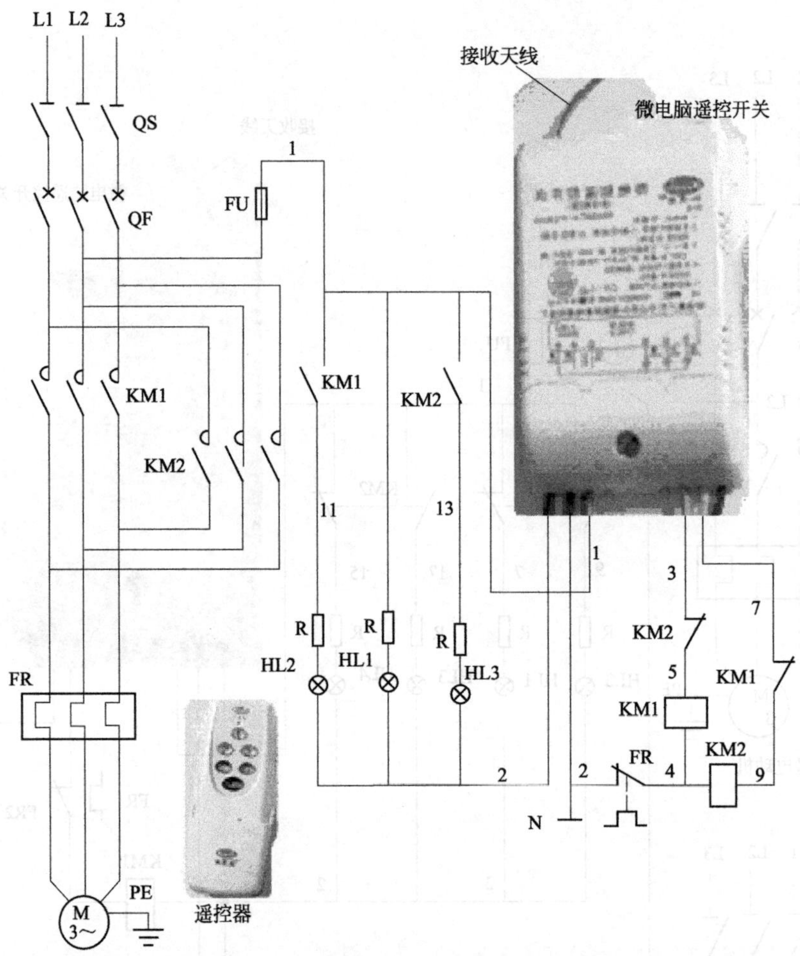

图 257　有电源信号灯、运转方向信号、远方遥控的电动机正反转控制电路

安装在压缩机前的电气设备（与例 257 无关）

1—电动机；2—主电缆；3—控制电缆；4—启停按钮电流表；5—压缩机

【例 258】 远方遥控的两台皮带运输机控制电路（1）

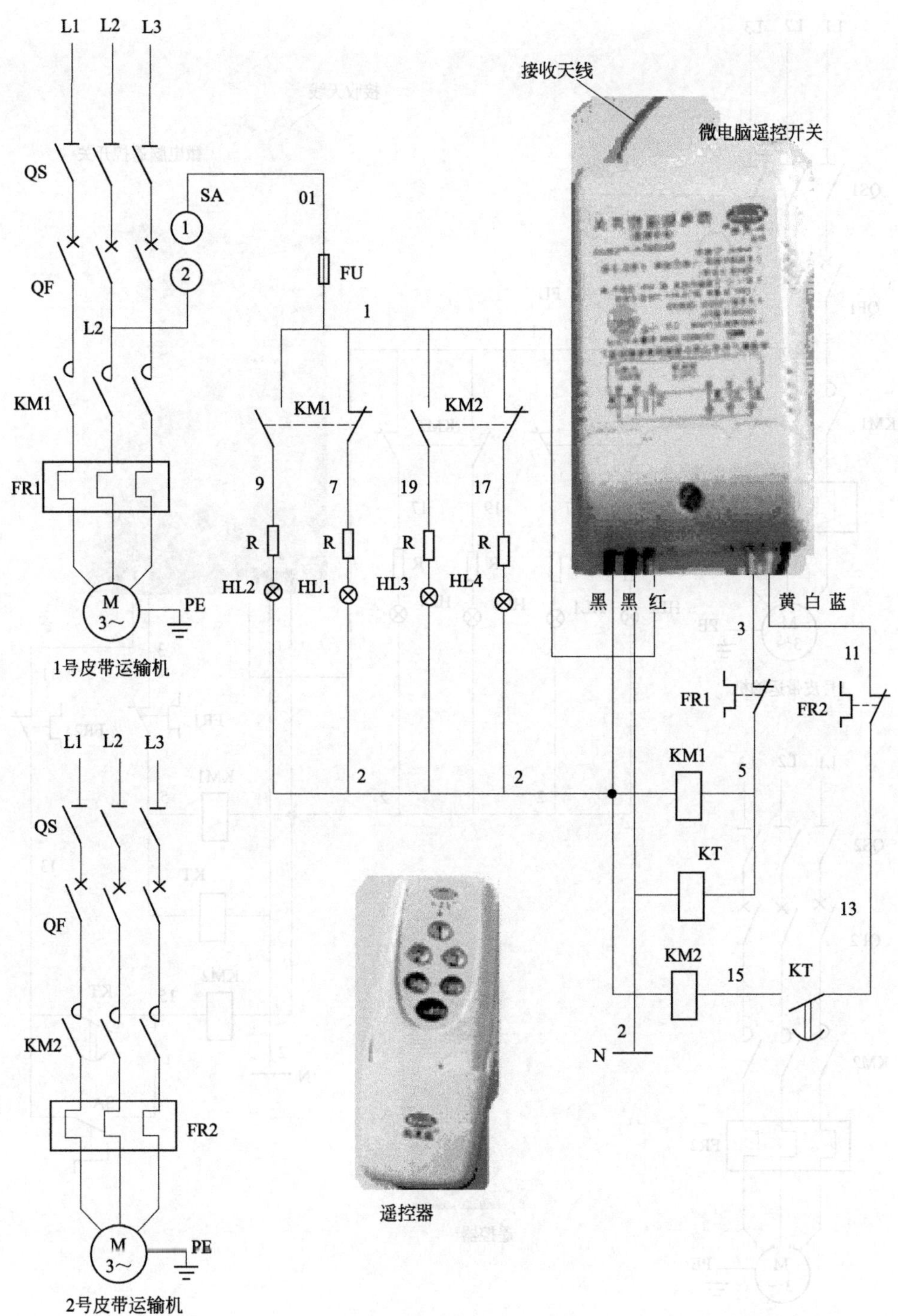

图 258　远方遥控的两台皮带运输机控制电路（1）

【例 259】 远方遥控的两台皮带运输机控制电路（2）

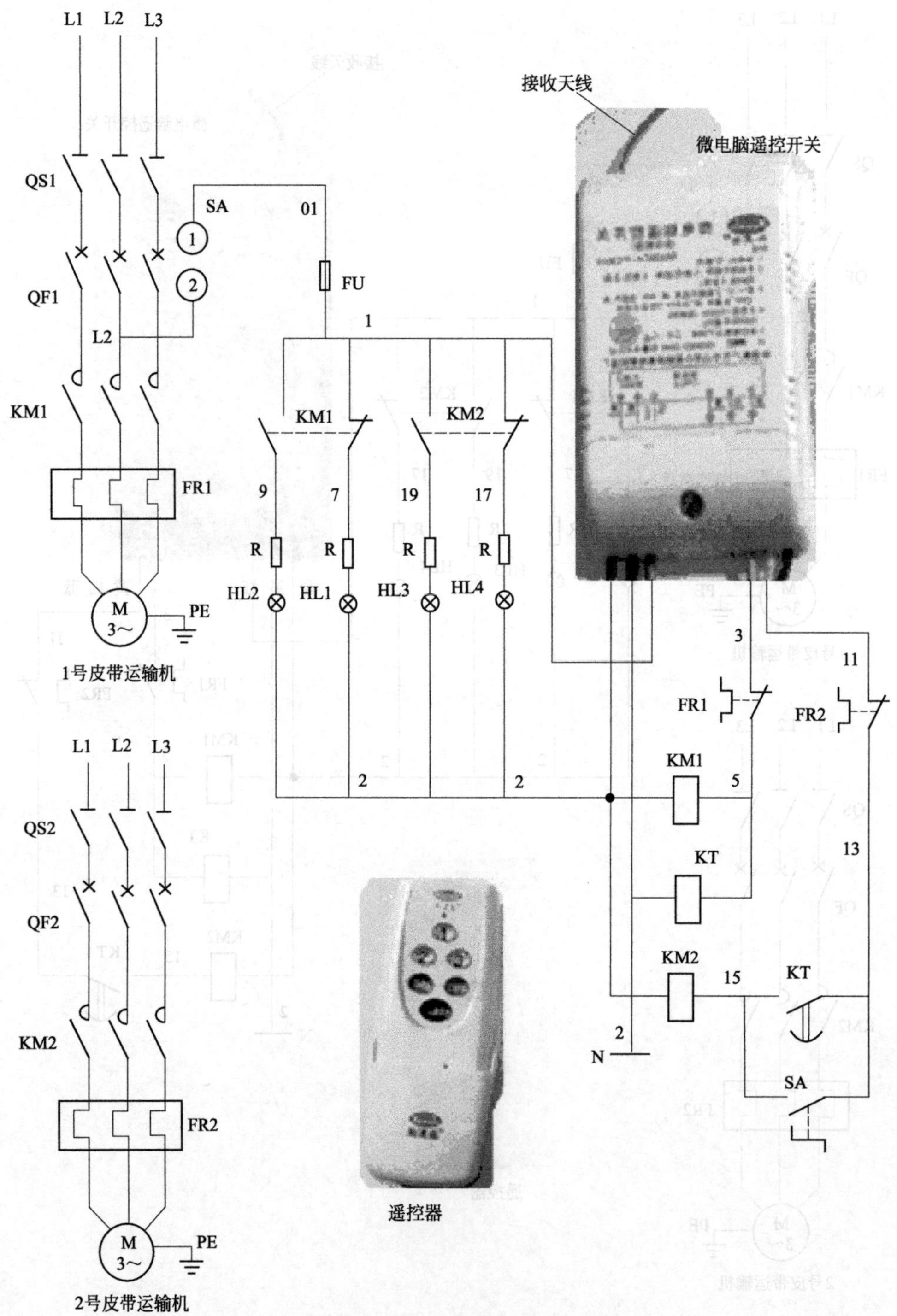

图 259 远方遥控的两台皮带运输机控制电路（2）

【例 260】 自动转换的星三角控制电路

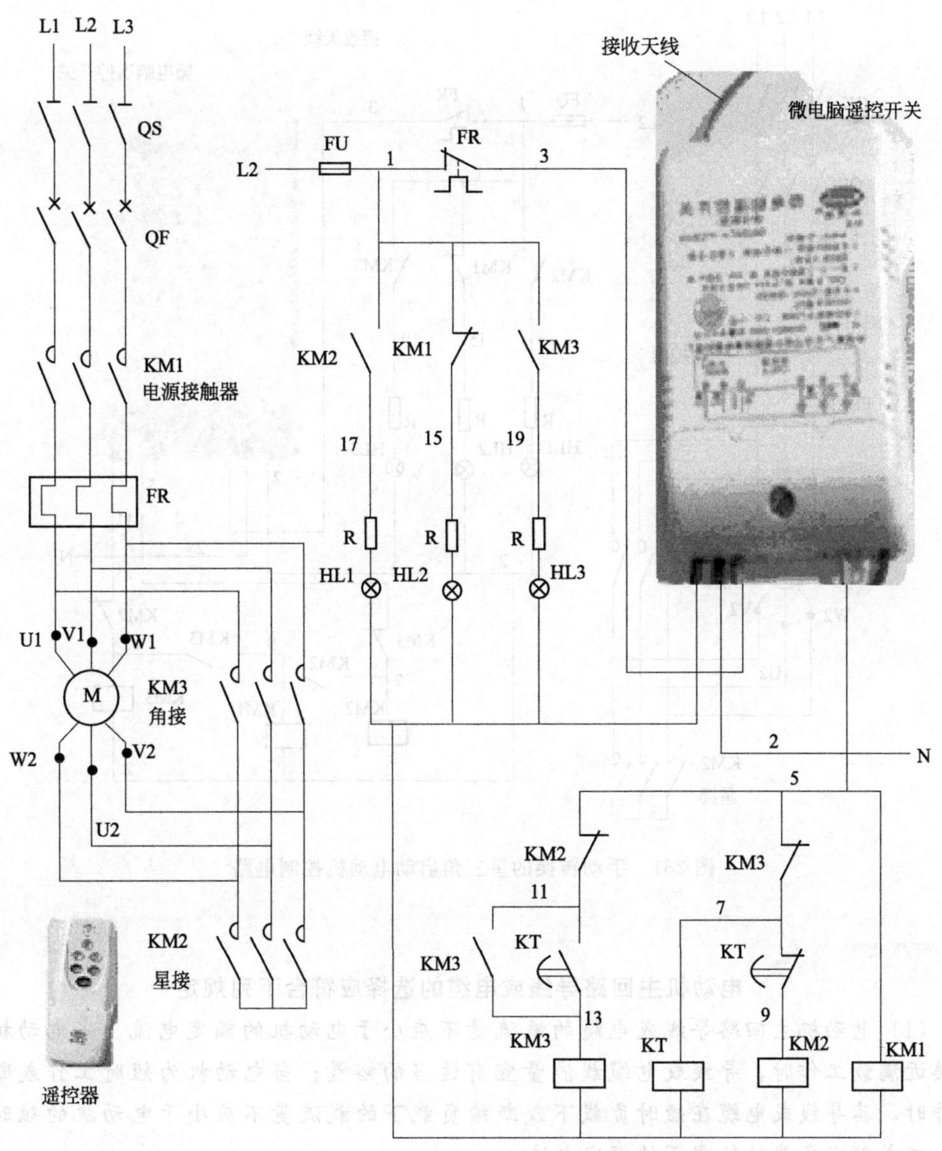

图 260　自动转换的星三角控制电路

加油站

操作中发生疑问

操作中发生疑问时，应立即停止操作并向发令人报告。待发令人再行许可后，方可进行操作。不得擅自更改操作票，不得随意解除闭锁装置。解锁工具（钥匙）应封存保管，所有操作人员和检修人员禁止擅自使用解锁工具（钥匙）。若遇特殊情况需解锁操作，应经有关人员批准。

【例 261】 手动转换的星三角启动电动机控制电路

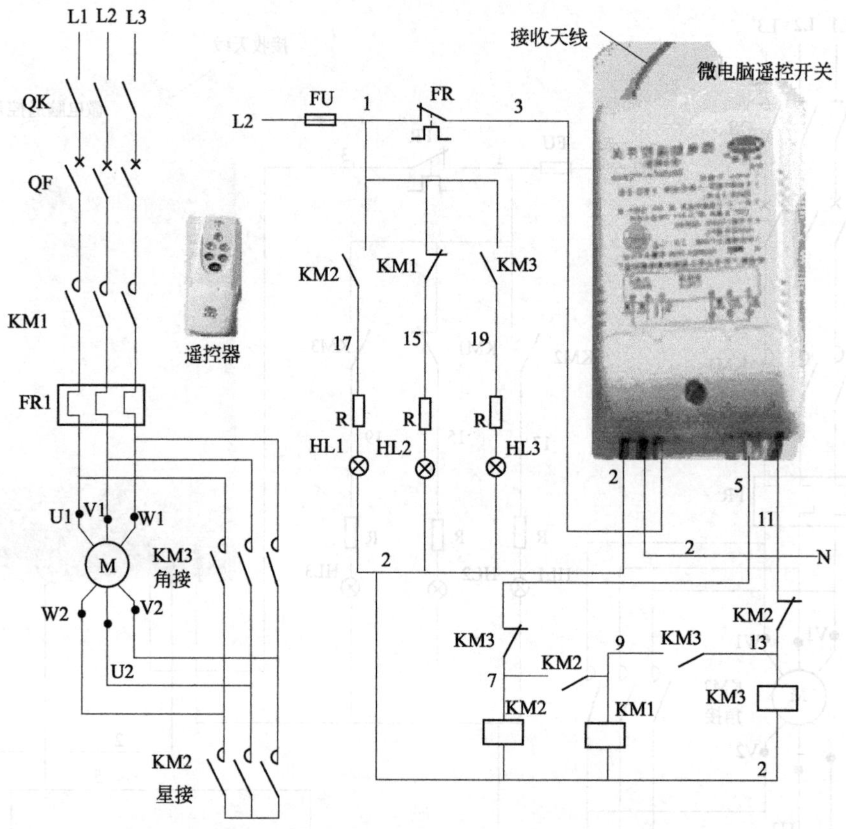

图 261 手动转换的星三角启动电动机控制电路

加油站

电动机主回路导线或电缆的选择应符合下列规定

(1) 电动机主回路导线或电缆的载流量不应小于电动机的额定电流。当电动机经常接近满载工作时，导线或电缆载流量宜有适当的裕量；当电动机为短时工作或断续工作时，其导线或电缆在短时负载下或断续负载下的载流量不应小于电动机的短时工作电流或额定负载持续率下的额定电流。

(2) 电动机主回路的导线或电缆应按机械强度和电压损失进行校验。对于向一级负荷配电的末端线路以及少数更换导线很困难的重要末端线路，尚应校验导线或电缆在短路条件下的热稳定。

(3) 绕线式电动机转子回路导线或电缆载流量应符合下列规定：

① 启动后电刷不短接时，其载流量不应小于转子额定电流。当电动机为断续工作时，应采用导线或电缆在断续负载下的载流量。

② 启动后电刷短接，当机械的启动静阻转矩不超过电动机额定转矩的50%时，不宜小于转子额定电流的35%；当机械的启动静阻转矩超过电动机额定转矩的50%时，不宜小于转子额定电流的50%。

【例 262】 双联锁的电动机正反转控制电路

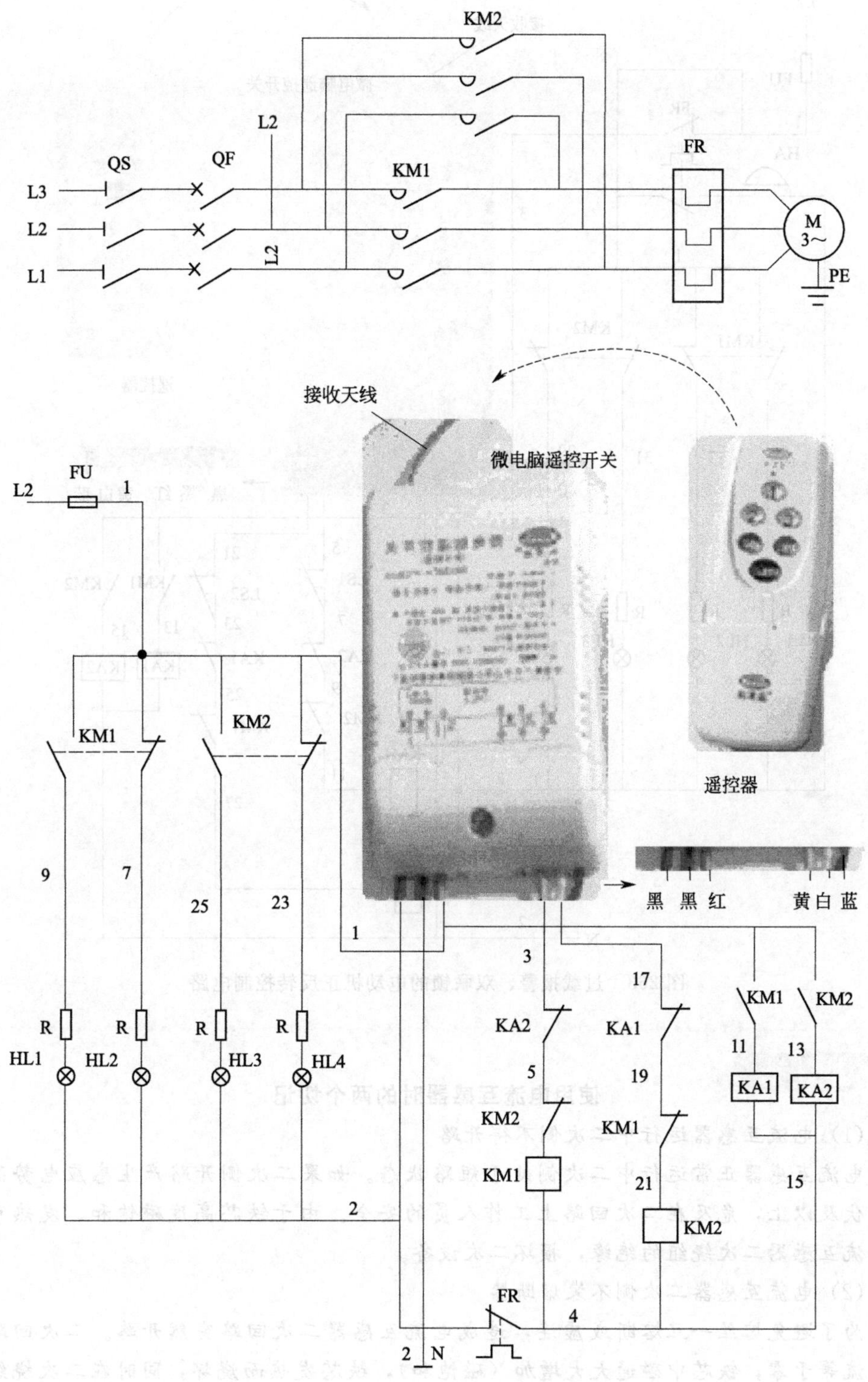

图 262　双联锁的电动机正反转控制电路

【例 263】 过载报警、双联锁的电动机正反转控制电路

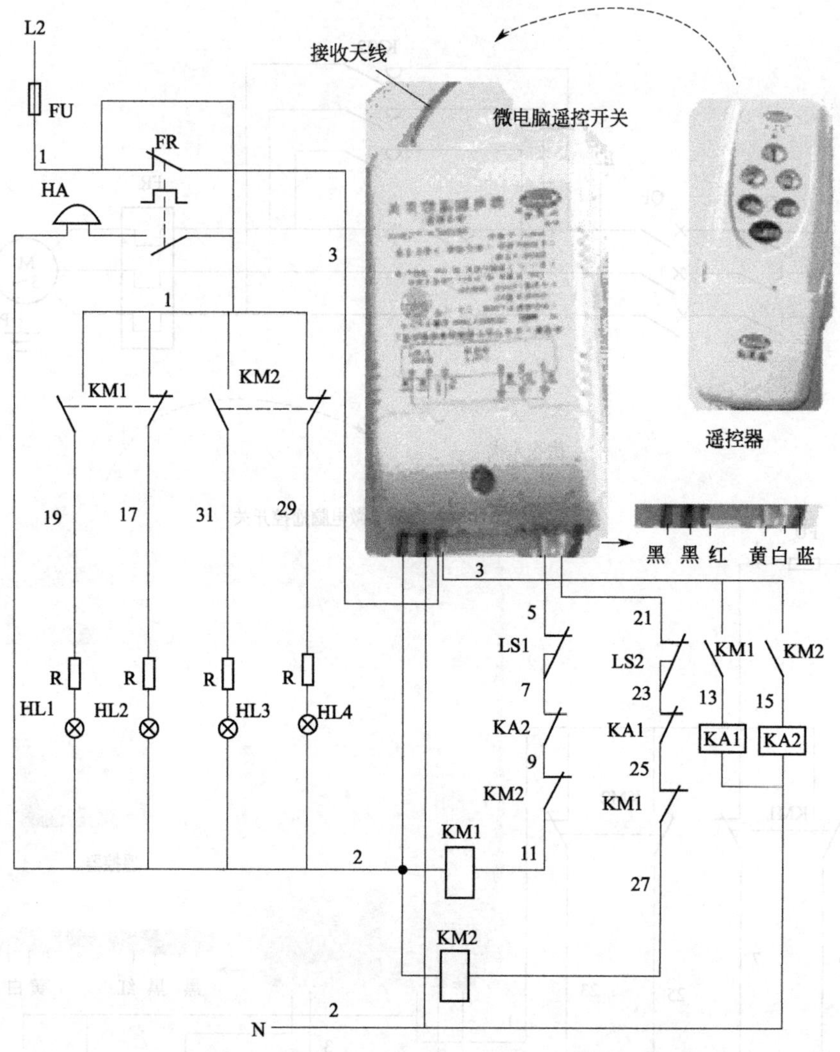

图 263 过载报警、双联锁的电动机正反转控制电路

加油站

使用电流互感器时的两个切记

(1) 电流互感器运行中二次侧不得开路

电流互感器正常运行中二次侧处于短路状态。如果二次侧开路产生感应电势高达数千伏及以上，危及在二次回路上工作人员的安全。由于铁芯高度磁饱和、发热可损坏电流互感器二次绕组的绝缘，损坏二次设备。

(2) 电流互感器二次侧不装熔断器

为了避免熔丝一旦熔断或虚连，造成电流互感器二次回路突然开路。二次回路中的电流等于零，铁芯中磁通大大增加（磁饱和），铁芯发热而烧坏，同时在二次绕组中会感应出高电压，危及操作人员和设备的安全，电流互感器二次侧不装熔断器。

【例 264】 远方遥控并有时间控制的电动机控制电路

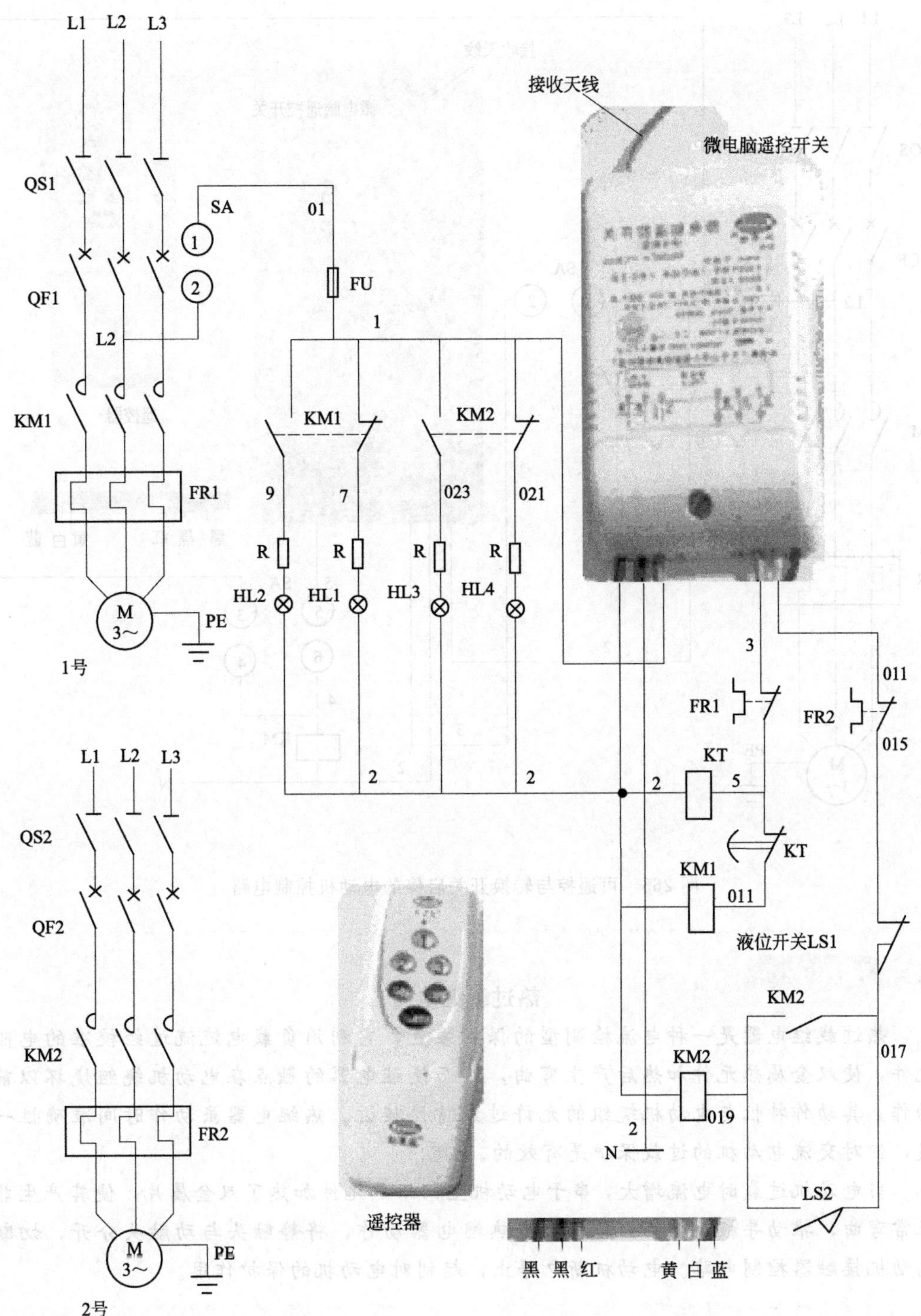

图 264　远方遥控并有时间控制的电动机控制电路

【例 265】 可遥控与转换开关启停的电动机控制电路

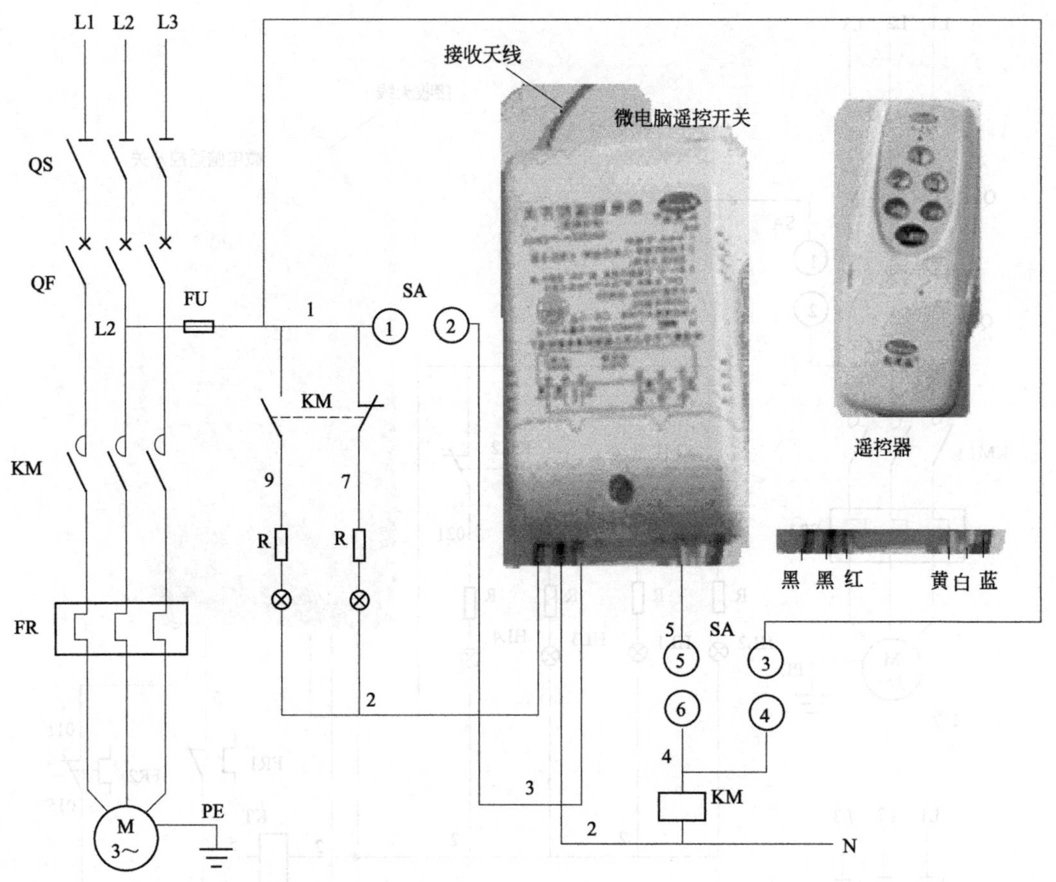

图 265 可遥控与转换开关启停的电动机控制电路

加油站

热过载继电器

热过载继电器是一种电流检测型的保护装置，它利用负载电流流过经校准的电阻元件，使双金属热元件加热后产生弯曲，从而使继电器的触点在电动机绕组烧坏以前动作。其动作特性与电动机绕组的允许过载特性接近。热继电器虽动作时间准确性一般，但对交流电动机的过载保护是有效的。

当电动机过载时电流增大，串于电动机主回路热元件加热了双金属片，使其产生非正常弯曲，推动导板，将推力传到推杆热继电器动作，将静触头与动触头分开，切断电动机接触器控制电路。电动机断电停止，起到对电动机的保护作用。

【例 266】 过载报警、人工终止铃响、远方遥控启停电动机的控制电路

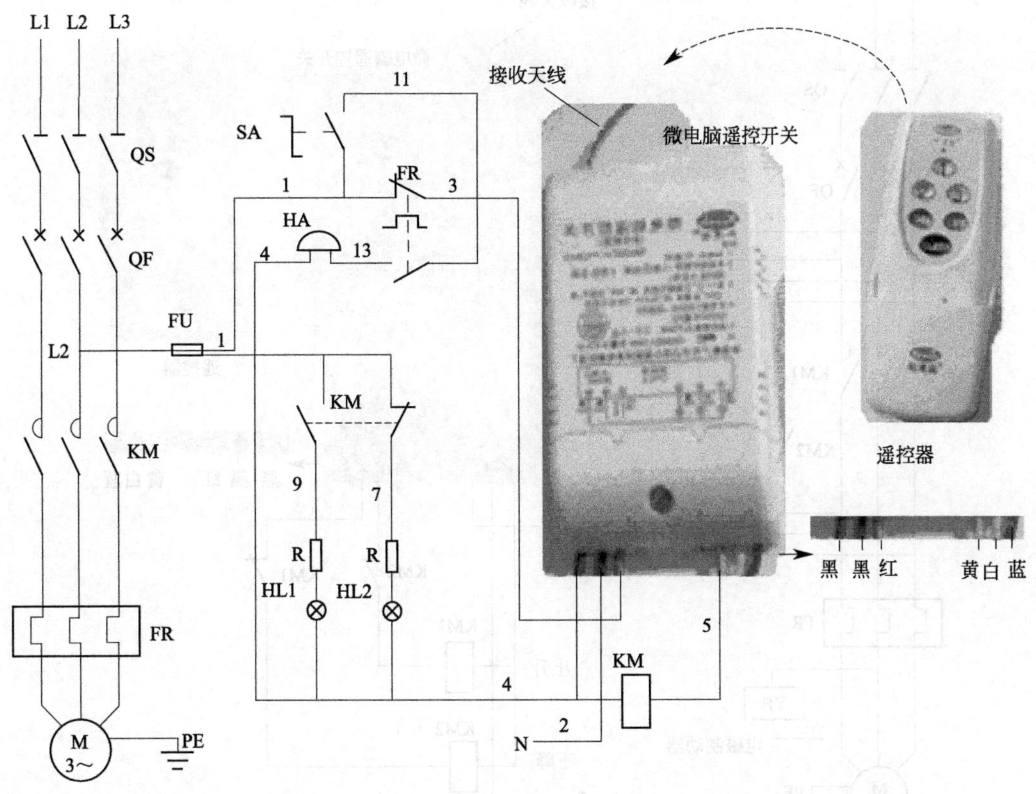

图 266　过载报警、人工终止铃响、远方遥控启停电动机的控制电路

加油站

电动机的启动

(1) 电动机启动时，其端子电压应能保证机械要求的启动转矩，且在配电系统中引起的电压波动不应妨碍其他用电设备的工作。

(2) 交流电动机启动时，配电母线上的电压应符合下列规定：

① 配电母线上接有照明或其他对电压波动较敏感的负荷，电动机频繁启动时，不宜低于额定电压的 90％；电动机不频繁启动时，不宜低于额定电压的 85％。

② 配电母线上未接照明或其他对电压波动较敏感的负荷，不应低于额定电压的 80％。

③ 配电母线上未接其他用电设备时，可按保证电动机启动转矩的条件决定；对于低压电动机，尚应保证接触器线圈的电压不低于释放电压。

【例 267】 工地卷扬提升机控制电路

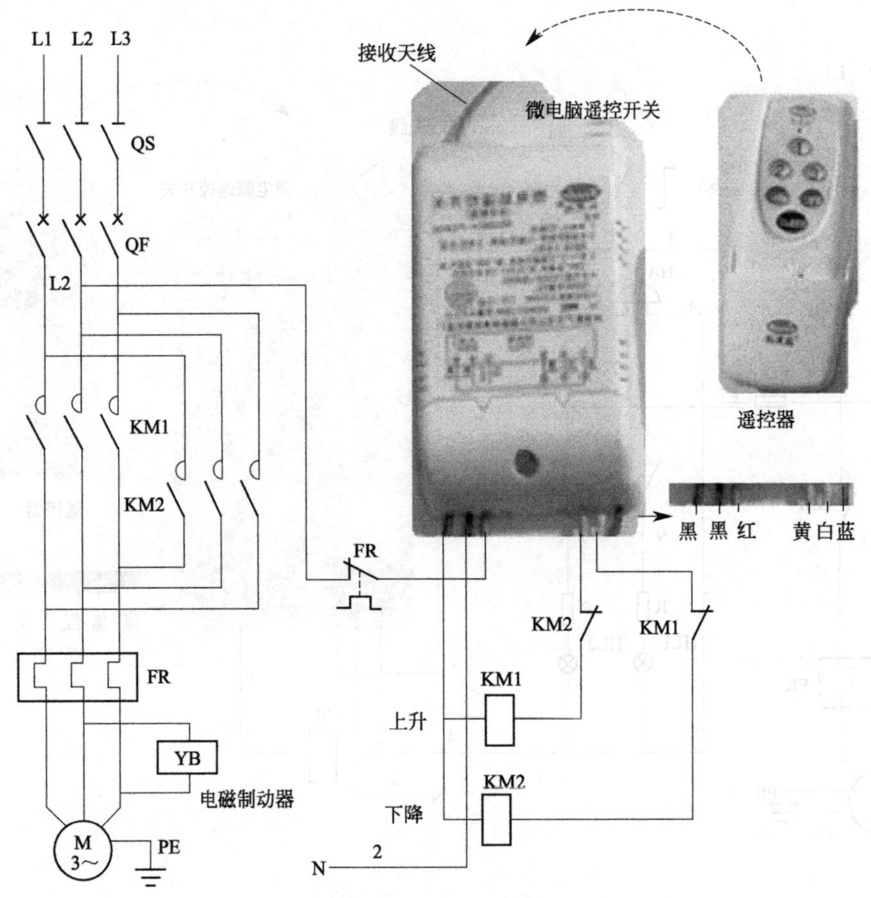

图 267 工地卷扬提升机控制电路

加油站

在停电的低压配电装置和低压导线上的工作

(1) 低压配电盘、配电箱和电源干线上的工作，应填用发电厂（变电站）第二种工作票。

在低压电动机和在不可能触及高压设备、二次系统的照明回路上的工作可不填用工作票，应做好相应记录，该工作至少由两人进行。

(2) 低压回路停电应作好以下安全措施：

① 将检修设备的各方面电源断开取下熔断器，在断路器或隔离开关操作把手上挂“禁止合闸，有人工作！”的标示牌；

② 工作前应验电；

③ 根据需要采取其他安全措施。

(3) 停电更换熔断器后，恢复操作时，应戴手套和护目眼镜。

(4) 低压工作时，应防止相间或接地短路。应采用有效措施遮蔽有电部分，若无法采取遮蔽措施时，则将影响作业的有电设备停电。

【例 268】 远方遥控的电动葫芦起重机控制电路

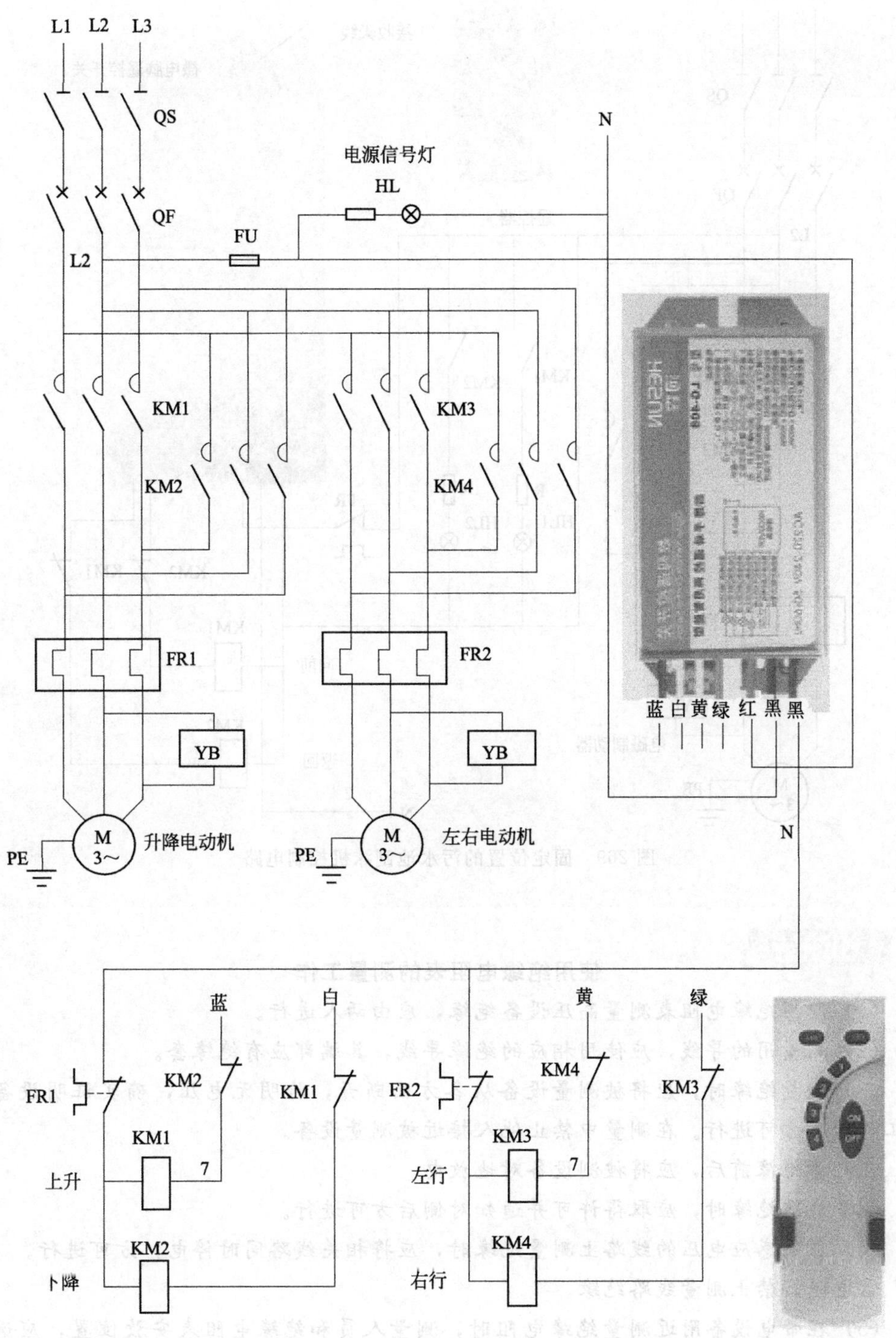

图 268　远方遥控的电动葫芦起重机控制电路

【例 269】 固定位置的污水池刮沫机控制电路

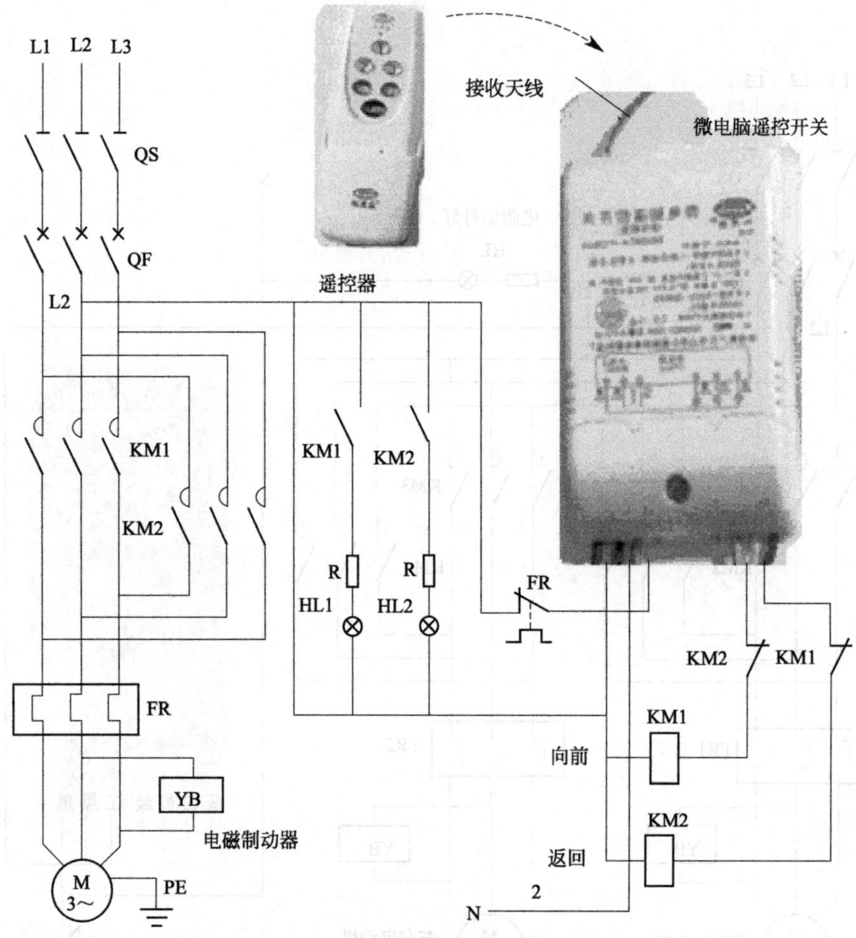

图 269　固定位置的污水池刮沫机控制电路

加油站

使用绝缘电阻表的测量工作

(1) 使用绝缘电阻表测量高压设备绝缘，应由两人进行。

(2) 测量用的导线，应使用相应的绝缘导线，其端部应有绝缘套。

(3) 测量绝缘时，应将被测量设备从各方面断开，验明无电压，确实证明设备无人工作后，方可进行。在测量中禁止他人接近被测量设备。

在测量绝缘前后，应将被测设备对地放电。

测量线路绝缘时，应取得许可并通知对侧后方可进行。

(4) 在有感应电压的线路上测量绝缘时，应将相关线路同时停电，方可进行。

雷电时，禁止测量线路绝缘。

(5) 在带电设备附近测量绝缘电阻时，测量人员和绝缘电阻表安放位置，应选择适当，保持安全距离，以免绝缘电阻表引线或引线支持物触碰带电部分。移动引线时，应注意监护，防止工作人员触电。

第九章

照明控制电路

【例 270】 一只开关控制多盏白炽灯控制电路

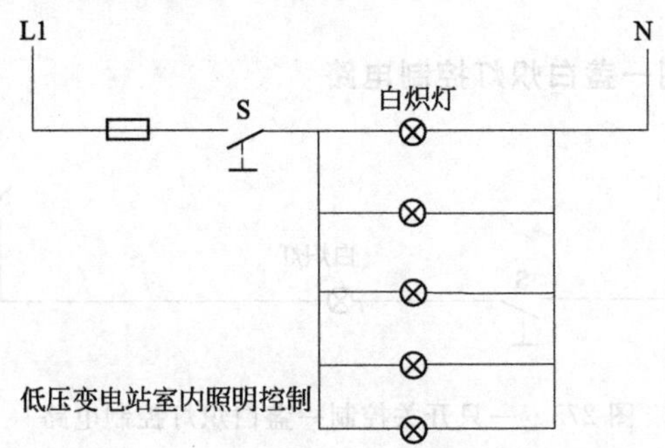

图 270　一只开关控制多盏白炽灯控制电路

【例 271】 日光灯接线

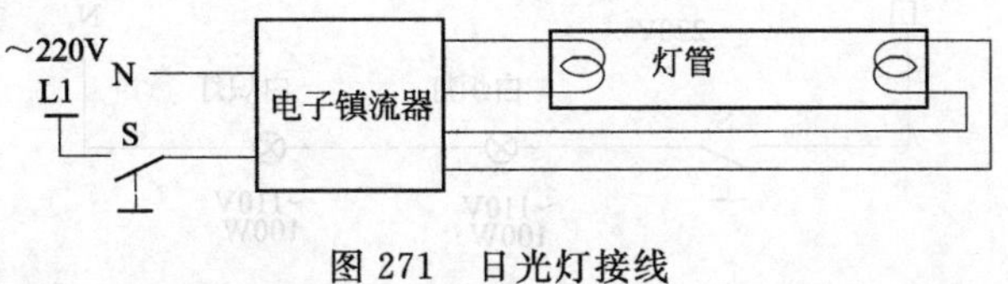

图 271　日光灯接线

【例 272】 双线圈镇流器日光灯接线

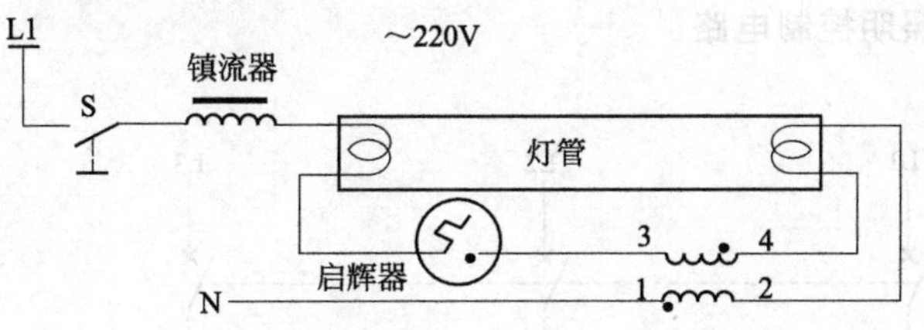

图 272　双线圈镇流器日光灯接线

【例 273】 开关代替启辉器的日光灯接线

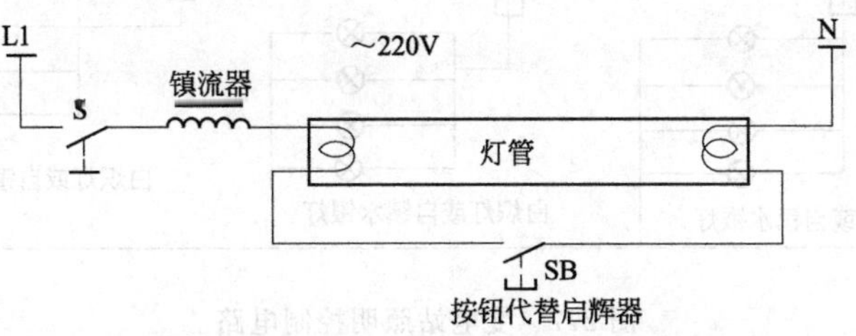

图 273　开关代替启辉器的日光灯接线

【例 274】 二层楼梯灯控制电路

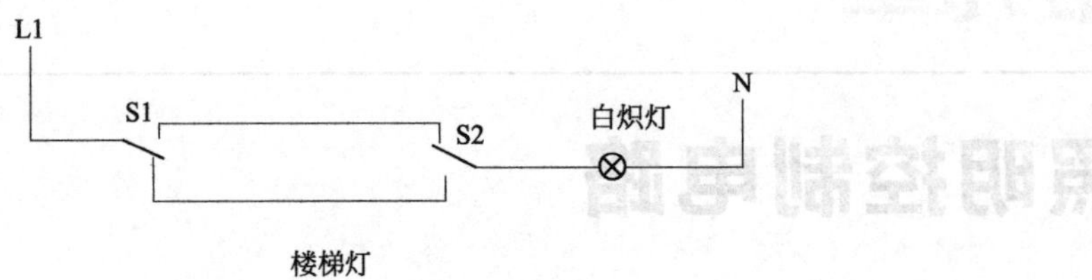

图 274 二层楼梯灯控制电路

【例 275】 一只开关控制一盏白炽灯控制电路

图 275 一只开关控制一盏白炽灯控制电路

【例 276】 两只（瓦数相同）110V 白炽灯用于 220V 电源时的控制电路

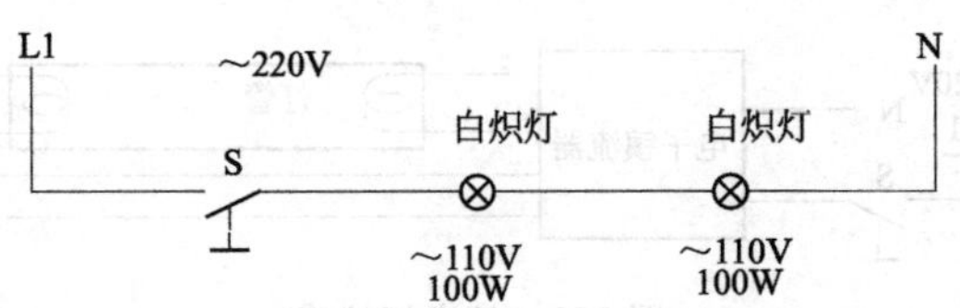

图 276 两只（瓦数相同）110V 白炽灯用于 220V 电源时的控制电路

【例 277】 变电站照明控制电路

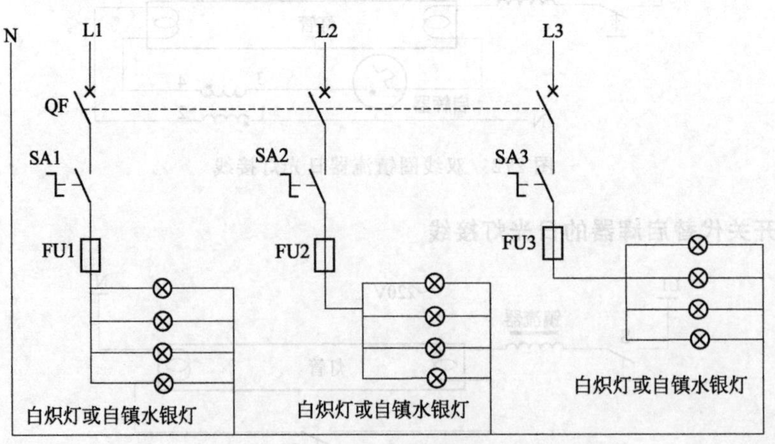

图 277 变电站照明控制电路

【例 278】 变电站照明集中控制电路

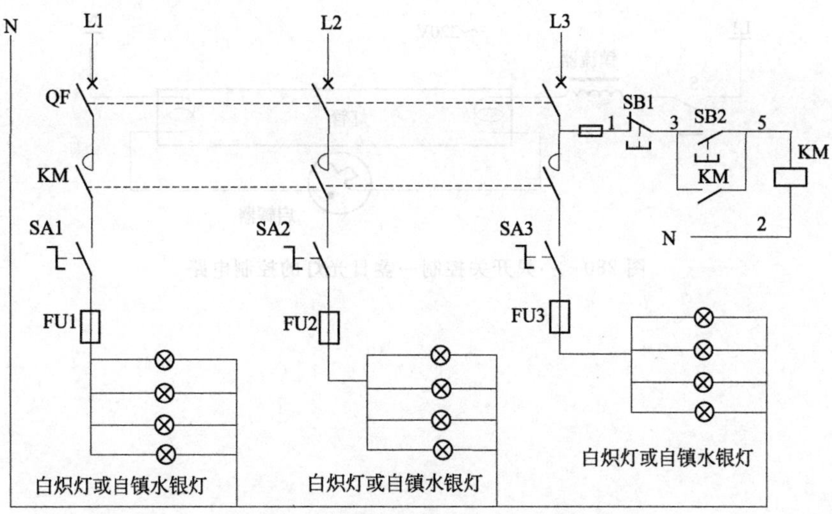

图 278　变电站照明集中控制电路

【例 279】 按时间启停的照明控制电路

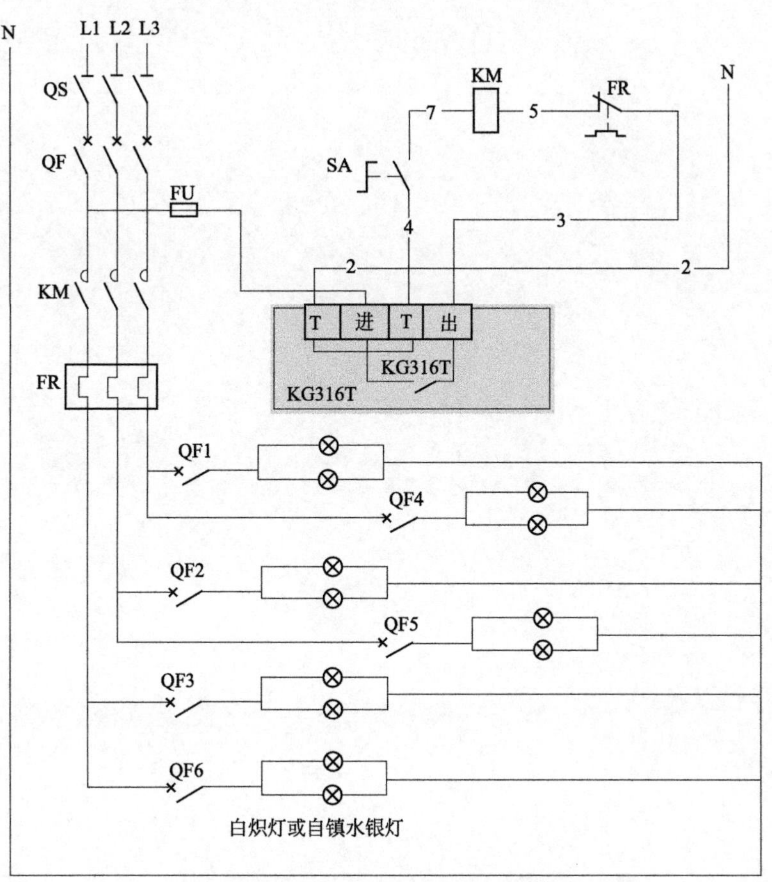

图 279　按时间启停的照明控制电路

【例 280】 一只开关控制一盏日光灯的控制电路

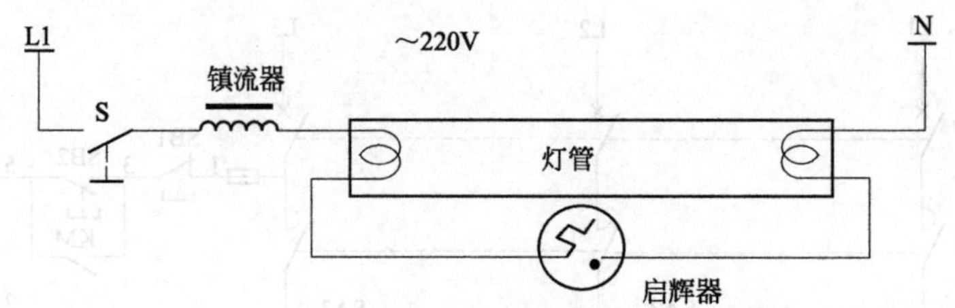

图 280 一只开关控制一盏日光灯的控制电路

第十章

电动机保护器与电动机控制回路接线

【例 281】 按钮触点联锁的电动机正反转 220V 控制电路

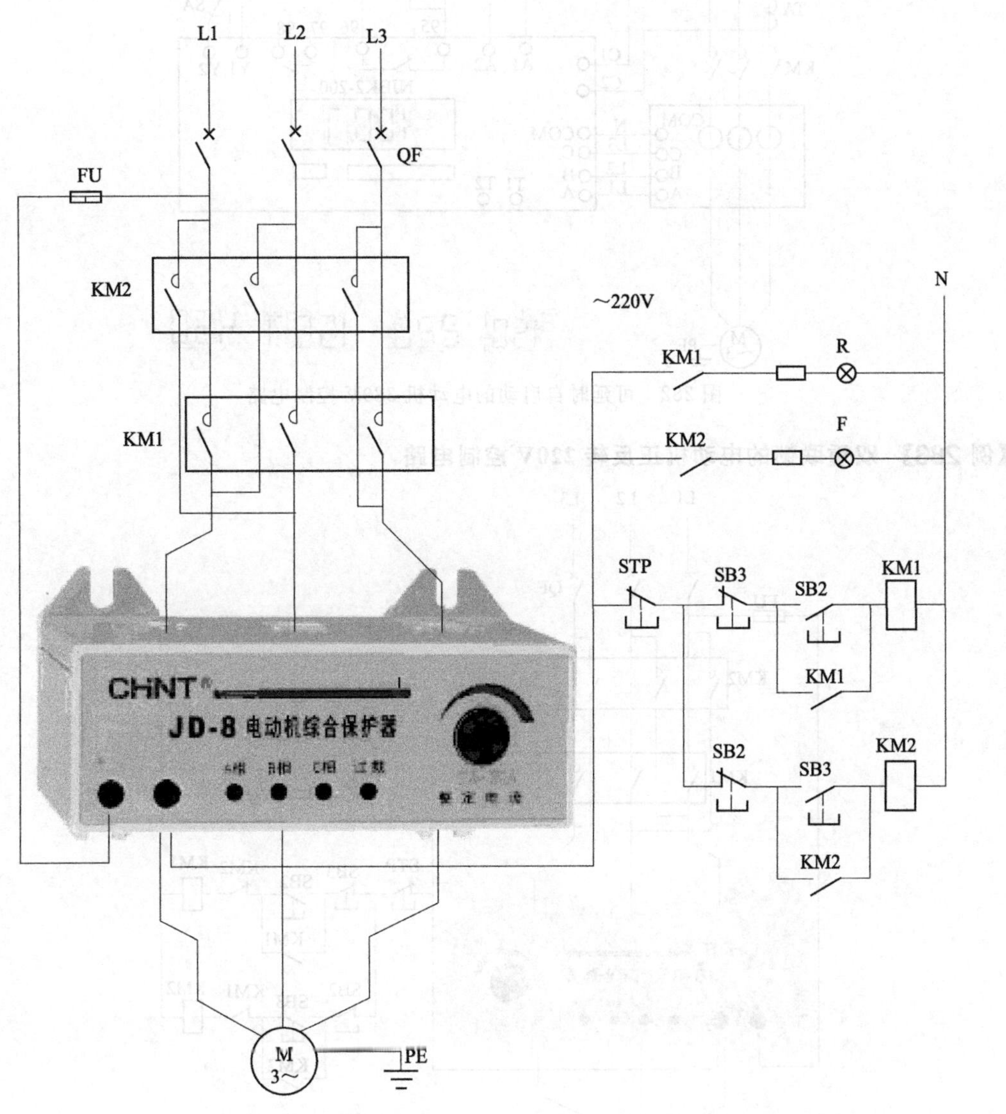

图 281 按钮触点联锁的电动机正反转 220V 控制电路

【例 282】 可延时自启动的电动机 380V 控制电路

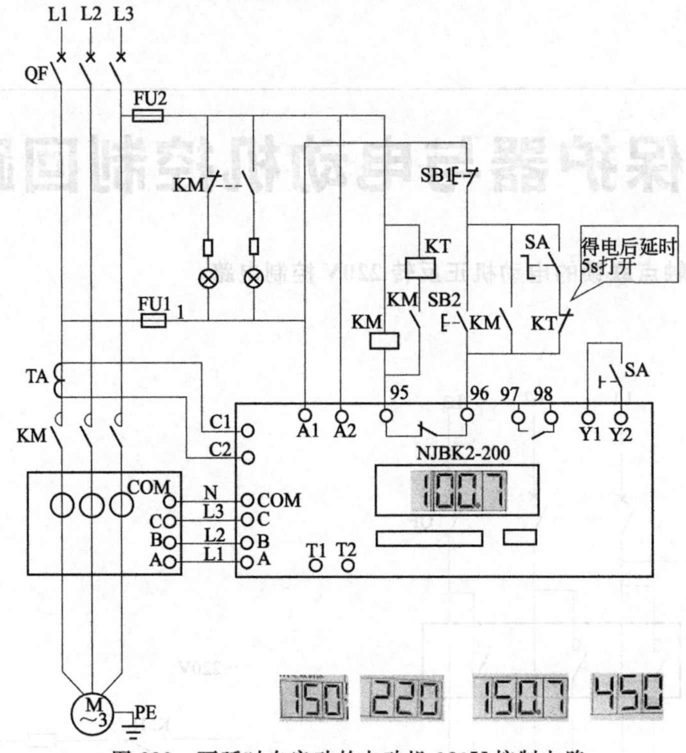

图 282　可延时自启动的电动机 380V 控制电路

【例 283】 双重联锁的电动机正反转 220V 控制电路

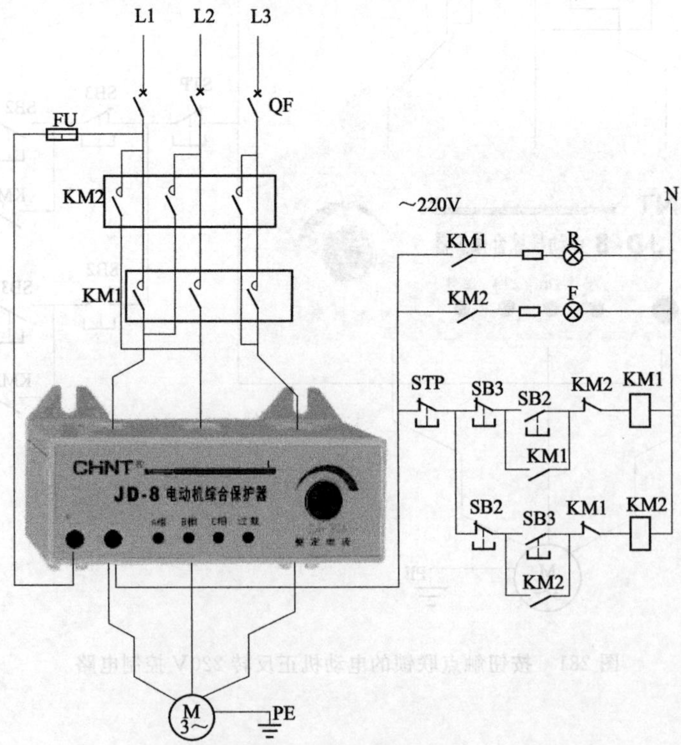

图 283　双重联锁的电动机正反转 220V 控制电路

【例 284】有启动通知信号、一启一停的电动机 380V 控制电路

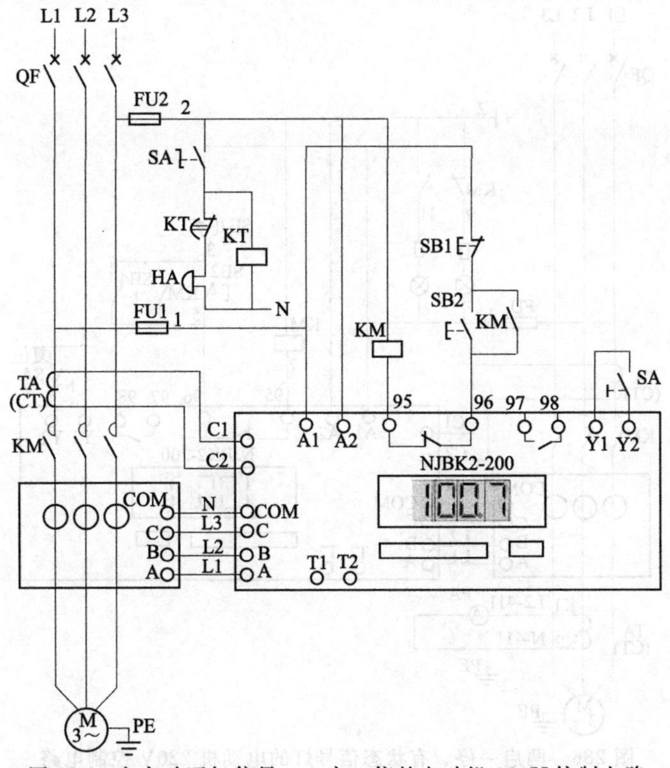

图 284　有启动通知信号、一启一停的电动机 380V 控制电路

【例 285】有故障停机报警的电动机 380V 控制电路

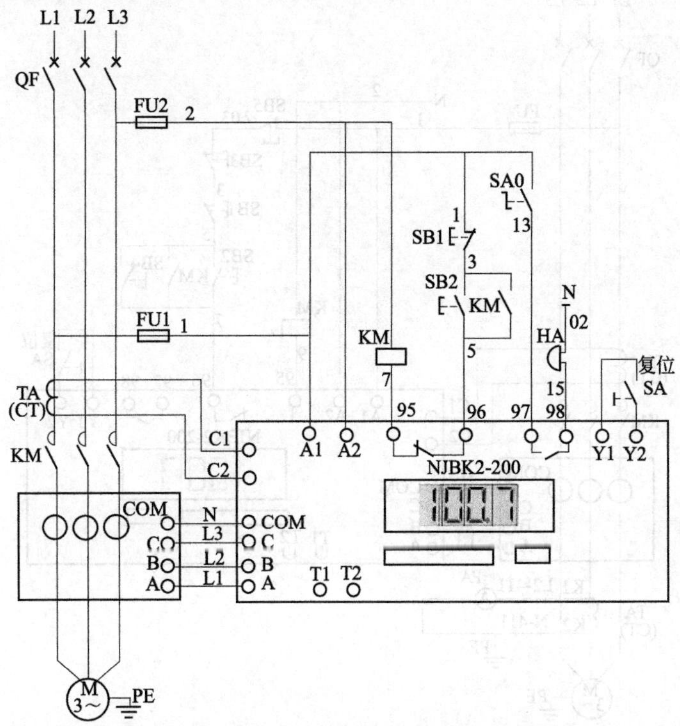

图 285　有故障停机报警的电动机 380V 控制电路

【例 286】 两启一停、有状态信号灯的电动机 220V 控制电路

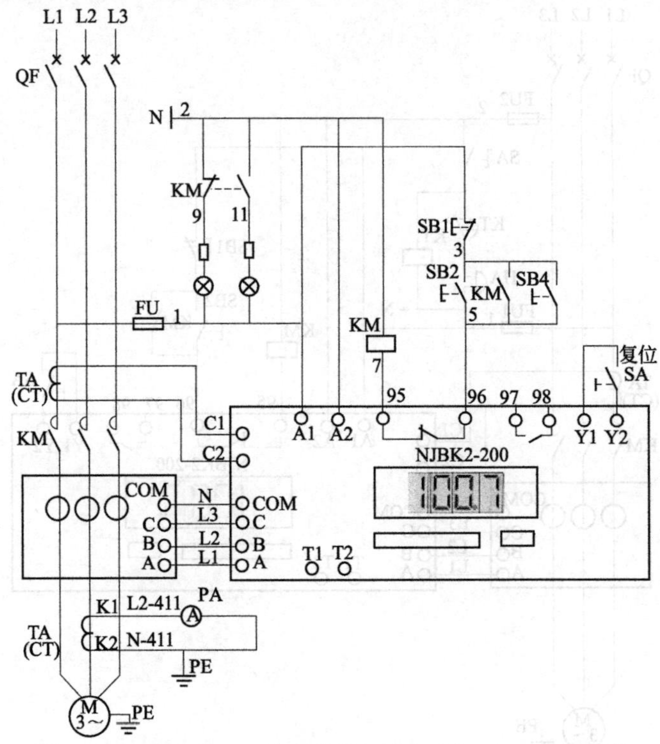

图 286 两启一停、有状态信号灯的电动机 220V 控制电路

【例 287】 两启三停、单电流表电动机 220V 控制电路

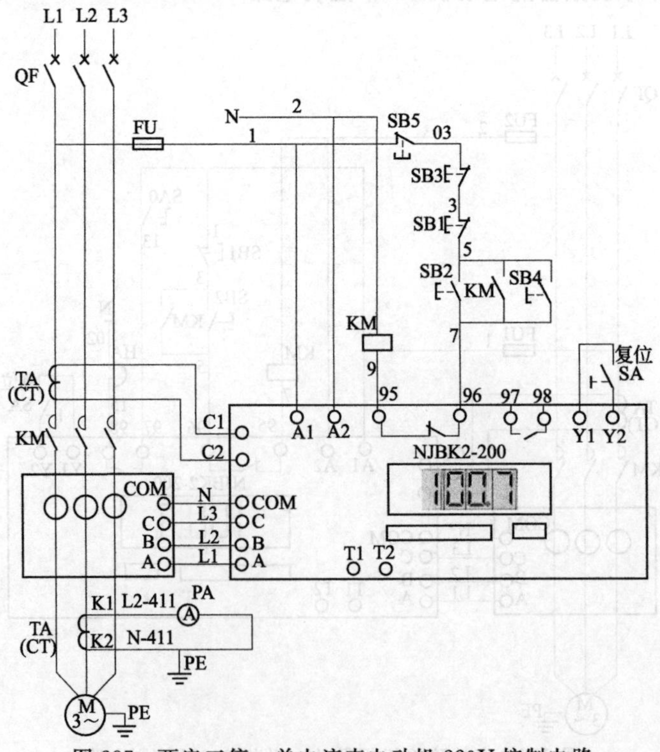

图 287 两启三停、单电流表电动机 220V 控制电路

【例 288】 两启三停、有状态信号灯的电动机 380V 控制电路

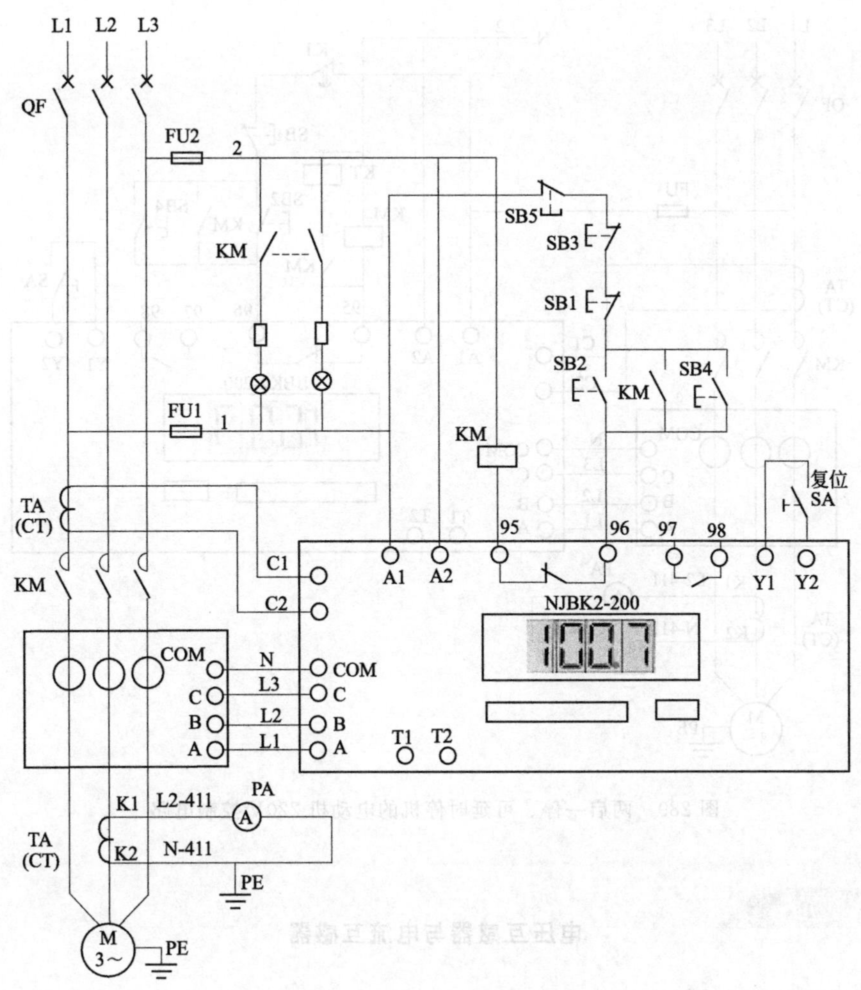

图 288 两启三停、有状态信号灯的电动机 380V 控制电路

加油站

对短路保护有何要求？应用范围有哪些？

短路保护线路应能保证当发生短路时，或接近于短路电流数值的电流出现时，可靠地切断事故电路。机床电路一般都采用熔断器和自动空气开关作短路保护。

短路保护的应用范围：

(1) 主电路的短路保护；

(2) 对于小容量电动机的控制电路可由主电路的熔断器做短路保护；

(3) 当有多台电动机的分支电路时，应分别加以保护，前一级保护的额定电流必须大于分支电路的额定电流，但对容量较小的分支电路可以两台或三台电动机共用一组保护装置。

【例 289】 两启一停、可延时停机的电动机 220V 控制电路

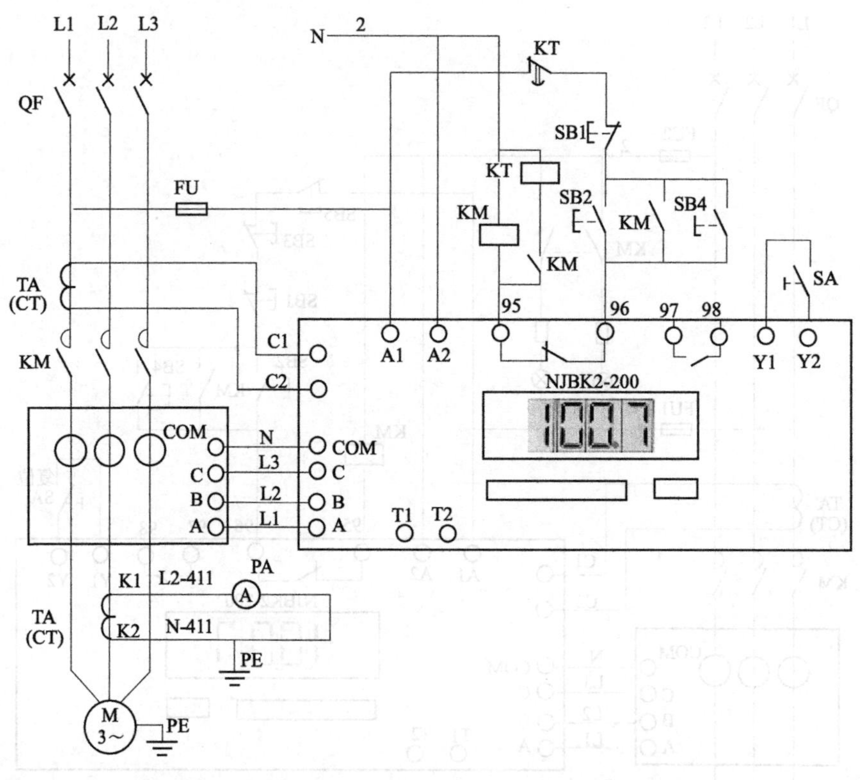

图 289 两启一停、可延时停机的电动机 220V 控制电路

加油站

电压互感器与电流互感器

电压互感器又称 TV（PT），它的二次电压为 100V，二次设备为测量仪表、计量仪表、继电器电压线圈。电压互感器二次不得短路。

电流互感器又称 TA（CT），它的二次电流为 5A，二次电流为测量仪表、计量仪表、继电器的电流线圈提供电源。电流互感器二次不得开路。

【例 290】 按钮触点联锁、有状态信号灯的电动机正反转 380V 控制电路

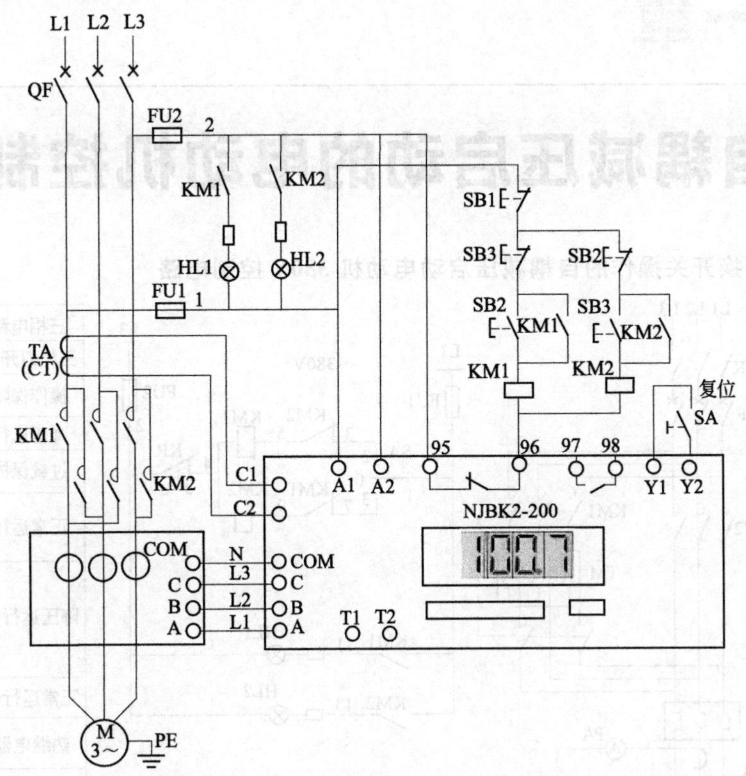

图 290 按钮触点联锁、有状态信号灯的电动机正反转 380V 控制电路

第十一章

采用自耦减压启动的电动机控制电路

【例 291】 转换开关操作的自耦减压启动电动机 380V 控制电路

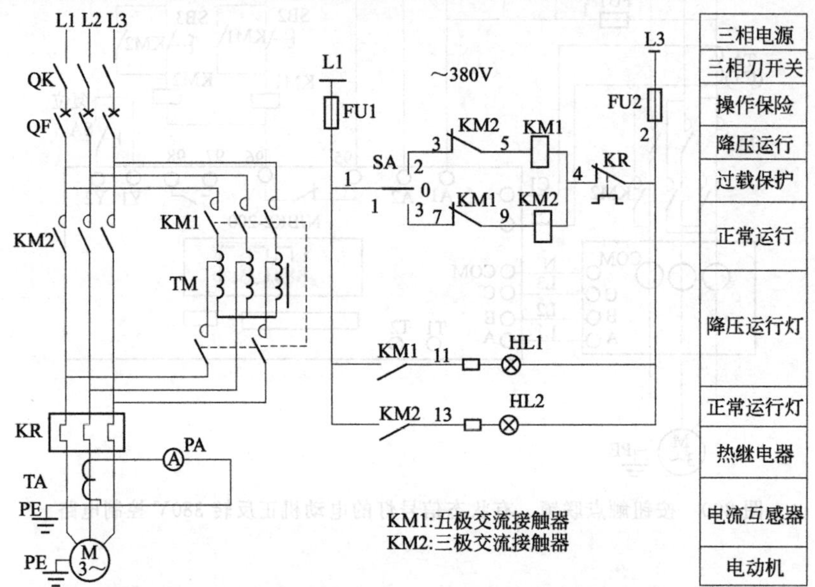

图 291 转换开关操作的自耦减压启动电动机 380V 控制电路

【例 292】 转换开关操作的自耦减压启动电动机 220V 控制电路

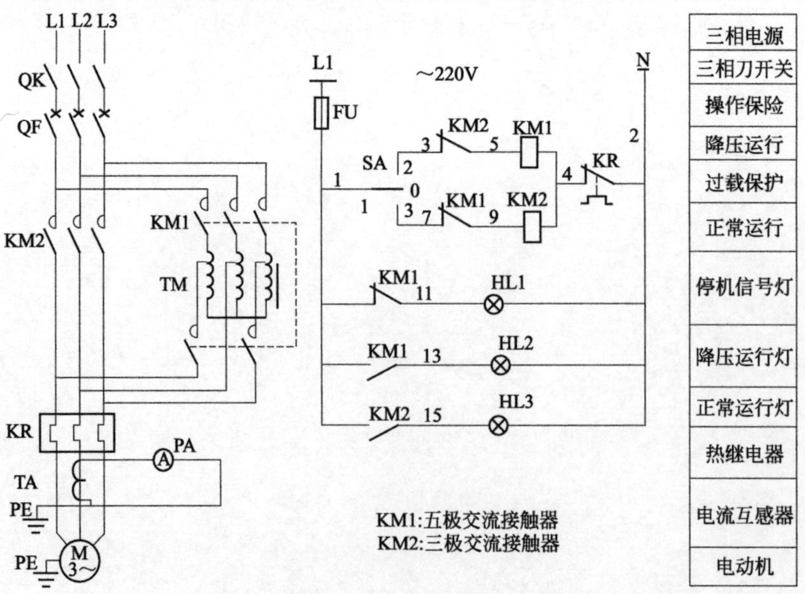

图 292 转换开关操作的自耦减压启动电动机 220V 控制电路

【例 293】 万能转换开关操作的自耦减压启动电动机 220V 控制电路

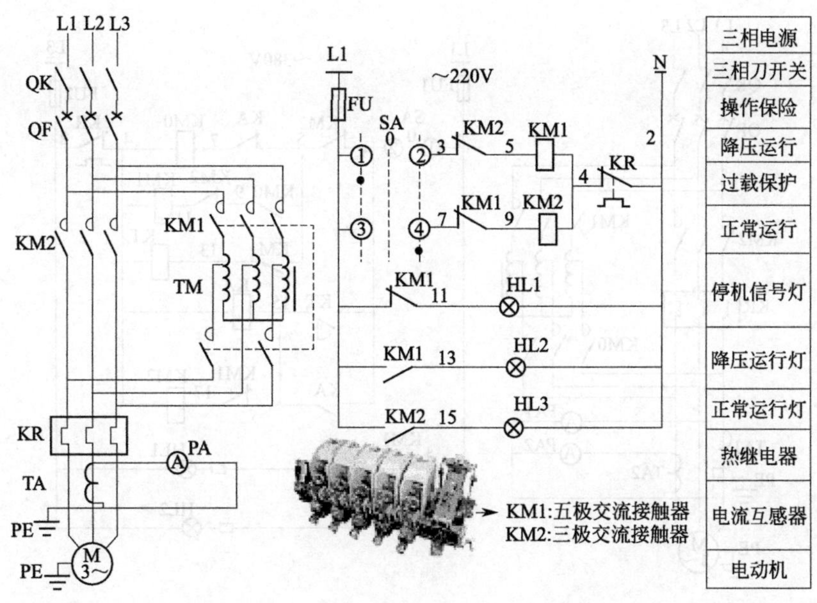

图 293 万能转换开关操作的自耦减压启动电动机 220V 控制电路

【例 294】 万能转换开关操作的自耦减压启动电动机 380V 控制电路

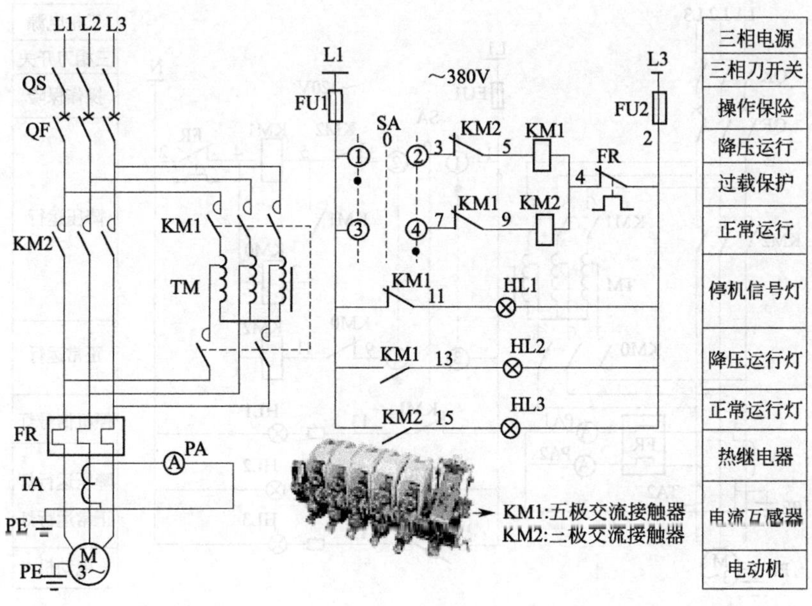

图 294 万能转换开关操作的自耦减压启动电动机 380V 控制电路

【例 295】 万能转换开关操作的自动转换自耦减压启动电动机 380V 控制电路

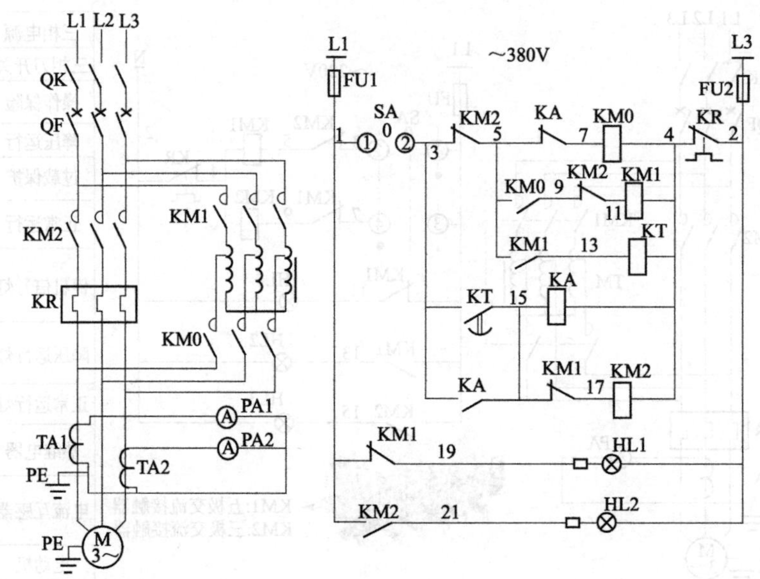

图 295 万能转换开关操作的自动转换自耦减压启动电动机 380V 控制电路

【例 296】 万能转换开关操作的手动转换自耦减压启动电动机 220V 控制电路

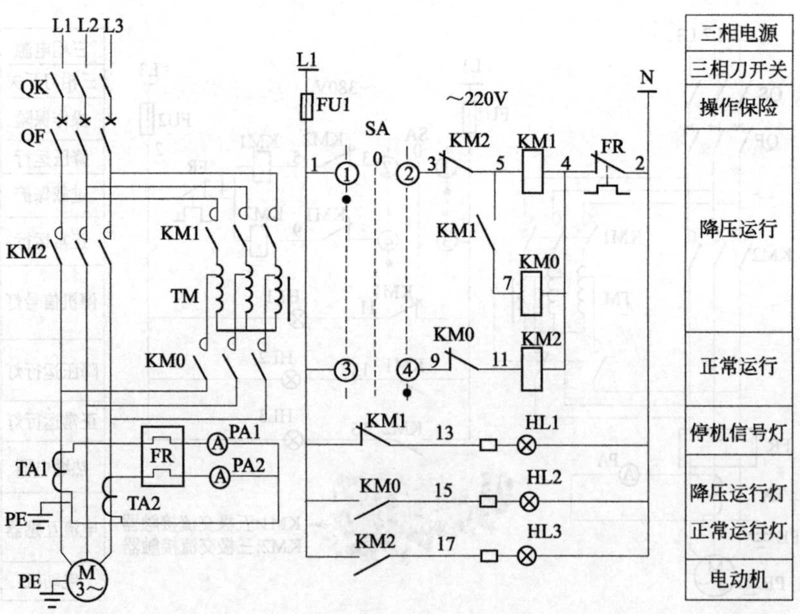

图 296 万能转换开关操作的手动转换自耦减压启动电动机 220V 控制电路

【例 297】 控制按钮操作的自耦减压启动电动机 380V 控制电路（1）

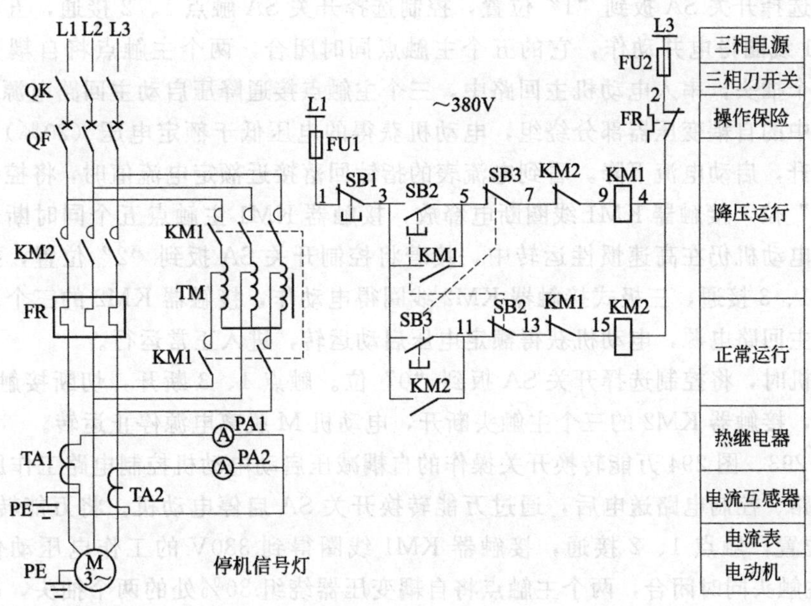

图 297 控制按钮操作的自耦减压启动电动机 380V 控制电路（1）

【例 298】 控制按钮操作的自耦减压启动电动机 380V 控制电路（2）

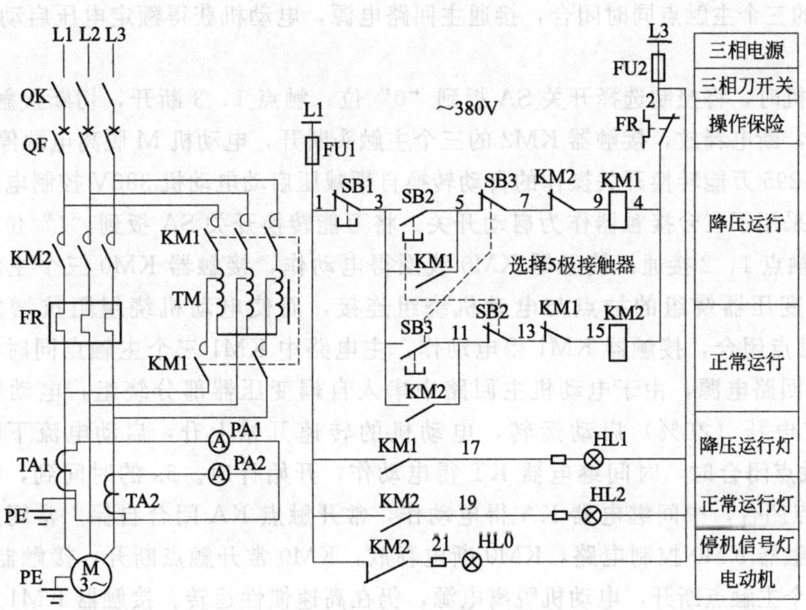

图 298 控制按钮操作的自耦减压启动电动机 380V 控制电路（2）

简要说明

(1) 图 291、图 292 转换开关操作的自耦减压启动电动机控制电路工作原理

将控制选择开关 SA 扳到“1”位置，控制选择开关 SA 触点 1、2 接通，五极式的交流接触器 KM1 线圈得电并动作，它的五个主触点同时闭合，两个主触点将自耦变压器绕组 80%处的两个抽头，串入电动机主回路中，三个主触点接通降压启动主回路电源，经串入电动机主回路中的自耦变压器部分绕组，电动机获得的电压低于额定电压（20%）启动运转，转速开始上升，启动电流下降。看到电流表的指针回落接近额定电流值时，将控制选择开关 SA 扳到“0”位，接触器 KM1 线圈断电释放，接触器 KM1 主触点五个同时断开，电动机脱离电源，电动机仍在高速惯性运转中，接着将控制开关 SA 扳到“2”位置，控制选择开关 SA 触点 1、3 接通，三极式接触器 KM2 线圈得电动作，接触器 KM2 的三个主触点同时闭合，接通主回路电源，电动机获得额定电压启动运转，进入正常运行。

需要停机时，将控制选择开关 SA 扳到“0”位。触点 1、3 断开，切断接触器 KM1 线圈控制电路，接触器 KM2 的三个主触头断开，电动机 M 脱离电源停止运转。

(2) 图 293、图 294 万能转换开关操作的自耦减压启动电动机控制电路工作原理

在主电路、控制电路送电后，通过万能转换开关 SA 启停电动机。将万能转换开关 SA 扳到“1”位置，触点 1、2 接通，接触器 KM1 线圈得到 380V 的工作电压动作，接触器 KM1 五个主触头同时闭合，两个主触点将自耦变压器绕组 80%处的两个抽头，串入电动机主回路中，三个主触头接通降压启动主回路电源，经过串入电动机主回路中的自耦变压器部分绕组，电动机获得的电压低于额定电压（20%）启动运转，转速开始上升，启动电流下降。看到电流表的指针回落接近额定电流值时，将控制选择开关 SA 扳到“0”位，接触器 KM1 线圈断电释放，KM1 的五个主触点同时断开，电动机脱离电源，电动机仍在高速惯性运转中，这时将开关 SA 扳到“2”位置，触点 3、4 接通，接触器 KM2 线圈得电动作，接触器 KM2 的三个主触点同时闭合，接通主回路电源，电动机获得额定电压启动运转，进入正常运行。

需要停机时，将控制选择开关 SA 扳到“0”位。触点 1、3 断开，切断接触器 KM2 线圈控制电路，断电释放，接触器 KM2 的三个主触头断开，电动机 M 脱离电源停止运转。

(3) 图 295 万能转换开关操作的自动转换自耦减压启动电动机 380V 控制电路工作原理

电路中采用了三台接触器作为启动开关。将万能转换开关 SA 扳到“1”位置，万能转换开关 SA 触点 1、2 接通。接触器 KM0 线圈得电动作，接触器 KM0 三个主触点同时闭合，将自耦变压器绕组的抽点与电动机绕组连接，而使电动机绕组阻抗增加。接触器 KM0 常开触点闭合，接触器 KM1 得电动作，主电路中 KM1 三个主触点同时闭合，接通降压启动主回路电源，由于电动机主回路中串入自耦变压器部分绕组，电动机获得的电压低于额定电压（20%）启动运转。电动机的转速开始上升，启动电流下降。接触器 KM1 常开触点闭合时，时间继电器 KT 得电动作，开始计时。5s 的时间到，时间继电器 KT 常开触点闭合，中间继电器 KA 得电动作，常开触点 KA 闭合自保。常闭触点 KA 断开，切断接触器 KM0 控制电路，KM0 断电释放，KM0 常开触点断开，接触器 KM1 断电释放，其三个主触点断开，电动机脱离电源，仍在高速惯性运转。接触器 KM1 常闭触点复归接通时，接触器 KM2 线圈得电动作，接触器 KM2 的三个主触点同时闭合，接通主回路电源，电动机 M 获得额定电压启动运转，进入正常运行。电动机运转中，中间继电器 KA 一直处于工作状态。

需要停机时，将万能转换开关 SA 扳到“0”位。触点 1、2 断开，切断接触器 KM2 线圈控制电路，接触器 KM2 的三个主触点断开，电动机 M 脱离电源停止运转。

(4) 图 296 万能转换开关操作的手动转换自耦减压启动电动机 220V 控制电路工作原理

将控制选择开关 SA 扳到“1”位置，控制选择开关 SA 触点 1、2 接通，接触器 KM1 线圈得到 220V 的工作电压动作，接触器 KM1 三个主触头同时闭合，自耦变压器绕组 TM 得电。接触器 KM1 常开接点闭合，接触器 KM0 得电动作，KM0 的三个主触头与 80%处的抽头与电动机绕组连接，接通降压启动主回路电源，由于自耦变压器部分绕组串入电动机主回路中，电动机获得的电压低于额定（35%）的电压启动运转，转速开始上升，启动电流下降。

看到电流表的指针回落接近额定电流值时，将控制选择开关 SA 扳到“0”位，接触器 KM0 线圈断电释放，接触器 KM0 的三个主触点同时断开，电动机 M 脱离电源，仍在高速惯性运转中，接着将控制选择开关 SA 扳到“2”位置，控制选择开关 SA 触点 3、4 接通，正常运行接触器 KM2 线圈电路接通并动作，接触器 KM2 常开触点闭合自保。主回路中，接触器 KM2 三个主触点同时闭合，电动机 M 获得额定电压进入正常运行。KM2 的常开接点闭合→15 号线→信号灯 HL3 得电灯亮，表示电动机降压运行状态。

(5) 图 297、图 298 控制按钮操作的自耦减压启动电动机控制电路

回路采用按钮相互联锁的接线方式，按下时，首先 SB2 常闭接点断开，切断另一个回路。再往下按到 SB2 常开接点闭合而使所控制的回路接通。

合上隔离开关 QK，合上断路器 QF、合上操作保险 FU1、FU2，（控制电源 220V 时，合上操作保险 FU）电动机具备了启动条件。

按下启动按钮 SB2，其常开触点闭合，接触器 KM1 线圈得电动作，常开触点 KM1 闭合自保。降压启动接触器 KM1 的五个主触点同时闭合，自耦变压器绕组的一部分投入主回路中，（电动机绕组阻抗增加）。电动机绕组获得比电源电压值低 20%的电压，启动运转。

降压启动接触器 KM1 常开触点闭合，信号灯 HL1 得电灯亮，表示电动机处于降压运转状态。

在刚按下 SB2 时，串入接触器 KM2 线圈电路中的按钮 SB2 常闭接点先断开，切断接触器 KM2 线圈电路。

电动机转速开始上升，启动电流下降，看到电流表的指针回落，接近额定电流值，或觉得转速达到正常转速时，进行手动切换，按下停止按钮 SB1，其常闭触点断开，接触器 KM1 线圈电路断电释放，电动机脱离电源，仍处于高速惯性运转中，电流表的指针回“0”。这时，按下正常运转启动按钮 SB3，刚按下按钮 SB3 时，串入接触器 KM1 线圈电路中的按钮 SB3 常闭接点先断开，切断接触器 KM1 线圈电路。

正常运行接触器 KM2 线圈电路接通并动作→接触器 KM2 常开触点闭合自保。主回路中，接触器 KM2 三个主触点同时闭合，电动机获得额定电压进入正常运行。

电动机进入正常运行状态。运行接触器 KM2 常开触点闭合，信号灯 HL2 得电灯亮，表示电动机进入正常运转状态。

过负荷故障停机：

电动机发生过负荷时故障，主回路中的热继电器 FR 动作，热继电器 FR 的常闭触点断开，切断电动机控制回路电源，接触器 KM2 主触点三个同时断开，电动机绕组脱离三相 380V 交流电源，停止转动，拖动的机械设备停止运行。

【例 299】 控制按钮操作的自耦减压启动电动机 220V 控制电路 (1)

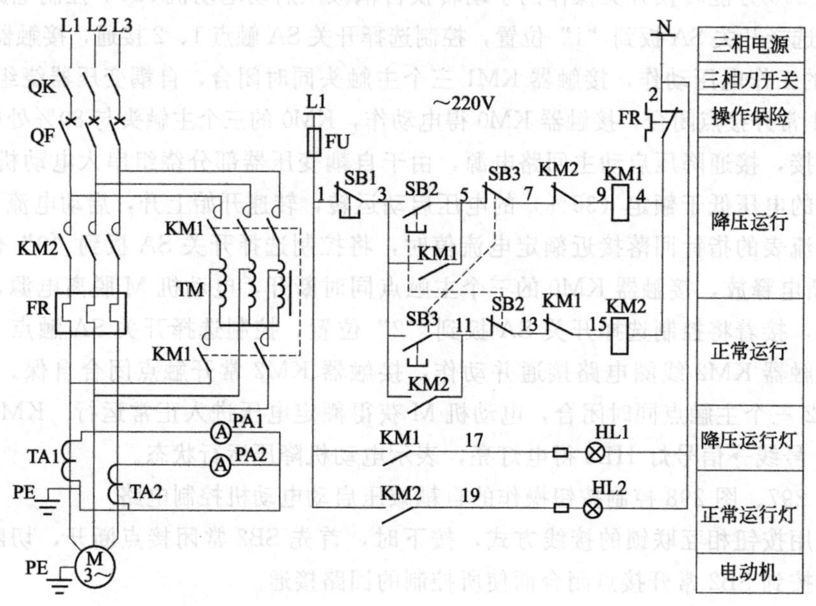

图 299 控制按钮操作的自耦减压启动电动机 220V 控制电路 (1)

【例 300】 控制按钮操作的自耦减压启动电动机 220V 控制电路 (2)

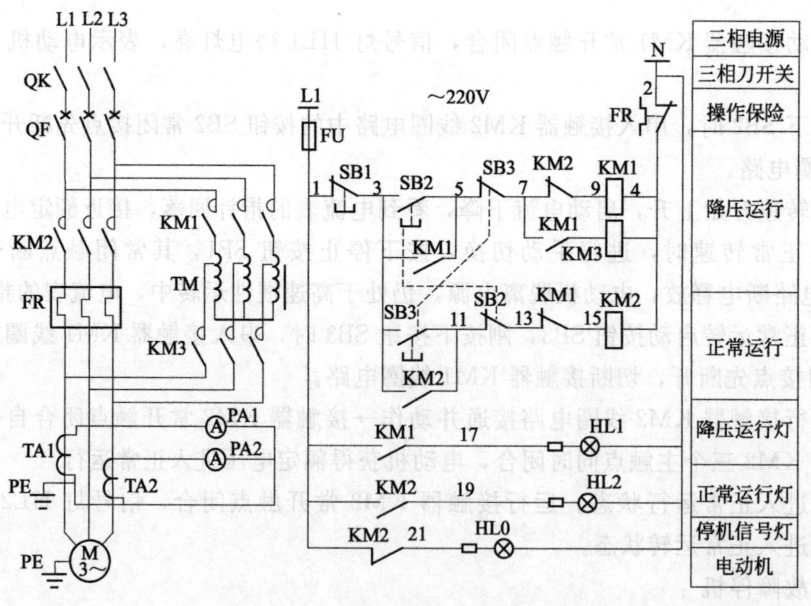

图 300 控制按钮操作的自耦减压启动电动机 220V 控制电路 (2)

【例 301】 手动与自动操作的电动机自耦减压启动 380V 控制电路

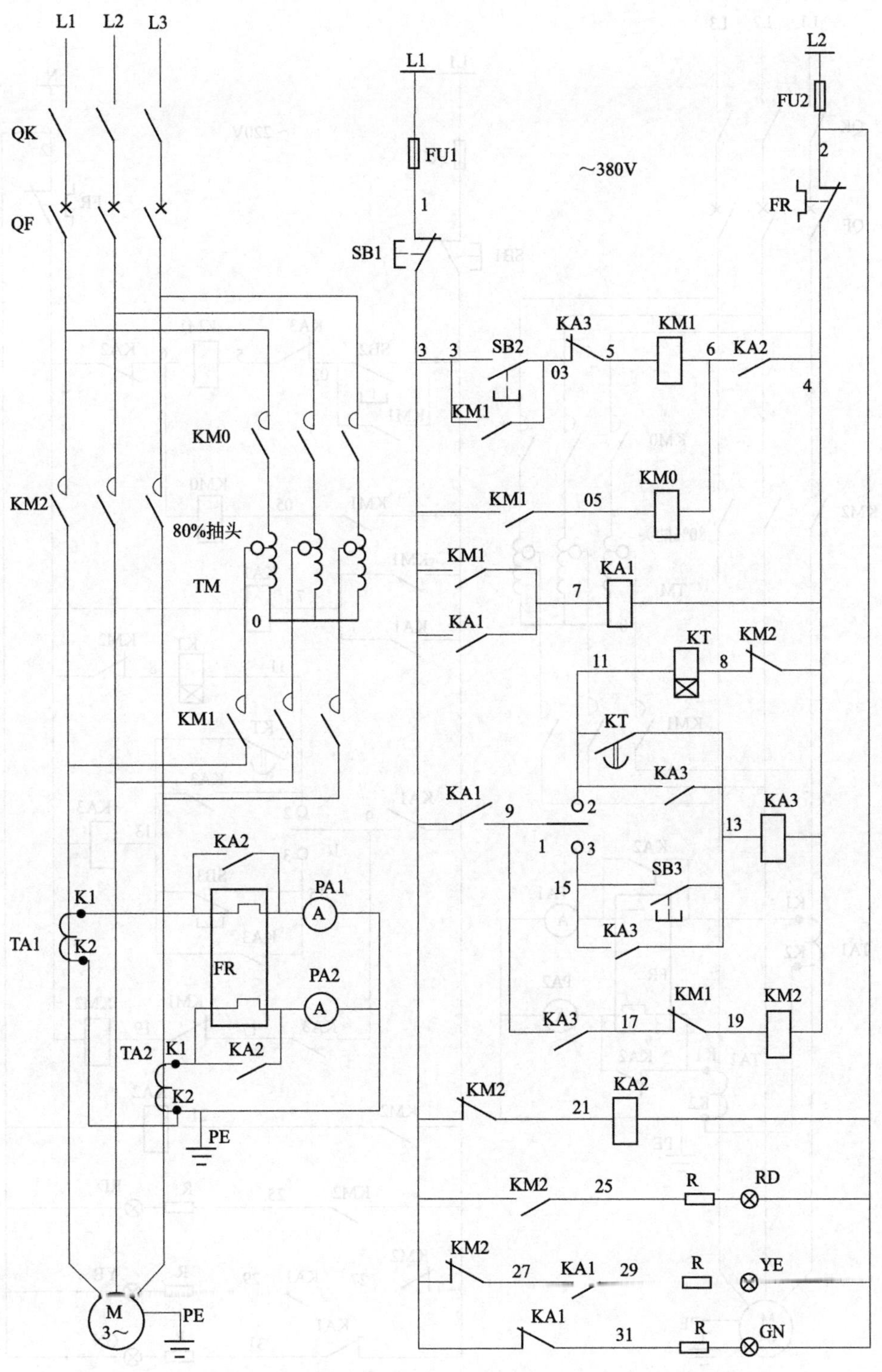

图 301　手动与自动操作的电动机自耦减压启动 380V 控制电路

【例 302】 手动与自动操作的电动机自耦减压启动 220V 控制电路

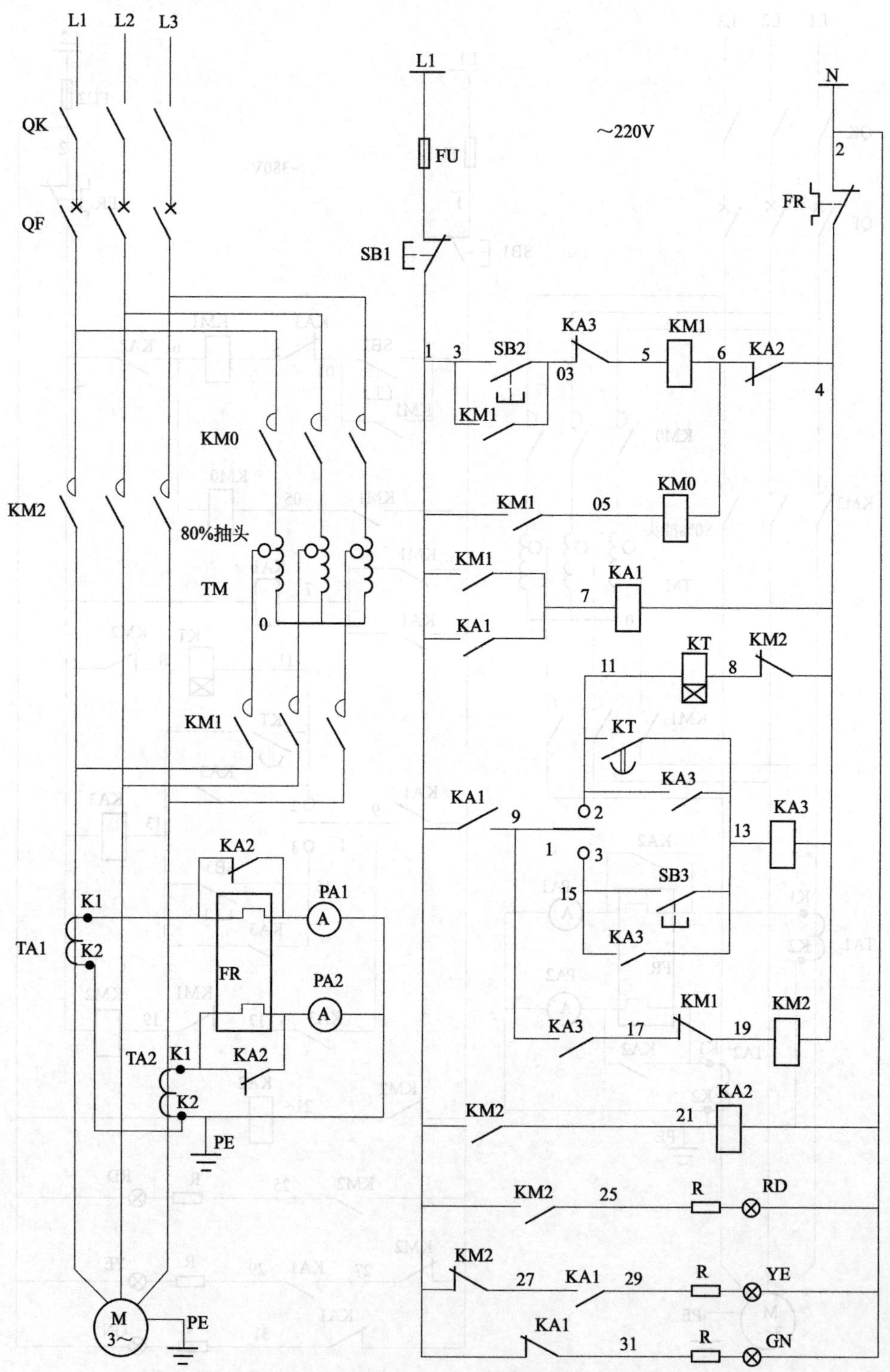

图 302 手动与自动操作的电动机自耦减压启动 220V 控制电路

简要说明

图 301 手动与自动操作的电动机自耦减压启动控制电路工作原理

合上熔断器 FU，通过 KM2 的常闭接点→KA2 线圈得电动作，KM1 回路中的 KA2 常开接点闭合，为降压启动回路做电路准备。

（1）降压启动

按下启动按钮 SB2，电源→停止 SB1 常闭接点→启动 SB2 常开触点→接触器 KM1 线圈→闭合的 KA2 常开触点→热继电器 FR 常闭触点→2 号线→电源的另一极（相）。KM1 线圈得电动作，常开触点 KM1 闭合自保。KM1 的三个主触点同时闭合，把自耦变压器 TM 一部分绕阻串入电动机主回路中，接触器 KM1 动作，常开触点 KM1 闭合，接触器 KM0 线圈得电动作，接触器 KM0 三个主触点闭合接通主电路，电动机得电启动运转，电动机的启动电流 3～4s 后逐渐减小，电动机处于降压运转状态。

接触器 KM1 动作，常开触点 KM1 闭合，中间继电器 KA1 线圈得电动作，常开触点 KA1 闭合自保。中间继电器常 KA1 常开触点闭合→9 号线得电，为手动和自动切换作电路准备。中间继电器 KA1 常闭触点断开，信号灯 GN 断电灯灭。中间继电器 KA1 常开触点闭合，信号灯 YE 得电灯亮，表示电动机 M 降压运转状态。

（2）降压运行停止与自动转换电路

把选择开关置于自动位置，选择开关 SA 的触点 1、2 接通，为自动切换电路做准备。

中间继电器 KA1 常开触点闭合，时间继电器 KT 获电动作，时间继电器 KT 延时闭合的常开触点闭合→13 号线→中间继电器 KA3 线圈电路接通并动作。

① 启动接触器 KM1 线圈电路中的常闭触点 KA3 先断开，把启动接触器 KM1 线圈电路切断，接触器 KM1 断电释放，KM1 的三个主触点同时断开，电动机 M 脱离电源，电动机 M 处在惯性运转中。

② 接触器 KM1 释放，接触器 KM1 常闭接点复归（常闭）时，为接通 KM2 线圈作电路准备。

③ 中间继电器 KA3 常开触点闭合，为中间继电器 KA3 线圈电路自保，维持中间继电器 KA3 的工作状态。

（3）自动转换到电动机正常运行

中间继电器 KA3 常开触点的闭合，运行接触器 KM2 线圈得电并动作。主回路中，接触器 KM2 的三个主触点同时闭合，电动机 M 获得三相交流电源启动运转。电动机进入正常运转状态。串入降压启动信号灯回路中的常闭触点 KM2 断开，降压运行指示灯 YE 灯灭，表示结束降压运行，常开触点 KM2 闭合，红色信号灯 RD 得电灯亮，表示电动机 M 正常运行状态。电动机进入全压运行后，控制箱上只有红灯是亮着的，电动机 M 在正常运行中，中间继电器 KA1 和中间继电器 KA3 一直在工作中。

（4）电动机降压启动后手动切换到正常运行状态

把选择开关 SA 置于手动位置，选择开关 SA 的触点 1、3 接通，为手动切换电路作准备。按下启动按钮 SB3，中间继电器 KA3 得电动作，常开触点 KA3 闭合自保。中间继电器常 KA3 常开触点闭合，运行接触器 KM2 得电动作，接触器 KM2 常开触点闭合自保，维持接触器 KM2 工作状态。

接触器 KM2 常闭触点切断时间继电器 KT 控制电路。接触器 KM2 常闭触点断开，信号灯 YE 断电灯灭。接触器 KM2 常开触点闭合，信号灯 RD 得电灯亮。正常运行接触器 KM2 三个主触点同时闭合，电动机 M 获得额定电压启动运转，电动机所驱动的机械设备进入正常运行。

需要停机时，按下停止按钮 SB1，其动断触点断开，切断接触器 KM2 线圈控制电路，接触器 KM2 的三个主触点断开，电动机 M 脱离电源，停止运转。

第十二章

采用频敏变阻器启动的电动机控制电路

【例 303】 自动切除频敏变阻器降压启动电动机 380V 控制电路

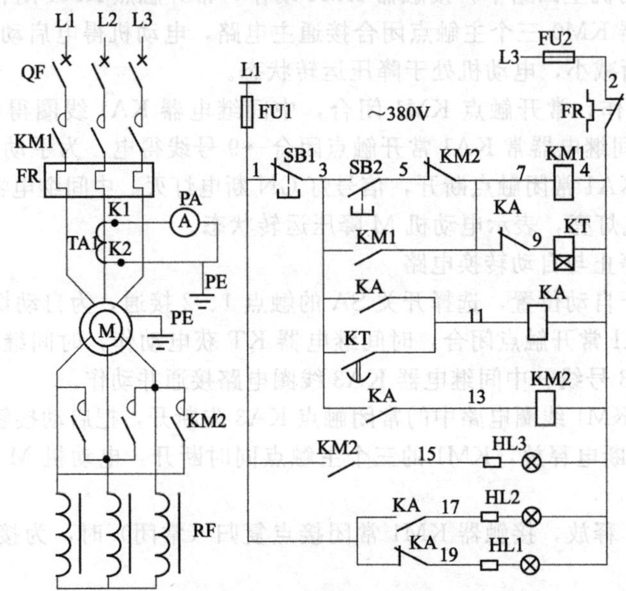

图 303 自动切除频敏变阻器降压启动电动机 380V 控制电路

【例 304】 自动切除频敏变阻器降压启动电动机 220V 控制电路

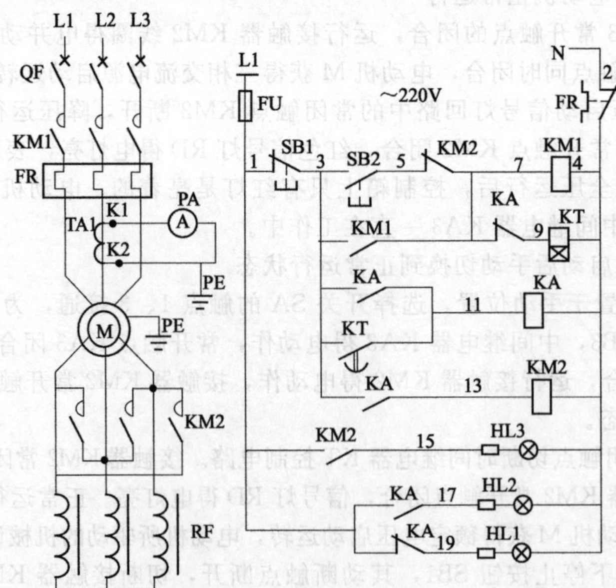

图 304 自动切除频敏变阻器降压启动电动机 220V 控制电路

【例 305】 二次保护自动切除频敏变阻器降压启动电动机 220V 控制电路

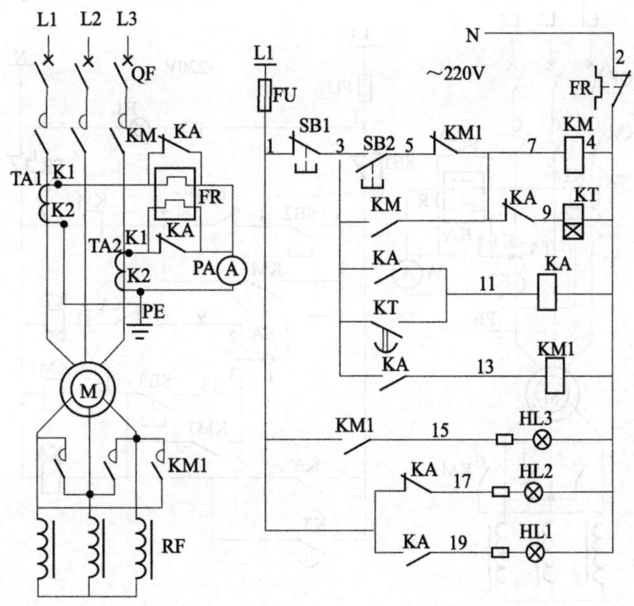

图 305 二次保护自动切除频敏变阻器降压启动电动机 220V 控制电路

【例 306】 一次保护自动切除频敏变阻器降压启动电动机 380V 控制电路

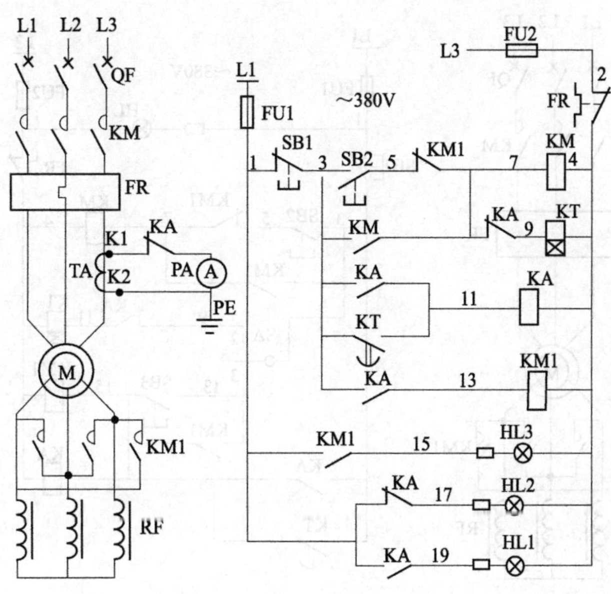

图 306 一次保护自动切除频敏变阻器降压启动电动机 380V 控制电路

【例 307】 手动与自动的频敏变阻器降压启动电动机 220V 控制电路

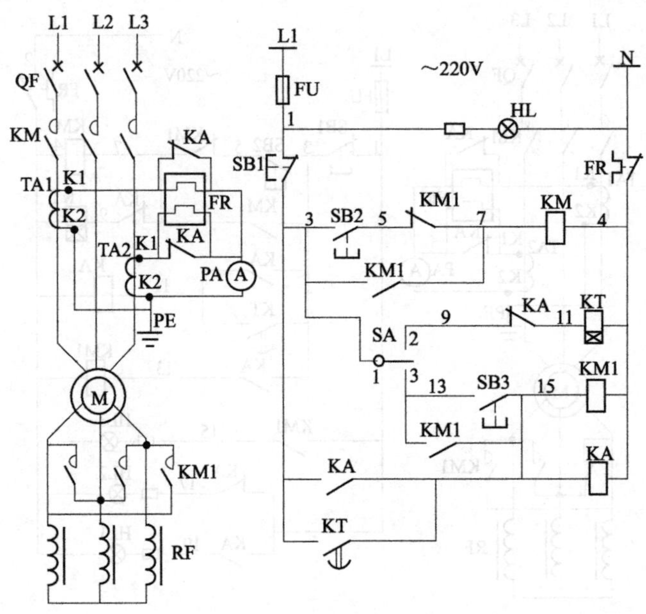

图 307 手动与自动的频敏变阻器降压启动电动机 220V 控制电路

【例 308】 手动与自动的频敏变阻器降压启动电动机 380V 控制电路

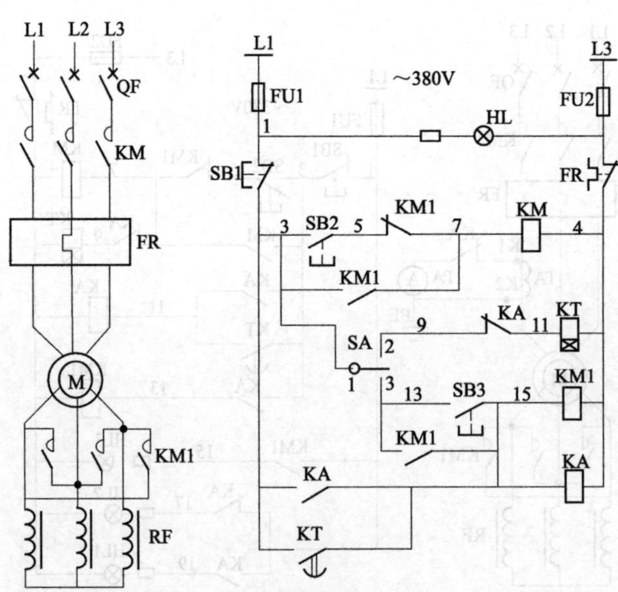

图 308 手动与自动的频敏变阻器降压启动电动机 380V 控制电路

【例 309】 二次保护、手动切除频敏变阻器的电动机 220V 控制电路

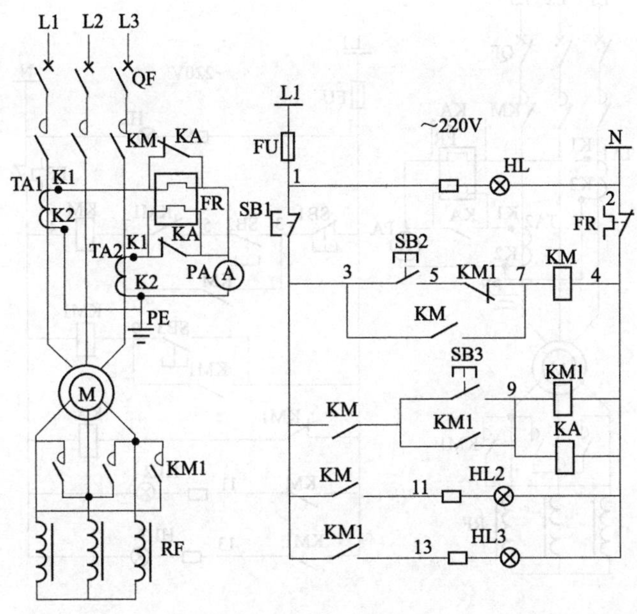

图 309　二次保护、手动切除频敏变阻器的电动机 220V 控制电路

【例 310】 一次保护、手动切除频敏变阻器的电动机 380V 控制电路

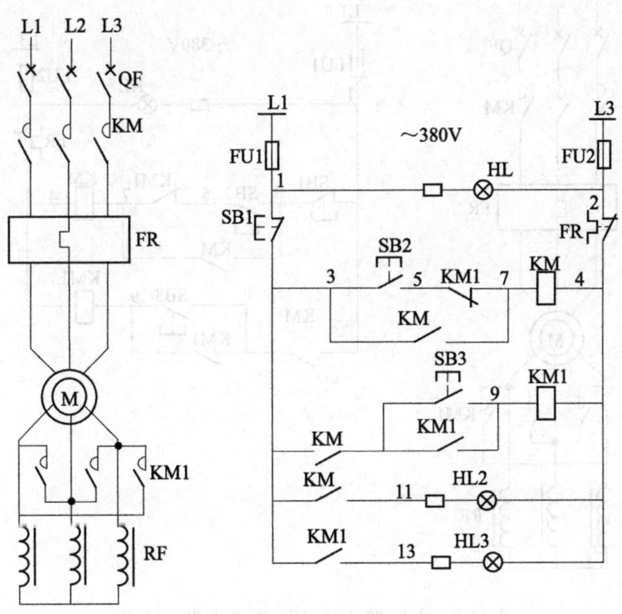

图 310　一次保护、手动切除频敏变阻器的电动机 380V 控制电路

【例 311】 KA 动合触点并联 FR 发热元件、手动切除频敏变阻器电动机 220V 控制电路

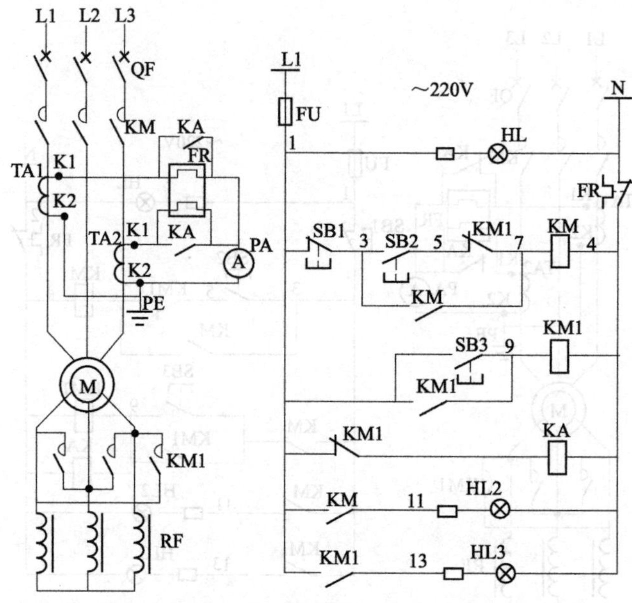

图 311　KA 动合触点并联 FR 发热元件、手动切除频敏变阻器电动机 220V 控制电路

【例 312】 主回路串联 FR 热继电器、手动切除频敏变阻器电动机 380V 控制电路

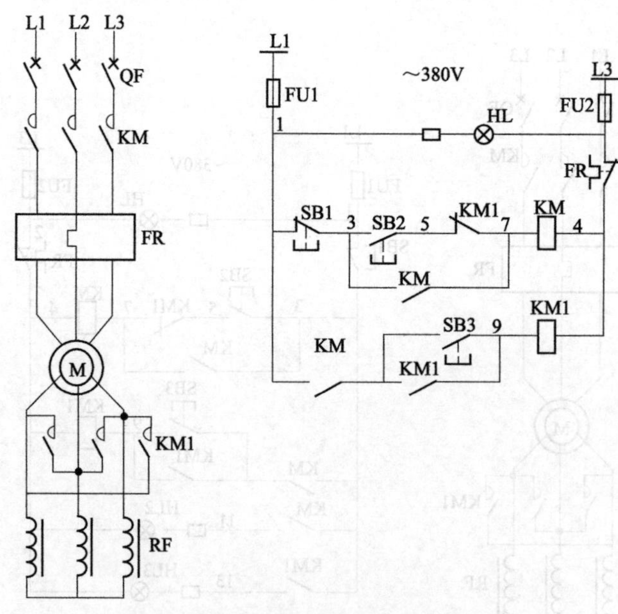

图 312　主回路串联 FR 热继电器、手动切除频敏变阻器电动机 380V 控制电路

第十三章

小型混凝土搅拌机控制电路

【例 313】 熔断器作为短路过载保护的搅拌机控制电路

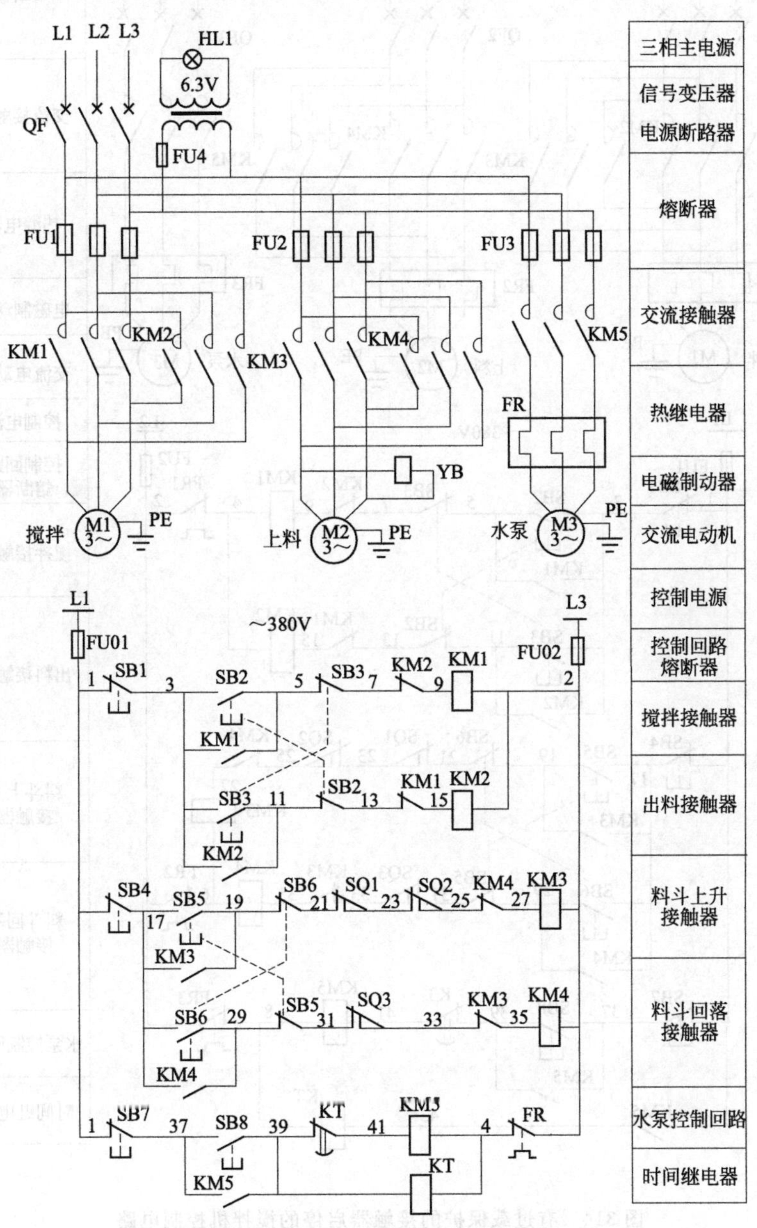

图 313　熔断器作为短路过载保护的搅拌机控制电路

【例 314】 有过载保护的接触器启停的搅拌机控制电路

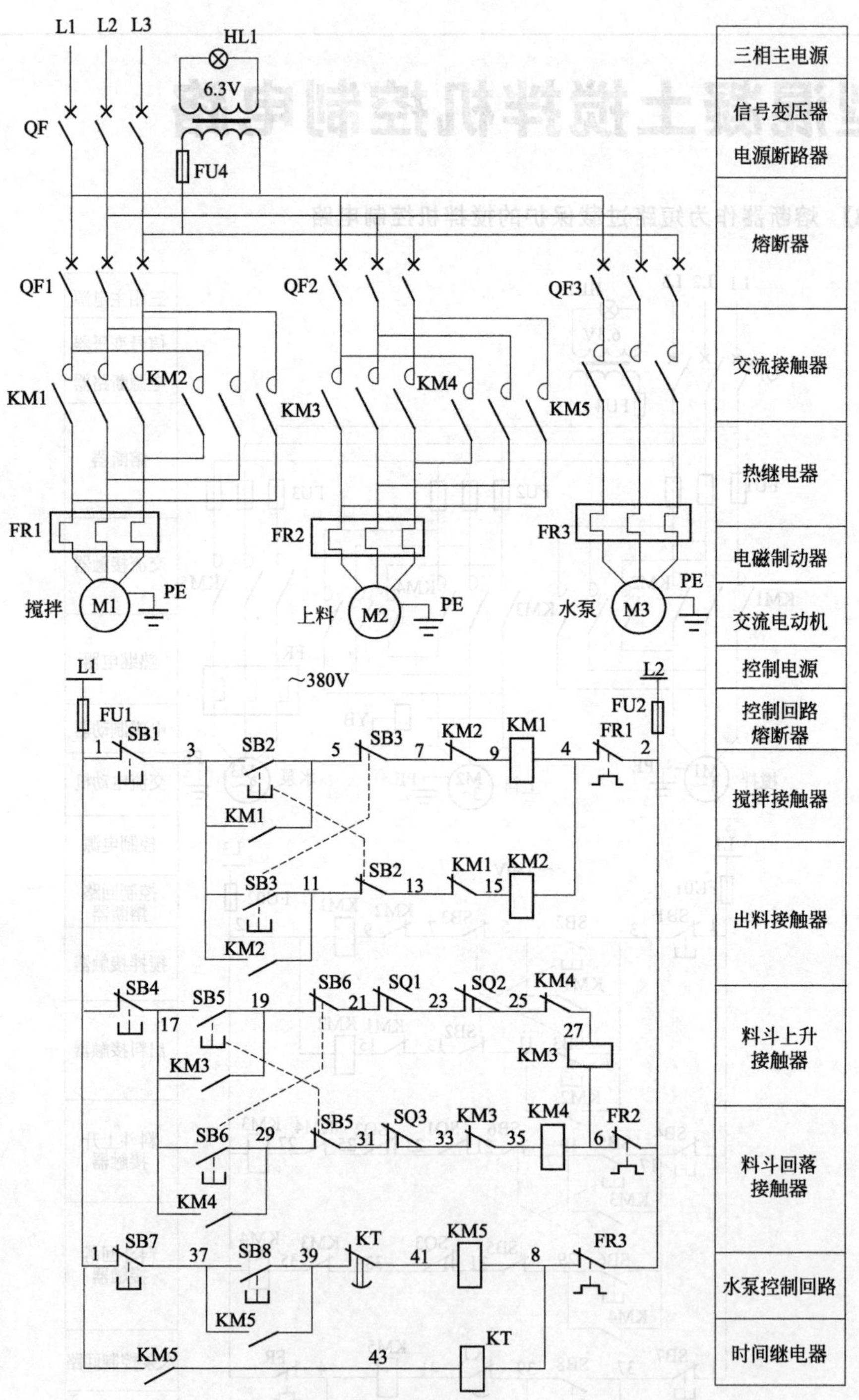

图 314 有过载保护的接触器启停的搅拌机控制电路

【例 315】 搅拌无过载保护的接触器启停的搅拌机控制电路

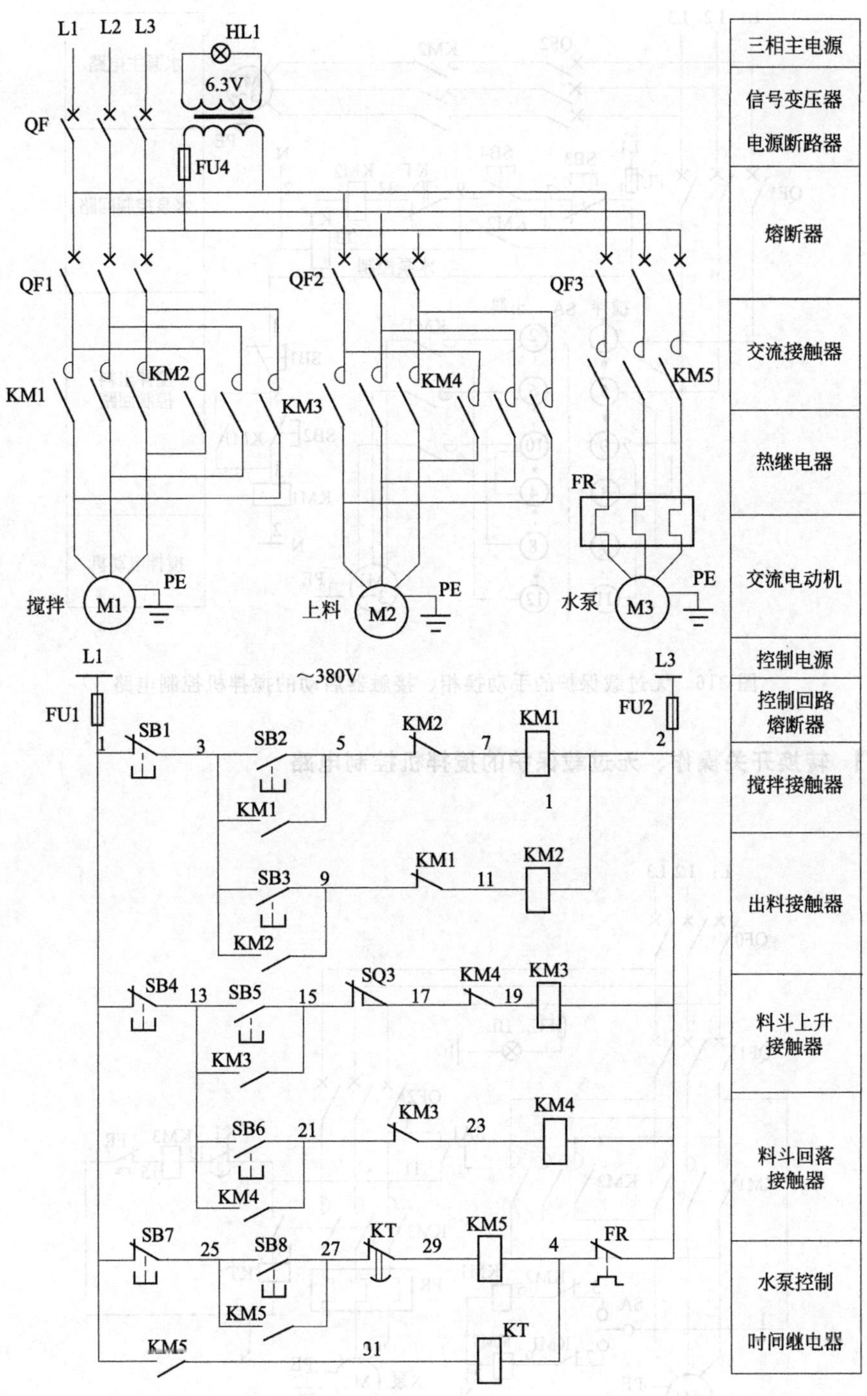

图 315　搅拌无过载保护的接触器启停的搅拌机控制电路

【例 316】 无过载保护的手动换相、接触器启动的搅拌机控制电路

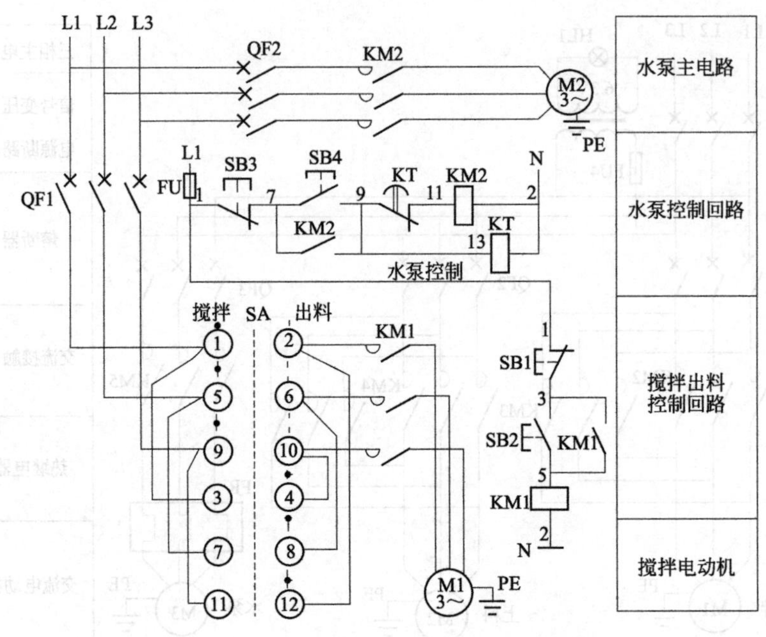

图 316 无过载保护的手动换相、接触器启动的搅拌机控制电路

【例 317】 转换开关操作、无过载保护的搅拌机控制电路

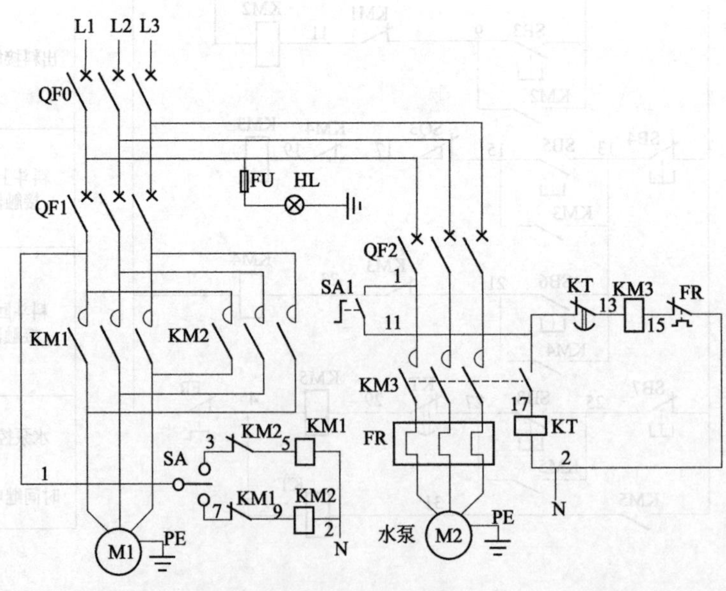

图 317 转换开关操作、无过载保护的搅拌机控制电路

【例 318】 转换开关操作、有过载保护的搅拌机控制电路

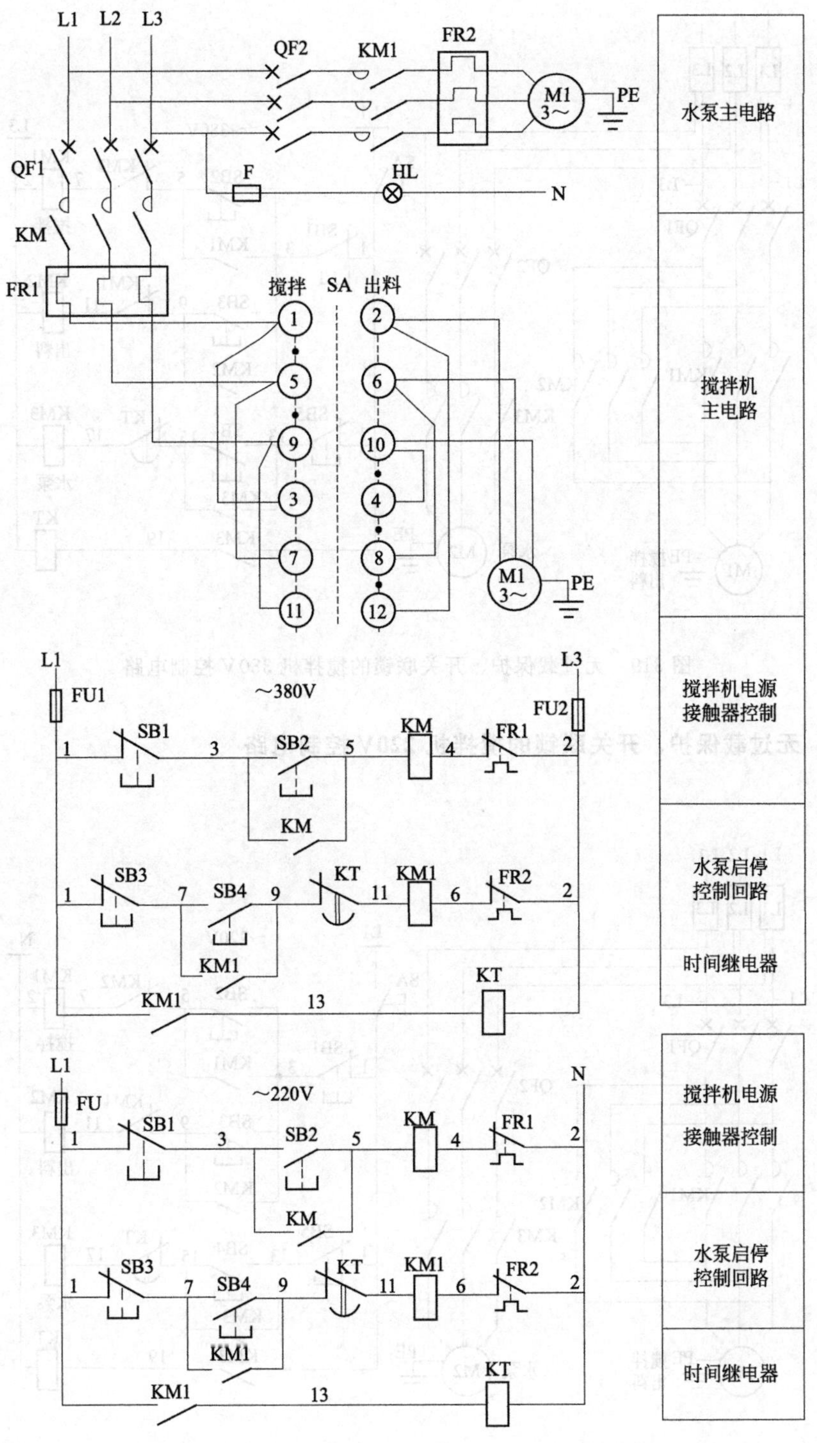

图 318　转换开关操作、有过载保护的搅拌机控制电路

【例 319】 无过载保护、开关联锁的搅拌机 380V 控制电路

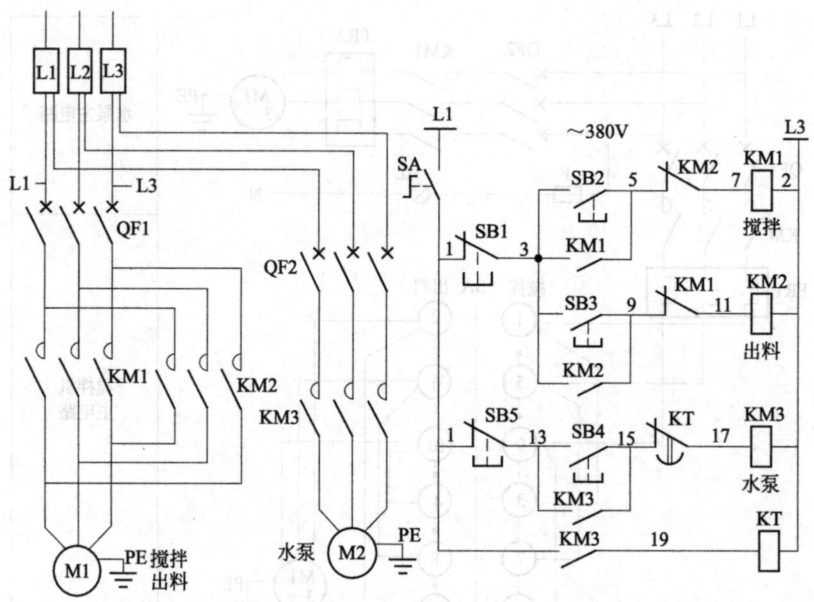

图 319　无过载保护、开关联锁的搅拌机 380V 控制电路

【例 320】 无过载保护、开关联锁的搅拌机 220V 控制电路

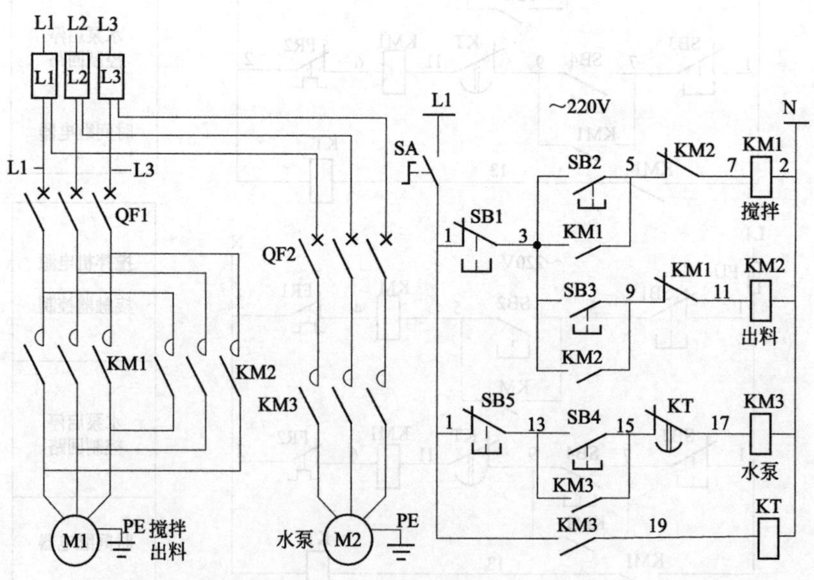

图 320　无过载保护、开关联锁的搅拌机 220V 控制电路

【例 321】 料斗升降限位无过载保护、双重联锁的搅拌机控制电路

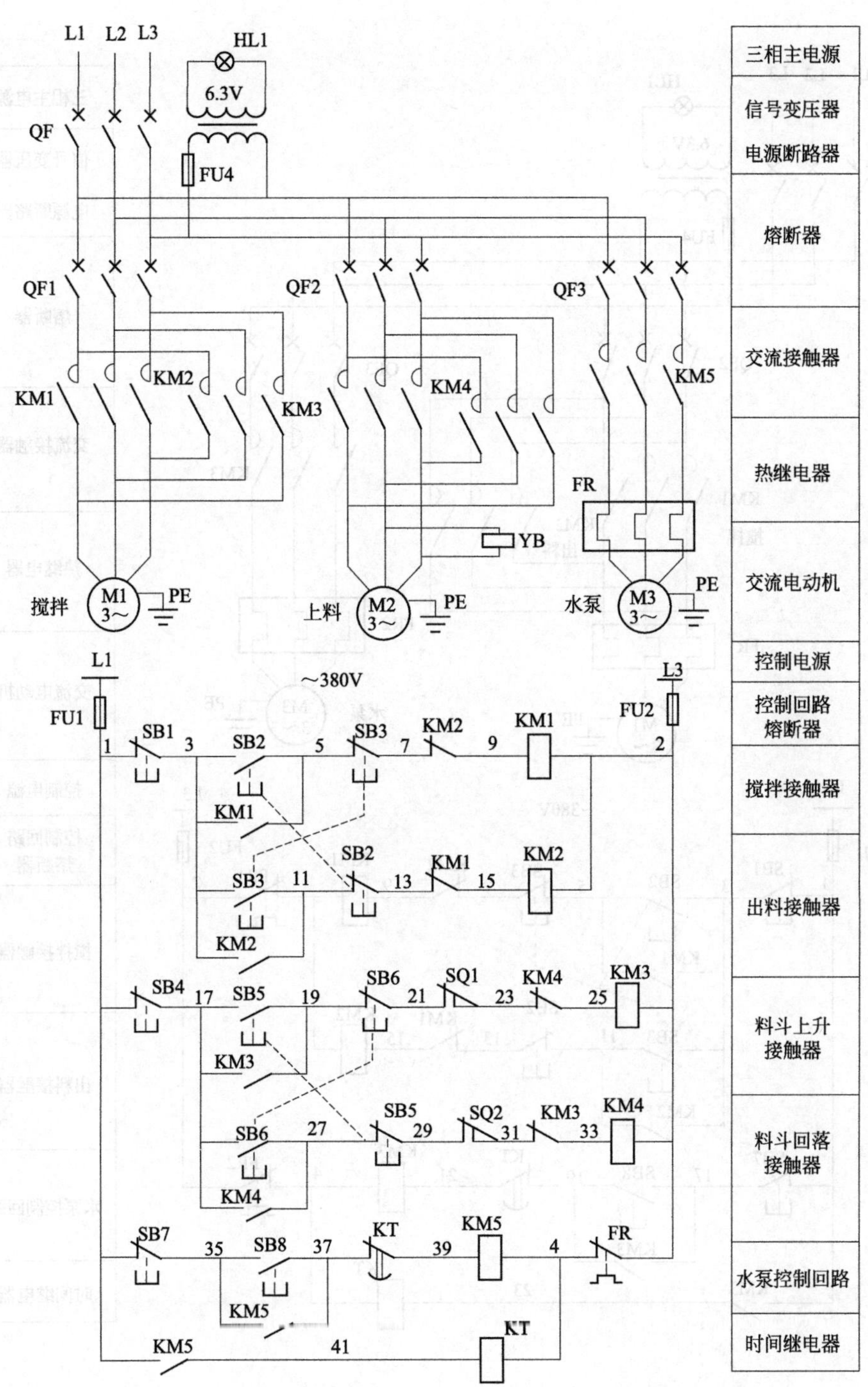

图 321　料斗升降限位无过载保护、双重联锁的搅拌机控制电路

【例 322】 有过载保护、开关联锁的混凝土搅拌机控制电路

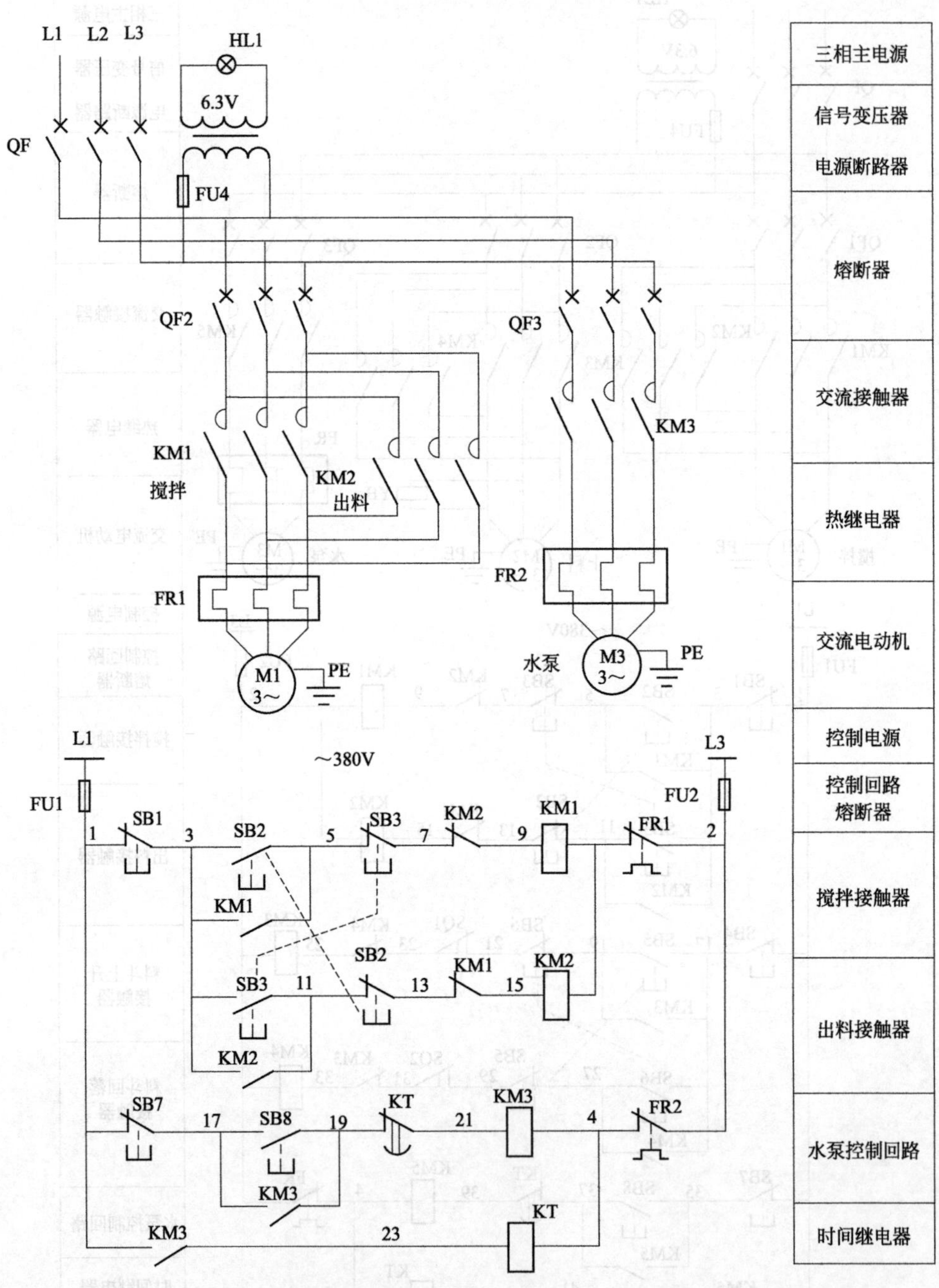

图 322 有过载保护、开关联锁的混凝土搅拌机控制电路

【例 323】 倒顺开关直接启停的机械设备电路

许多建筑工地的机械设备，如搅拌机、切割机、钢筋切断机、钢筋弯曲机等，采用倒顺开关直接启停，倒顺开关一般用于 2.8kW 以下的电动机。常用的倒顺开关控制电路图见图 323(a)，实物接线图见图 323(b)。

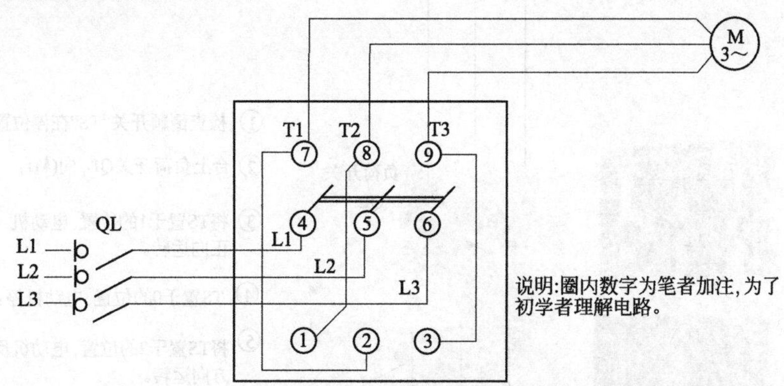

图 323(a)　倒顺开关直接启停的机械设备电路

L1、L2、L3 与 T1、T2、T3 为倒顺开关内触点端子标号。把电源 L1、L2、L3 与倒顺开关上的 L1、L2、L3 端子连接。T1、T2、T3 与电动机绕组连接。将倒顺开关切换到“顺”的位置，电动机正方向运转；切换到“停”的位置，电动机停止运转；切换到“倒”的位置，电动机反方向运转。

加油站

按整定时间动作的触点图形符号

图形符号	说　明	图形符号	说　明
1　2	当操作器件被吸合时，延时闭合的动合触点 注：从圆弧向圆心方向移动的延时动作	1　2	当操作器件被释放时，延时断开的动合触点
1　2	当操作器件被释放时，延时闭合的动断触点	1　2	当操作器件被吸合时，延时断开的动断触点
	吸合延时闭合和释放时，延时断开的动合触点	1　2	由一个不延时的动合触点，一个吸合时延时断开的动断触点和一个释放时延时断开的动合触点组成的触点组

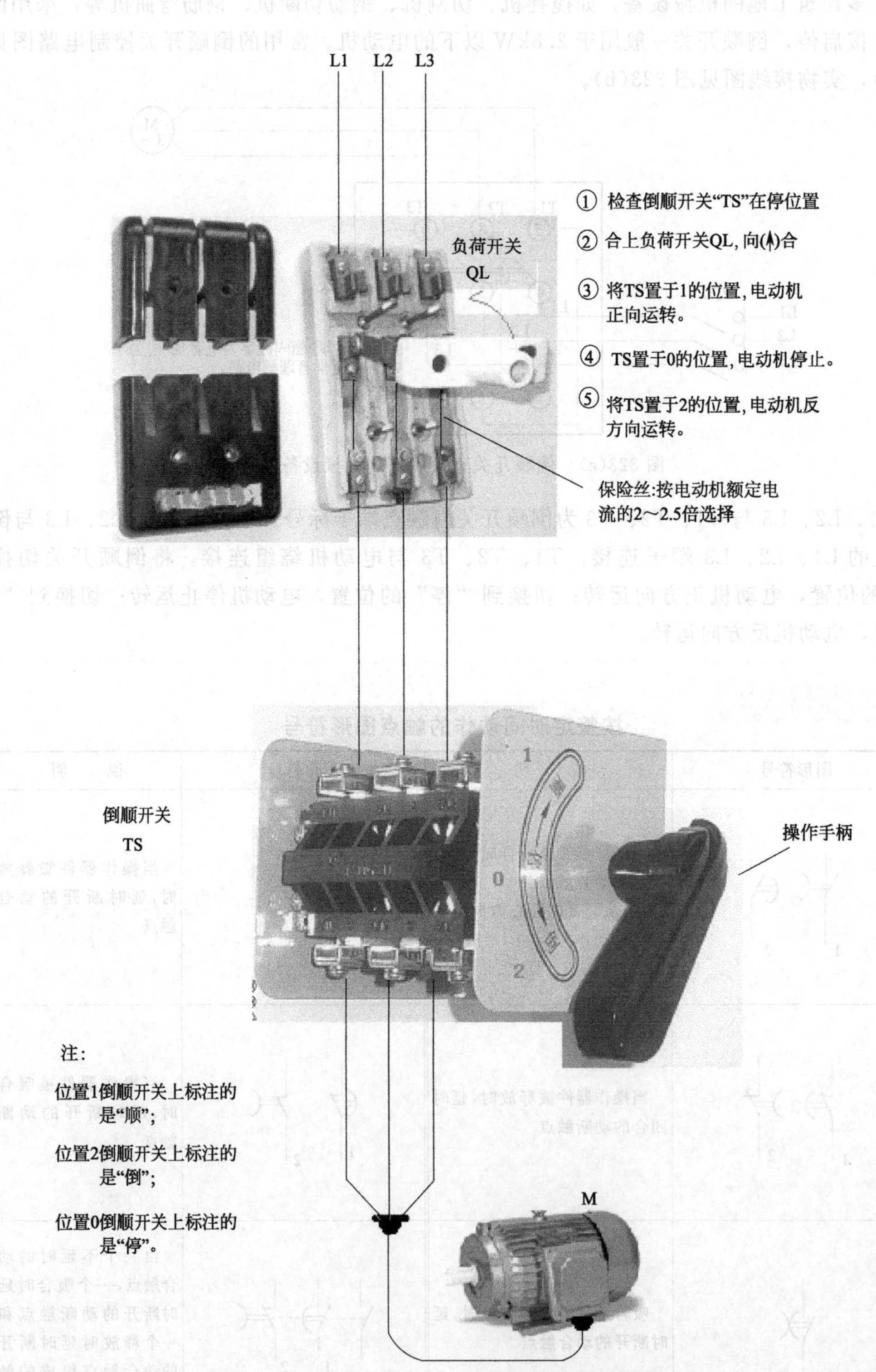

图 323(b) 倒顺开关直接启停的机械设备电路实物接线图

【例 324】 倒顺开关与接触器相结合的正反转 220V 控制电路

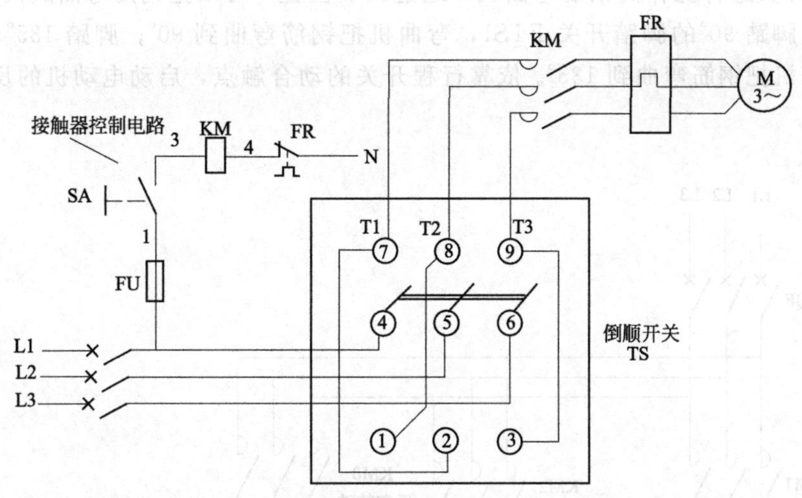

图 324　倒顺开关与接触器相结合的正反转 220V 控制电路

【例 325】 脚踏开关控制、倒顺开关与接触器结合的搅拌机控制电路

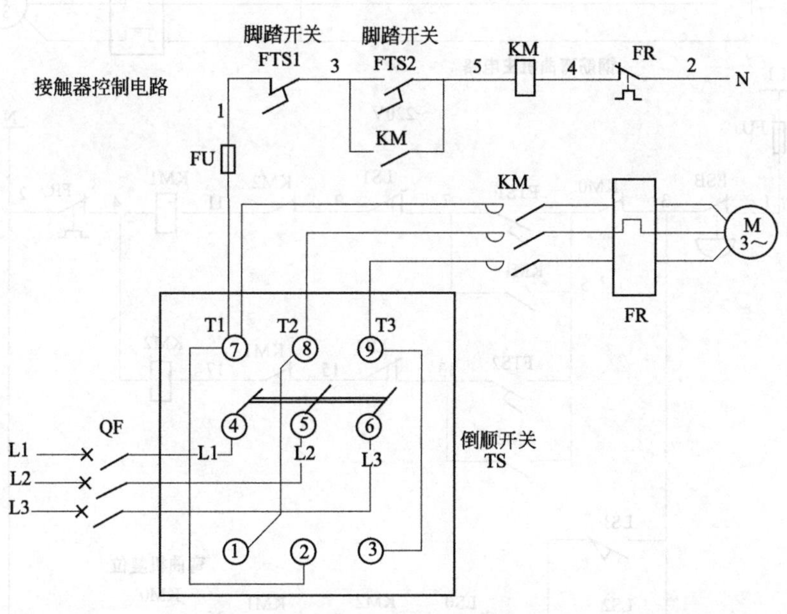

图 325　脚踏开关控制、倒顺开关与接触器结合的搅拌机控制电路

用两只脚踏开关，一只选择用动合触点，另一只选择用动断触点。动断触点作为停止开关，动合触点的作为启动开关。

注意：倒顺开关 TS 置于电动机要运转的方向，接触器 KM 控制电路才会获电。

【例 326】 脚踏开关控制的钢筋弯曲机 220V 控制电路

脚踏开关控制的钢筋弯曲机 220V 控制电路见图 326(a)。实物接线图见图 326(b)。这是通过脚踏开关进行操作的钢筋弯曲机，通过调节位置，可以把钢筋弯曲成两个角度，即 90°和 135°。脚踏 90°的脚踏开关 FTS1，弯曲机把钢筋弯曲到 90°；脚踏 135°的脚踏开关 FTS2，弯曲机把钢筋弯曲到 135°。依靠行程开关的动合触点，启动电动机的反方向运转，弯曲机复位。

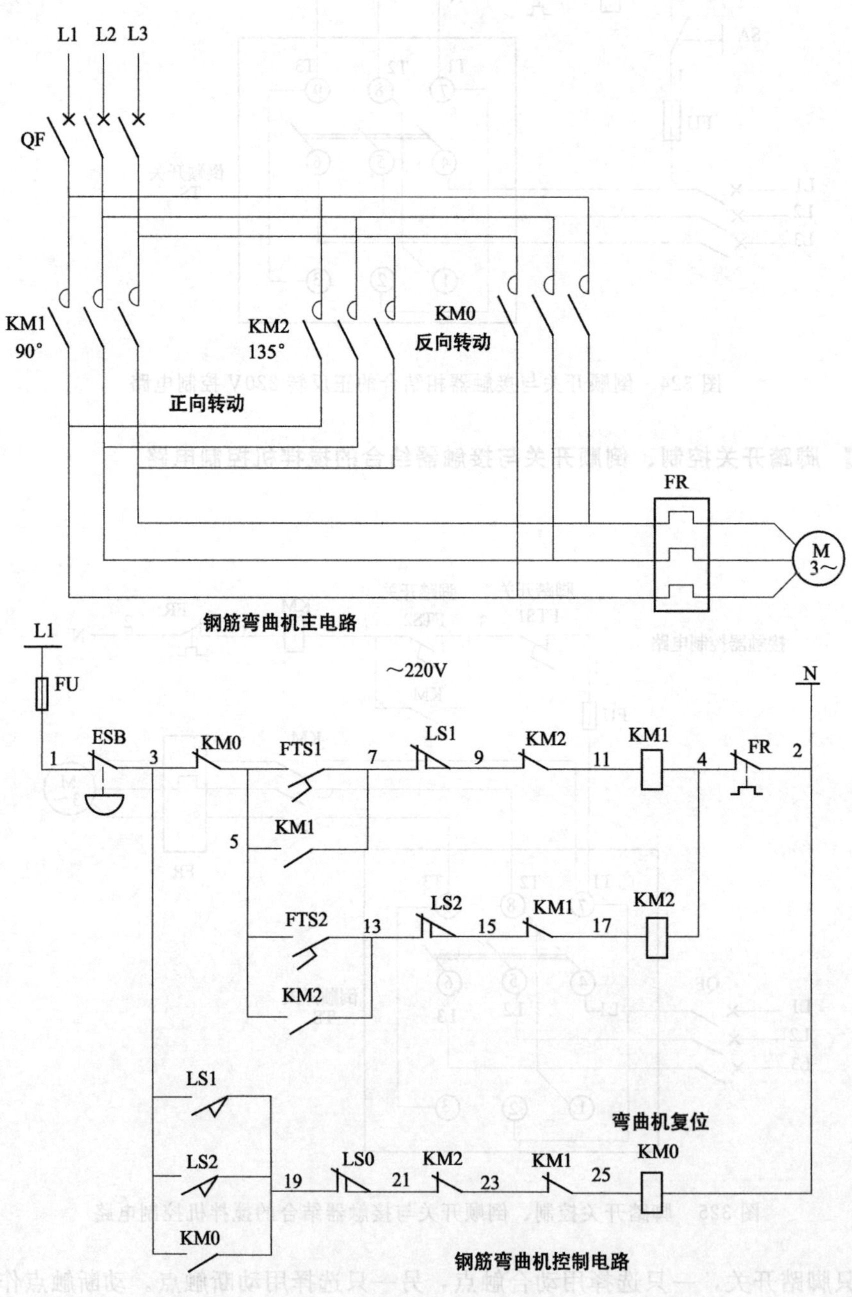

图 326(a) 脚踏开关控制的钢筋弯曲机 220V 控制电路

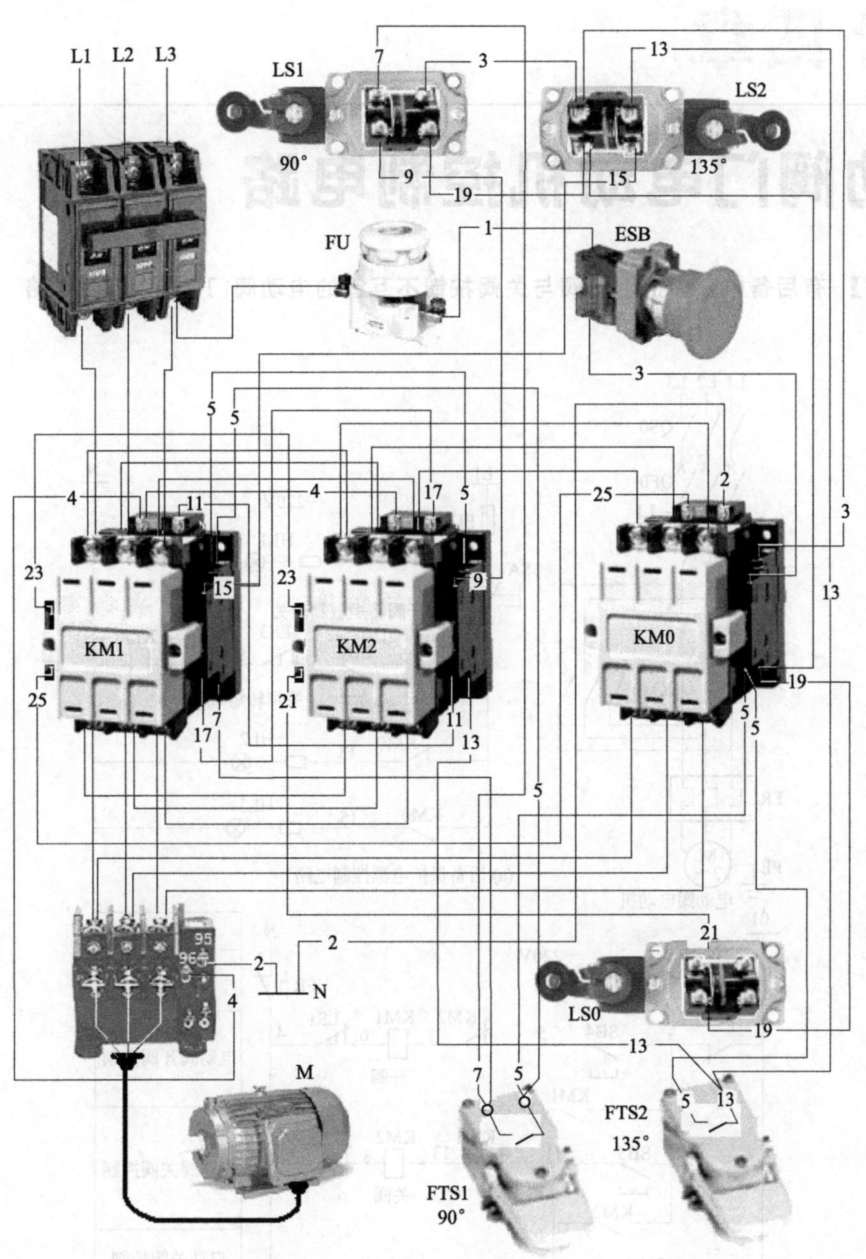

图 326(b)　脚踏开关控制的钢筋弯曲机 220V 控制电路实物接线图

第十四章

电动阀门电动机控制电路

【例 327】 有后备电源保护、开阀与关阀按钮不互锁的电动阀门 220V 控制电路

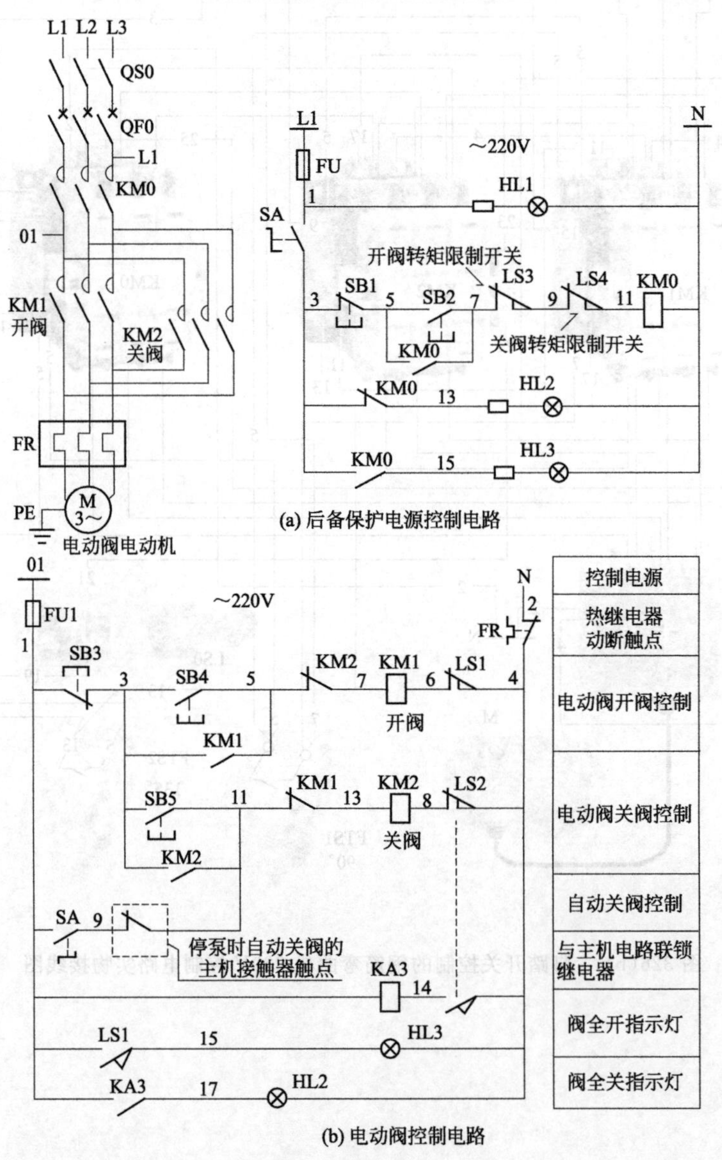

图 327　有后备电源保护、开阀与关阀按钮不互锁的电动阀门 220V 控制电路

【例 328】 有后备电源保护、开阀与关阀按钮不互锁的电动阀门 380V 控制电路

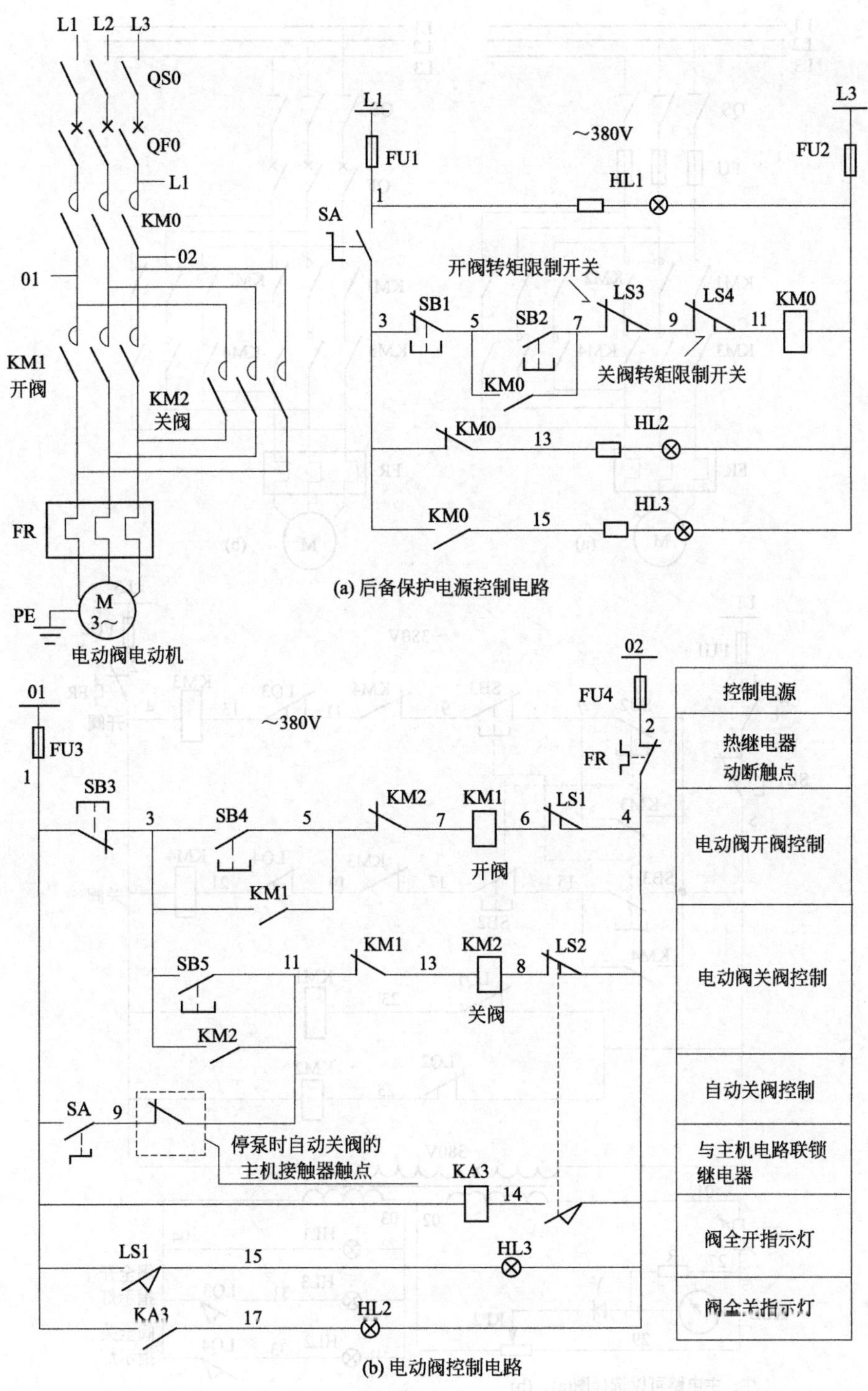

图 328 有后备电源保护、开阀与关阀按钮不互锁的电动阀门 380V 控制电路

【例 329】 开阀与关阀按钮互锁、各有后备电源保护的电动阀门 380V 控制电路

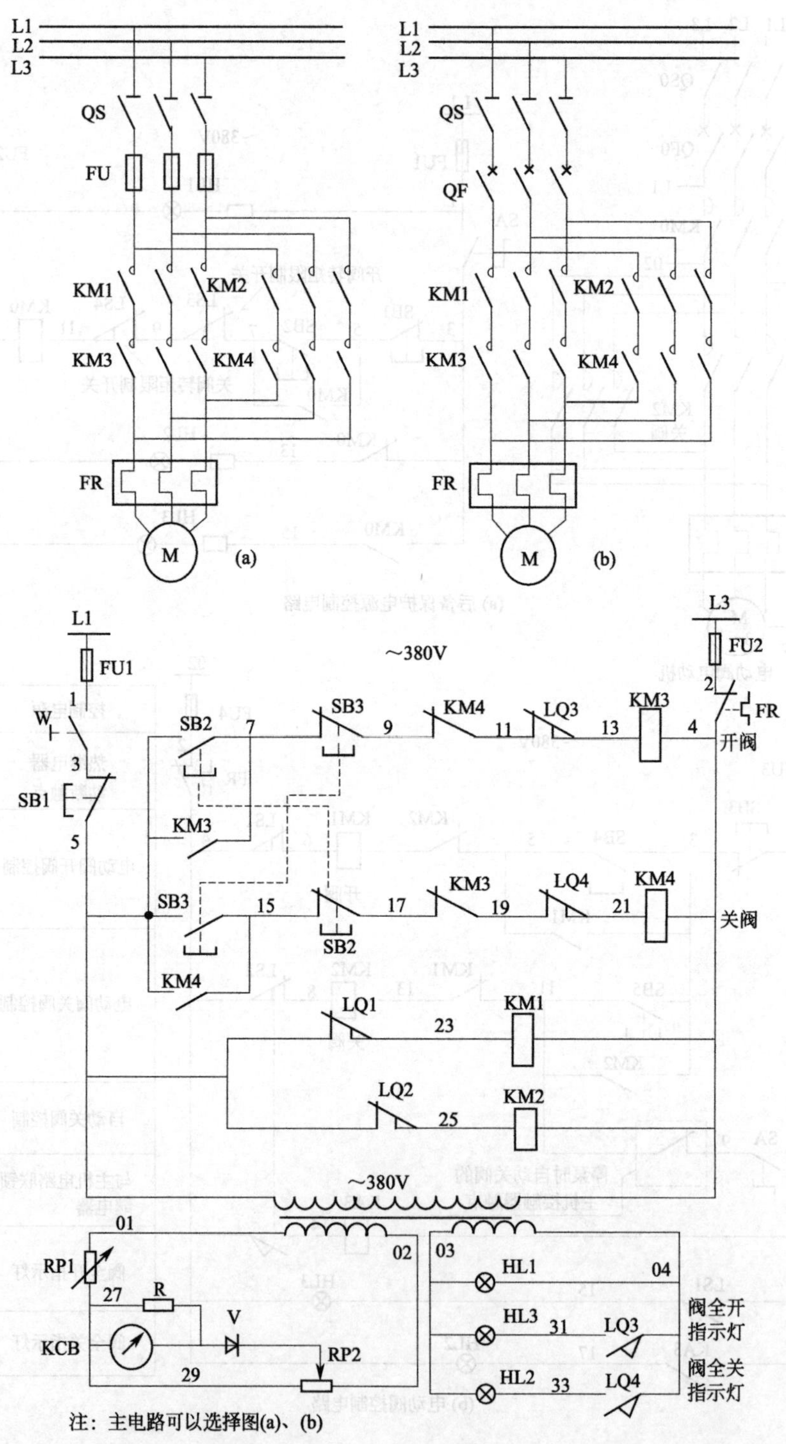

图 329　开阀与关阀按钮互锁、各有后备电源保护的电动阀门 380V 控制电路

【例 330】 两处操作开阀和关阀、各有后备电源保护的电动阀门电动机 220V 控制电路

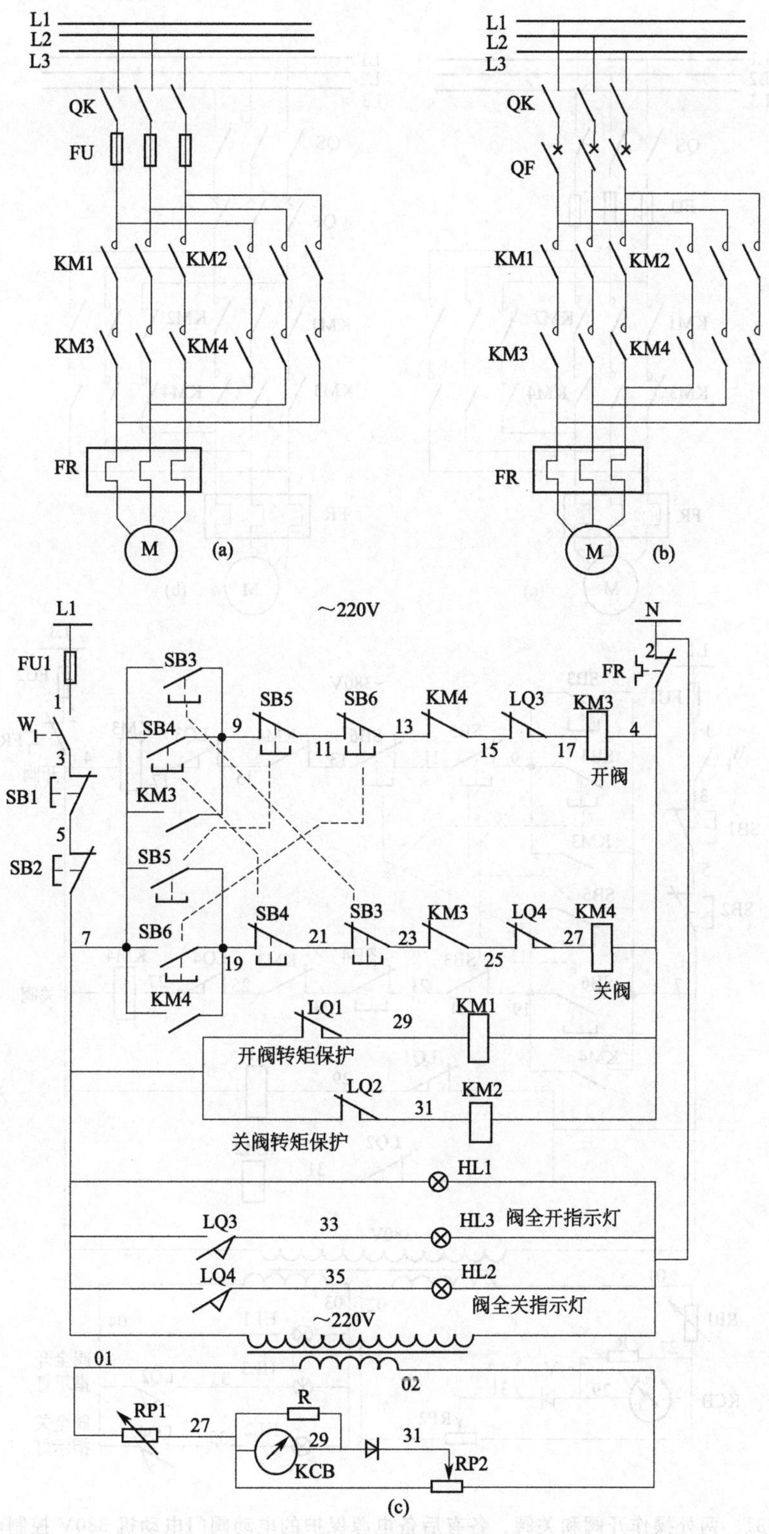

图 330　两处操作开阀和关阀、各有后备电源保护的电动阀门电动机 220V 控制电路

【例 331】 两处操作开阀和关阀、各有后备电源保护的电动阀门电动机 380V 控制电路

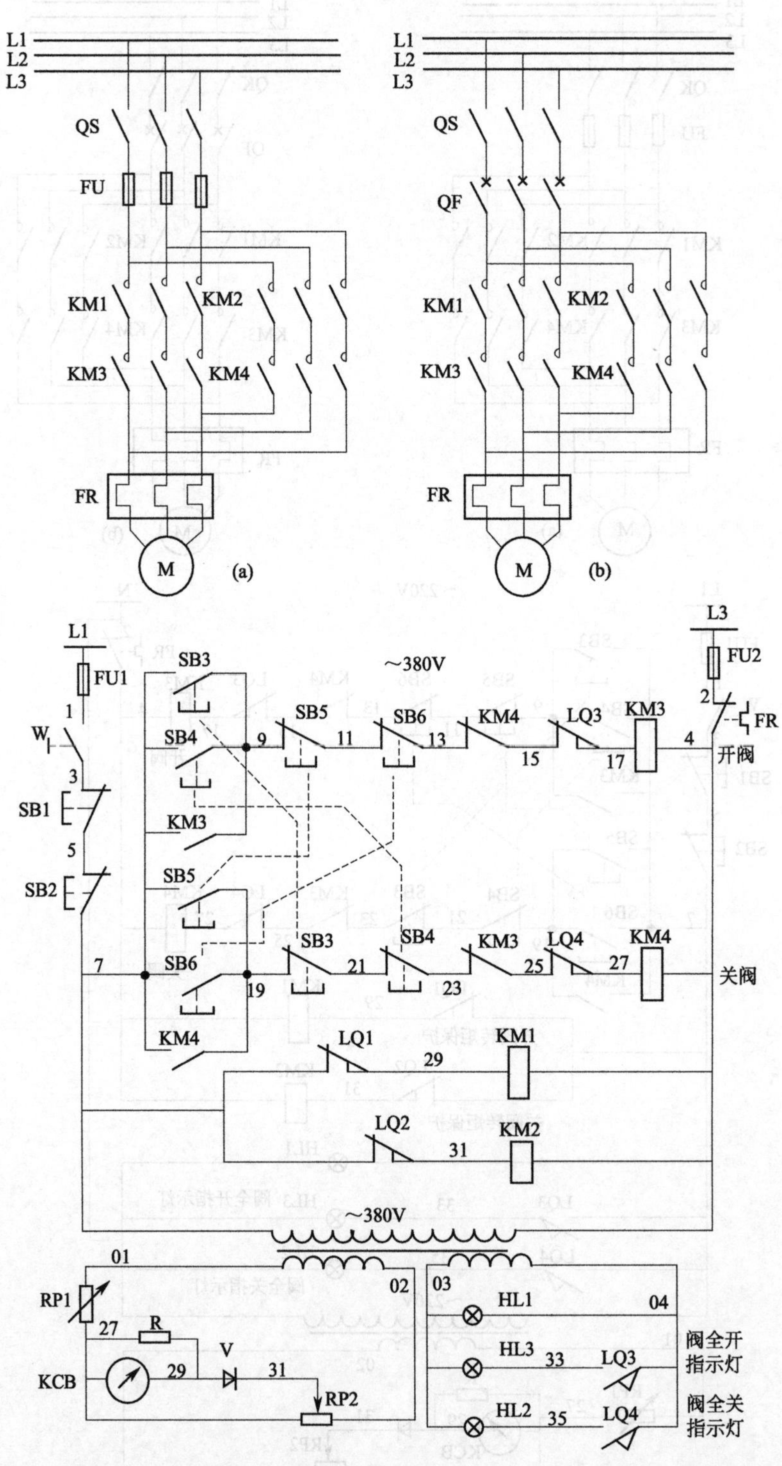

图 331 两处操作开阀和关阀、各有后备电源保护的电动阀门电动机 380V 控制电路

【例 332】 无后备电源的电动阀门电动机 220V 控制电路

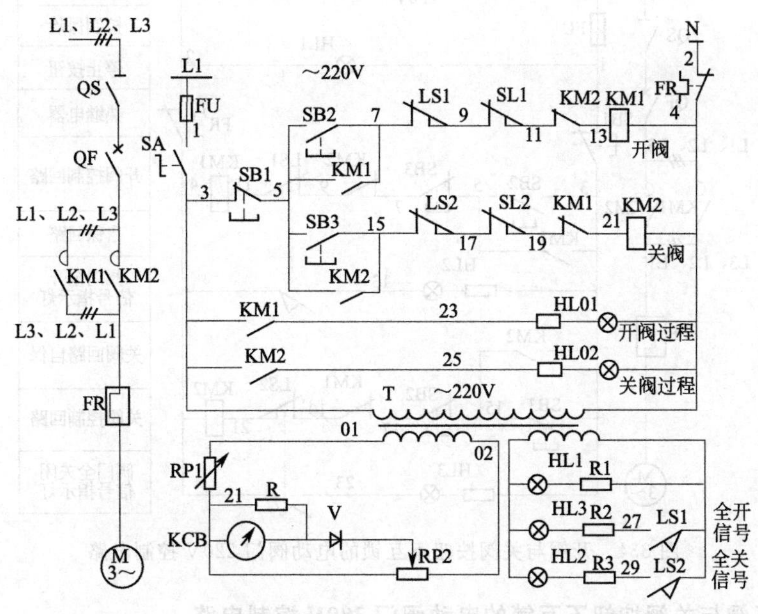

图 332　无后备电源的电动阀门电动机 220V 控制电路

【例 333】 无后备电源的电动阀门电动机 380V 控制电路

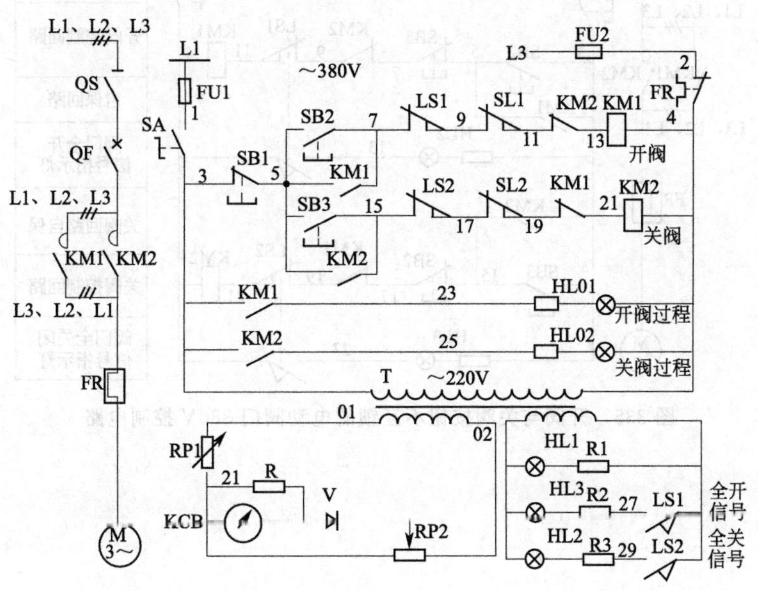

图 333　无后备电源的电动阀门电动机 380V 控制电路

【例 334】 开阀与关阀按钮不互锁的电动阀门 220V 控制电路

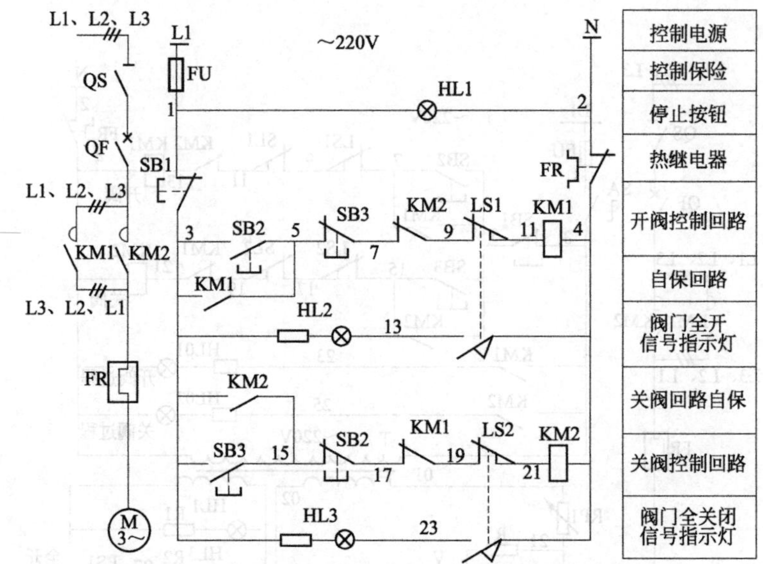

图 334 开阀与关阀按钮不互锁的电动阀门 220V 控制电路

【例 335】 开阀与关阀按钮不互锁的电动阀门 380V 控制电路

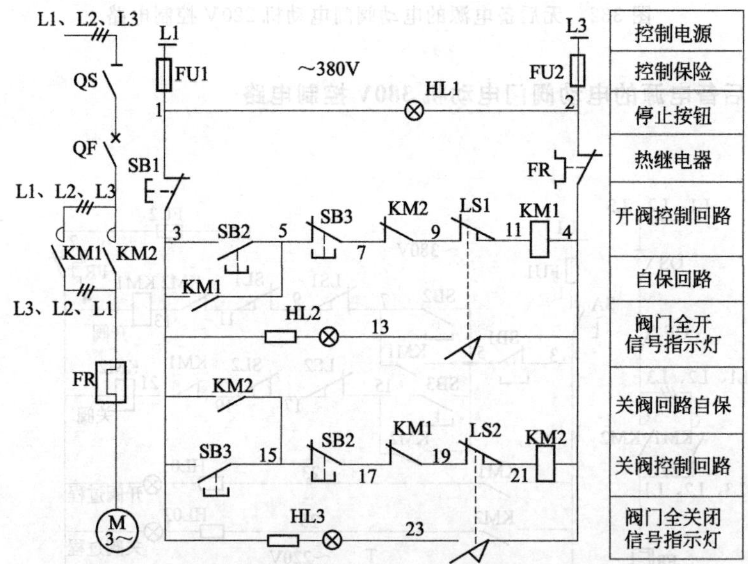

图 335 开阀与关阀按钮不互锁的电动阀门 380V 控制电路

第十五章

电流表、电压表、电能表接线

【例 336】 电流表直接串入单相负载回路的接线

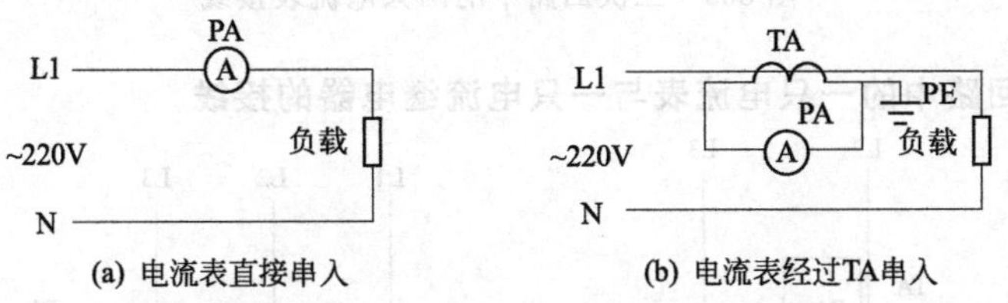

(a) 电流表直接串入　(b) 电流表经过TA串入

图 336　电流表直接串入单相负载回路的接线

【例 337】 回路中有三只电流表的接线

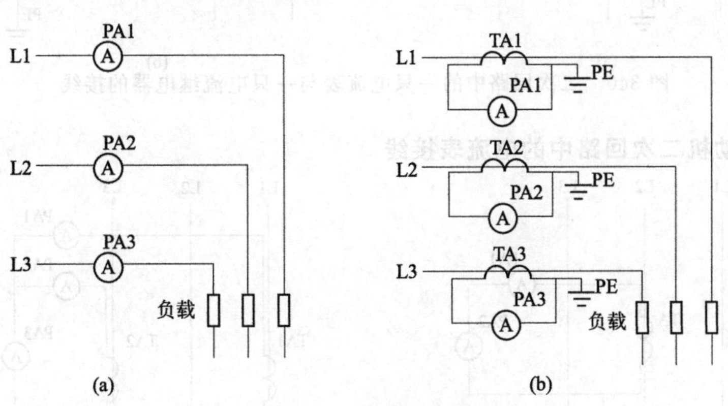

(a)　(b)

图 337　回路中有三只电流表的接线

【例 338】 二次回路中的三只电流表接线

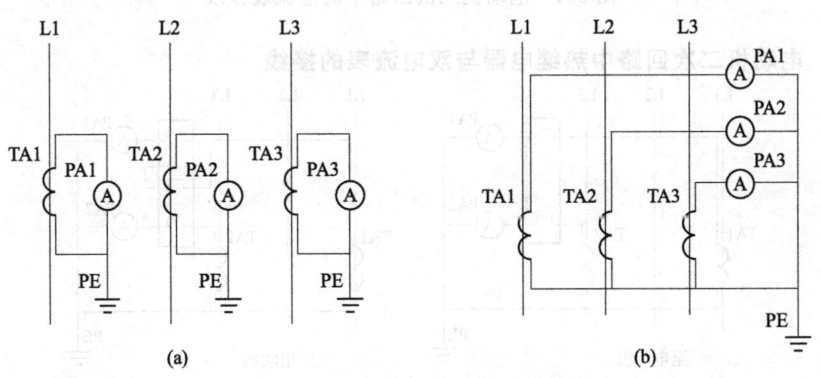

(a)　(b)

图 338　二次回路中的三只电流表接线

【例 339】 二次回路中的两只电流表接线

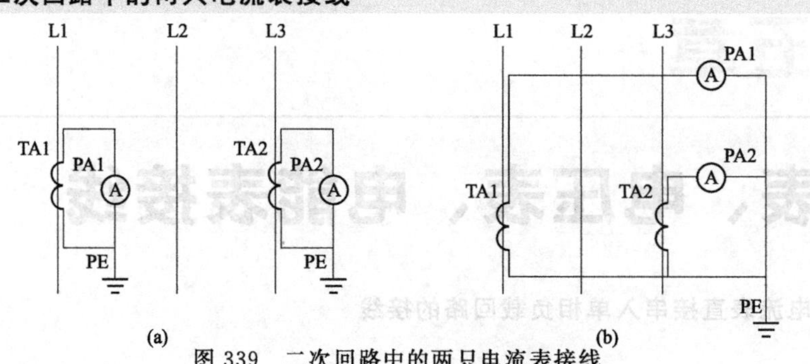

图 339 二次回路中的两只电流表接线

【例 340】 二次回路中的一只电流表与一只电流继电器的接线

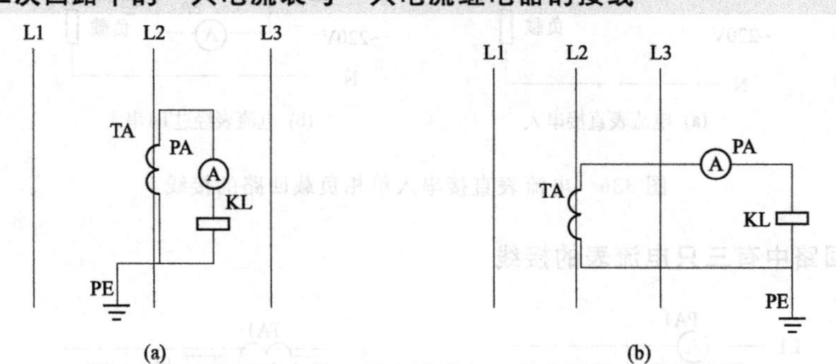

图 340 二次回路中的一只电流表与一只电流继电器的接线

【例 341】 电动机二次回路中的电流表接线

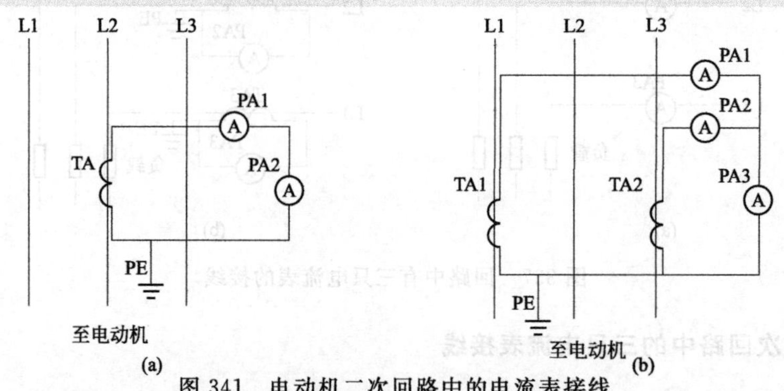

图 341 电动机二次回路中的电流表接线

【例 342】 电动机二次回路中热继电器与双电流表的接线

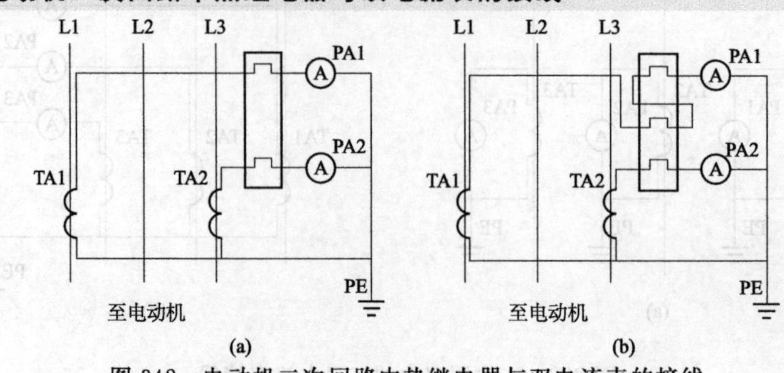

图 342 电动机二次回路中热继电器与双电流表的接线

【例 343】 电动机二次回路中热继电器与三只电流表的接线

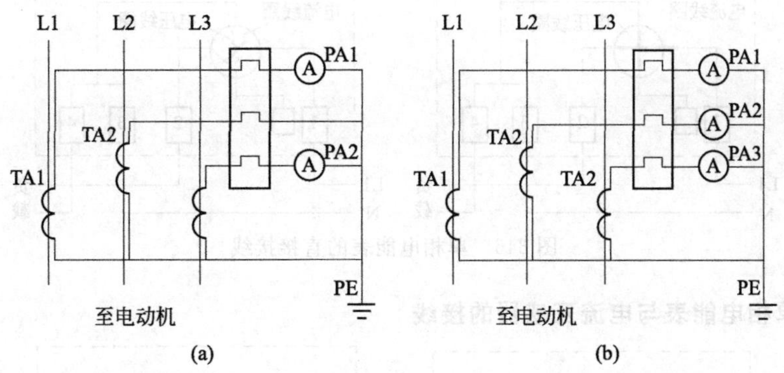

图 343 电动机二次回路中热继电器与三只电流表的接线

【例 344】 低压回路中的电压表一般接线

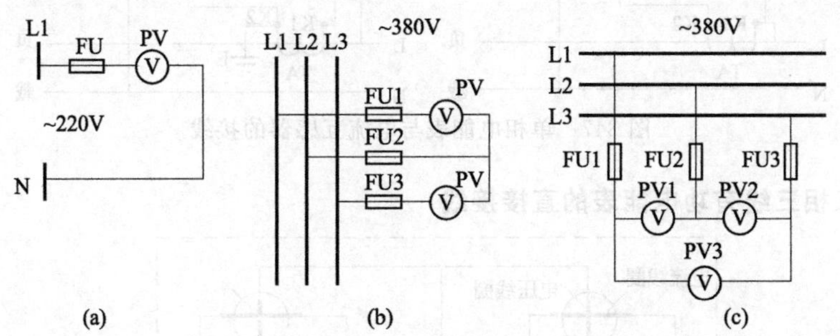

图 344 低压回路中的电压表一般接线

【例 345】 回路有电压切换开关的电压表接线

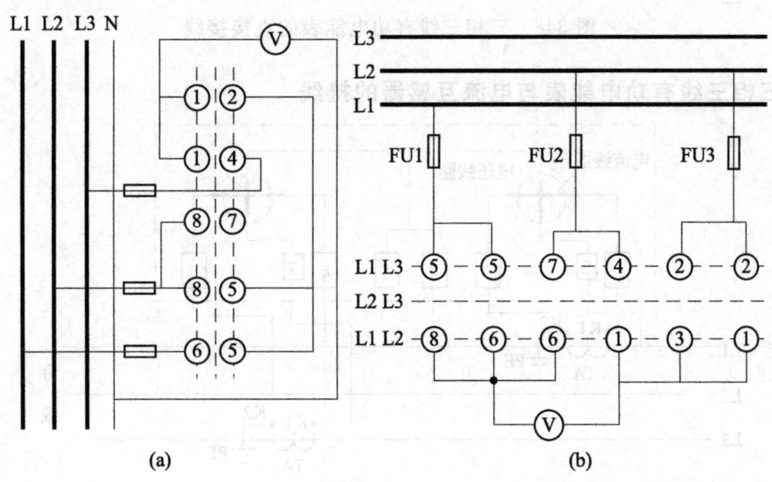

图 345 回路有电压切换开关的电压表接线

【例 346】 单相电能表的直接接线

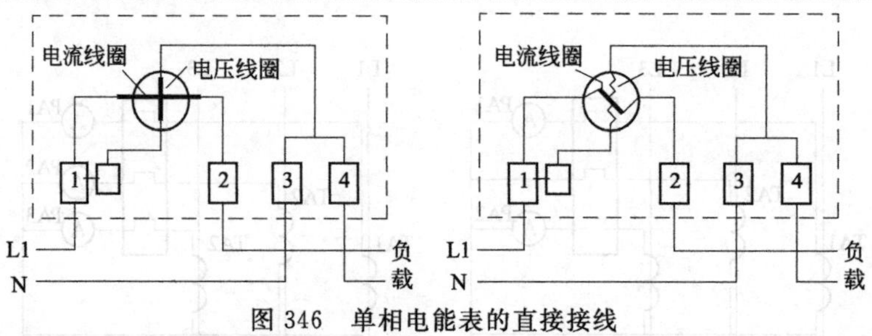

图 346 单相电能表的直接接线

【例 347】 单相电能表与电流互感器的接线

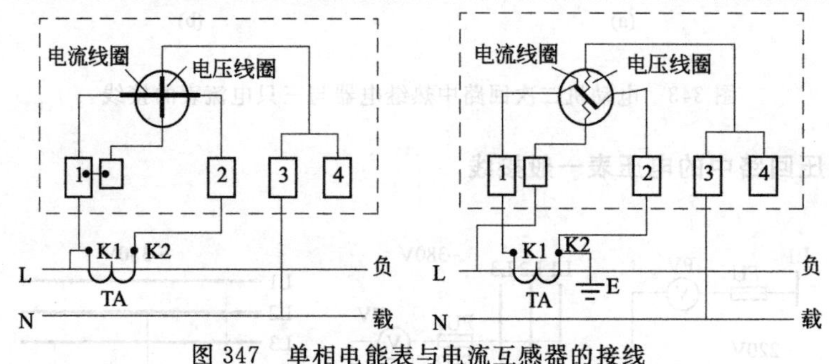

图 347 单相电能表与电流互感器的接线

【例 348】 三相三线有功电能表的直接接线

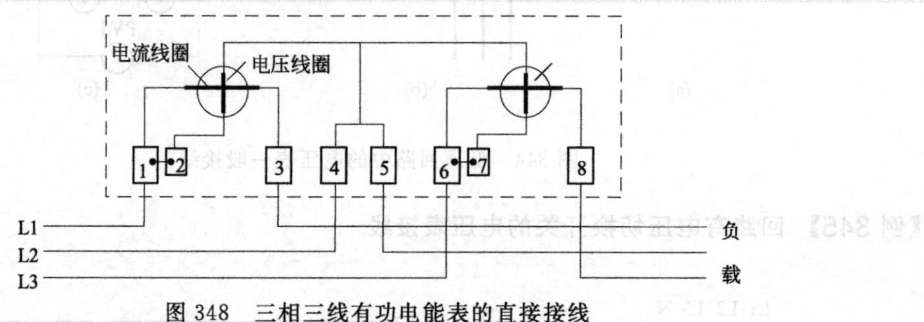

图 348 三相三线有功电能表的直接接线

【例 349】 三相三线有功电能表与电流互感器的接线

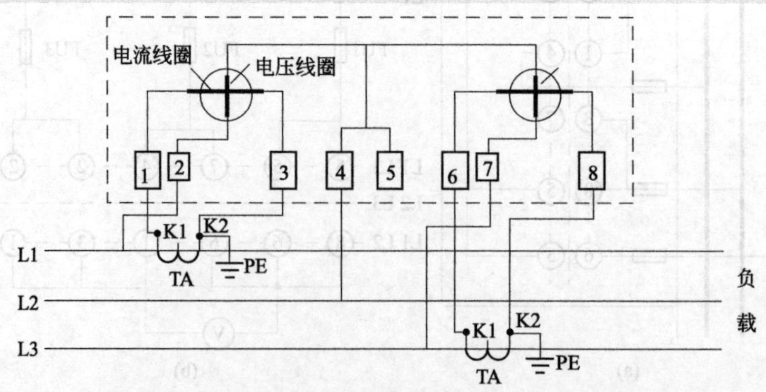

图 349 三相三线有功电能表与电流互感器的接线

第十六章

单相交流感应电动机控制电路

【例 350】 断路器、刀开关直接操作控制的单相电动机电路

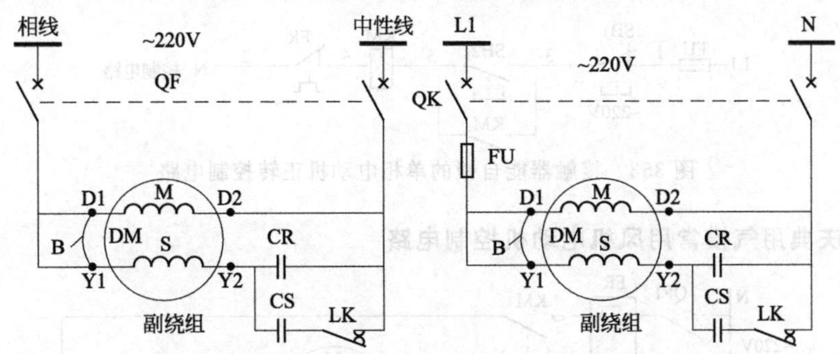

图 350 断路器、刀开关直接操作控制的单相电动机电路

【例 351】 转换开关控制的单相电动机电路

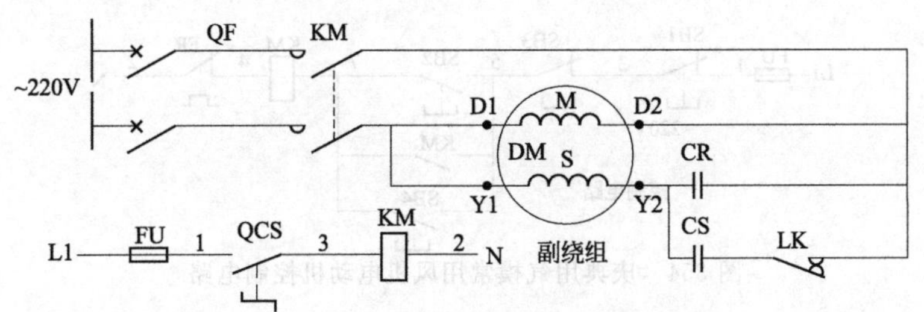

图 351 转换开关控制的单相电动机电路

【例 352】 两处点动操作的单相电动机正转控制电路

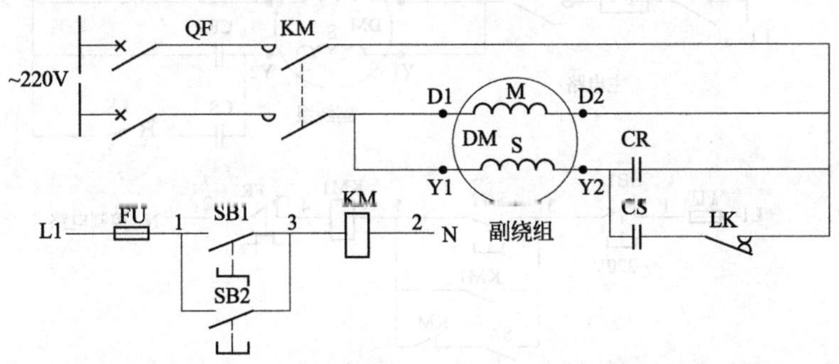

图 352 两处点动操作的单相电动机正转控制电路

【例 353】 接触器能自锁的单相电动机正转控制电路

采用接触器控制的单相电动机正转接线见图 353，断路器 QF 的容量不易选择过大，为电动机额定电流的 2～2.5 倍即可。

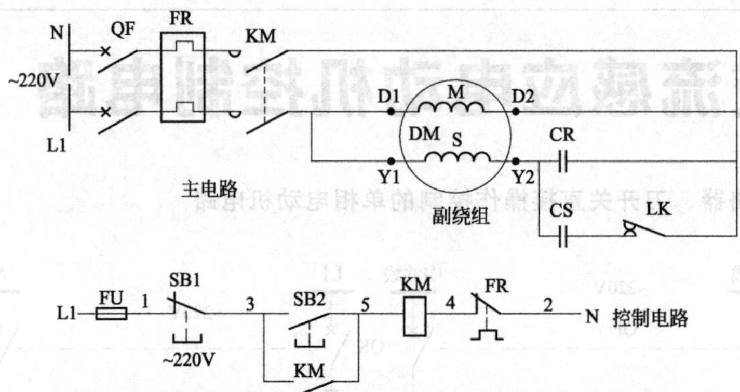

图 353 接触器能自锁的单相电动机正转控制电路

【例 354】 庆典用气模常用风机电动机控制电路

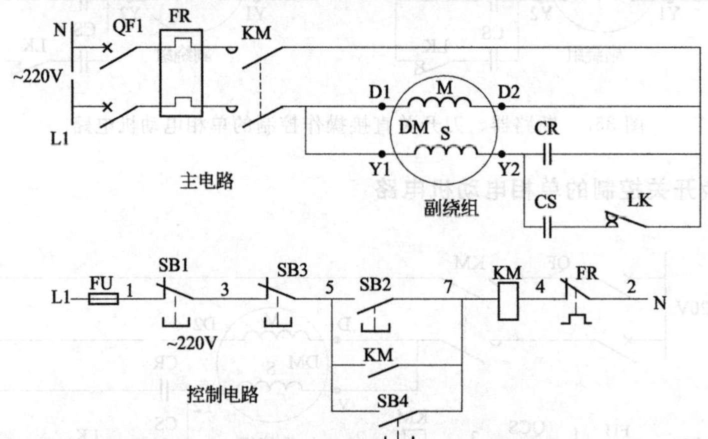

图 354 庆典用气模常用风机电动机控制电路

【例 355】 庆典用气模备用风机电动机控制电路

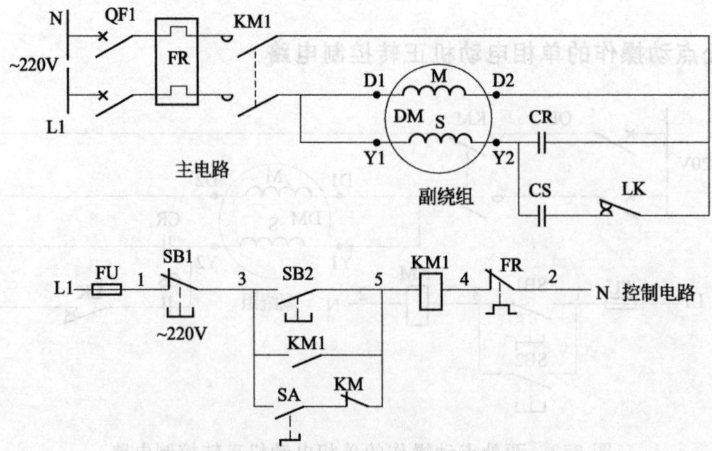

图 355 庆典用气模备用风机电动机控制电路

【例 356】 转换开关操作的单相电动机正反转控制电路

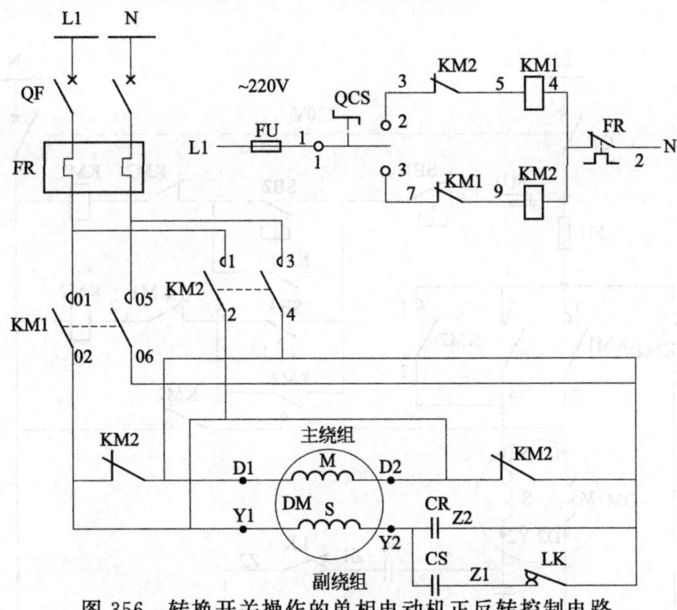

图 356　转换开关操作的单相电动机正反转控制电路

加油站

低压交流电动机的控制回路

(1) 电动机的控制回路应装设隔离电器和短路保护电器，但由电动机主回路供电且符合下列条件之一时，可不另装设：

① 主回路短路保护器件能有效保护控制回路的线路时；

② 控制器回路接线简单、线路很短且有可靠的机械防护时；

③ 控制回路断电不会造成严重后果时。

(2) 控制回路的电源及接线方式应安全可靠、简单适用，并应符合下列规定：

① 当 TN 或 TT 系统中的控制回路发生接地故障时，控制回路的接线方式应能防止电动机意外启动或不能停车；

② 对可靠性要求高的复杂控制回路可采用不间断电源供电，亦可采用直流电源供电，直流电源供电，的控制回路宜采用不接地系统，并应装设绝缘监视装置；

③ 额定电压不超过交流 50V 或直流 120V 的控制回路的接线和布线应能防止引入较高的电压和电位。

(3) 电动机的控制按钮或控制开关宜装设在电动机附近便于操作和观察的地点。当需在不能观察电动机或机械的地点进行控制时，应在控制点装设指示电动机工作状态的灯光信号或仪表。

(4) 自动控制或联锁控制的电动机应有手动控制和解除自动控制或联锁控制的措施，远方控制的电动机应有就地控制和解除远方控制的措施；当突然启动可能危及周围人员安全时，应在机械旁装设启动预告信号和应急断电控制开关或自锁式停止按钮。

(5) 当反转会引起危险时，反接制动的电动机应采取防止制动终了时反转的措施。

(6) 电动机旋转方向的错误将危及人员和设备安全时，应采取防止电动机倒相造成旋转方向错误的措施。

【例 357】 改变主绕组极性接线的单相电动机正反转控制电路

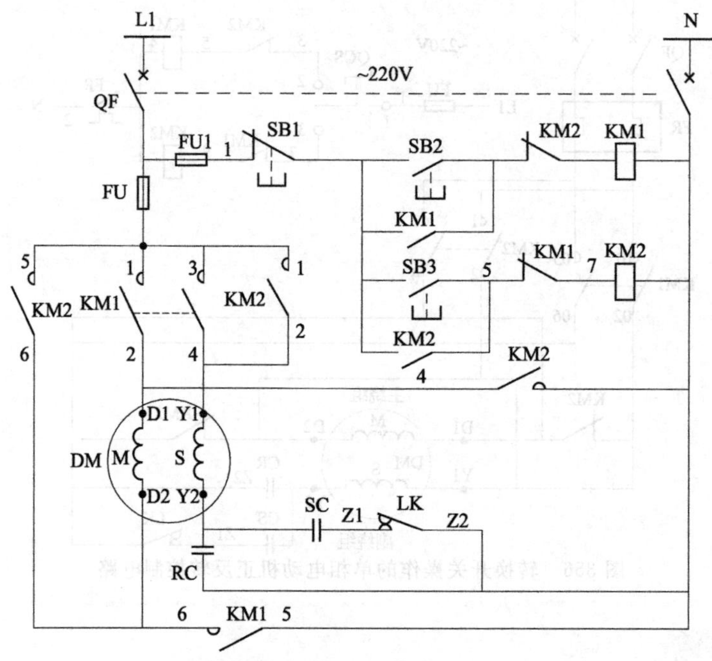

图 357 改变主绕组极性接线的单相电动机正反转控制电路

【例 358】 改变启动绕组极性接线的单相电动机正反转控制电路

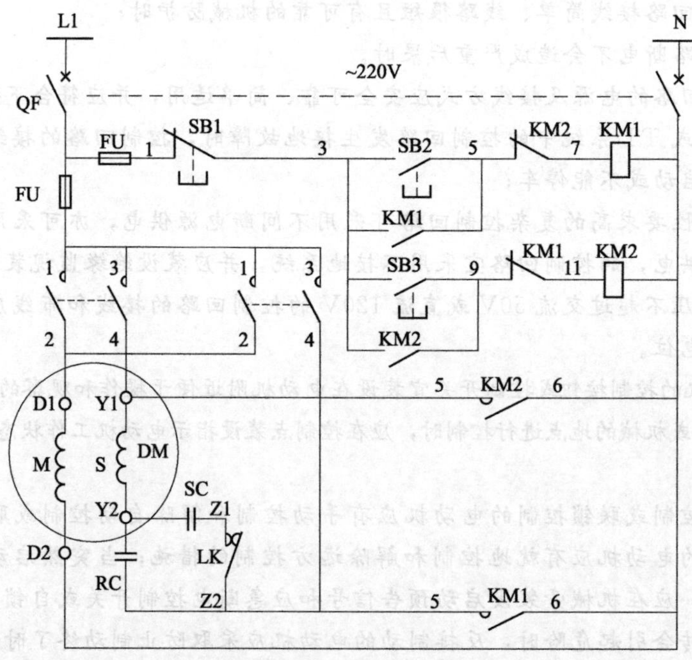

图 358 改变启动绕组极性接线的单相电动机正反转控制电路

【例 359】 两处操作的单相电动机正反转控制电路

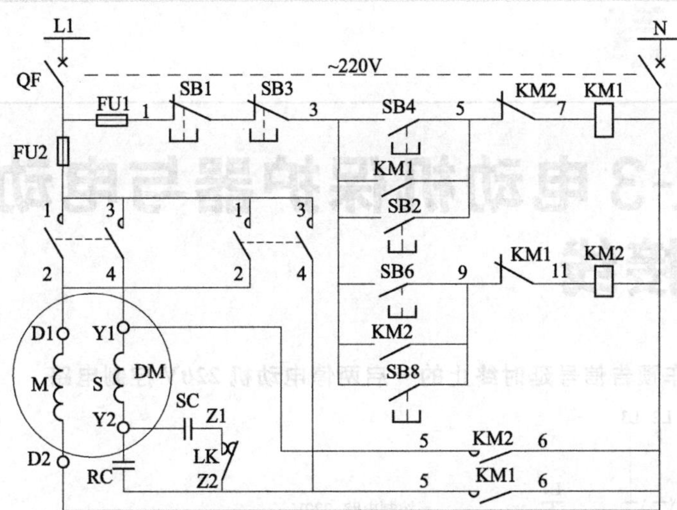

图 359　两处操作的单相电动机正反转控制电路

加油站

例 019、例 020、例 021 电路工作原理

(1) 图 019 电路工作原理

需要自动运转时，将控制开关 SA 置于自动位置，触点 3、4 接通，1、2 断开。当水压下降到整定值时，电接点压力表 ST 的触点 1、3 闭合，电源 1 号线→SA 的 3、4 触点→9 号线→电接点压力表 ST 闭合的触点 3、1→11 号线→KA 的动断触点→7 号线→接触器 KM 线圈→4 号线→FR 的动断触点→2 号线→电源 N 极。接触器 KM 得电吸合，KM 动合触点闭合自保，KM 主触点闭合，电动机得电运转，水泵工作。当水压上升到整定值时，压力表 ST 的触点 3、2 接通→13 号线→中间继电器 KA 线圈得电动作。11 号线与 7 号线之间的 KA 动断触点断开，接触器 KM 断电释放，KM 主触点断开，电动机脱离电源停止运转，水泵停止工作。

(2) 图 20、图 21 电路工作原理

图 020 与图 021 电动阀有自动开阀与关阀联锁控制，图 20 比图 019 多了一只时间继电器 KT（图 020 工作原理与图 019 基本相同，故省略），接触器 KM 得电动作时，KM 动合触点闭合自保，KM 主触点闭合，水泵电动机运转。接触器 KM 的辅助动合触点闭合，时间继电器 KT 得电吸合，开始计时。图 021 中的电动阀开阀回路中的延时动合触点 KT 闭合，电源通过控制开关 SA2 触点→15 号线→延时闭合的 KT 动合触点→7 号线→SB3 动断触点→9 号线→KM2 动断触点→11 号线→行程开关 LS1 动断触点→13 号线→开阀接触器 KM1 得电动作，主触点 KM1 闭合。电动机运转，驱动阀门打开。全开后，行程开关 LS1 动断触点断开，接触器 KM1 断电释放，阀门电动机断电停止运转。

图 020 水泵停机后，电源通过控制开关 SA2 触点→15 号线→关阀回路中的继电器 KA 闭合的动合触点→17 号线→SB2 动断触点→19 号线→KM1 动断触点→21 号线→行程开关 LS2 动断触点→23 号线→关阀接触器 KM2 线圈得电动作，KM2 主触点闭合，阀门电动机反方向运转进行关阀。关阀到位后，行程开关 LS2 动断触点断开，接触器 KM2 断电释放，KM2 主触点断开，阀门电动机停止运转，关阀动作停止，阀门全关。

第十七章

EOCR-3 电动机保护器与电动机控制回路接线

【例 360】 有开车预告信号延时终止的一启两停电动机 220V 控制电路

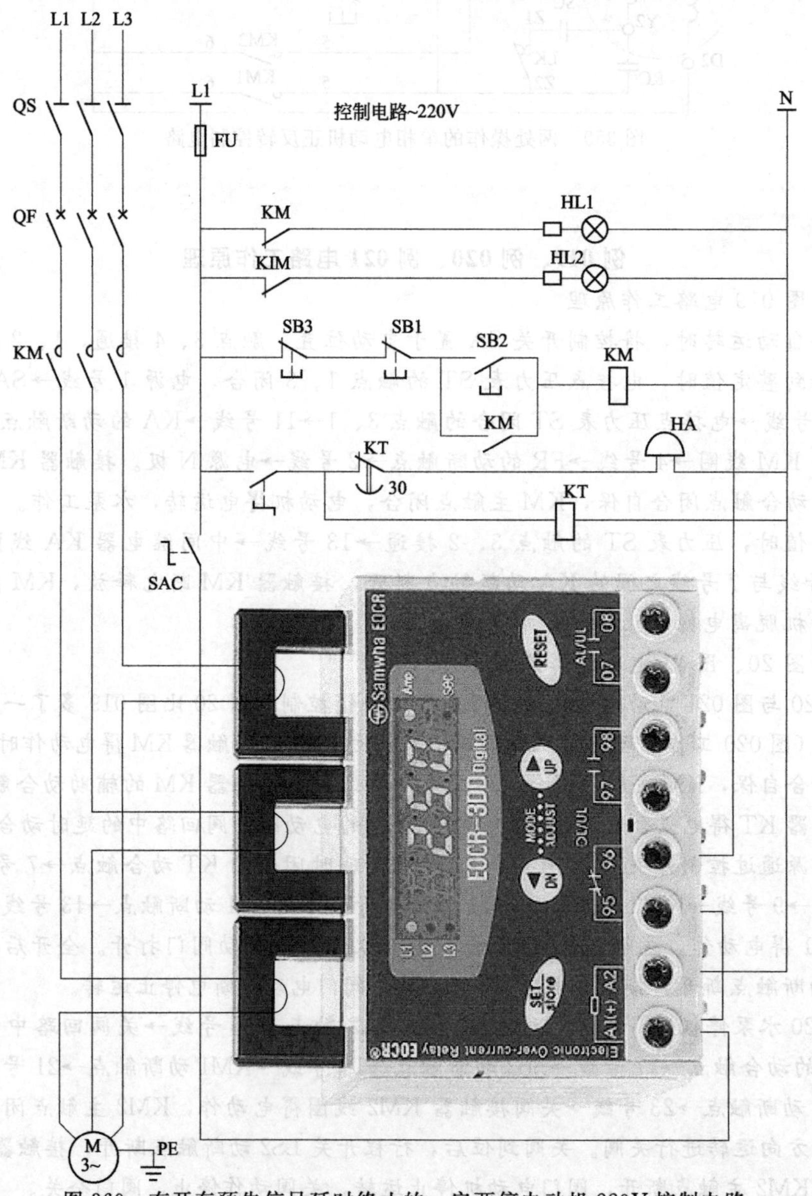

图 360　有开车预告信号延时终止的一启两停电动机 220V 控制电路

【例 361】 一启两停的电动机 220V 控制电路

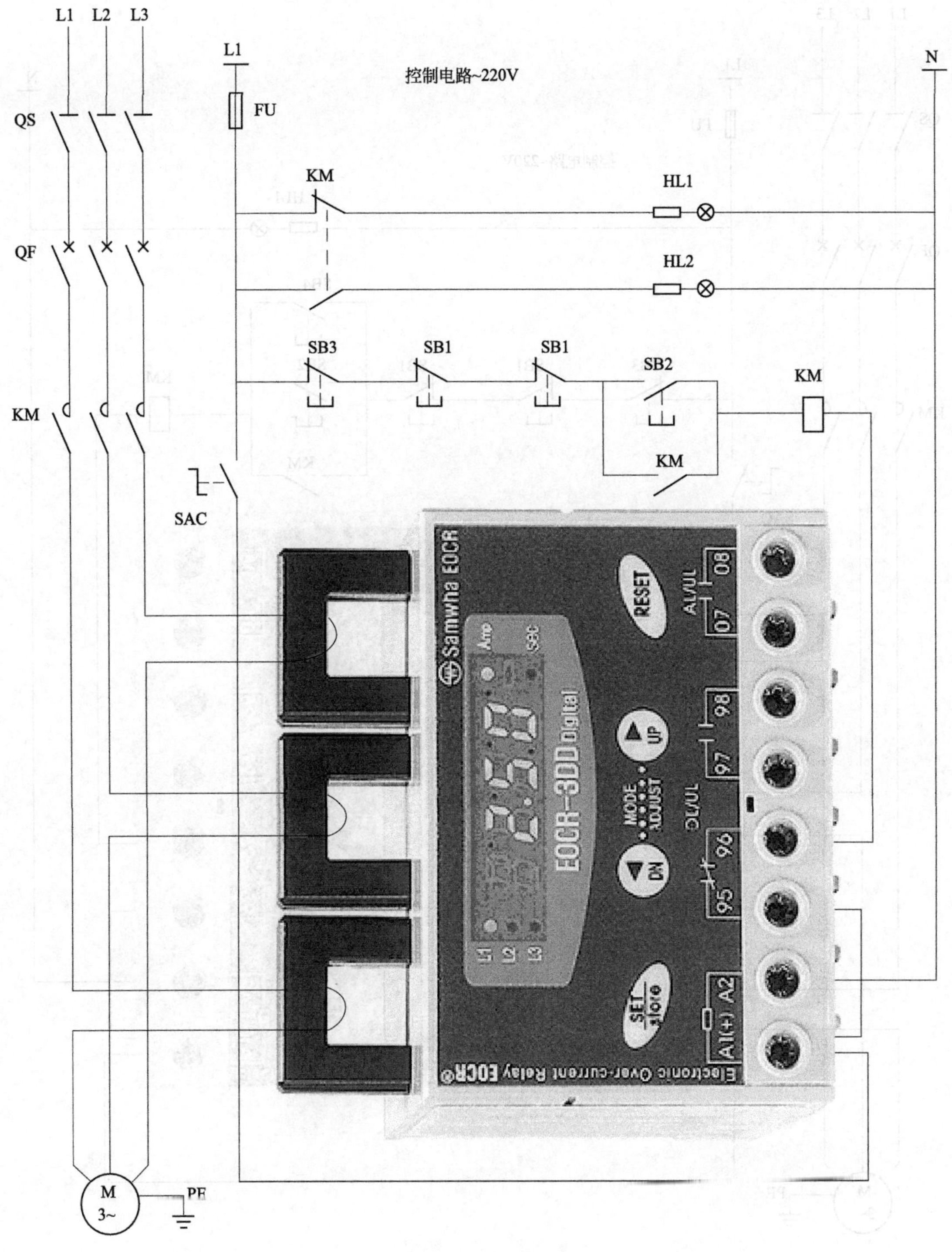

图 361　一启两停的电动机 220V 控制电路

【例 362】 两启三停的电动机 220V 控制电路

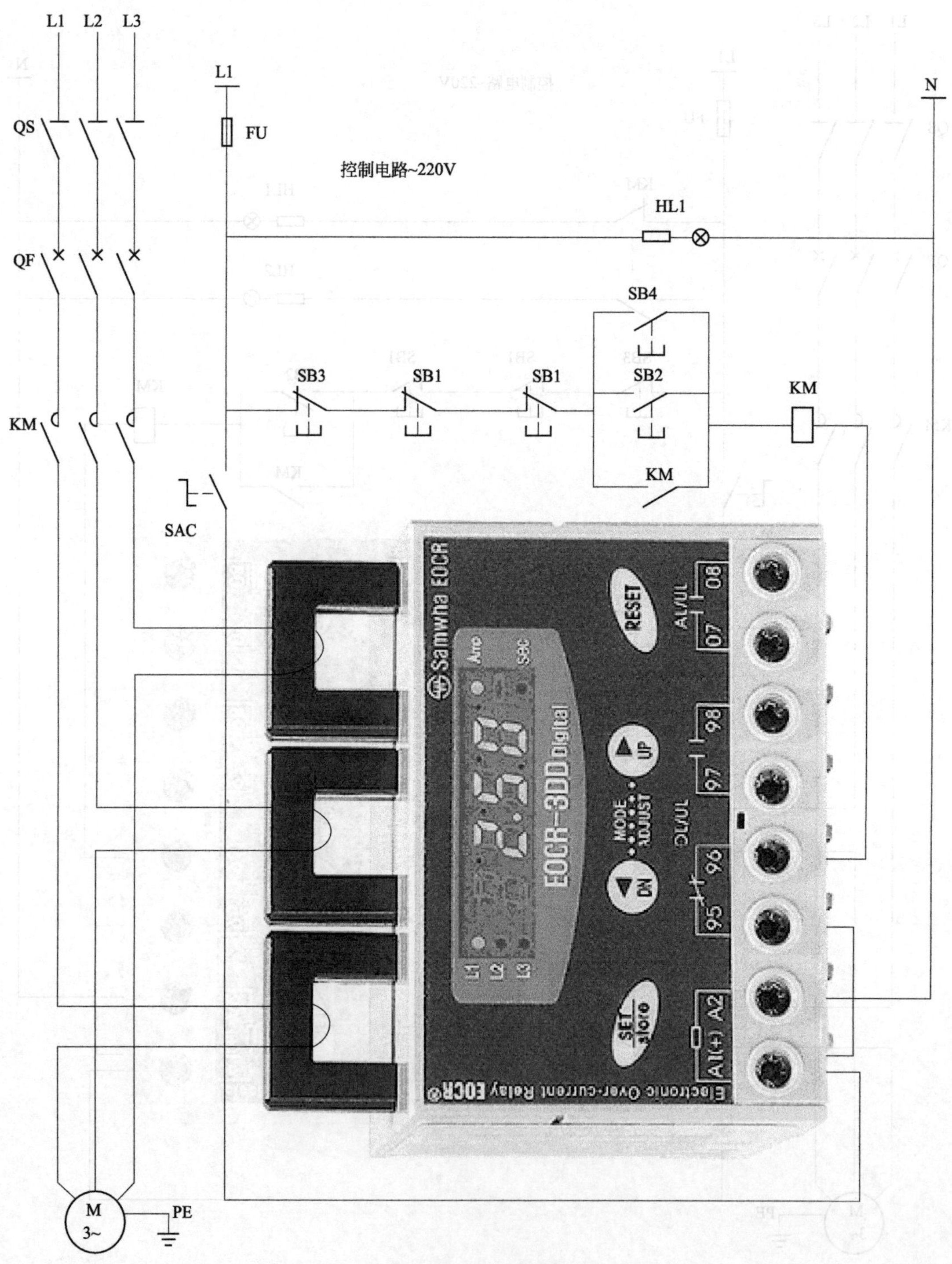

图 362 两启三停的电动机 220V 控制电路

【例 363】 一启三停、有启停状态信号的电动机 380V 控制电路

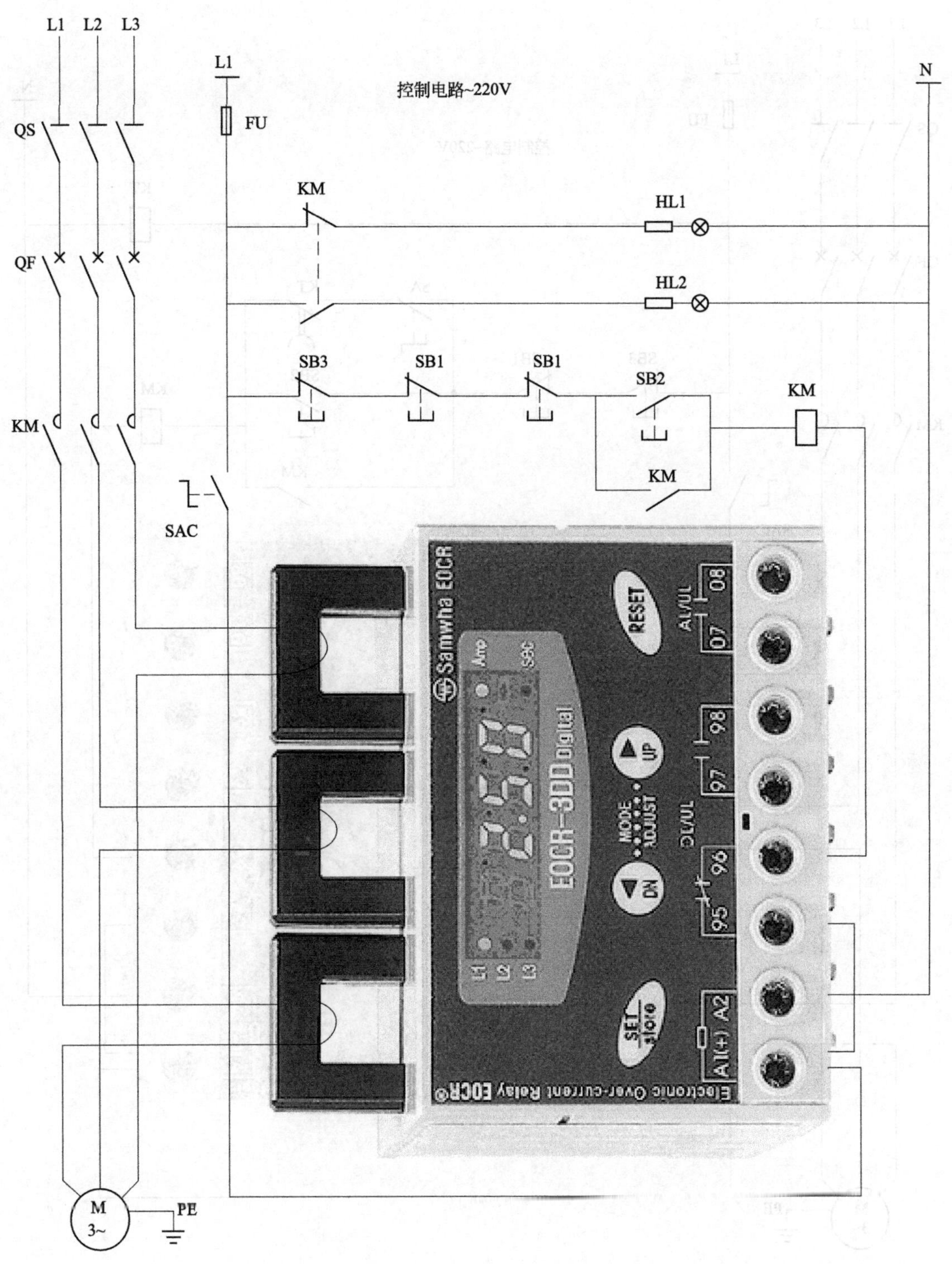

图 363 一启三停、有启停状态信号的电动机 380V 控制电路

【例 364】 延时自启动的电动机 220V 控制电路（1）

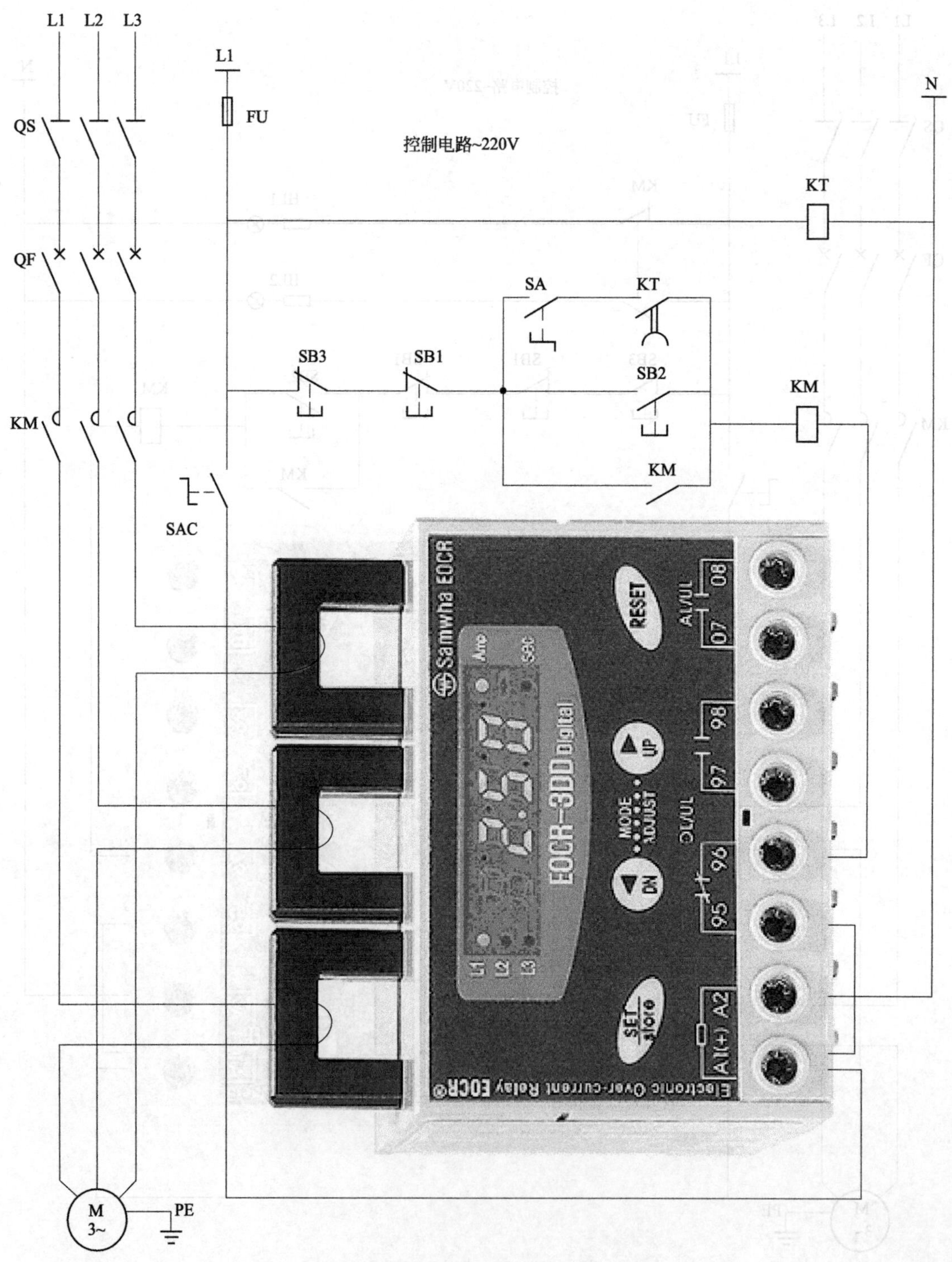

图 364 延时自启动的电动机 220V 控制电路（1）

【例 365】 延时自启动的电动机 220V 控制电路（2）

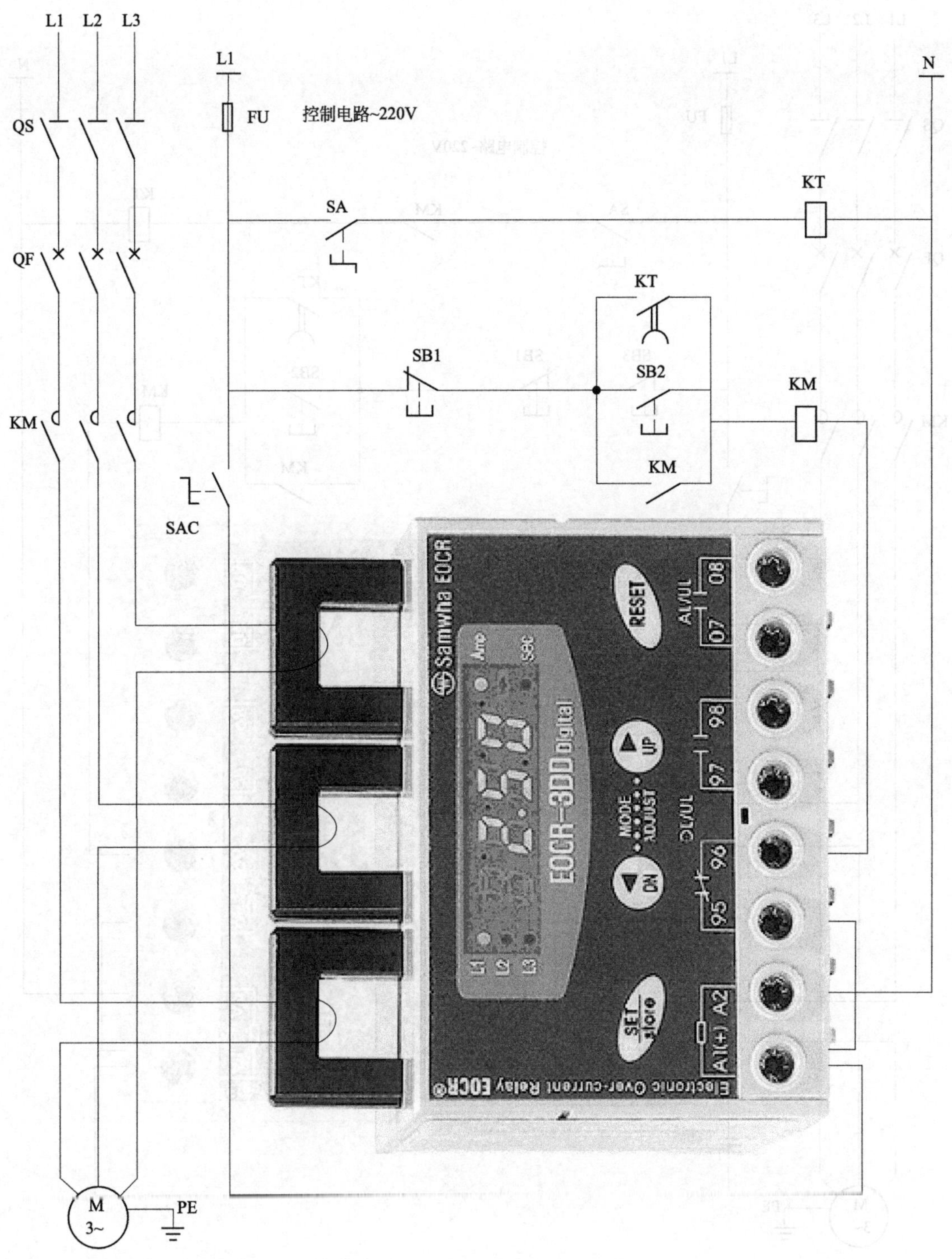

图 365　延时自启动的电动机 220V 控制电路（2）

【例 366】 延时自启动的电动机 220V 控制电路（3）

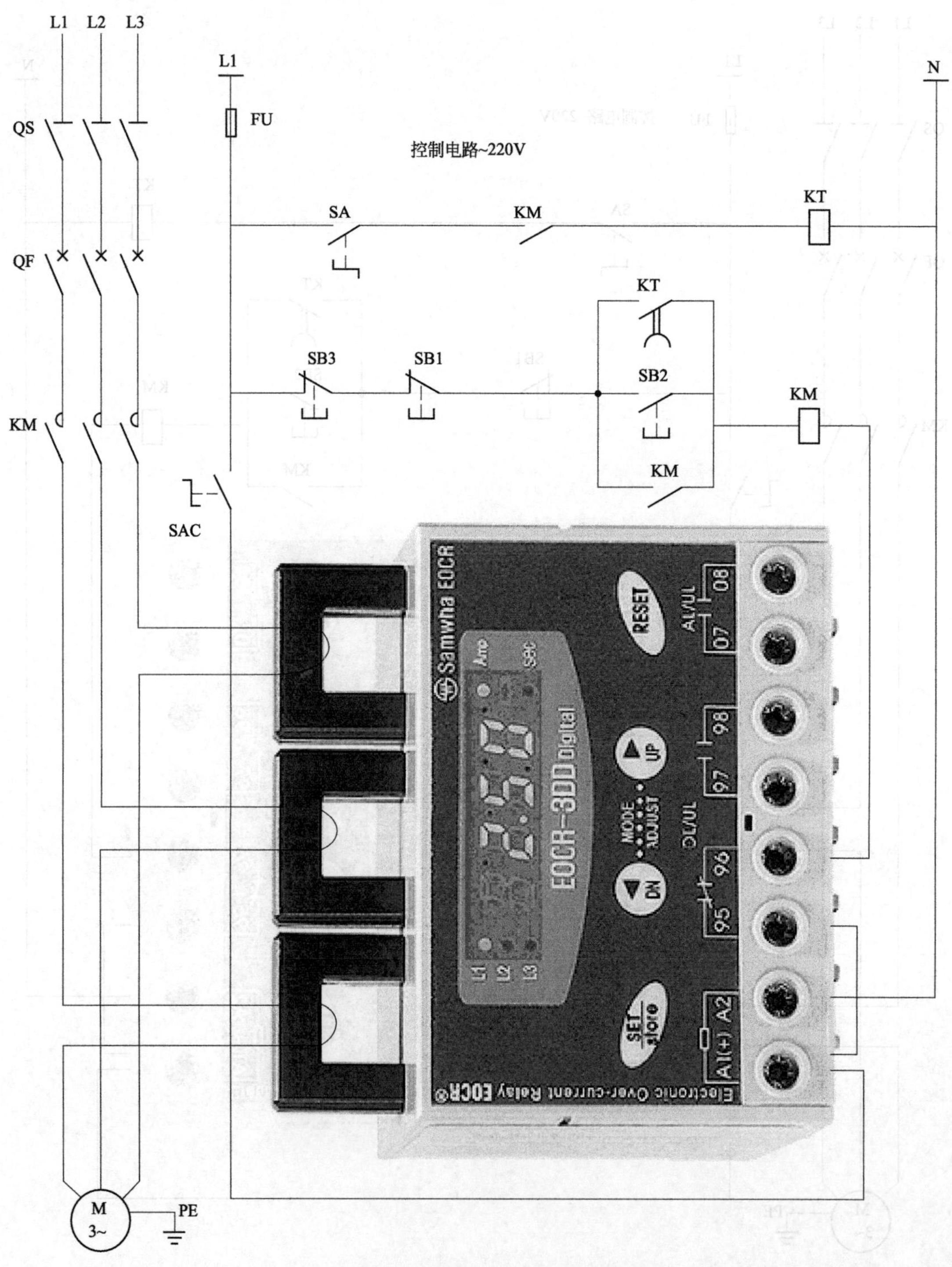

图 366 延时自启动的电动机 220V 控制电路（3）

第十八章

采用变频器启停电动机的控制电路

【例 367】 变频器远方启停电动机 380V 控制电路（1）

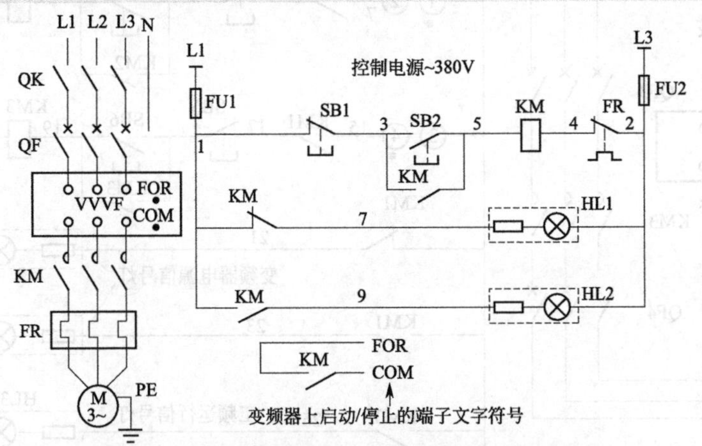

图 367 变频器远方启停电动机 380V 控制电路（1）

变频器有两种启动方式，通过变频器箱体上的键盘进行启停电动机，还可以通过变频器启停端子进行远方控制，通过键盘的功能键，设定相关数据。设定键盘上启停，远方控制无效。本章的控制电路为外部远方控制方式，通过安装在现场的控制按钮启停变频器（也就是启停电动机）。图 367、图 368 所示为常用的变频远方启停电动机的控制电路。主电路送电后，控制回路保险在合位，按启动按钮 SB2，其触点闭合，KM 得电动作。KM 主触点闭合，KM 辅助动合触点闭合将变频器启停端子 FOR、COM 短接，变频器得到启动信号启动，通过闭合的 KM 主触点，电动机得电运转，按设定的频率运行。需要电动机停止运行时，按一下停止按钮 SB1，其动断触点断开，变频器关断，电动机断电停止工作。

【例 368】 变频器远方启停电动机 380V 控制电路（2）

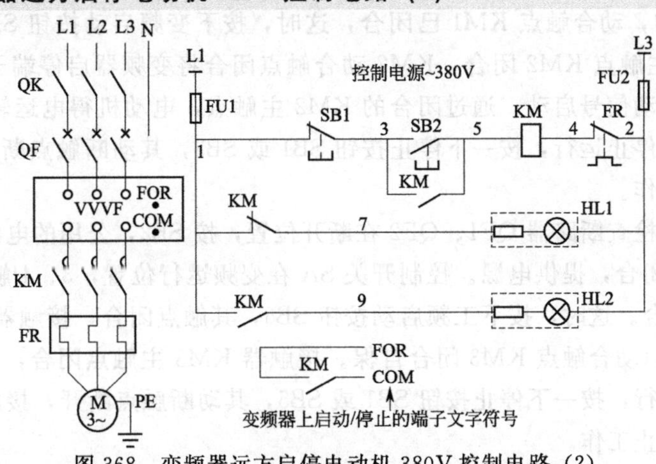

图 368 变频器远方启停电动机 380V 控制电路（2）

【例 369】 有公用电源、变频和工频可选的远方启停电动机的 380V 控制电路

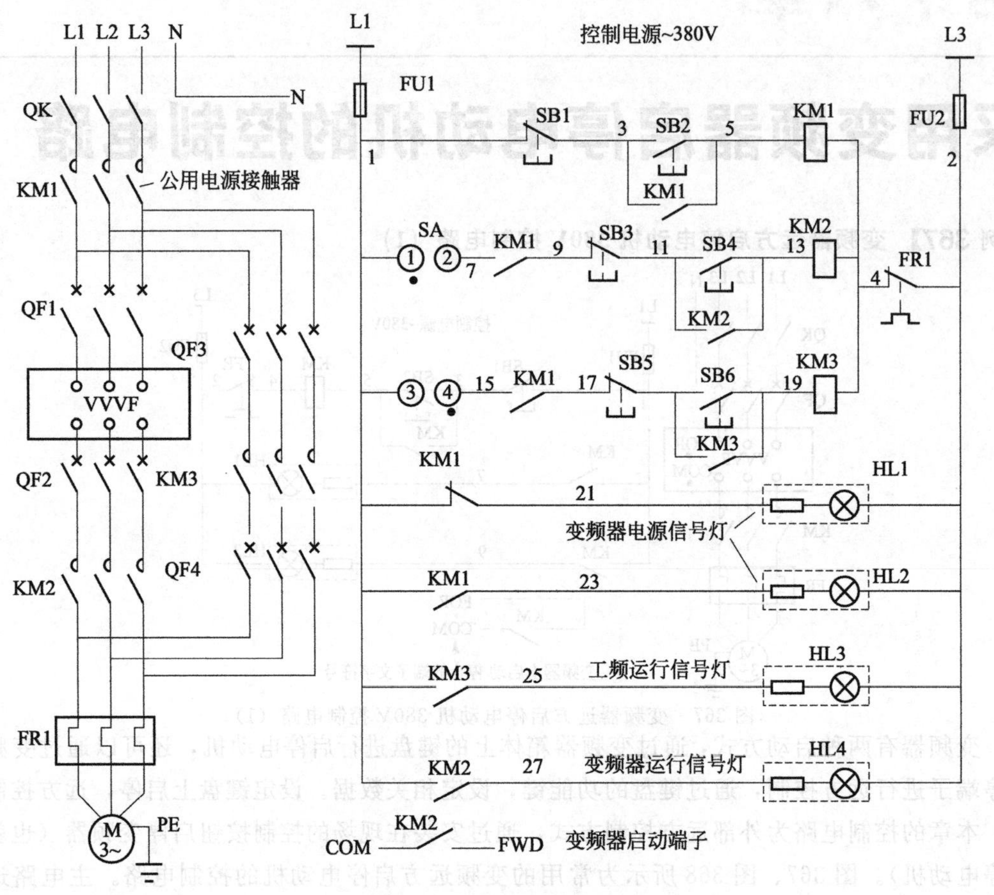

图 369 有公用电源、变频和工频可选的远方启停电动机的 380V 控制电路

图 369 和图 370 所示为变频和工频远方启停电动机的控制电路，接触器 KM1 为变频和工频电路提供公用的电源。变频启停前，检查断路器 QF3、QF4 在断开位置，按 SB2，公用的电源接触器 KM1 动作，主触点 KM1 闭合，提供电源。控制开关 SA 在变频运行位置，1、2 触点是接通的，动合触点 KM1 已闭合，这时，按下变频启动按钮 SB4，其触点闭合，KM2 得电动作，主触点 KM2 闭合，KM2 动合触点闭合将变频器启停端子 FOR、COM 短接，变频器得到启动信号启动，通过闭合的 KM2 主触点，电动机得电运转，按设定的频率运行。需要电动机停止运行，按一下停止按钮 SB1 或 SB3，其动断触点断开，变频器关断，电动机断电停止工作。

工频启停前，检查断路器 QF1、QF2 在断开位置，按 SB2，公用的电源接触器 KM1 动作，主触点 KM1 闭合，提供电源。控制开关 SA 在变频运行位置，3、4 触点是接通的，动合触点 KM1 已闭合。这时，按下工频启动按钮 SB6，其触点闭合，接触器 KM3 得电动作，主触点 KM3 闭合，动合触点 KM3 闭合自保。接触器 KM3 主触点闭合，电动机得电运转。需要电动机停止运行，按一下停止按钮 SB1 或 SB5，其动断触点断开，接触器 KM3 断电释放，电动机断电停止工作。

【例 370】 有公用电源、变频和工频可选的远方启停电动机的 220V 控制电路

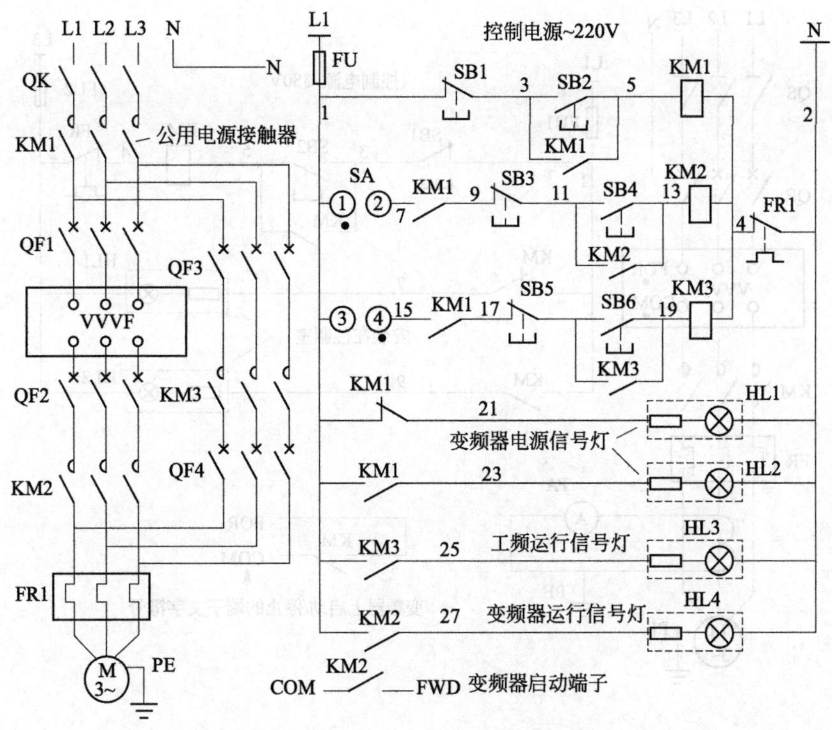

图 370　有公用电源、变频和工频可选的远方启停电动机的 220V 控制电路

【例 371】 有电流表、变频器远方启停电动机 220V 控制电路

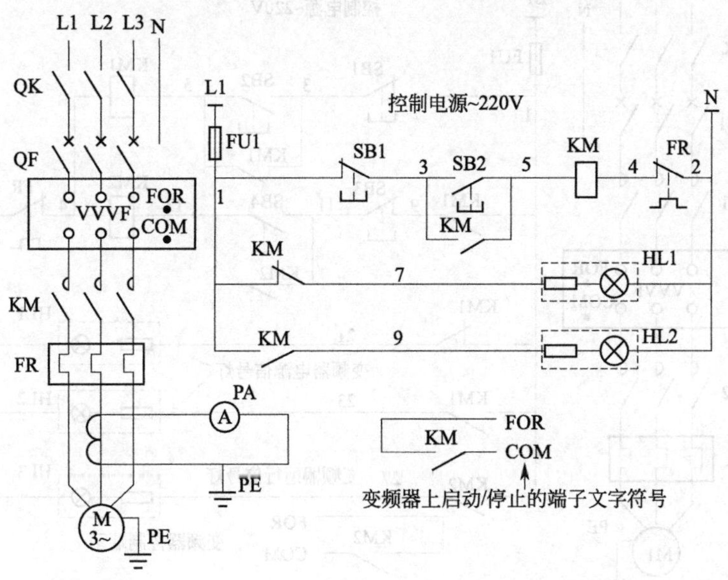

图 371　有电流表、变频器远方启停电动机 220V 控制电路

【例 372】 有电流表、变频器远方启停电动机 380V 控制电路

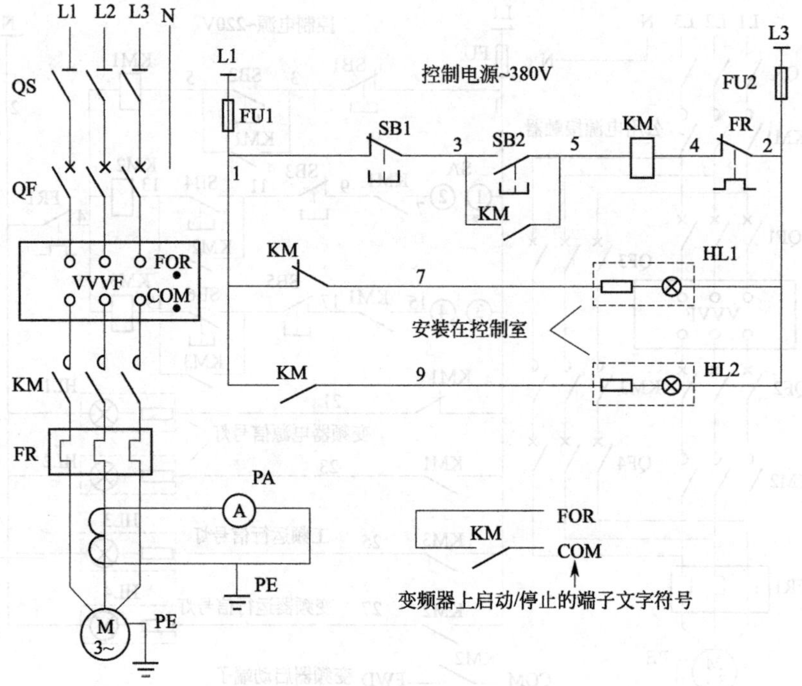

图 372 有电流表、变频器远方启停电动机 380V 控制电路

【例 373】 有电源接触器、远方操作变频启停电动机 220V 控制电路

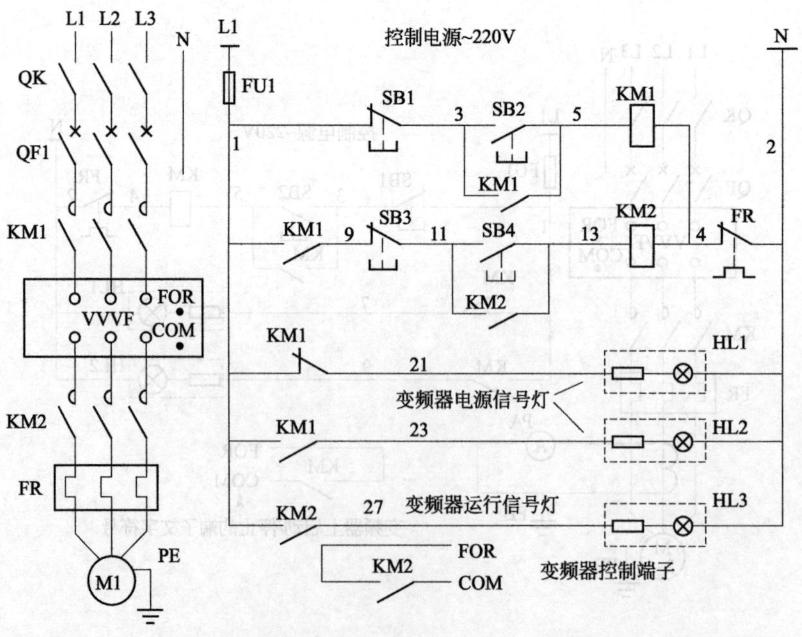

图 373 有电源接触器、远方操作变频启停电动机 220V 控制电路

【例 374】变频回路有电源接触器、可选变频/工频启停电动机 220V 控制电路

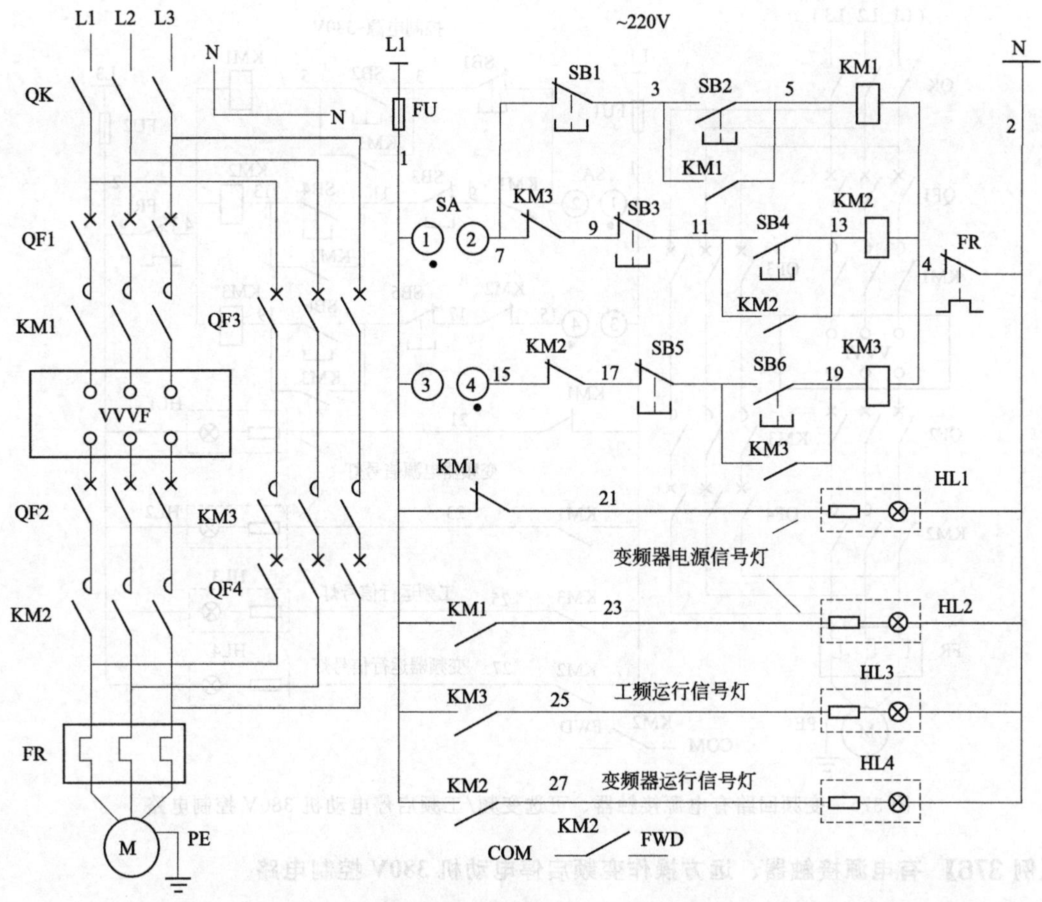

图 374　变频回路有电源接触器、可选变频/工频启停电动机 220V 控制电路

图 374 和图 375 所示为变频回路有电源接触器、可选变频/工频远方启停电动机的控制电路。通过切换控制开关 SA 的位置，选择变频或工频运行电动机。如果选择变频运行，控制开关 SA 的 1、2 触点接通。控制接触器 KM1 为变频提供电源。变频启停前，检查断路器 QF3、QF4 在断开位置，按 SB2，公用的电源接触器 KM1 动作，主触点 KM1 闭合，为变频器提供电源。控制开关 SA 在变频运行位置，1、2 触点是接通的，动合触点 KM1 已闭合，这时，按下变频启动按钮 SB4，其动合触点闭合，KM2 得电动作，主触点 KM2 闭合，KM2 动合触点闭合将变频器启停端子 FOR、COM 短接，变频器得到启动信号启动。通过闭合的 KM2 主触点，电动机得电运转，按设定的频率运行。需要电动机停止运行时，按下停止按钮 SB1 或 SB3，其动断触点断开，接触器 KM2 主触点断开（变频器关断），电动机断电停止工作。

工频启停前，检查断路器 QF1、QF2 在断开位置，控制开关 SA 在工频运行位置，3、4 触点是接通的，按下工频启动按钮 SB6，其动合触点闭合，接触器 KM3 线圈得电动作，主触点 KM3 闭合，动合触点 KM3 闭合自保。接触器 KM3 主触点闭合，电动机得电运转。需要电动机停止运行时，按下停止按钮 SB1 或 SB5，其动断触点断开，接触器 KM3 断电释放，电动机断电停止工作。

【例 375】 变频回路有电源接触器、可选变频/工频启停电动机 380V 控制电路

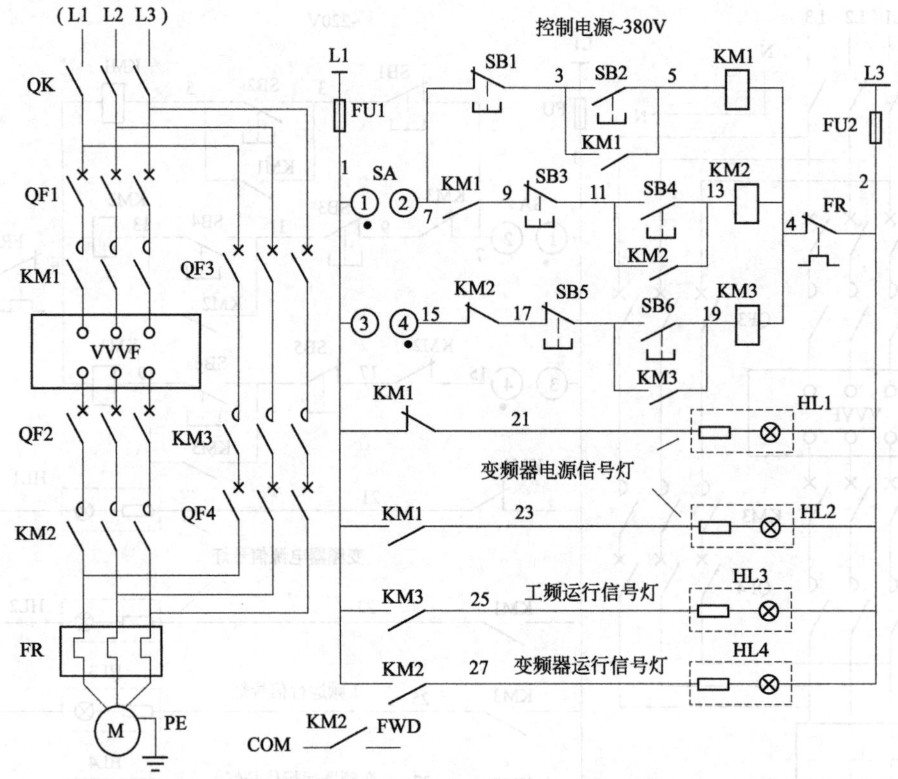

图 375 变频回路有电源接触器、可选变频/工频启停电动机 380V 控制电路

【例 376】 有电源接触器、远方操作变频启停电动机 380V 控制电路

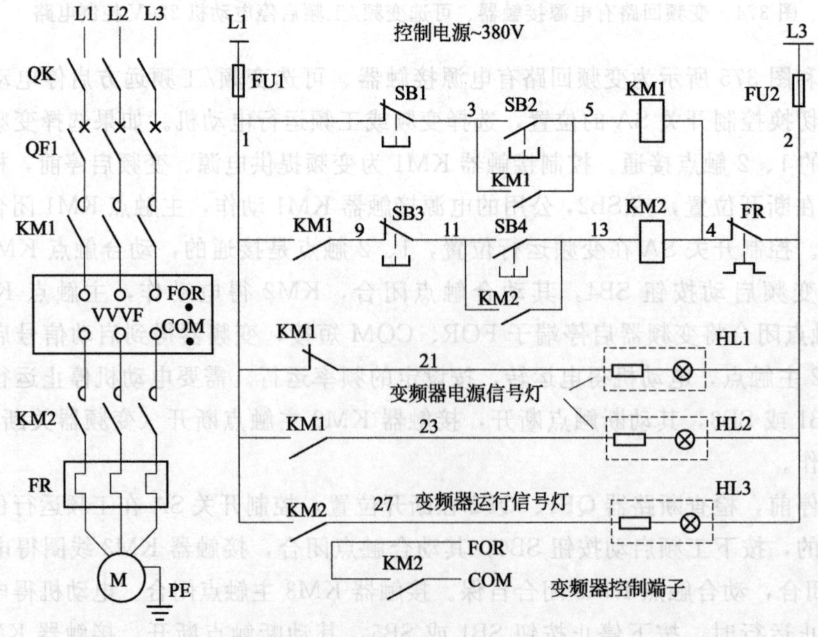

图 376 有电源接触器、远方操作变频启停电动机 380V 控制电路

【例 377】 变频器调速与工频运转的原料泵电动机电路

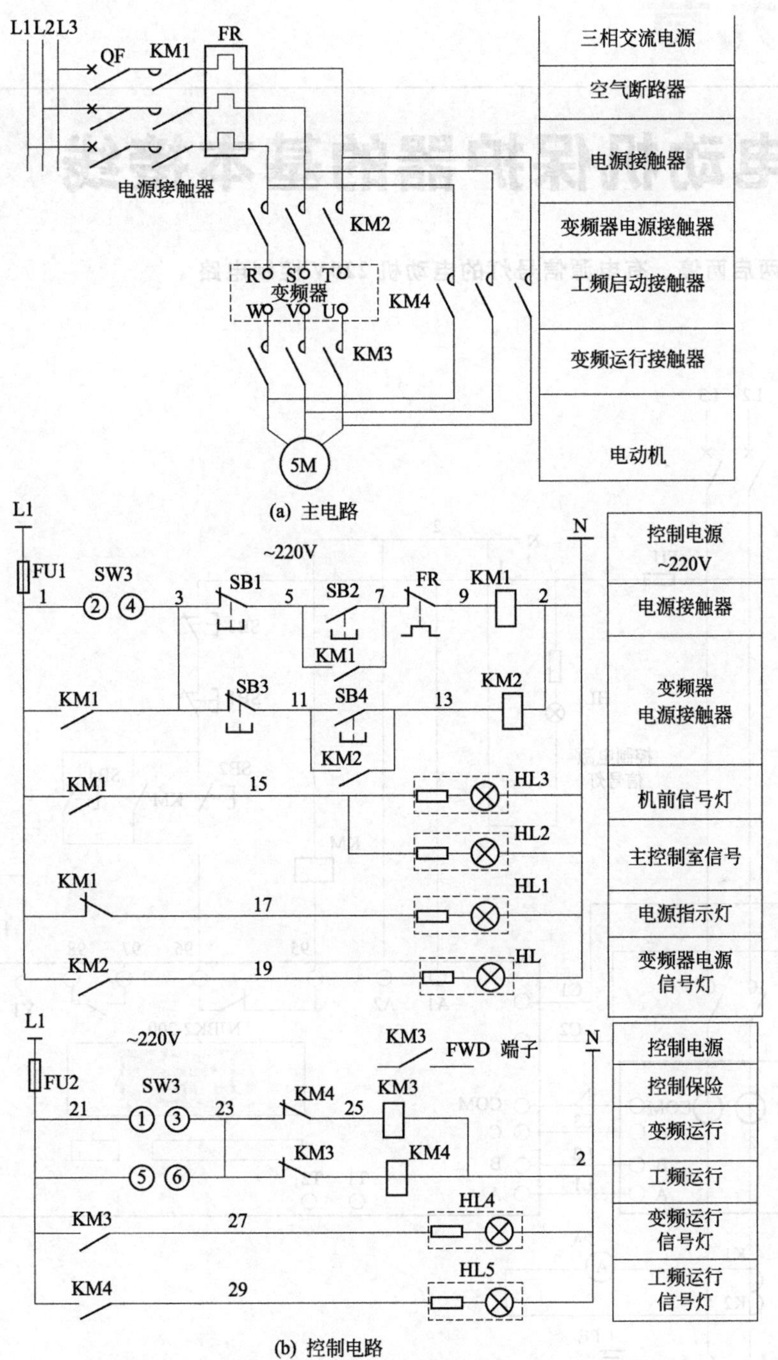

图 377　变频器调速与工频运转的原料泵电动机电路

第十九章

几种电动机保护器的基本接线

【例 378】 两启两停、有电源信号灯的电动机 220V 控制电路

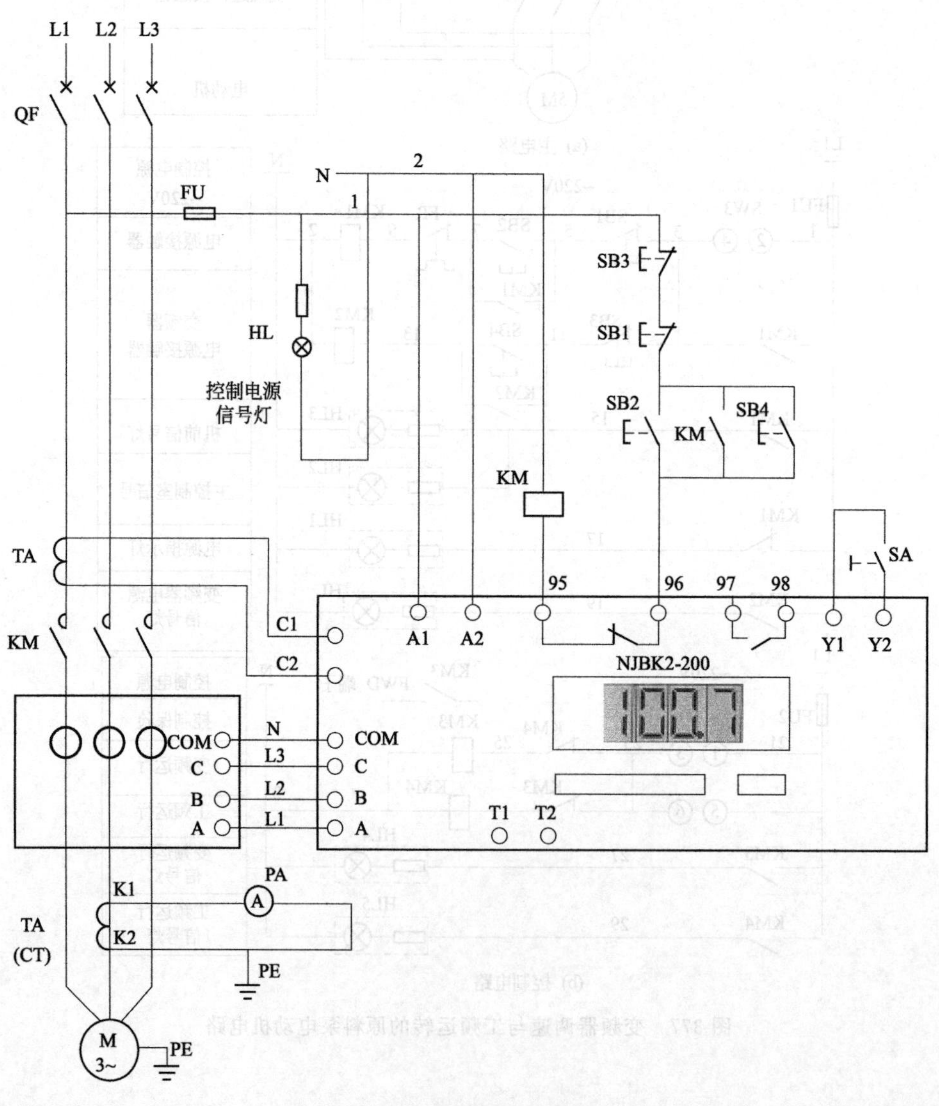

图 378 两启两停、有电源信号灯的电动机 220V 控制电路

【例 379】 有启动通知信号、两启两停的电动机 220V 控制电路

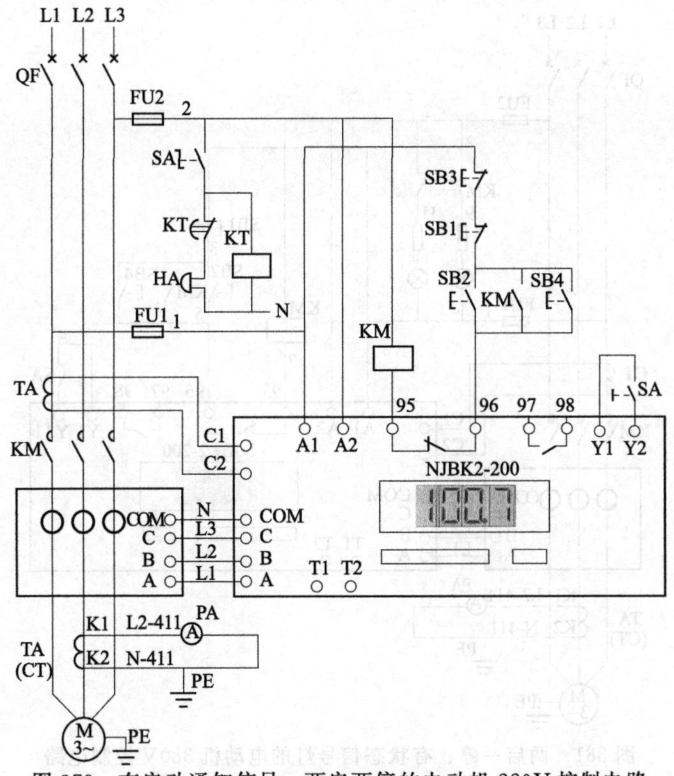

图 379　有启动通知信号、两启两停的电动机 220V 控制电路

【例 380】 有故障停机报警、一启两停的电动机 380V 控制电路

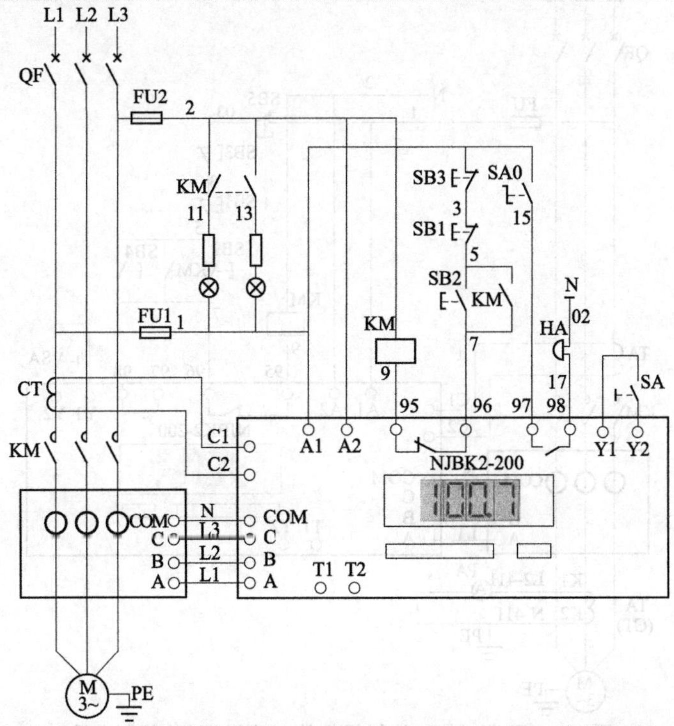

图 380　有故障停机报警、一启两停的电动机 380V 控制电路

【例 381】 两启一停、有状态信号灯的电动机 380V 控制电路

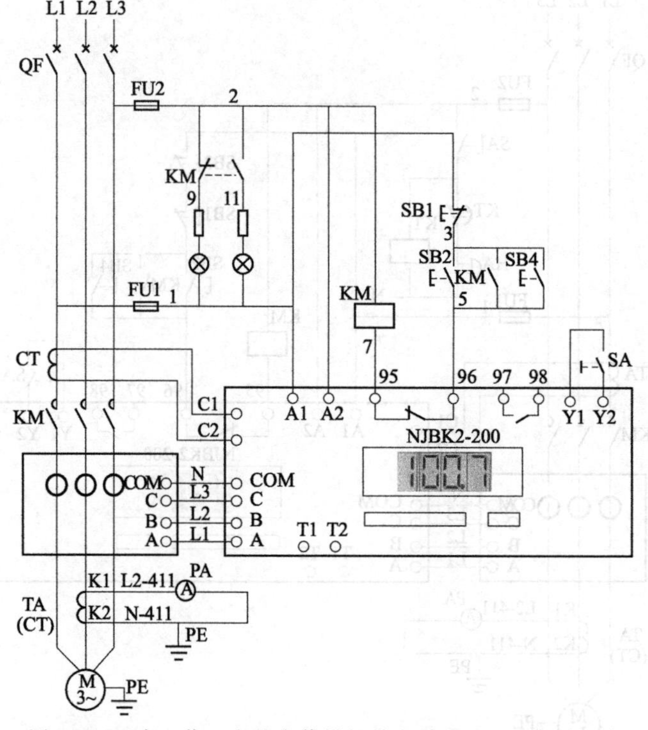

图 381 两启一停、有状态信号灯的电动机 380V 控制电路

【例 382】 两启三停、按钮操作的电动机 220V 控制电路

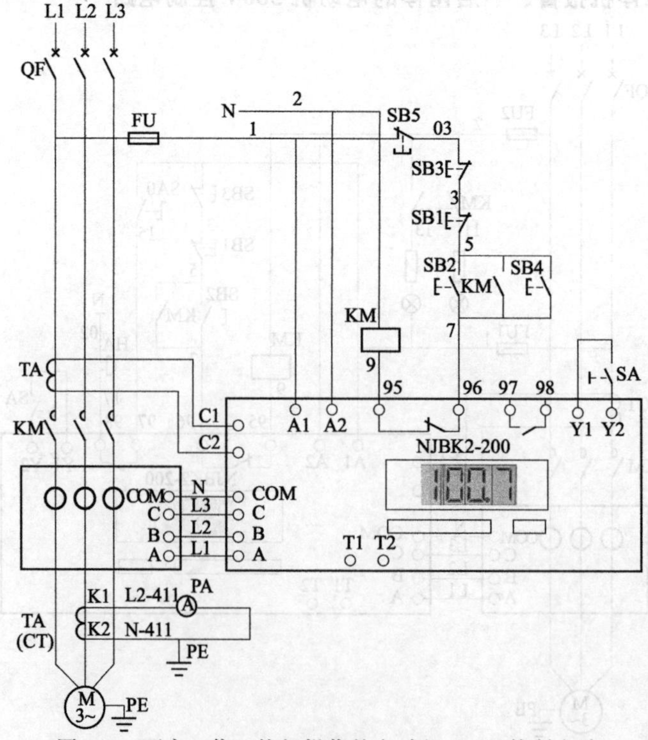

图 382 两启三停、按钮操作的电动机 220V 控制电路

【例 383】 转换开关操作启停、有状态信号灯的电动机 380V 控制电路

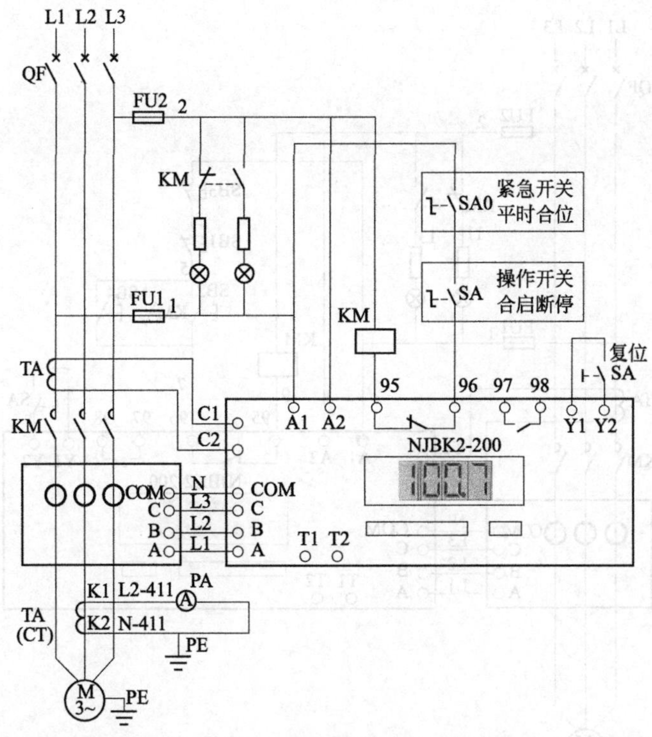

图 383　转换开关操作启停、有状态信号灯的电动机 380V 控制电路

【例 384】 两启两停的电动机 220V 控制电路

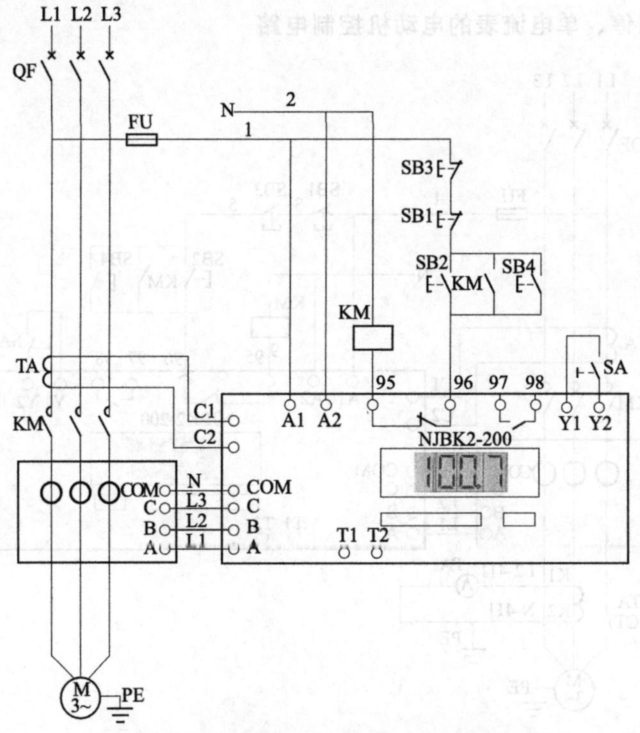

图 384　两启两停的电动机 220V 控制电路

【例 385】 两启两停、有状态信号灯的电动机控制电路

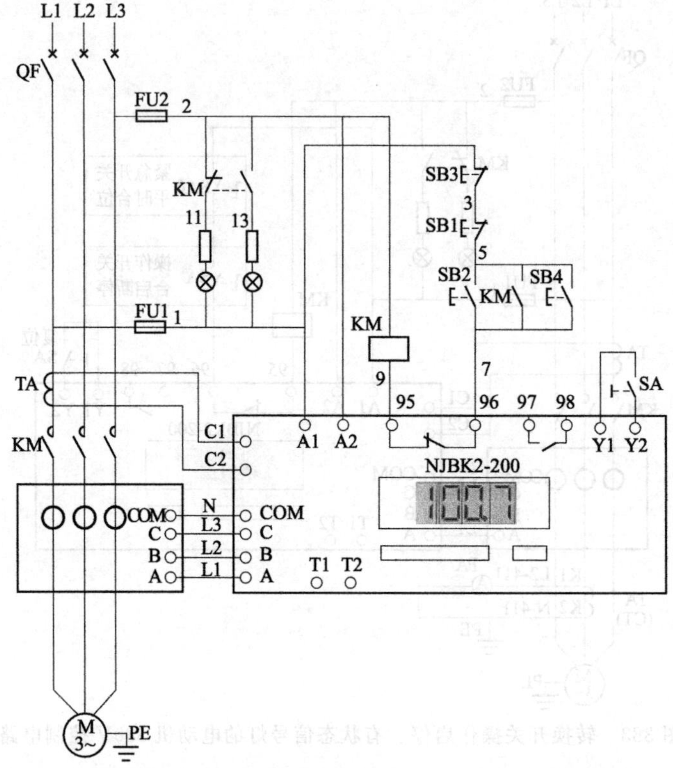

图 385 两启两停、有状态信号灯的电动机控制电路

【例 386】 两启两停、单电流表的电动机控制电路

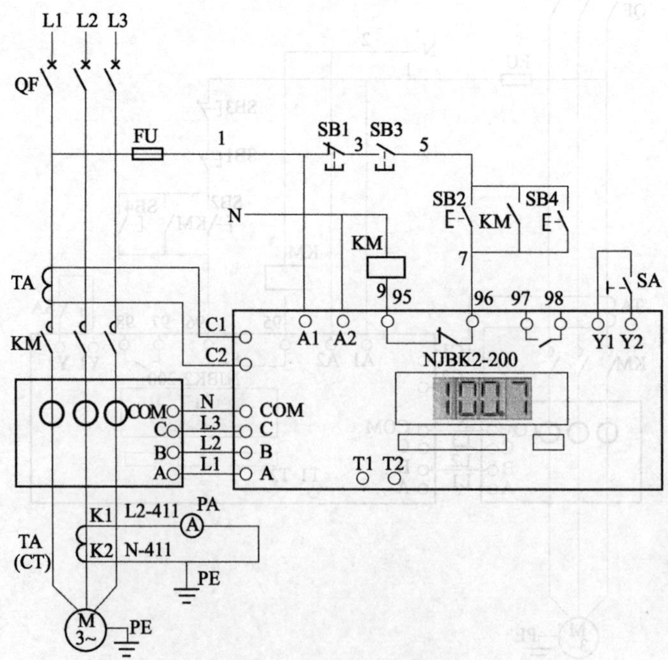

图 386 两启两停、单电流表的电动机控制电路

【例 387】 采用 NJBK10 电动机综合保护器、一启一停、有状态信号灯的电动机控制电路（1）

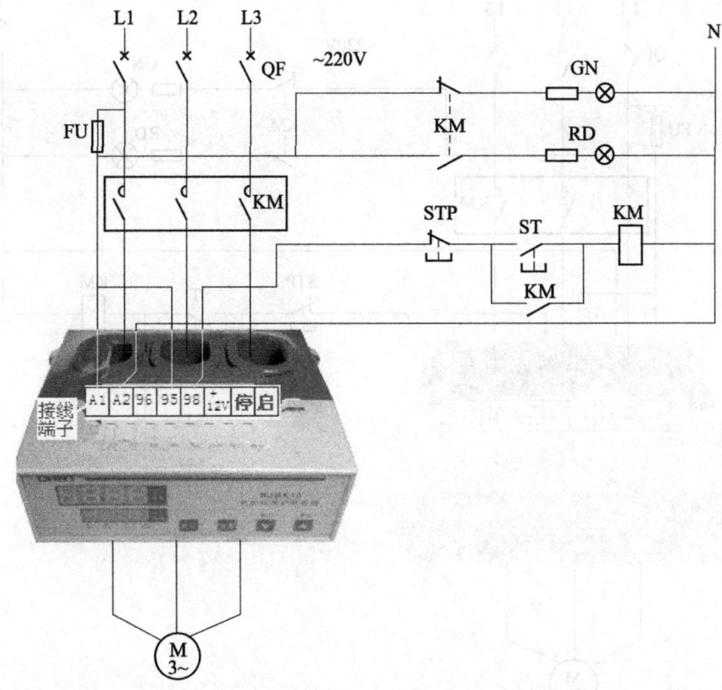

图 387　采用 NJBK10 电动机综合保护器、一启一停、有状态信号灯的电动机控制电路（1）

【例 388】 采用 NJBK10 电动机综合保护器、一启一停、有状态信号灯的电动机控制电路（2）

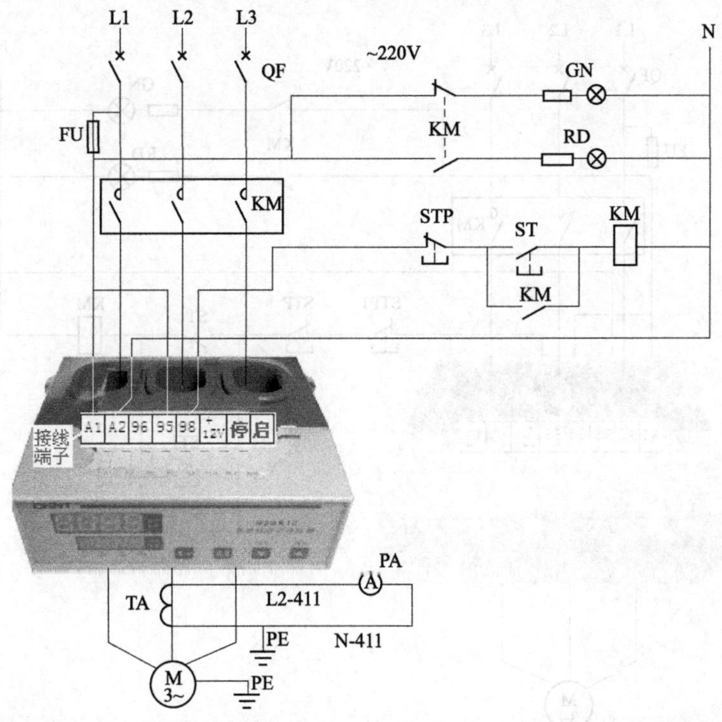

图 388　采用 NJBK10 电动机综合保护器、一启一停、有状态信号灯的电动机控制电路（2）

【例 389】 采用 NJBK10 电动机综合保护器、三启一停的电动机 220V 控制电路

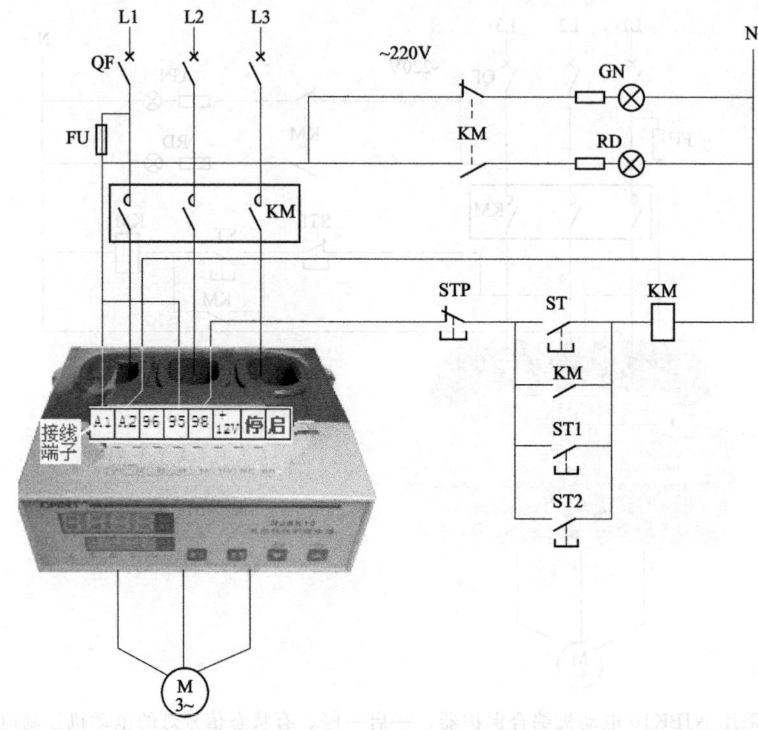

图 389 采用 NJBK10 电动机综合保护器、三启一停的电动机 220V 控制电路

【例 390】 采用 NJBK10 电动机综合保护器、三启两停的电动机 220V 控制电路

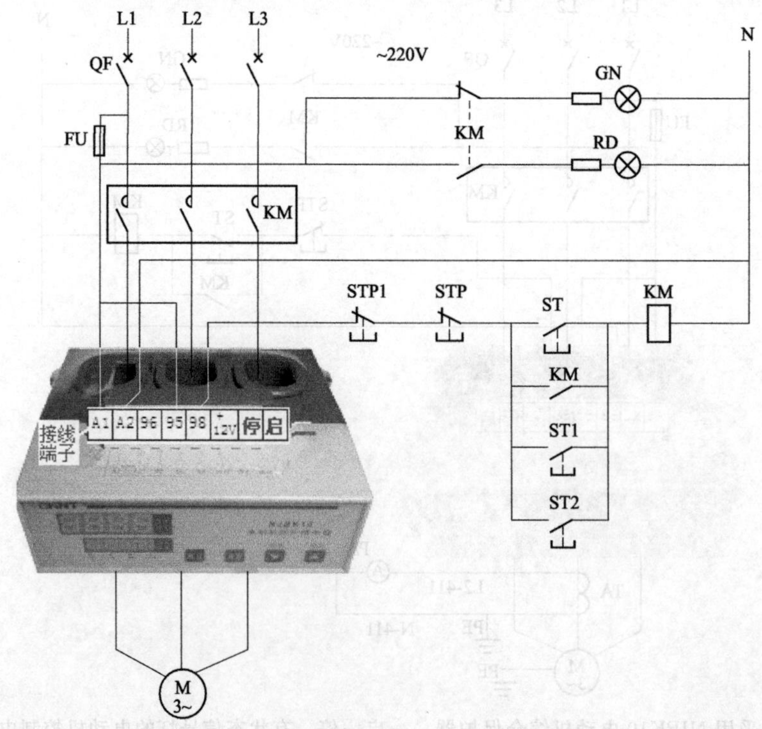

图 390 采用 NJBK10 电动机综合保护器、三启两停的电动机 220V 控制电路

【例 391】 采用 NJBK10 电动机综合保护器、一启一停的电动机 380V 控制电路（1）

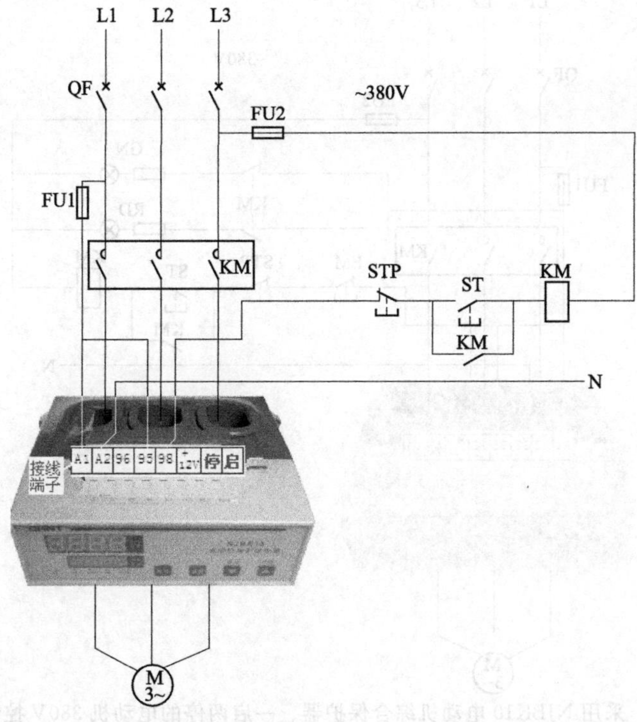

图 391　采用 NJBK10 电动机综合保护器、一启一停的电动机 380V 控制电路（1）

【例 392】 采用 NJBK10 电动机综合保护器、一启一停的电动机 380V 控制电路（2）

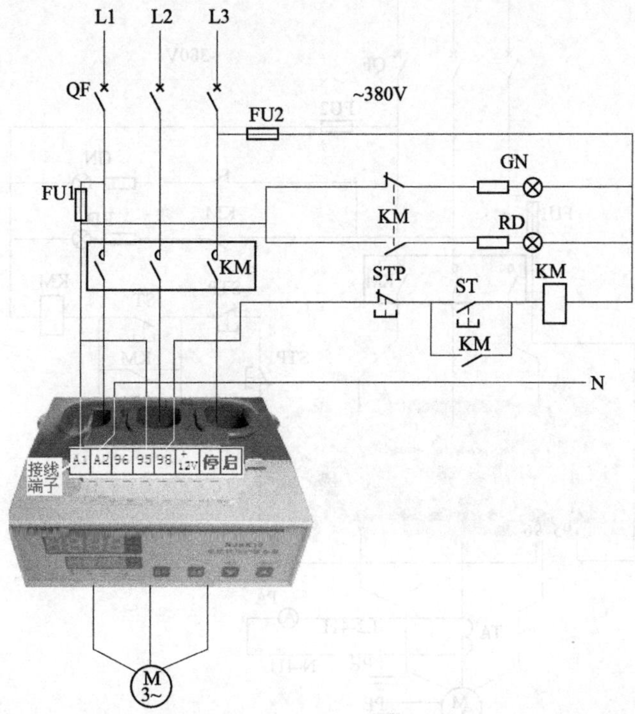

图 392　采用 NJBK10 电动机综合保护器、一启一停的电动机 380V 控制电路（2）

【例 393】 采用 NJBK10 电动机综合保护器、一启两停的电动机 380V 控制电路

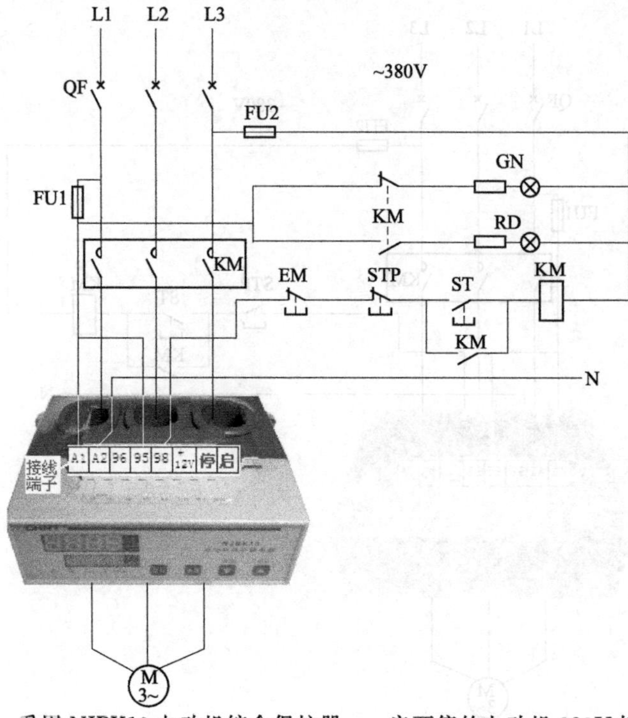

图 393 采用 NJBK10 电动机综合保护器、一启两停的电动机 380V 控制电路

【例 394】 采用 JD8 电动机综合保护器、单电流表、两启两停的电动机 380V 控制电路

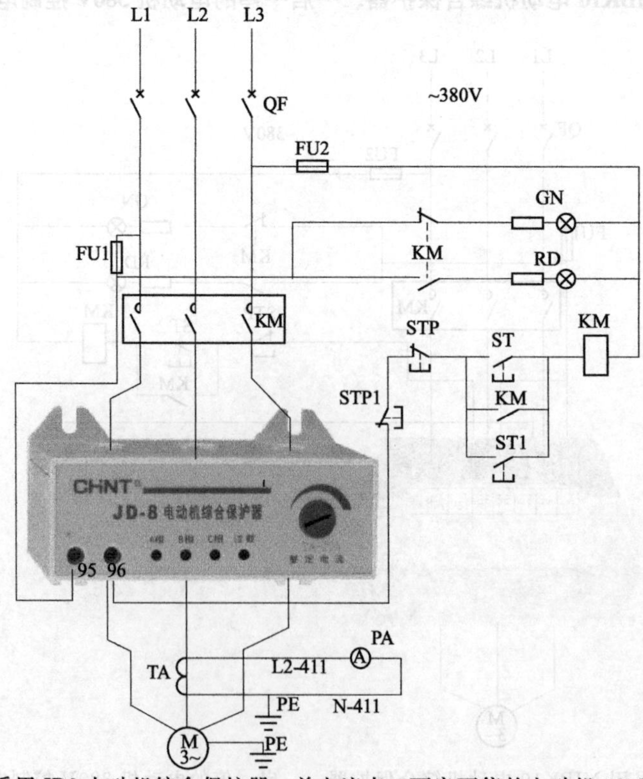

图 394 采用 JD8 电动机综合保护器、单电流表、两启两停的电动机 380V 控制电路

【例 395】 采用 JD8 电动机综合保护器、两启一停的电动机 380V 控制电路

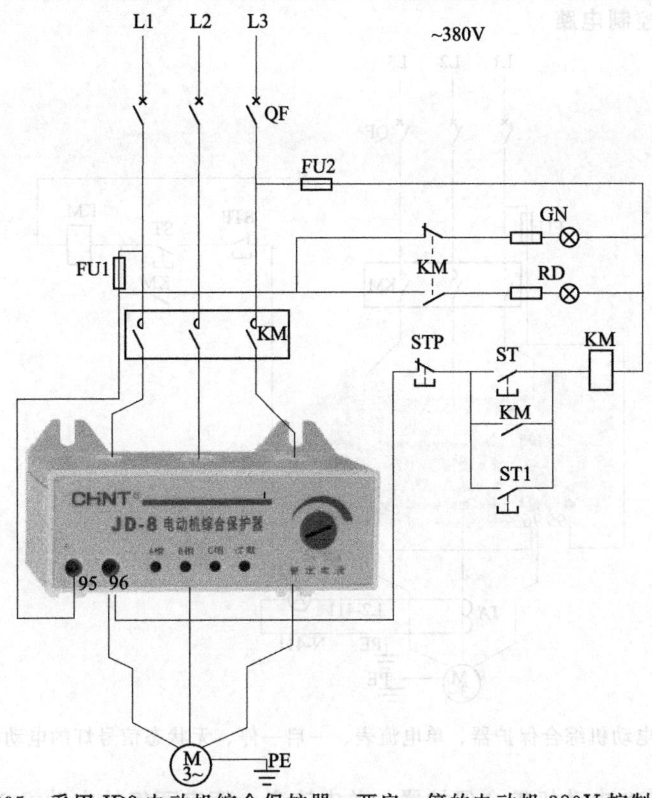

图 395　采用 JD8 电动机综合保护器、两启一停的电动机 380V 控制电路

【例 396】 采用 JD8 电动机综合保护器、两启一停的电动机 220V 控制电路

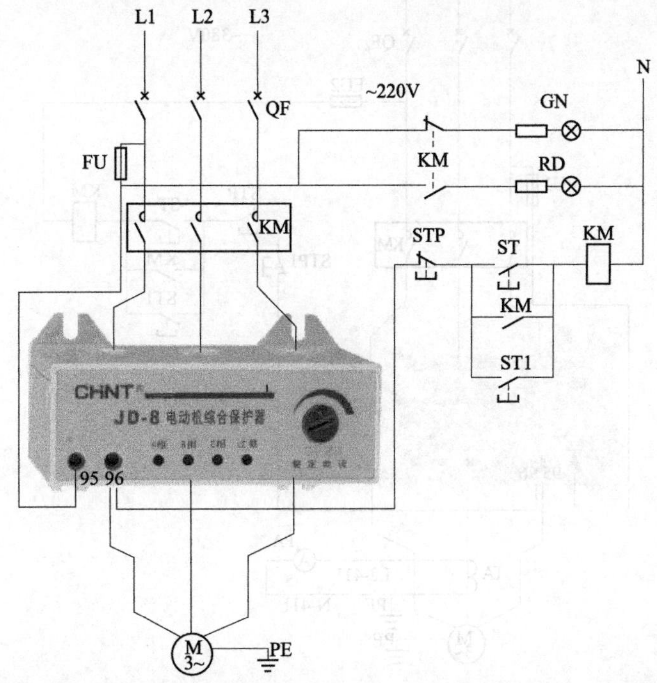

图 396　采用 JD8 电动机综合保护器、两启一停的电动机 220V 控制电路

【例 397】 采用 JD8 电动机综合保护器、单电流表、一启一停、无状态信号灯的电动机 220V 控制电路

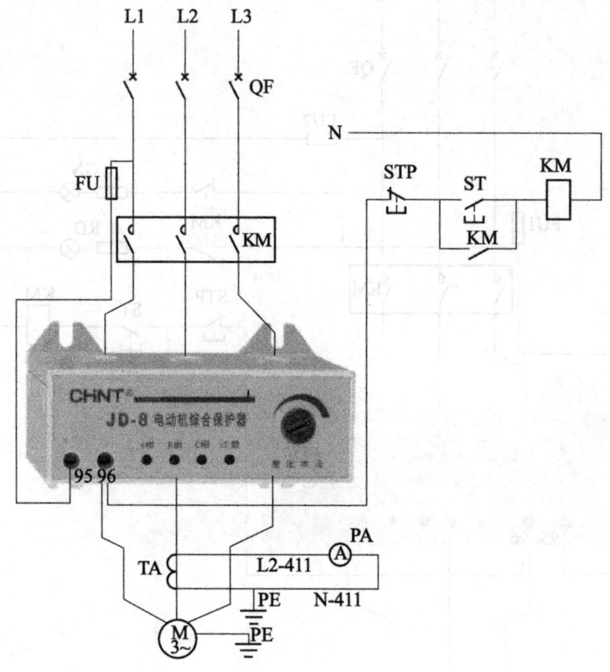

图 397 采用 JD8 电动机综合保护器、单电流表、一启一停、无状态信号灯的电动机 220V 控制电路

【例 398】 采用 JD8 电动机综合保护器、单电流表、两启两停的电动机 380V 控制电路

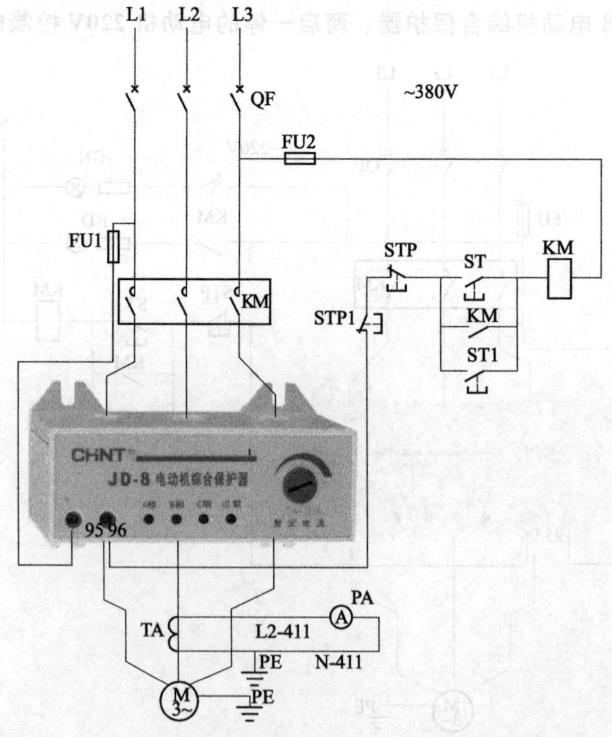

图 398 采用 JD8 电动机综合保护器、单电流表、两启两停的电动机 380V 控制电路

【例 399】 采用 JD8 电动机综合保护器、单电流表、两启一停的电动机 220V 控制电路（1）

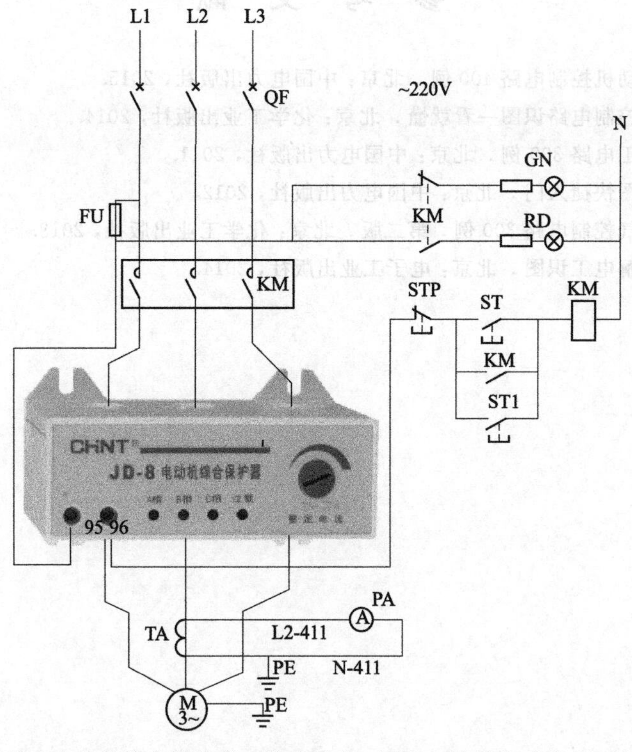

图 399　采用 JD8 电动机综合保护器、单电流表、两启一停的电动机 220V 控制电路（1）

【例 400】 采用 JD8 电动机综合保护器、单电流表、两启一停的电动机 220V 控制电路（2）

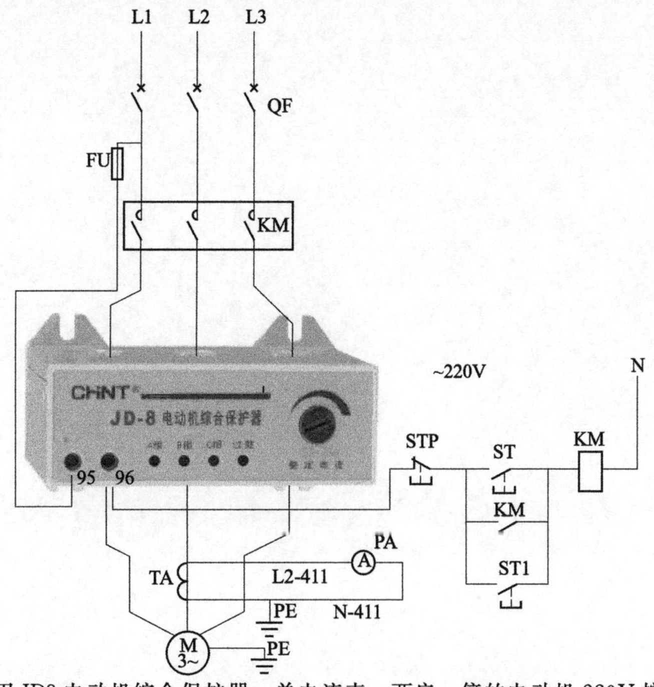

图 400　采用 JD8 电动机综合保护器、单电流表、两启一停的电动机 220V 控制电路（2）

参 考 文 献

[1] 黄北刚．实用电动机控制电路400例．北京：中国电力出版社，2015.
[2] 黄北刚．电动机控制电路识图一看就懂．北京：化学工业出版社，2014.
[3] 黄北刚．实用电工电路300例．北京：中国电力出版社，2011.
[4] 黄义峰．电工识图快捷入门．北京：中国电力出版社，2012.
[5] 黄北刚．常用电气控制电路300例．第二版．北京：化学工业出版社，2013.
[6] 黄北刚．全彩图解电工识图．北京：电子工业出版社，2014.